Einführung in Computational Social Choice

Jörg Rothe • Dorothea Baumeister
Claudia Lindner • Irene Rothe

Einführung in Computational Social Choice

Individuelle Strategien
und kollektive Entscheidungen
beim Spielen, Wählen und Teilen

Spektrum
AKADEMISCHER VERLAG

Autoren

Prof. Dr. Jörg Rothe
Heinrich-Heine-Universität Düsseldorf
rothe@cs.uni-duesseldorf.de

Claudia Lindner
University of Manchester, UK
claudia.lindner@postgrad.manchester.ac.uk

Dorothea Baumeister
Heinrich-Heine-Universität Düsseldorf
baumeister@cs.uni-duesseldorf.de

Prof. Dr. Irene Rothe
Hochschule Bonn-Rhein-Sieg
irene.rothe@h-bonn-rhein-sieg.de

Weitere Informationen zum Buch finden Sie unter www.spektrum-verlag.de/978-3-8274-2570-6

Wichtiger Hinweis für den Benutzer

Der Verlag und die Autoren haben alle Sorgfalt walten lassen, um vollständige und akkurate Informationen in diesem Buch zu publizieren. Der Verlag übernimmt weder Garantie noch die juristische Verantwortung oder irgendeine Haftung für die Nutzung dieser Informationen, für deren Wirtschaftlichkeit oder fehlerfreie Funktion für einen bestimmten Zweck. Der Verlag übernimmt keine Gewähr dafür, dass die beschriebenen Verfahren, Programme usw. frei von Schutzrechten Dritter sind. Die Wiedergabe von Gebrauchsnamen, Handelsnamen, Warenbezeichnungen usw. in diesem Buch berechtigt auch ohne besondere Kennzeichnung nicht zu der Annahme, dass solche Namen im Sinne der Warenzeichen- und Markenschutz-Gesetzgebung als frei zu betrachten wären und daher von jedermann benutzt werden dürften. Der Verlag hat sich bemüht, sämtliche Rechteinhaber von Abbildungen zu ermitteln. Sollte dem Verlag gegenüber dennoch der Nachweis der Rechtsinhaberschaft geführt werden, wird das branchenübliche Honorar gezahlt.

Bibliografische Information der Deutschen Nationalbibliothek

Die Deutsche Nationalbibliothek verzeichnet diese Publikation in der Deutschen Nationalbibliografie; detaillierte bibliografische Daten sind im Internet über http://dnb.d-nb.de abrufbar.

Springer ist ein Unternehmen von Springer Science+Business Media
springer.de

© Spektrum Akademischer Verlag Heidelberg 2012
Spektrum Akademischer Verlag ist ein Imprint von Springer

12 13 14 15 16   5 4 3 2 1

Planung und Lektorat: Dr. Andreas Rüdinger, Bianca Alton
Redaktion: Maren Klingelhöfer
Herstellung: Crest Premedia Solutions (P) Ltd, Pune, Maharashtra, India
Umschlaggestaltung: SpieszDesign, Neu-Ulm
Titelbilder: Prof. Dr. Irene Rothe
Zeichnungen: Prof. Dr. Irene Rothe

ISBN 978-3-8274-2570-6

Vorwort

Dieses Buch führt in das noch junge, interdisziplinäre Gebiet *Computational Social Choice* (COMSOC) ein. Es beruht auf den Vorlesungen zu COMSOC-Themen wie „Cake-cutting Algorithms", „Algorithmische Eigenschaften von Wahlsystemen" und „Algorithmische Spieltheorie", die an der Heinrich-Heine-Universität Düsseldorf seit einigen Jahren angeboten werden. Auch in der Forschung arbeitet die Gruppe von Jörg Rothe seit einigen Jahren intensiv an COMSOC-Themen. So haben auch die anderen Mitglieder unserer Gruppe, Gábor Erdélyi, Lena Piras, Anja Rey und Magnus Roos, zwar nicht selbst an diesem Buch mitgewirkt, aber durch ihre Resultate viel zu seinem Inhalt beigetragen.

Den Anstoß, dieses Buch zu schreiben, gab Andreas Rüdinger vom Spektrum-Verlag, dem zwei der Autoren im Jahr 2009 ein Kinderbuch anboten, in dem bestimmte COMSOC-Probleme – wie z. B. das diskursive Dilemma aus Kapitel 5, das gerechte Teilen eines Kuchens aus Kapitel 6 und die Scheidungsformel aus Kapitel 7 – für Kinder aufbereitet und in rätselhafte Märchen verpackt werden. Diese sind in der Art des Märchenbuchs „*Lilandra. Vier Märchen*" von Jörg Rothe (2006) geschrieben, das Irene Rothe illustriert hat. Wie Herr Rüdinger uns mitteilte, sind Kinder nicht die vorrangige Zielgruppe des Spektrum-Verlags. Aber könnten wir nicht, schlug er uns vor, diese interessanten Themen vielleicht für eine etwas erwachsenere Leserschaft in einem auch für interessierte Laien verständlichen Fachbuch vorstellen? So begann die Arbeit an diesem Buch, in die auch Dorothea Baumeister (die sich in ihrer Dissertation insbesondere mit den Eigenschaften von Wahlen beschäftigt) und Claudia Lindner (die sich insbesondere für das Aufteilen von Kuchen interessiert) einbezogen wurden.

Inspiriert durch die „Lilandra"-Kindermärchen werden in diesem Buch einige fachliche Begriffe und Methoden mit Hilfe von kurzen Geschichten bildhaft erläutert. Für die Illustrationen in diesem Buch war in erster Linie Irene Rothe zuständig. Während sie das Kinderbuch „Lilandra" noch von Hand illustriert hatte, musste sie nun also lernen, wie man am Computer Bilder für ein wissenschaftliches Fachbuch erstellt. Abbildung 1 zeigt ihren ersten Versuch. Übrigens wäre jede Ähnlichkeit von real existierenden Personen mit den Figuren in unseren Geschichten und Bildern rein zufällig und nicht beabsichtigt. Die einzige Ausnahme ist der Gartenzwerg der Familie Rothe, der für die Zwerge in den Abbildungen 7.1 und 7.2 auf den Seiten 324 und 326 Modell stand.

Danksagungen

Viele Personen haben auf vielfältige Weise zu diesem Buch beigetragen, sei es dadurch, dass sie uns eine ideale Arbeitsatmosphäre ermöglicht haben, sei es, dass sie in gemeinsamen wissenschaftlichen Publikationen oder in kooperativen Projekten zu den Inhalten dieses Buches beigesteuert haben. Ihnen allen möchten wir an dieser Stelle herzlich danken. Da sind zunächst unsere Kolleginnen und Kolle-

Abb. 1: Der erste Versuch

gen an der Heinrich-Heine-Universität Düsseldorf zu nennen, insbesondere Claudia Forstinger, der Postdoktorand Gábor Erdélyi (derzeit in Singapur), die Doktorandinnen und Doktoranden Lena Piras, Anja Rey, Magnus Roos und Thanh Nguyen und die Studentinnen und Studenten Alina Elterman, Florian Klein, Nhan-Tam Nguyen und Hilmar Schadrack für ihren unermüdlichen Einsatz bei der Organisation des Workshops COMSOC-2010, der im September 2010 in Düsseldorf stattfand.

Diese Workshop-Reihe wurde 2006 von Ulle Endriss (Amsterdam) und Jérôme Lang (Paris) aus der Taufe gehoben, die zudem seit 2008 gemeinsam mit uns und Felix Brandt (München), Vincent Conitzer (Duke University), Edith Elkind (Singapur), Edith Hemaspaandra und Lane A. Hemaspaandra (beide Rochester, NY), Jean-François Laslier und Nicolas Maudet (beide Paris), Jeffrey S. Rosenschein (Jerusalem) und Remzi Sanver (Istanbul) an dem Projekt „*Computational Foundations of Social Choice*" im EUROCORES-Programm LogICCC der European Science Foundation arbeiten.

Die Gastfreundschaft von Michael R. Fellows und Frances Rosamond (beide Charles Darwin University), Arkadii Slinko (Auckland) und Toby Walsh (Sydney), die wir auf einer Forschungsreise 2010 in Australien und Neuseeland besuchten, bleibt uns ebenso in besonders schöner Erinnerung wie der freundliche Empfang in Jerusalem durch Jeffrey S. Rosenschein und seine Gruppe und in Rochester durch Edith Hemaspaandra und Lane A. Hemaspaandra und ihre Gruppen, die Jörg Rothe 2008 bzw. während eines Forschungssemesters 2009 besuchte.

Für die wunderbare Zusammenarbeit danken wir auch unseren Co-Autoren gemeinsamer Arbeiten – neben denen, die oben bereits genannt wurden: Yoram Bachrach (Microsoft Research, Cambridge, UK), Daniel Binkele-Raible (Trier), Piotr Faliszewski (Kráków), Henning Fernau (Trier), Felix Fischer (Harvard), Judy Goldsmith (Lexington, Kentucky), Frank Gurski (Düsseldorf), Jan Hoffmann

(München), Nicholas Mattei (Lexington, Kentucky), Reshef Meir (Jerusalem), Dmitrii Pasechnik (Singapur), Björn Scheuermann (Würzburg), Egon Wanke (Düsseldorf) und Michael Zuckerman (Jerusalem).

Herrn Rüdinger und Bianca Alton vom Spektrum-Verlag danken wir herzlich für ihre professionelle und stets freundliche Unterstützung und die sehr konstruktiven kritischen Anmerkungen.

Zu Dank verpflichtet ist der Erstautor auch der Deutschen Forschungsgemeinschaft, die seine Forschungsprojekte „*Komplexität von Wahlproblemen: Gewinner-Bestimmung, Manipulation und Wahlkontrolle*" (Kennzeichen RO 1202/11-1), „*Computational Foundations of Social Choice*" (RO 1202/12-1, im Rahmen des o. g. EUROCORES-Programms LogICCC der European Science Foundation) und „*Komplexität von Problemen der kooperativen Spieltheorie*" (RO 1202/14-1) gefördert hat und weiter fördert sowie die Ausrichtung des o. g. „*Third International Workshop on Computational Social Choice*" (COMSOC-2010) großzügig unter dem Kennzeichen RO 1202/13-1 unterstützt hat. Weiterhin dankt der Erstautor der European Science Foundation für ihre Unterstützung dieses Workshops und der Alexander von Humboldt-Stiftung für die Verleihung der beiden Friedrich-Wilhelm-Bessel-Forschungspreise an Edith Hemaspaandra und Lane A. Hemaspaandra, die es ihnen ermöglichen, oft und lange nach Düsseldorf zu kommen, um mit uns an COMSOC-Themen zu arbeiten.

Vor allem aber danken wir unseren Familien – insbesondere Ella und Paula Rothe – und Freunden für ihre Liebe, Freundschaft und Unterstützung und für ihr Verständnis.

Düsseldorf, Juli 2011 Jörg Rothe
Dorothea Baumeister
Claudia Lindner
Irene Rothe

Inhaltsverzeichnis

1 Einleitung

Übersicht

Spielen, Wählen und Teilen sind drei alltägliche Tätigkeiten unseres Lebens. Die Spieler, Wähler oder Teiler haben dabei ihre persönlichen Gewinnaussichten, Vorlieben, Meinungen oder Bewertungen im Blick und folgen daher individuellen Strategien. Zwar sind sie in erster Linie an ihrem eigenen Vorteil interessiert, doch in der Interaktion aller Akteure ergibt sich aus diesen Einzelinteressen und -strategien insgesamt ein Spielausgang, eine kollektive Entscheidung, ein gemeinsames Urteil oder eine Aufteilung von Gütern. Am Ende gibt es Gewinner und Verlierer.

Die individuelle Gewinnmaximierung ist jedoch nur ein Ziel. Kann man Mechanismen finden, die den *sozialen* oder *gesellschaftlichen* Nutzen erhöhen und somit allen dienen und nicht nur Einzelnen? Zum Beispiel damit beim Wochenendausflug ein Reiseziel gewählt werden kann, mit dem alle – sowohl die Eltern als auch die Kinder – zufrieden sind. Oder damit drei Geschwister, die sich bei einem Gesellschaftsspiel vergnügen, ihre Strategien so optimal wählen können, dass keines von ihnen seinen Gewinn durch einen Strategiewechsel erhöhen könnte, ohne gleichzeitig den Gewinn eines Mitspielers zu verringern. Oder damit es ihnen anschließend gelingt, einen Kuchen, dessen einzelne Stücke sie alle unterschiedlich bewerten, so aufzuteilen, dass kein Neid um die erhaltenen Portionen entsteht. Für alle nützlich ist auch die „Strategiesicherheit" der verwendeten Verfahren. Kann man verhindern, dass sich jemand durch „unehrliche" Strategien einen unlauteren Vorteil verschafft?

Dieses Buch führt in das junge, interdisziplinäre Gebiet *Computational Social Choice* ein, das sich seit einigen Jahren rasant an der Schnittstelle von Politik-, Sozial- und Wirtschaftswissenschaften einerseits und Informatik andererseits entwickelt und eng verwandt mit der algorithmischen Spieltheorie ist, die hier eben-

falls behandelt wird. Jedes der drei Themengebiete – Spielen, Wählen, Teilen –
wird in zwei Kapiteln präsentiert, einem längeren und einem kürzeren. Während
die längeren Kapitel (nämlich die Kapitel 2, 4 und 6) mit vielen Details, Beispielen
und Abbildungen recht ausführlich in das jeweilige Thema einführen, sind die kürzeren (nämlich die Kapitel 3, 5 und 7) eher dazu gedacht, die thematische Breite
des Gebiets *Computational Social Choice* zu umreißen. In diesen kürzeren Kapiteln
werden wir uns demgemäß nur auf einige wesentliche Begriffe beschränken.

Ausgehend von den traditionellen Gebieten der klassischen Spieltheorie und der
klassischen Social-Choice-Theorie werden insbesondere die algorithmischen Aspekte der auftretenden Probleme in den Vordergrund gestellt. Die nötigen grundlegenden Konzepte der Komplexitätstheorie und Algorithmik sowie der Aussagenlogik
werden kurz und prägnant in Abschnitt 1.5 bereitgestellt. Elementare Grundlagen
aus anderen Gebieten der Mathematik (z. B. Wahrscheinlichkeitstheorie, Topologie und Graphentheorie) werden jeweils dann präsentiert, wenn sie gebraucht
werden, so knapp und informal wie möglich und mit so vielen Details wie nötig.
Zum leichteren Verständnis werden alle wesentlichen Begriffe anhand von Beispielen und mit vielen Abbildungen illustriert. Auch werden manche Situationen zur
besseren Motivation durch kleine Geschichten aus dem Alltag von Anna, Belle,
Chris, David, Edgar, Felix, Georg, Helena und anderen veranschaulicht.

1.1   Spielen

Smith und Wesson, zwei Bankräuber, sind verhaftet worden. Da die Beweise für
ihre Tat recht dünn sind, bietet man ihnen einen Handel an:

- Wenn einer von ihnen gesteht, kommt er auf Bewährung frei, sofern der andere
  weiter schweigt, und dieser kommt dann zehn Jahre hinter Gitter;
- gestehen beide, bekommen sie beide vier Jahre Knast;
- schweigen aber beide weiter beharrlich, kann man sie jeweils nur für zwei Jahre
  einbuchten.

Leider können sie sich nicht absprechen. Wie soll sich Smith verhalten, um mit
einer möglichst geringen Gefängnisstrafe davonzukommen, deren Länge allerdings
nicht nur von seiner, sondern auch von Wessons Entscheidung abhängt? Und wie
soll Wesson sich entscheiden, dessen Strafe ebenfalls auch vom Verhalten des anderen abhängig ist? Das ist das Dilemma der beiden Gefangenen!

Georg und Helena möchten ihren ersten Hochzeitstag gemeinsam verbringen
und irgendetwas Schönes machen. Georg möchte zusammen mit seiner Frau ein
spannendes Fußballspiel ansehen. Helena dagegen würde lieber gemeinsam mit
ihrem Mann in ein Konzert gehen. Sollten sie ihre unterschiedlichen Wünsche
durchsetzen oder doch nachgeben? Wenn keiner der beiden nachgibt, werden sie
ihren ersten Hochzeitstag nicht gemeinsam verbringen! Diese „Schlacht der Geschlechter" hat wohl jedes Paar schon einmal geschlagen.

Solche Situationen, bei denen mehrere Akteure interagieren und Entscheidungen treffen müssen, wobei ihr Gewinn auch von den Entscheidungen der anderen Akteure abhängt, lassen sich durch strategische Spiele beschreiben. Borel (1921) und von Neumann (1928) verfassten bereits vor fast einem Jahrhundert die ersten mathematischen Abhandlungen zur Spieltheorie. Die Fundamente dieser Theorie als ein eigenständiges Gebiet legten von Neumann und Morgenstern (1944) etwa zwanzig Jahre später mit ihrem wegweisenden Werk. Seither hat sich die Spieltheorie zu einer reichen und zentralen Disziplin innerhalb der Wirtschaftswissenschaften entwickelt und eine Reihe von Nobelpreisträgern, wie John Forbes Nash, und viele grandiose Erkenntnisse hervorgebracht. Grundlegend unterscheidet man in dieser Theorie kooperative und nichtkooperative Spiele.

In der kooperativen Spieltheorie, die in Kapitel 3 vorgestellt wird, geht es u. a. um die Bildung von Koalitionen von Spielern, die zusammenarbeiten, um gemeinsame Ziele zu erreichen. Durch Kooperation kann der Einzelne seinen Gewinn möglicherweise erhöhen. Ob sich ein Spieler einer Koalition anschließt oder von ihr abfällt, entscheidet er danach, ob er selbst davon profitiert oder nicht.

Ein ganz zentrales Konzept ist dabei die Stabilität eines kooperativen Spiels. Hat ein Spieler einen Anreiz, von der großen Koalition (der Menge aller beteiligten Spieler) abzufallen, so ist das Spiel instabil und zerfällt in mehrere Koalitionen, die miteinander konkurrieren. In diesem Kapitel werden verschiedene Begriffe vorgestellt, die die Stabilität eines kooperativen Spiels in unterschiedlicher Weise erfassen. Auch kann in einem solchen Spiel der Einfluss – die Macht – eines Spielers in verschiedener Weise gemessen werden. Grob gesprochen ergibt sich der Machtindex eines Spielers daraus, wie oft seine Zugehörigkeit zu einer der möglichen Koalitionen entscheidend für deren Sieg ist. Stabilitätskonzepte und Machtindizes in kooperativen Spielen werden auch hinsichtlich ihrer algorithmischen Eigenschaften untersucht.

Die nichtkooperative Spieltheorie, der wir uns in Kapitel 2 zuwenden, befasst sich dagegen mit Spielen, bei denen die Spieler als Einzelkämpfer gegeneinander antreten, um ihren eigenen Gewinn zu maximieren. Kombinatorische Spiele wie Schach und Go, aber auch Kartenspiele wie Poker, bei denen verdeckte Information, der Zufall und die Psychologie des Bluffens eine Rolle spielen, gehören in diese Kategorie. Es lassen sich aber nicht nur Gesellschafts- oder Glücksspiele, sondern auch marktstrategische oder gar globalstrategische Konkurrenzsituationen zwischen Unternehmen oder Staaten durch solche Spiele ausdrücken.

Auch bei nichtkooperativen Spielen spielt der Begriff der Stabilität eine wichtige Rolle, um den Ausgang eines solchen Spiels vorherzusagen. Können die einzelnen Spieler ihre individuellen Strategien so wählen, dass alle im Gleichgewicht sind und keiner von seiner Strategie abweichen möchte (sofern alle anderen bei ihren Strategien bleiben)? Diese Frage war beispielsweise während des Kalten Krieges zwischen dem Ostblock und dem westlichen NATO-Bündnis von enormer Wichtigkeit für die ganze Menschheit. Auch in nichtkooperativen Spielen betrachten wir die algorithmischen Eigenschaften von Lösungskonzepten und suchen insbesonre eine Antwort auf die Frage: Wie schwer ist es, solche Gleichgewichtsstrategien zu finden?

1.2　Wählen

Anna, Belle und Chris treffen sich zu einem gemeinsamen Spielabend. Doch zunächst ist zu klären, welches Spiel sie überhaupt spielen wollen. Zur Wahl stehen Schach, Poker und Kniffel.

„Lasst uns Schach spielen", schlägt Anna vor. „Und wenn das nicht geht, dann könnten wir kniffeln. Am wenigsten bin ich für Poker."

„Och nö!", nörgelt Chris. „Schach ist doch total langweilig, und außerdem sind wir zu dritt."

„Dann spielen wir eben ein Blitzschach-Turnier", erwidert Anna. „Da kommt jeder mal dran."

„Aber Kniffeln macht viel mehr Spaß!", widerspricht Chris. „Und wenn ihr das nicht wollt, dann sollten wir wenigstens pokern."

„Poker finde ich am besten", schaltet sich nun Belle ein, „denn im Bluffen bin ich richtig gut. Aber Kniffel gefällt mir am wenigsten. Wenn schon kein Poker, dann Schach."

„Hört mal!", sagt Anna. „Wenn wir spielen wollen, müssen wir uns auf ein Spiel einigen. Aber da wir alle andere Vorlieben haben, sollten wir vielleicht einfach darüber abstimmen, was wir spielen."

Die Vorlieben (oder Präferenzen) von Anna, Belle und Chris bezüglich dieser drei Alternativen sind in Abbildung 1.1 dargestellt, von links nach rechts geordnet. Das am meisten bevorzugte Spiel steht also am weitesten links.

Zur Abstimmung müssen sie ein Wahlsystem verwenden, eine Regel also, die sagt, wie man aus ihren individuellen Präferenzen eine *gesellschaftliche* Präferenz (oder Rangfolge) bzw. den oder die Sieger der Wahl bestimmen kann. Wahlsysteme gibt es in großer Zahl, denn bereits seit den Wurzeln der Demokratie in der Antike, spätestens aber seit der Französischen Revolution und der Unabhängigkeitserklärung der Vereinigten Staaten von Amerika sind demokratische Wahlen von zentraler Bedeutung in menschlichen Gesellschaften. Doch nach welcher Regel sollten Anna, Belle und Chris wählen?

„Gut", stimmt Belle zu, „lasst uns so abstimmen: Je zwei Spiele treten gegeneinander zum Vergleich an . . . "

Abb. 1.1: Anna, Belle und Chris stimmen über ein Spiel ab

„Ich verstehe", unterbricht Chris sie. „Welches Spiel in jedem Vergleich besser abschneidet als das andere, also in mehr Rangfolgen den Vorzug über das andere erhält, ... "

„... hat die Wahl gewonnen und wird gespielt!", ergänzt Anna.

„Genau", sagt Belle. „Denn es muss ja dann für uns alle besser sein als jedes andere Spiel. Schließlich zieht eine Mehrheit von uns es jeder Alternative vor."

————————

Diese Regel, die Belle vorgeschlagen hat, wurde schon vor über 225 Jahren von Marie Jean Antoine Nicolas de Caritat, dem Marquis de Condorcet (1743–1794), entdeckt (siehe Condorcet, 1785), einem französischen Philosophen, Mathematiker und Politikwissenschaftler. Condorcets Wahlsystem ist immer noch sehr beliebt, denn ein Condorcet-Gewinner muss notwendigerweise eindeutig sein und kann tatsächlich mit gutem Recht als die bestmögliche Alternative angesehen werden, da er jede andere Alternative im paarweisen Vergleich mit einer Mehrheit der Stimmen schlägt. Doch Condorcet-Wahlen haben auch ihre Tücken.

————————

„Toll!", ruft Anna. „Schach schlägt Kniffel! Dank meiner und Belles Stimme. Sorry, Chris, den Würfelbecher kannst du wieder einpacken."

„Nicht so schnell!", unterbricht Belle sie. „Wir spielen überhaupt nicht Schach! Poker schlägt Schach dank meiner und Chris' Stimme, also werden wir wohl pokern." Sie überlegt. „Denn wenn Kniffel von Schach geschlagen wird und Schach von Poker, dann muss Poker doch auch Kniffel schlagen, oder?"

„Nicht so schnell!", meldet sich nun Chris zu Wort. „Poker kannst du in den Skat drücken! Denn Kniffel schlägt Poker dank Annas und meiner Stimme."

Die drei sehen sich ratlos an.

„Aber welches Spiel hat denn nun gewonnen?"

Der Gewinner ist ... : Keines der drei Spiele! Diese Eigenschaft des Condorcet-Wahlsystems ist bekannt als das *Condorcet-Paradoxon*: Ein *Condorcet-Gewinner* (also ein Kandidat, der jeden anderen Kandidaten im paarweisen Vergleich schlägt) muss nicht immer existieren! Obwohl die individuellen Rangfolgen der drei Wähler in dem Sinn rational sind, dass es keine Zyklen gibt, ist die durch die Condorcet-Regel erzeugte gesellschaftliche Rangfolge irrational, also zyklisch: Schach schlägt Kniffel im paarweisen Vergleich, Kniffel schlägt Poker, aber Poker schlägt Schach. Dieser *Condorcet-Zyklus* ist in Abbildung 1.2 dargestellt.

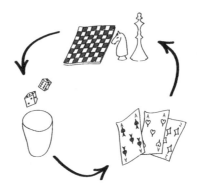

Abb. 1.2: Das Condorcet-Paradoxon

Seit der Arbeit von Condorcet (1785) befasst man sich in der Social-Choice-Theorie (auf Deutsch manchmal „Sozialwahltheorie" genannt) mit der kollektiven Entscheidungsfindung durch Aggregation individueller Präferenzen mittels Wahlen. Kapitel 4 stellt die Grundlagen dieser Theorie und eine Vielzahl von Wahlsystemen und ihrer Eigenschaften vor. Auch in dieser Theorie wurden Nobelpreise für bahnbrechende Erkenntnisse verliehen, an Kenneth Arrow für sein berühmtes Unmöglichkeitstheorem (siehe Arrow, 1963) und an Amartya Sen für seine Forschungen zur Armut und Wohlfahrtsökonomie.

Auch Wähler können strategisch vorgehen und statt für ihre wahre Präferenz über die Kandidaten ihre Stimme so abgeben, wie sie ihnen für ihre Ziele nützlicher erscheint und – abhängig vom verwendeten Wahlsystem und von den Stimmen der anderen Wähler – ihrem Lieblingskandidaten zum Sieg verhilft. Nach dem Unmöglichkeitstheorem von Gibbard (1973) und Satterthwaite (1975) ist kein vernünftiges Wahlsystem sicher gegen eine solche Art der Manipulation. Wieder stehen dabei vor allem die algorithmischen Aspekte im Vordergrund: Wie schwer ist es, individuelle Präferenzen strategisch zu setzen, um die Wahl zu manipulieren?

Auch andere Arten der Einflussnahme auf den Ausgang von Wahlen, etwa durch Bestechung oder Wahlkontrolle, werden wir in Kapitel 4 vorstellen.

In Kapitel 5 wenden wir uns einem Gebiet zu, das man *„Judgment Aggregation"* nennt und das deutlich jünger als das verwandte Gebiet der Präferenzaggregation durch Wahlen ist. Anders als bei diesem werden hier die individuellen Urteile von Experten (den *„judges"*) über logisch miteinander verknüpfte Aussagen zusammengeführt. Auch bei der gemeinsamen Urteilsfindung können sehr interessante paradoxe Situationen auftreten, wie z. B. das so genannte diskursive Dilemma, das auch unter dem Namen *„doctrinal paradox"* bekannt ist (siehe Kornhauser und Sager, 1986; Pettit, 2001) und in diesem Kapitel genauer erläutert wird.

Wie bei Wahlen gibt es auch hier Möglichkeiten der Einflussnahme auf das Ergebnis einer Judgment-Aggregation-Prozedur. Externe Akteure könnten versuchen, Experten zu bestechen, damit deren gemeinsames Urteil in ihrem Sinn ausfällt. Die Experten selbst könnten versuchen, das Ergebnis zu manipulieren, indem sie nicht ihr ehrliches Urteil über die zur Disposition stehenden Aussagen verkünden. Die Untersuchung der algorithmischen und komplexitätstheoretischen Eigenschaften solcher Probleme wurde erst kürzlich von Endriss *et al.* (2010a,b) initiiert und steht noch am Anfang, eröffnet aber ein weites Forschungsfeld.

1.3 Teilen

„Ein Kompromiss", sagte Ludwig Erhard, „das ist die Kunst, einen Kuchen so zu teilen, dass jeder meint, er habe das größte Stück bekommen."

Um das gerechte Teilen von Kuchen (auf Englisch als *„cake-cutting"* bezeichnet) geht es in Kapitel 6. Der „Kuchen" ist dabei nur als eine Metapher zu verstehen, die für irgendeine teilbare Ressource oder ein teilbares Gut steht.

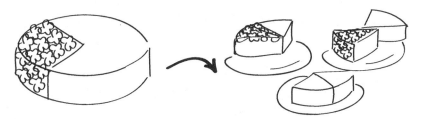

Abb. 1.3: Aufteilung eines Kuchens in drei Portionen

Abbildung 1.3 zeigt die Aufteilung eines Kuchens in drei Portionen. Doch wann ist eine Aufteilung „gerecht"? Wie viele Mütter und Väter sind schon kläglich bei dem Versuch gescheitert, einen Kuchen gerecht unter ihren Kindern aufzuteilen? Im schlimmsten Fall meinen alle Kinder, gerade das schlechteste Stück erhalten zu haben, und fühlen sich ungerecht behandelt. Denn jeder hat da seine eigene, ganz subjektive Bewertung der verschiedenen Stücke des Kuchens. In einem größeren politischen Maßstab könnte man auch fragen: Wie viele Unterhändler sind im

Nahen Osten schon kläglich bei dem Versuch gescheitert, die Gebiete zwischen dem Westjordanland und dem Gazastreifen – oder auch nur Jerusalem – gerecht unter Israelis und Palästinensern aufzuteilen?

Cake-cutting-Protokolle haben den Zweck, eine gerechte Aufteilung des Kuchens und damit Zufriedenheit unter den beteiligten Spielern zu erzeugen. „Gerecht" kann dabei verschieden interpretiert werden. Es kann z. B. bedeuten, dass kein Spieler einen geringeren Anteil vom Kuchen erhält, als was ihm seiner Bewertung nach zusteht (sein „proportionaler" Anteil am Kuchen). Oder es kann sogar bedeuten, dass kein Neid unter den Spielern entsteht. Diese Eigenschaften soll das Protokoll nach Möglichkeit sogar *garantieren*, d. h., die Proportionalität bzw. die Neidfreiheit der Aufteilung soll unabhängig davon gelten, welche individuellen Bewertungen die Spieler haben. Steinhaus (1948) hat als einer der Ersten das Problem der gerechten Kuchenaufteilung als eine überaus anspruchsvolle und schöne mathematische Aufgabe formuliert und erste Lösungen vorgeschlagen.

In Kapitel 7 schließlich wird das mit dem Cake-cutting verwandte Problem der gerechten Aufteilung von unteilbaren Gütern oder Ressourcen behandelt. Dieses Gebiet wird als *„Multiagent Resource Allocation"* bezeichnet und steht auch im Zusammenhang mit Auktionen und E-Commerce. Auch hier haben die beteiligten Spieler individuelle, subjektive Bewertungen für die einzelnen Güter oder Ressourcen, aber auch für alle Bündel von Gütern oder Ressourcen. Neben dem individuellen Nutzen, den jeder Spieler für sich realisieren kann, interessieren wir uns dabei auch besonders für den optimalen *gesellschaftlichen* Nutzen, die „soziale Wohlfahrt", die man in verschiedener Weise definieren kann. Eine optimale Aufteilung aller Güter, durch die die soziale Wohlfahrt maximiert wird, stellt ein schwieriges kombinatorisches Problem dar, dessen algorithmische und komplexitätstheoretische Eigenschaften ebenfalls untersucht werden.

1.4 Was ist Computational Social Choice?

In den einzelnen Kapiteln zum Spielen, Wählen und Teilen werden, wie gesagt, auch viele algorithmische Aspekte im Mittelpunkt stehen. In der *Computational Social Choice* (COMSOC) werden einerseits Methoden der Informatik (wie Algorithmenentwurf, Komplexitätsanalyse usw.) auf Mechanismen der Social-Choice-Theorie (wie Wahlsysteme und gerechte Aufteilungsverfahren) angewandt. Andererseits werden Konzepte und Ideen aus der Social-Choice-Theorie in die Informatik übertragen, etwa auf dem Gebiet der Multi-Agenten-Systeme, beim Netzwerkentwurf oder bei der Entwicklung von Ranking-Algorithmen.

Seit 2006 treffen sich Wissenschaftler aus aller Welt, die auf diesem Gebiet arbeiten, alle zwei Jahre auf dem *„International Workshop on Computational Social Choice"*, der bisher in Amsterdam, Liverpool und Düsseldorf stattfand. Die Tagungsbände dieser drei Treffen wurden herausgegeben von Endriss und Lang

(2006), Endriss und Goldberg (2008) und Conitzer und Rothe (2010). Wen das Lesen dieses Buches, das nicht mehr als einen Einstieg in dieses faszinierende Gebiet ermöglicht, zu einem tieferen Studium animiert, der wird in den COMSOC-Bänden eine anregende Fülle von Ideen finden und aktuellen spannenden Forschungsfragen begegnen, die noch auf eine Lösung warten.

Zu spezifischen COMSOC-Themen sind auch die Übersichtsartikel von Chevaleyre *et al.* (2006, 2007), Conitzer (2010), Daskalakis *et al.* (2009a), Faliszewski *et al.* (2010b) und Faliszewski und Procaccia (2010) sowie die Buchkapitel von Faliszewski *et al.* (2009c) und Baumeister *et al.* (2010) zu empfehlen.

Doch nun wollen wir spielen, wählen und teilen ...

Halt! Bevor wir mit dem Spielen, Wählen und Teilen wirklich anfangen können, sind noch ein paar Vorbereitungen nötig. Wie gesagt, in allen Teilen dieses Buches wollen wir uns vor allem mit den algorithmischen und komplexitätstheoretischen Problemen des Spielens, Wählens und Teilens auseinandersetzen. Doch wie ermittelt man die Komplexität eines Problems?

Um diese Frage beantworten zu können, werden in dem nun folgenden Exkurs die Grundlagen der Komplexitätstheorie vorgestellt, so knapp und informal wie möglich und so ausführlich wie nötig. Wesentliche Konzepte dieser Theorie, die in nahezu allen folgenden Kapiteln eine zentrale Rolle spielen, werden an SAT illustriert, dem Erfüllbarkeitsproblem der Aussagenlogik, das einerseits eine prominente Stellung in der Komplexitätstheorie und Algorithmik einnimmt und andererseits in Kapitel 5 besonders wichtig sein wird, wenn wir aussagenlogische Formeln im Zusammenhang mit der Urteilsfindung verwenden.

Man kann diesen Exkurs auch erst einmal überspringen und gegebenenfalls später zurückkehren, um den einen oder anderen Begriff nachzuschlagen.

1.5 Ein Exkurs in die Komplexitätstheorie

1.5.1 Einige Grundlagen der Komplexitätstheorie

Die Berechnungskomplexität von Problemen wird seit über vierzig Jahren in der Komplexitätstheorie untersucht, einem Teilgebiet der Theoretischen Informatik, das sich aus der Berechenbarkeitstheorie (siehe z. B. Homer und Selman, 2001; Rogers, 1967) entwickelt hat. Letztere beschäftigt sich u. a. damit, nachzuweisen, dass bestimmte Probleme algorithmisch gar nicht lösbar sind. Die Komplexitätstheorie dagegen befasst sich nur mit algorithmisch lösbaren Problemen, fragt aber genauer nach dem Berechnungsaufwand, den ihre Lösung erfordert. Zur Komplexitätstheorie gibt es viele nützliche Lehrbücher und Monographien, etwa die von Bovet und Crescenzi (1993), Hemaspaandra und Ogihara (2002), Papadimitriou (1995), Rothe (2008), Wagner und Wechsung (1986), Wechsung (2000) und Wegener (2003). Algorithmische und komplexitätstheoretische Konzepte und Methoden werden auch für die hier behandelten Probleme des Spielens, Wählens und Teilens eine zentrale Rolle spielen.

Komplexitätstheorie und Algorithmik verhalten sich zueinander wie Yin und Yang.[1] Während man in der Algorithmik möglichst effiziente Algorithmen zur Lösung von Problemen entwirft und somit möglichst gute *obere* Zeitschranken für die algorithmische Lösung dieser Probleme zeigt, versucht man in der Komplexitätstheorie nachzuweisen, dass sich manche Probleme überhaupt nicht effizient lösen lassen, es also gar keine effizienten Algorithmen für diese Probleme gibt. Man versucht also, eine möglichst gute *untere* Schranke für die Zeit zu beweisen, die zur algorithmischen Lösung eines Problems erforderlich ist.

Zeit ist dabei ein diskretes Komplexitätsmaß, definiert als die Anzahl der elementaren Rechenschritte, die ein Algorithmus in Abhängigkeit von der Größe der Eingabe ausführt. Die Eingabegröße hängt von der gewählten Codierung ab. In der Regel werden die Probleminstanzen binär dargestellt, also über dem Alphabet $\Sigma = \{0, 1\}$ codiert, damit sie durch einen Computer verarbeitet werden können, der diesen Algorithmus ausführt.

Unterschiedliche Codierungen haben in der Regel jedoch nur einen unbedeutenden Einfluss auf die Rechenzeit. Zum Beispiel werden konstante Faktoren bei der Laufzeitanalyse von Algorithmen üblicherweise vernachlässigt. Von Codierungsdetails werden wir daher hier absehen. Was ein „elementarer Rechenschritt" eines Algorithmus ist, hängt von dem verwendeten Algorithmenmodell ab. In der Theoretischen Informatik und speziell in der Komplexitätstheorie ist das nach ihrem Erfinder Alan Turing (1936) benannte Modell der *Turingmaschine* gebräuchlich, da es besonders simpel und dennoch universell ist: Alles, was überhaupt berechenbar ist, lässt sich nach der These von Church (1936) auch auf einer Turingmaschine berechnen. Auch hier verzichten wir auf formale Details und verweisen stattdessen auf die oben angegebene Literatur zur Berechenbarkeits- und Komplexitätstheorie. Algorithmen werden wir stets informal beschreiben; ob sie dann in einem abstrakten Algorithmenmodell wie der Turingmaschine oder in einer konkreten Programmiersprache implementiert werden, ist für unsere Darstellung egal. Allerdings unterscheiden wir zwischen verschiedenen Typen von Turingmaschinen bzw. Algorithmen:

- Bei der Berechnung einer *deterministischen Turingmaschine* bei irgendeiner Eingabe ist jeder Rechenschritt eindeutig bestimmt, d. h., zu jedem Zeitpunkt der Berechnung ergibt sich aus der aktuellen Zustandsbeschreibung der Maschine (man nennt dies eine „*Konfiguration*") eine eindeutige Folgekonfiguration,

---

[1]In der chinesischen Philosphie bezeichnen Yin und Yang Gegensätze, die sich gegenseitig bedingen und ohneeinander nicht sein können.

bis schließlich eine akzeptierende oder ablehnende Endkonfiguration erreicht wird.

- Die Berechnung einer *nichtdeterministischen Turingmaschine* bei irgendeiner Eingabe ist allgemeiner: Hier gibt es in jedem Rechenschritt die Möglichkeit einer nichtdeterministischen Verzweigung, d. h., zu jedem Zeitpunkt der Berechnung ergeben sich aus der aktuellen Konfiguration der Maschine möglicherweise mehrere Folgekonfigurationen, bis schließlich eine akzeptierende oder ablehnende Endkonfiguration erreicht wird. Demgemäß verläuft eine solche nichtdeterministische Berechnung nicht als eine deterministische Folge von Konfigurationen, sondern es ergibt sich ein *nichtdeterministischer Berechnungsbaum,*

  – dessen Wurzel die Startkonfiguration ist,
  – dessen innere Knoten die aus der Startkonfiguration erreichbaren Konfigurationen sind, bei denen die Berechnung noch nicht terminiert, und
  – dessen Blätter die akzeptierenden oder ablehnenden Endkonfigurationen sind.

Damit die Eingabe akzeptiert wird, genügt es, dass es mindestens einen akzeptierenden Berechnungspfad im Berechnungsbaum gibt. Nur wenn sämtliche Pfade in diesem Baum zu einer ablehnenden Endkonfiguration führen, wird die Eingabe verworfen.

Sowohl deterministische Berechnungen als auch einzelne oder sämtliche Pfade in einem nichtdeterministischen Berechnungsbaum können bei bestimmten Eingaben unendlich lang sein, also nie terminieren. Tatsächlich ist es algorithmisch nicht entscheidbar, ob irgendein gegebener Algorithmus (bzw. eine gegebene Turingmaschine) bei irgendeiner gegebenen Eingabe jemals anhält. Dies ist das berühmte *Halteproblem,* eines der Standardbeispiele für unentscheidbare Probleme in der Berechenbarkeitstheorie. Wie gesagt betrachten wir hier jedoch nur algorithmisch lösbare Probleme und interessieren uns für den Aufwand, den ihre Lösung erfordert.

Neben Determinismus und Nichtdeterminismus gibt es noch viele andere Berechnungsparadigmen, beispielsweise randomisierte Algorithmen, und neben der Rechenzeit gibt es auch andere Komplexitätsmaße, wie z. B. den bei einer Berechnung erforderlichen Speicherplatz. Diese werden wir hier jedoch nicht betrachten und uns im Wesentlichen auf die Analyse der Rechenzeit von deterministischen und nichtdeterministischen Algorithmen beschränken.

In der Komplexitätstheorie fasst man Probleme, deren Lösung ungefähr denselben Aufwand erfordert, in so genannten Komplexitätsklassen zusammen, und die wichtigsten Komplexitätsklassen bezüglich der Rechenzeit sind

- P („*deterministische Polynomialzeit*") und
- NP („*nichtdeterministische Polynomialzeit*").

P (bzw. NP) ist definiert als die Klasse aller Probleme, die sich mit einer deterministischen (bzw. nichtdeterministischen) Turingmaschine in Polynomialzeit lösen lassen. Deterministische Polynomialzeit-Algorithmen gelten als effizient, weil das Wachstum eines Polynoms, wie z. B. $p(n) = n^2 + 13 \cdot n + 7$, relativ moderat ist, im Gegensatz zum explosiven Wachstum einer Exponentialfunktion, wie z. B. $e(n) = 2^n$. Für sehr kleine Eingabegrößen n mag die Funktion e zwar noch harmlose Werte haben (z. B. ist $e(n) = 2^n < n^2 + 13 \cdot n + 7 = p(n)$ für alle $n < 8$), aber schon für Eingabegrößen, die nur wenig größer sind, explodiert die Exponentialfunktion im Vergleich zum Polynom (für $n = 30$ z. B. ist $e(30) = 1\,073\,741\,824$ deutlich größer als $p(30) = 1\,297$). Für noch etwas größere Eingabegrößen wie z. B. $n = 100$, die in der Praxis nicht ungewöhnlich sind, erreichen Exponentialfunktionen geradezu astronomische Werte. So schätzt man die Anzahl der Atome im sichtbaren Universum auf etwa 10^{77}. Ein Algorithmus, der die Laufzeit 10^n hat und der – nur zur Veranschaulichung einmal angenommen – pro Rechenschritt ein Atom zerstört, hätte bei einer Eingabe der Größe 77 das gesamte sichtbare Universum ausgelöscht, wenn er am Ende seiner Berechnung ankommt, also auch sich selbst, weshalb die Annahme, er würde jemals mit einem Ergebnis terminieren, absurd ist. Doch auch wenn er bei seiner Berechnung keine Atome zerstört (was Algorithmen normalerweise ja nicht tun), wer immer ihn auf diese Eingabe angesetzt hätte, wäre am Ende dieser Berechnung sowieso schon seit Jahrmillionen verstorben.

Nichtdeterministische Polynomialzeit-Algorithmen gelten hingegen nicht als effizient. Würde man einen NP-Algorithmus deterministisch auszuführen versuchen (man sagt: „deterministisch simulieren"), also Pfad für Pfad den entsprechenden Berechnungsbaum nach einer akzeptierenden Endkonfiguration durchsuchen, so würde dieser deterministische Algorithmus wohl Exponentialzeit brauchen. Denn ist die Rechenzeit des NP-Algorithmus bei Eingaben der Größe n durch ein Polynom $p(n)$ beschränkt und verzweigt der NP-Algorithmus in jedem inneren Knoten des Berechnungsbaums in höchstens zwei Folgeknoten, so kann es bis zu $2^{p(n)}$ Pfade in diesem Baum geben, und erst wenn man den letzten dieser Pfade erfolglos untersucht hat, kann man sicher sein, dass es wirklich keinen akzeptierenden Pfad gibt. Dies ist natürlich kein Beweis dafür, dass P ungleich NP ist.

Tatsächlich ist die „P = NP?"-Frage seit etwa 40 Jahren ungelöst. Sie ist die vielleicht wichtigste offene Frage der Theoretischen Informatik überhaupt und sie ist eines der sieben *Millennium-Probleme*, deren Lösungen das Clay Mathematics Institute in Cambridge, Massachusetts, jeweils mit einem Preisgeld von einer Million US-Dollar honoriert. Natürlich gilt P $\subseteq$ NP, doch es ist offen, ob diese Inklusion echt ist. Nach einer Abstimmung, die William Gasarch (2002) im Jahre 2002 unter Komplexitätstheoretikern durchführte, glaubt die überwiegende Mehrheit von ihnen, dass P $\neq$ NP gilt. Nur ein *Beweis* dieser Ungleichheit ist bisher niemandem gelungen, auch wenn immer einmal wieder ein „Beweis" lanciert wird, der sich kurz darauf jedoch als fehlerhaft herausstellt. Das Preisgeld von einer Million US-Dollar für eine korrekte Lösung dieses faszinierenden Problems ist noch zu holen!

Um eine *obere Schranke* $t(n)$ für die Komplexität eines Problems zu zeigen, genügt es, einen *spezifischen* Algorithmus für das betrachtete Problem zu finden, der es in der durch t vorgegebenen Zeit löst, der also für Eingaben der Größe

n in der Zeit höchstens $t(n)$ arbeitet. Ein P-Algorithmus etwa zeigt, dass das entsprechende Problem in der Zeit $p(n)$ für ein Polynom p und somit effizient lösbar ist. Von konstanten Faktoren und endlich vielen Ausnahmen kann man, wie erwähnt, bei der Angabe oberer Schranken absehen, da man sich nur für das *asymptotische Wachstum* von Komplexitätsfunktionen interessiert. Die folgenden Notationen, die das asymptotische (d. h. größenordnungsmäßige) Wachstum von Funktionen beschreiben, gehen auf Bachmann (1894) und Landau (1909) zurück.

Definition 1.1 (Asymptotisches Wachstum)
Seien s und t Funktionen von $\mathbb{N}$ in $\mathbb{N}$, wobei $\mathbb{N}$ die Menge der natürlichen Zahlen bezeichnet.

1. $s \in \mathcal{O}(t)$ genau dann, wenn es eine reelle Konstante $c > 0$ und eine Zahl $n_0 \in \mathbb{N}$ gibt, sodass $s(n) \leq c \cdot t(n)$ für alle $n \in \mathbb{N}$ mit $n \geq n_0$ gilt.
   Man sagt dann, dass s *asymptotisch höchstens so stark wie t wächst*.
2. $s \in \Omega(t)$ genau dann, wenn $t \in \mathcal{O}(s)$.
   Man sagt dann, dass s *asymptotisch mindestens so stark wie t wächst*.
3. Die Klasse $\Theta(t) = \mathcal{O}(u) \cap \Omega(u)$ enthält alle Funktionen, die *asymptotisch genauso stark wie t wachsen*.
4. $s \in o(t)$ genau dann, wenn es für alle reelle Konstanten $c > 0$ eine Zahl $n_0 \in \mathbb{N}$ gibt, sodass $s(n) < c \cdot t(n)$ für alle $n \in \mathbb{N}$ mit $n \geq n_0$ gilt.
   Man sagt dann, dass s *asymptotisch echt schwächer als t wächst*.
5. $s \in \omega(t)$ genau dann, wenn $t \in o(s)$.
   Man sagt dann, dass s *asymptotisch echt stärker als t wächst*.

$\blacklozenge$

Beispielsweise gilt $p \in \mathcal{O}(e)$ bzw. $e \in \Omega(p)$ für die Exponentialfunktion $e(n) = 2^n$ und das Polynom $p(n) = n^2 + 13 \cdot n + 7$, die oben definiert wurden. Da jede Exponentialfunktion asymptotisch nicht nur mindestens so stark, sondern sogar echt stärker als jedes Polynom wächst, gilt sogar $p \in o(e)$ bzw. $e \in \omega(p)$. Auch ist klar, dass $\mathcal{O}(1)$ die Klasse aller konstanten Funktionen ist. Der wesentliche Unterschied zwischen den Definitionen der $\mathcal{O}$- und der o-Notation ist die Quantifizierung der reellen positiven Konstante c. Während der Existenzquantor vor c in der Definition von $s \in \mathcal{O}(t)$ dafür sorgt, dass man beliebig große konstante Faktoren vernachlässigen darf, bewirkt der Allquantor vor c in der Definition von $s \in o(t)$, dass $c \cdot t(n)$ selbst dann größer als $s(n)$ ist, wenn das Wachstum von $c \cdot t(n)$ durch einen beliebig kleinen konstanten Faktor c gebremst wird – so viel stärker wächst t im Vergleich zu s (siehe auch z. B. Rothe, 2008; Gurski *et al.*, 2010, für weitere Details, Eigenschaften und Beispiele).

Obere Schranken für die Komplexität eines Problems werden in der $\mathcal{O}$-Notation angegeben, und es genügt, einen geeigneten Algorithmus zu finden, der das Problem innerhalb dieser oberen Schranke löst. Im Gegensatz dazu spricht man von einer *unteren Schranke* $u(n)$ für die Komplexität eines Problems, falls *kein* Algorithmus für dieses Problem mit weniger als der durch $u(n)$ vorgegebenen Zeit auskommen kann. Mindestens der Zeitaufwand $u(n)$ ist also nötig, um das Problem zu lösen, vielleicht zwar nicht für alle Eingaben der Größe n, aber für mindestens eine Eingabe dieser Größe, und egal, durch welchen Algorithmus des betrachteten Algorithmentyps. Auch hier vernachlässigen wir konstante Faktoren und lassen endlich viele Ausnahmen zu.

Offenbar sind beide Aspekte – die oberen und die unteren algorithmischen Zeitschranken zur Lösung eines Problems – eng miteinander verbunden, sie sind die zwei Seiten ein und derselben Medaille. Gelingt es, übereinstimmende obere und untere Schranken für ein Problem zu finden, so hat man dessen inhärente Komplexität bestimmt.[2] Leider ist dies jedoch oft nicht möglich.

1.5.2 Das Erfüllbarkeitsproblem der Aussagenlogik

Betrachten wir zum Beispiel das berühmte *Erfüllbarkeitsproblem* der Aussagenlogik, das auch mit dem englischen Begriff SATISFIABILITY (oder kurz mit SAT) bezeichnet wird. Entscheidungsprobleme wie dieses, bei denen eine Ja/Nein-Frage zu beantworten ist, stellen wir in der folgenden Form dar:

SATISFIABILITY (SAT)

Gegeben: Eine boolesche Formel φ.

Frage: Gibt es eine Belegung der Variablen von φ, die φ wahr macht?

Dabei versteht man unter einer *booleschen* (oder *aussagenlogischen*) *Formel* eine Verknüpfung von *atomaren Aussagen* (auch als die *Variablen der Formel* bezeichnet) durch *boolesche Operationen* wie die

- *Konjunktion* (d. h. *und* bzw. $\wedge$),
- *Disjunktion* (d. h. *oder* bzw. $\vee$),
- *Negation* (d. h. *nicht* bzw. $\neg$),
- *Implikation* (d. h., *wenn ..., dann ...* bzw. $\Longrightarrow$),
- *Äquivalenz* (d. h., *... genau dann, wenn ...* bzw. $\Longleftrightarrow$)
- usw.

---

[2]Um Missverständnissen vorzubeugen: Übereinstimmende obere und untere Schranken für ein Problem zu finden, bedeutet nicht, dass man einen Algorithmus mit der Laufzeit z. B. $\Theta(t)$ findet, der das Problem löst. Dann hätte man lediglich die Laufzeit *dieses* Algorithmus (der *eine* obere Schranke zeigt) sehr gut analysiert, sodass keine wesentlichen Verbesserungen für ihn mehr möglich sind. Um eine mit $\Theta(t)$ übereinstimmende untere Schranke zu zeigen, muss man jedoch nachweisen, dass *jeder* Algorithmus für dieses Problem keine asymptotisch echt bessere Laufzeit hat.

Tab. 1.1: Wahrheitstabelle für einige boolesche Operationen

x	y	$x \wedge y$	$x \vee y$	$\neg x$	$x \Longrightarrow y$	$x \Longleftrightarrow y$
0	0	0	0	1	1	1
0	1	0	1	1	1	0
1	0	0	1	0	0	0
1	1	1	1	0	1	1

Die o. g. booleschen Operationen sind über ihre Wahrheitstabellen definiert (siehe Tabelle 1.1), wobei die Wahrheitswerte (auch als *boolesche Konstanten* bezeichnet) *wahr* und *falsch* kurz durch 1 und 0 dargestellt werden. Jede boolesche Formel φ mit n Variablen repräsentiert eine boolesche Funktion $f_\varphi : \{0,1\}^n \to \{0,1\}$. Es gibt genau zwei nullstellige boolesche Funktionen (nämlich die beiden booleschen Konstanten), vier einstellige boolesche Funktionen (z. B. die Identität und die Negation) und 16 zweistellige boolesche Funktionen (z. B. die Funktionen, die den booleschen Operationen $\wedge$, $\vee$, $\Longrightarrow$ und $\Longleftrightarrow$ aus Tabelle 1.1 entsprechen). Im Allgemeinen gibt es 2^{2^n} n-stellige boolesche Funktionen, weil je zwei davon durch eine der 2^n möglichen Wahrheitswertbelegungen festgelegt sind, nämlich die mit dem Wert 0 und die mit dem Wert 1 für die gegebene Belegung.

Den Wahrheitswert einer booleschen Formel – also den Wert der entsprechenden booleschen Funktion – kann man abhängig von den Wahrheitswerten bestimmen, mit denen ihre Variablen belegt sind. Die von drei Variablen abhängige boolesche Formel

$$\varphi(x,y,z) = (x \wedge \neg y \wedge z) \vee (\neg x \wedge \neg y \wedge \neg z) \tag{1.1}$$

z. B. lässt sich für die Wahrheitswertbelegung $(1,1,1)$ für (x,y,z) auswerten zu

$$\varphi(1,1,1) = (1 \wedge \neg 1 \wedge 1) \vee (\neg 1 \wedge \neg 1 \wedge \neg 1) = (1 \wedge 0 \wedge 1) \vee (0 \wedge 0 \wedge 0) = 0 \vee 0 = 0,$$

ist unter dieser Belegung also falsch. Mit der Belegung $(1,0,1)$ dagegen ergibt sich

$$\varphi(1,0,1) = (1 \wedge \neg 0 \wedge 1) \vee (\neg 1 \wedge \neg 0 \wedge \neg 1) = (1 \wedge 1 \wedge 1) \vee (0 \wedge 1 \wedge 0) = 1 \vee 0 = 1,$$

φ ist unter dieser Belegung also wahr. Eine boolesche Formel φ ist *erfüllbar*, falls es eine Belegung ihrer Variablen mit Wahrheitswerten gibt, die φ wahr macht. Die Formel φ aus (1.1) hat zwei erfüllende Belegungen, $(0,0,0)$ und die schon erwähnte Belegung $(1,0,1)$. Keine der anderen sechs Belegungen erfüllt φ.

Ein *Literal* ist eine Variable, wie z. B. x, oder ihre Negation, $\neg x$. Ein *Implikant* ist eine Konjunktion von Literalen, wie z. B. $(x \wedge \neg y \wedge z)$, und eine *Klausel* ist eine Disjunktion von Literalen, wie z. B. $(x \vee y \vee \neg z)$. Formeln wie die in (1.1) angegebene sind in *disjunktiver Normalform* (kurz DNF), d. h., sie sind eine Disjunktion von Implikanten. Eine Formel ist in *konjunktiver Normalform* (kurz KNF), falls sie eine Konjunktion von Klauseln ist.

Jede boolesche Formel lässt sich in eine äquivalente Formel in DNF bzw. in eine äquivalente Formel in KNF umformen, wobei die neue Formel allerdings exponentiell größer als die gegebene Formel sein kann. Zwei Formeln heißen dabei *äquivalent*, falls sie für alle Belegungen ihrer Variablen denselben Wahrheitswert haben. Beispielsweise kann man leicht überprüfen, dass

$$\varphi'(x,y,z) \;=\; (x \vee y \vee \neg z) \wedge (x \vee \neg y \vee z) \wedge (x \vee \neg y \vee \neg z) \wedge$$
$$(\neg x \vee y \vee z) \wedge (\neg x \vee \neg y \vee z) \wedge (\neg x \vee \neg y \vee \neg z) \qquad (1.2)$$

eine zu φ aus (1.1) äquivalente Formel in KNF ist. Ist die Anzahl der Literale in allen Klauseln einer Formel in KNF durch eine Konstante k beschränkt, so sagt man, die Formel ist in *k-KNF*. Zum Beispiel ist die Formel φ' aus (1.2) in 3-KNF. Die Einschränkung des oben definierten Problems SAT auf Formeln, die in k-KNF sind, wird als k-SAT bezeichnet.

Wie schwer ist SAT? Da es für eine Formel mit n Variablen 2^n Wahrheitswertbelegungen gibt, arbeitet der naive deterministische Algorithmus für SAT in der Zeit $\mathcal{O}(n^2 \cdot 2^n)$, denn bei Eingabe einer Formel φ mit n Variablen testet er nacheinander für alle möglichen Belegungen der Variablen von φ, ob sie φ erfüllen, und jeder einzelne Test kann in quadratischer Zeit erledigt werden. Wird eine erfüllende Belegung gefunden, hält der Algorithmus und akzeptiert, aber ablehnen kann er eine unerfüllbare Formel erst, wenn sämtliche Belegungen erfolglos getestet wurden. Dieser naive Algorithmus für SAT kann verbessert werden, wie wir unten sehen werden. Auch ist bekannt, dass bestimmte Einschränkungen des Problems SAT effizienter lösbar sind. Liegt die gegebene boolesche Formel beispielsweise in DNF vor, so lässt sich die Entscheidung, ob sie erfüllbar ist oder nicht, in Polynomialzeit treffen. Denn in diesem Fall kann man nacheinander die Erfüllbarkeit der Implikanten der Formel testen; hat man einen erfüllbaren Implikanten gefunden, akzeptiert man, andernfalls lehnt man ab, sobald man beim letzten unerfüllbaren Implikanten angekommen ist. Liegt die gegebene boolesche Formel dagegen in KNF vor, scheint das Problem viel schwieriger zu sein, nämlich so schwierig wie das uneingeschränkte Problem SAT. Doch auch in diesem Fall ist ein effizienter Algorithmus möglich, sofern keine Klausel der Formel mehr als zwei Literale hat: Jones *et al.* (1976) zeigten, dass 2-SAT in Polynomialzeit lösbar ist und sogar in einer vermutlich noch kleineren Komplexitätsklasse als P liegt, da es nämlich sogar mit „nichtdeterministischem logarithmischem Speicherplatz" gelöst werden kann (siehe z. B. auch Rothe, 2008, für einen ausführlichen Beweis).

Die Laufzeit des naiven Algorithmus für SAT wurde oben als Funktion der Anzahl der Variablen der Eingabeformel angegeben. Warum? Es wäre ja naheliegend, die Größe einer Formel als die Anzahl der *Vorkommen* von positiven oder negierten Variablen zu definieren (wobei Codierungsdetails bezüglich der Klammern, $\wedge$-, $\vee$- und $\neg$-Symbole usw. bereits vernachlässigt sind), und in einer Formel kann jede Variable sehr oft vorkommen. Zum Beispiel kommen x, y und z in der Formel φ aus (1.1) je zweimal, aber in der Formel φ' aus (1.2) jeweils sechs Mal vor. Allgemein könnte jede der Variablen exponentiell (in der Variablenanzahl) oft vorkommen. Dies liegt jedoch nur daran, dass die in (1.1) bzw. (1.2) verwendete Formelschreibweise verschwenderischer als nötig ist. Stellt man eine Formel dagegen durch einen *booleschen Schaltkreis* dar (siehe Abbildung 1.4), so erhält man für die gegebene SAT-Instanz eine kompakte Repräsentation, deren Größe (unter einer vernünftigen Codierung) polynomiell in der Variablenanzahl ist. Polynomielle Faktoren spielen bei der Abschätzung einer exponentiellen Laufzeit jedoch eine untergeordnete Rolle und können problemlos vernachlässigt werden.

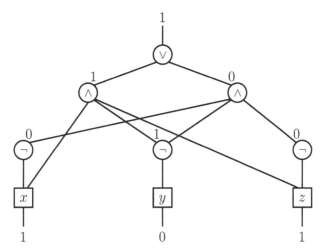

Abb. 1.4: Ein boolescher Schaltkreis für die Formel in (1.1) mit der erfüllenden Belegung $(1,0,1)$

Alternativ werden die Laufzeiten von SAT- oder k-SAT-Algorithmen auch in der Anzahl der Klauseln oder in beiden Parametern, also sowohl in der Anzahl der Variablen als auch in der Anzahl der Klauseln, angegeben.

Der naive SAT-Algorithmus lässt sich, wie bereits erwähnt, noch wesentlich verbessern. Seit Jahrzehnten wird dieses faszinierende, wichtige, in der Informatik überaus zentrale Problem untersucht, um immer bessere SAT-Solver zu entwickeln. Einer Sportart nicht unähnlich werden dabei immer neue Rekorde aufgestellt (siehe z. B. die Übersichtsartikel von Woeginger, 2003; Schöning, 2005; Riege und Rothe, 2006b, für das Erfüllbarkeitsproblem und andere harte Probleme).

Die Tabellen 1.2 und 1.3 listen einige dieser oberen Schranken für 3-SAT und für k-SAT bzw. SAT auf, wobei n die Anzahl der Variablen und m die Anzahl der Klauseln der Eingabeformel bezeichnet und polynomielle Faktoren weggelassen werden. Alle diese oberen Schranken beziehen sich auf *deterministische* Algorithmen (im Gegensatz zu *randomisierten* Algorithmen, die möglicherweise zwar effizienter sind, aber Fehler machen können) und auf den „*worst case*", d. h., bei der Laufzeitanalyse geht man jeweils vom „schlimmsten" Fall aus, also von den „hartnäckigsten" Probleminstanzen.

Tab. 1.2: Einige obere Schranken für 3-SAT

obere Schranke	Quelle
2^n	naiver 3-SAT-Algorithmus
1.6181^n	Monien und Speckenmeyer (1985)
1.4970^n	Schiermeyer (1996)
1.4963^n	Kullmann (1999)
1.4802^n	Dantsin *et al.* (2002)
1.4726^n	Brueggemann und Kern (2004)

Wie man sieht, sind alle oberen Schranken für die verschiedenen Varianten des Erfüllbarkeitsproblems in den Tabellen 1.2 und 1.3 immer noch exponentiell in der Anzahl der Variablen. Was hat man davon, einen Exponentialzeit-Algorithmus, der z. B. in der Zeit 2^n läuft, auf einen solchen mit einer Laufzeit von c^n zu verbessern, wobei c eine Konstante mit $1 < c < 2$ ist? Bei der praktischen Anwendung kann eine solche verbesserte Exponentialzeit eine große Auswirkung haben, da man in derselben absoluten Zeit deutlich größere Eingaben verarbeiten kann. Denn weil das exponentielle Wachstum erst ab einer gewissen Eingabegröße zuschlägt, können für moderate Eingabegrößen, die unter dieser Schwelle liegen, auch Exponentialzeit-Algorithmen praktikabel sein. Nehmen wir etwa an, dass wir mit einem Algorithmus, der in der Zeit 2^n arbeitet, innerhalb einer Stunde Eingaben bis zur Größe 30 lösen können. Verbessern wir diesen Algorithmus, sodass wir einen neuen Algorithmus mit einer Laufzeit von z. B. $\sqrt{2}^n \approx 1.4142^n$ erhalten, so können wir nun innerhalb einer Stunde mit demselben Computer Eingaben bis zur Größe 60 lösen, denn es gilt $\sqrt{2}^{60} = 2^{(1/2) \cdot 60} = 2^{30}$. In der Praxis kann dies einen wesentlichen Unterschied ausmachen.

Tab. 1.3: Einige obere Schranken für k-SAT und SAT

Problem	obere Schranke	Quelle
2-SAT	P	Jones *et al.* (1976)
3-SAT	1.4726^n	Brueggemann und Kern (2004)
k-SAT, $k \geq 4$	$\left(2 - 2/(k+1)\right)^n$	Dantsin *et al.* (2002)
SAT	$2^{n(1-1/\log(2m))}$	Dantsin und Wolpert (2004)

Doch wie soll man eine *untere* Schranke für SAT beweisen? Tatsächlich ist für uneingeschränkte deterministische Algorithmen bisher keine bessere untere Schranke als Linearzeit für SAT bekannt (siehe z. B. Fortnow *et al.*, 2005). Diese untere Schranke ist aber trivial, denn Linearzeit ist schon nötig, um die gesamte Eingabe zu lesen. Aufgrund dieser Schwierigkeit, untere Schranken im Sinne der Ω- oder ω-Notation für Probleme zu beweisen, geht man folgendermaßen vor: Man vergleicht die Komplexität eines Problems mit der Komplexität anderer Probleme einer Komplexitätsklasse und versucht zu zeigen, dass es mindestens so schwer zu lösen ist wie alle die anderen Probleme der Klasse. Gelingt dies, so ist das betrachtete Problem „hart" für die ganze Komplexitätsklasse, und auch in diesem Sinn spricht man von einer *unteren Schranke*: Die entsprechende Komplexitätsklasse liefert eine untere Schranke für das betrachtete Problem, denn ein beliebiges Problem der Klasse zu lösen ist nicht schwieriger, als dieses eine Problem zu lösen. Gehört dieses Problem außerdem zur Klasse, dann ist es für sie „vollständig".

Um die Komplexität zweier Probleme miteinander vergleichen zu können, führen wir nun den Begriff der Reduzierbarkeit ein, aus dem sich dann die o. g. Begriffe der Härte und der Vollständigkeit bezüglich dieser Reduzierbarkeit ergeben. Intuitiv versteht man unter einer Reduktion eines Entscheidungsproblems A auf ein anderes Entscheidungsproblem B, dass man sämtliche Instanzen von A in effizienter Weise in Instanzen von B transformieren kann, sodass die gegebenen Instanzen genau dann Ja-Instanzen von A sind, wenn ihre Transformationen Ja-Instanzen von B ergeben. Dieser Reduzierbarkeitsbegriff ist nur einer unter vielen, aber vielleicht der wichtigste, und er wird als *polynomialzeit-beschränkte Many-one-Reduzierbarkeit* bezeichnet, weil verschiedene Instanzen von A auf ein und dieselbe Instanz von B abgebildet werden können (siehe z. B. Rothe, 2008; Papadimitriou, 1995, für weitere Details und andere Reduzierbarkeiten).

Definition 1.2 (Reduzierbarkeit, Härte, Vollständigkeit und Abschluss)
Ein *Alphabet* ist eine endliche, nicht leere Menge von Buchstaben (oder Symbolen). Σ^* bezeichnet die Menge aller Wörter über dem Alphabet Σ. Eine totale Funktion $f : \Sigma^* \to \Sigma^*$ heißt *polynomialzeit-berechenbar*, falls es einen Algorithmus gibt, der bei Eingabe eines beliebigen Wortes $x \in \Sigma^*$ den Funktionswert $f(x)$ in Polynomialzeit berechnet. FP bezeichne die Menge aller polynomialzeit-berechenbaren Funktionen.

Seien A und B zwei Entscheidungsprobleme, die über demselben Alphabet Σ codiert sind, d. h., $A, B \subseteq \Sigma^*$. Sei $\mathcal{C}$ eine Komplexitätsklasse.

1. $A \leq^{\mathrm{P}}_{\mathrm{m}} B$ genau dann, wenn es eine Funktion $f \in \mathrm{FP}$ gibt, sodass für alle $x \in \Sigma^*$ gilt: $x \in A \iff f(x) \in B$. Man sagt dann, dass *sich A in Polynomialzeit mittels der Reduktion f auf B (many-one-)reduzieren lässt*.
2. B ist $\leq^{\mathrm{P}}_{\mathrm{m}}$-*hart für $\mathcal{C}$* (oder kurz $\mathcal{C}$-*hart*), falls $A \leq^{\mathrm{P}}_{\mathrm{m}} B$ für jede Menge $A \in \mathcal{C}$ gilt.
3. B ist $\leq^{\mathrm{P}}_{\mathrm{m}}$-*vollständig für $\mathcal{C}$* (oder kurz $\mathcal{C}$-*vollständig*), falls B in $\mathcal{C}$ und $\mathcal{C}$-hart ist.
4. $\mathcal{C}$ ist *abgeschlossen unter der $\leq^{\mathrm{P}}_{\mathrm{m}}$-Reduzierbarkeit*, falls für beliebige zwei Probleme A und B aus $A \leq^{\mathrm{P}}_{\mathrm{m}} B$ und $B \in \mathcal{C}$ folgt, dass A in $\mathcal{C}$ ist.

◆

Cook (1971) bewies, dass SAT NP-vollständig ist, indem er die Berechnung eines beliebigen NP-Algorithmus bei einer beliebigen Eingabe in eine boolesche Formel codierte, die genau dann erfüllbar ist, wenn der Algorithmus seine Eingabe akzeptiert. Diese $\leq_m^P$-Reduktion eines beliebigen NP-Problems auf SAT zeigt die NP-Härte von SAT und somit eine untere Schranke für SAT. Dass SAT zu NP gehört – und somit auch eine entsprechende obere Schranke für das Problem existiert – ist sehr einfach zu sehen. Bei Eingabe einer booleschen Formel φ mit n Variablen „rät" ein NP-Algorithmus nichtdeterministisch eine Belegung für φ und testet anschließend deterministisch, ob die geratene Belegung die Formel erfüllt. Hier nutzt man die Macht des Nichtdeterminismus aus. In nichtdeterministischer Polynomialzeit lässt sich jede der 2^n möglichen Belegungen raten und deterministisch verifizieren, wobei der entsprechende Berechnungsbaum genau 2^n Pfade hat, deren Länge polynomiell in n ist. Gibt es mindestens einen akzeptierenden Pfad in diesem Baum (also mindestens eine erfüllende Belegung), so wird die Formel akzeptiert; andernfalls wird sie abgelehnt.

SAT ist das erste natürliche Problem, dessen NP-Vollständigkeit gezeigt werden konnte, und daher ist das o. g. Resultat von Cook (1971) ein Meilenstein der Komplexitätstheorie. Der Begriff der NP-Vollständigkeit hat einen unmittelbaren Bezug zum oben erwähnten „P = NP?"-Problem, wie das folgende Lemma zeigt, das auch einige andere grundlegenden Eigenschaften der $\leq_m^P$-Reduzierbarkeit sowie der Komplexitätsklassen P und NP auflistet.

Lemma 1.1
1. P *und* NP *sind* $\leq_m^P$-*abgeschlossen.*
2. *Gilt* $A \leq_m^P B$ *und ist* B *in* P, *so ist auch* A *in* P.
3. *Gilt* $A \leq_m^P B$ *und ist* A NP-*hart, so ist auch* B NP-*hart.*
4. P = NP *gilt genau dann, wenn* SAT *in* P *liegt.*

P und NP sind, wie die meisten Komplexitätsklassen, nach der ersten Aussage von Lemma 1.1 unter der $\leq_m^P$-Reduzierbarkeit abgeschlossen. Das ist eine nützliche technische Eigenschaft, die in vielen Beweisen über diese Klassen ausgenutzt werden kann, u. a. im Beweis der vierten Aussage dieses Lemmas, nach der man das berühmte „P = NP?"-Problem einfach dadurch lösen könnte, dass man einen Polynomialzeit-Algorithmus für SAT findet. In diesem Sinn repräsentiert SAT – ebenso wie jedes andere NP-vollständige Problem – die ganze Klasse NP. Anstelle von SAT könnte man somit auch ein *beliebiges* anderes NP-vollständiges Problem in dieser Äquivalenz verwenden, denn wegen des $\leq_m^P$-Abschlusses von P würde die Zugehörigkeit irgendeines NP-vollständigen Problems zu P ganz NP in P hineinziehen, woraus die Gleichheit von P und NP unmittelbar folgen würde. Ähnlich einfach sind die Beweise der anderen Aussagen dieses Lemmas, die ebenfalls unmittelbar aus den Definitionen folgen.

Nach der zweiten Aussage des Lemmas vererben sich obere Schranken bezüglich der $\leq_m^P$-Reduzierbarkeit nach unten, und nach der dritten Aussage vererben sich untere Schranken bezüglich der $\leq_m^P$-Reduzierbarkeit nach oben. Deshalb ist die $\leq_m^P$-Reduzierbarkeit ein sehr nützliches Werkzeug, um einerseits neue obere Schranken (insbesondere neue Polynomialzeit-Algorithmen) und andererseits neue untere Schranken (insbesondere neue NP-Härte-Beweise) zu erhalten. Das

Problem SAT ist in dieser Hinsicht sehr geeignet, um die NP-Härte weiterer Probleme zu zeigen. Ausgehend von einer SAT-Instanz lassen sich nämlich Reduktionen auf viele andere Probleme sehr gut angeben. Noch geeigneter sind bestimmte Einschränkungen dieses Problems. Zum Beispiel liefert die Cook-Reduktion auf SAT sogar eine boolesche Formel in KNF. Somit ist auch die Einschränkung des Erfüllbarkeitsproblems auf Formeln in KNF NP-vollständig. Wenn man ausgehend von diesem Problem die NP-Härte anderer Probleme zeigen will, ist es manchmal sehr praktisch, wenn die gegebene Formel nicht nur in KNF, sondern in 3-KNF ist, wenn also jede Klausel der Formel höchstens drei Literale hat. Dafür muss zunächst aber erst die NP-Härte dieser Einschränkung des Problems nachgewiesen werden, d. h., es muss eine $\leq_m^P$-Reduktion von z. B. SAT, eingeschränkt auf KNF-Formeln, auf SAT, eingeschränkt auf 3-KNF-Formeln, angegeben werden.

Für eine beliebige gegebene Formel φ in KNF wollen wir also eine äquivalente Formel ψ in 3-KNF konstruieren. Dazu genügt es, jede Klausel von φ, die mehr als drei Literale besitzt, etwa $C = (\ell_1 \vee \ell_2 \vee \cdots \vee \ell_k)$ mit $k \geq 4$ Literalen $\ell_1, \ell_2, \ldots, \ell_k$, durch eine neue Teilformel C' zu ersetzen, die erstens in 3-KNF und zweitens genau dann erfüllbar ist, wenn C erfüllbar ist. Diese neue Teilformel hat $k - 3$ neue Variablen, $y_1, y_2, \ldots, y_{k-3}$, und besteht aus $k - 2$ Klauseln der folgenden Art:

$$
\begin{aligned}
C' \;=\; & (\ell_1 \vee \ell_2 \vee y_1) \wedge (\neg y_1 \vee \ell_3 \vee y_2) \wedge \cdots \wedge \\
& (\neg y_{k-4} \vee \ell_{k-2} \vee y_{k-3}) \wedge (\neg y_{k-3} \vee \ell_{k-1} \vee \ell_k).
\end{aligned}
$$

Es ist nicht schwer zu sehen, dass C' erfüllbar ist, wenn C erfüllbar ist, denn eine erfüllende Belegung für C kann folgendermaßen zu einer erfüllenden Belegung für C' erweitert werden:

- Ist die Klausel $(\ell_1 \vee \ell_2 \vee y_1)$ unter der erfüllenden Belegung für C wahr, weil diese ℓ_1 oder ℓ_2 erfüllt, so erweitern wir sie so, dass alle Variablen y_i mit 0 belegt werden. Offenbar ist dann jede Klausel von C' erfüllt.

- Ist die Klausel $(\neg y_{k-3} \vee \ell_{k-1} \vee \ell_k)$ unter der erfüllenden Belegung für C wahr, weil diese ℓ_{k-1} oder ℓ_k erfüllt, so erweitern wir sie so, dass alle Variablen y_i mit 1 belegt werden. Offenbar ist dann jede Klausel von C' erfüllt.

- Andernfalls muss irgendeine andere Klausel von C' unter der erfüllenden Belegung für C wahr sein, denn mindestens ein Literal ℓ_j wird ja erfüllt. Sei $(\neg y_{j-2} \vee \ell_j \vee y_{j-1})$ die erste solche Klausel von C'. Erweitern wir diese Belegung für C nun so, dass alle y_i, $1 \leq i \leq j - 2$, mit 1 und alle y_i, $j - 1 \leq i \leq k - 3$, mit 0 belegt werden, so ist offenbar jede Klausel von C' erfüllt.

Andererseits kann jede erfüllende Belegung für C' auf die Variablen eingeschränkt werden, die zu den Literalen $\ell_1, \ell_2, \ldots, \ell_k$ gehören, was eine erfüllende Belegung für C liefert. Deshalb ist C' nur dann erfüllbar, wenn auch C erfüllbar ist, die Klausel C ist also äquivalent zur Teilformel C'. Da für jede solche Klausel mit mehr als drei Literalen jeweils andere neue Variablen eingeführt werden, ist die ursprüngliche Formel φ zur so insgesamt konstruierten neuen Formel ψ äquivalent. Folglich ist nach der dritten Aussage von Lemma 1.1 auch das Problem 3-SAT NP-vollständig.

Manchmal ist es übrigens auch zweckmäßig, bei einer Reduktion von einer Formel auszugehen, die nicht nur in 3-KNF ist, sondern die zusätzlich die Eigenschaft hat, dass jede Klausel *genau* drei Literale besitzt. Sehen Sie, was man an der oben angegebenen Reduktion noch ändern müsste, um zu zeigen, dass auch diese Einschränkung des Erfüllbarkeitsproblems NP-vollständig ist?

Bereits vor mehr als dreißig Jahren sammelten Garey und Johnson (1979) mehrere hundert NP-vollständige Probleme aus den verschiedensten wissenschaftlichen Bereichen, inzwischen dürften es Tausende, wenn nicht Zehntausende sein (siehe auch Johnson, 1981, die erste einer Reihe von Kolumnen im *Journal of Algorithms*, in denen NP-vollständige Probleme vorgestellt werden).

Das Problem SAT wird uns in verschiedenen Varianten auch später in diesem Buch noch begegnen. Einerseits werden wir seine NP-Vollständigkeit ausnutzen, um die Komplexität anderer Probleme zu bestimmen. Andererseits werden wir uns in Kapitel 5 insbesondere mit booleschen Formeln im Zusammenhang mit der Urteilsfindung beschäftigen.

Doch jetzt wollen wir endlich spielen, wählen und teilen!

Teil I

Erfolgreiches Spielen

2 Nichtkooperative Spiele: Gegeneinander spielen

Übersicht

Spielen ist etwas zutiefst Menschliches,[1] und die Fähigkeit zu spielen ist eng an die Intelligenz des Menschen gebunden,[2] an sein Vermögen, vorausschauend und strategisch zu denken, unter den gerade möglichen Spielzügen einen für sich besonders vorteilhaften auswählen zu können, mögliche Antwortzüge seiner Gegenspieler vorauszusehen und dabei insgesamt seinen Gewinn zu maximieren. Unter einem Spiel verstehen wir dabei ganz allgemein eine nach festgelegten Regeln verlaufende Interaktion zwischen mehreren Spielern, die jeweils an der Maximierung ihres Gewinns interessiert sind und zu diesem Zweck strategisch vorgehen. Spiele begegnen uns überall, ob als Gesellschafts-, Computer- oder Glücksspiel, ob als Einzel- oder Mannschaftssportart wie Fechten, Fußball oder Eishockey, ob bei der Ausrichtung von Unternehmensstrategien in einer Marktwirtschaft oder bei geopolitischen oder -strategischen Entscheidungen durch Staaten oder *„Global Players"*.

Dass alle Spieler gleichzeitig das Ziel der individuellen Gewinnmaximierung verfolgen, macht den besonderen Reiz des Spielens und die große intellektuelle Herausforderung der Spieltheorie aus, deren Fundamente von Neumann und Morgenstern

---

[1] „Der Mensch spielt nur, wo er in voller Bedeutung des Wortes Mensch ist, und er ist nur da ganz Mensch, wo er spielt", stellt Friedrich Schiller im 15. seiner *Briefe über die ästhetische Erziehung des Menschen* von 1795 fest.

[2] „Blödem Volke unverständlich treiben wir des Lebens Spiel", meint Christian Morgenstern in seinen 1905 erstmals erschienenen *Galgenliedern*.

(1944) in ihrem bahnbrechenden Werk gelegt haben (siehe auch Borel, 1921; von Neumann, 1928).

Eine ganz grundlegende Einteilung von Spielen besteht darin, dass man kooperative Spiele von nichtkooperativen Spielen unterscheidet. In diesem Kapitel behandeln wir die nichtkooperative Spieltheorie. In einem nichtkooperativen Spiel konkurrieren die einzelnen Spieler miteinander: Jeder denkt eigennützig nur an seinen eigenen Gewinn. Dagegen geht es in der kooperativen Spieltheorie u. a. um die Bildung von Koalitionen von Spielern, die zusammenarbeiten, um gemeinsame Ziele umzusetzen. Dieser Theorie werden wir uns in Kapitel 3 zuwenden.

Um die ungeheure Vielfalt und Vielzahl nichtkooperativer Spiele klassifizieren und analysieren zu können, greifen wir im Folgenden unterschiedliche Aspekte und Kriterien (bzw. „Lösungskonzepte") heraus, ohne dabei einen Anspruch auf Vollständigkeit zu erheben. Beispielsweise kann man Spiele mit perfekter Information (wie z. B. Schach) von solchen mit nur unvollkommener Information (dazu gehören z. B. viele Kartenspiele) unterscheiden. Weiter spielt bei manchen Spielen der Zufall eine Rolle, bei anderen nicht. Es gibt einzügige Spiele, bei denen die Spieler ihren Zug gleichzeitig machen, und es gibt mehrzügige (bzw. sequenzielle) Spiele, bei denen sie nacheinander oder abwechselnd ziehen. Die von den Regeln des Spiels vorgeschriebene Reihenfolge von Zügen (z. B. Gleichzeitigkeit versus Sequenzialität) hat natürlich Auswirkungen darauf, was jeder Spieler in einer bestimmten Spielsituation weiß, und beeinflusst somit seine Aktionen.

Es ist ganz klar, dass sich konkrete Spiele unter mehreren dieser Kriterien einordnen lassen. So ist etwa Schach ein sequenzielles Spiel, das nicht vom Zufall abhängt und bei dem, wie gerade erwähnt, jeder Spieler stets perfekte Information über die aktuelle Spielsituation hat. Poker hingegen ist ein sequenzielles Spiel, bei dem der Zufall die Blätter der Spieler bestimmt und bei dem kein (ehrlicher) Spieler vollkommene Kenntnis der Blätter seiner Mitspieler hat, auch wenn er vielleicht gewisse Schlüsse aus deren Spielverhalten ziehen kann (oder, besser gesagt, ziehen zu können glaubt), und daher nicht weiß, ob sie gerade bluffen oder nicht.

2.1   Grundlagen

Im Folgenden betrachten wir eine Menge $P = \{1, 2, \ldots, n\}$ von Spielern; gelegentlich werden wir ihnen auch Namen statt Nummern geben. Wer die Spieler sind und wie viele es gibt, hängt von dem Spiel ab, das gespielt wird. Spieler können ebenso einzelne Personen sein wie Gruppen von Personen (z. B. in Mannschaftssportarten), sie können Computerprogramme, Staaten (bzw. ihre Regierungen), Wirtschaftsunternehmen, Volksgruppen oder Organisationen sein. Ein Spiel ist definiert durch seine *Regeln*, die beschreiben, wie das Spiel durchzuführen ist und was jeder Spieler in welcher Situation tun darf oder muss und was nicht. Auch sollte stets klar sein, was die einzelnen Spieler über den jeweiligen Spielzustand wissen können, wann ein Spiel zu Ende ist und wer warum wie viel gewonnen hat.

Manche Spiele zeichnen sich durch ein ausgesprochen umfangreiches Regelwerk aus; beispielsweise hat die Internationale Skatordnung 65 Seiten im A5-Format (wobei allerdings viele Seiten dieses Büchleins keine Regeln, sondern andere wissenswerte Informationen rund um das Skatspiel beinhalten). Um die Analyse jedoch möglichst einfach und verständlich zu halten, werden wir uns hier auf relativ einfache Spiele konzentrieren, anhand derer die wesentlichen strategischen bzw. spieltheoretischen Aspekte dennoch gut erläutert werden können.

Im Unterschied zu den Spielregeln stellen die *Strategien der Spieler* vollständige und exakte Handlungsvorschriften für jede mögliche Situation dar, in die sie im Spielverlauf kommen können. Abhängig von der aktuellen Spielsituation hat ein Spieler demnach möglicherweise die Wahl zwischen alternativen Aktionen, die natürlich alle regelkonform sein müssen. Stehen einem Spieler keine Aktionen mehr zur Auswahl, ist das oft (aber nicht immer) gleichbedeutend mit dem Ende des Spiels und der Niederlage des Spielers (z. B. bei einem „Schachmatt!").

2.1.1   Normalform, dominante Strategien und Gleichgewichte

Anhand eines konkreten Spiels stellen wir die Normalform sowie die Lösungskonzepte dominante Strategien, Pareto-Optima und Gleichgewichte in Spielen vor.

Das Gefangenendilemma

Ein besonders einfaches, aber auch sehr bekanntes und schönes Beispiel für ein Spiel ist das folgende Dilemma, in das zwei Gefangene geraten sind.

Zwei lang gesuchte Verbrecher, im Untergrund-Milieu bekannt als „Smith & Wesson", sind verhaftet worden. Man wirft ihnen vor, gemeinsam eine Bank ausgeraubt zu haben, kann es aber leider nicht beweisen. Der für die Ermittlung zuständige Kriminalkommissar verhört die beiden einzeln nacheinander und lässt sich zunächst Smith vorführen. Trotz intensiver Befragung schweigt dieser jedoch beharrlich. Also bietet ihm der Kommissar einen Handel an.

„Sie kennen die Höchststrafe für diese Tat, Smith", sagt der Kommissar, „zehn Jahre hinter Gittern! Wenn Sie aber gestehen, dass Sie und Wesson die Bank ausgeraubt haben, dann kommen Sie wegen guter Zusammenarbeit mit uns auf Bewährung frei, und Wesson muss die zehn Jahre allein absitzen, falls er weiter störrisch ist."

Smith schweigt.

„Überlegen Sie sich's bis morgen", fährt der Kommissar fort. „Ich biete jetzt Wesson denselben Deal an."

Als Smith abgeführt wird, dreht er sich noch einmal um und fragt: „Was ist, wenn Wesson ein Geständnis ablegt und mich belastet?"

„Das kommt darauf an", antwortet der Kommissar. „Wenn nur er gesteht und Sie nicht, kommt er auf Bewährung frei und Sie gehen zehn Jahre in den Bau. Wenn Sie beide ein Geständnis ablegen, müssen Sie beide vier Jahre absitzen, weil dann zwar jeder von Ihnen mit uns kooperiert hat, das eine Geständnis für uns aber jeweils weniger wert ist, denn das andere Geständnis allein hätte uns ja auch gereicht."

„Und wenn wir beide nichts sagen?"

„Ich will ehrlich sein", erwidert der Kommissar. „Die Beweislage ist zu dünn, als dass wir in diesem Fall die Höchststrafe herausholen könnten. Wenn Sie sich beide weigern, ein Geständnis abzulegen, kriegen wir Sie nur wegen unerlaubten Waffenbesitzes und Widerstands gegen die Staatsgewalt dran. Das macht dann zwei Jahre Knast für Sie beide."

Die ganze Nacht grübelt Smith in seiner Einzelzelle über dieses Angebot des Kommissars nach. Leider kann er sich nicht mit Wesson absprechen, der ebenfalls in seiner Einzelzelle sitzt und grübelt. Beide wollen ihre Entscheidung rational treffen und sind dabei – als skrupellose Verbrecher, die sie nun einmal sind – nur auf ihren eigenen Vorteil bedacht. Offensichtlich spielen sie ein strategisches Spiel, bei dem beide die Wahl zwischen zwei Strategien haben: ein Geständnis ablegen oder weiter schweigen. Das Ergebnis des Spiels hängt jedoch für jeden der beiden Spieler nicht nur von der eigenen, sondern auch von der Strategie des anderen Spielers ab, und sie müssen beide gleichzeitig ihren Zug machen, ohne zu wissen, wie sich der andere entscheidet.

Tab. 2.1: Das Gefangenendilemma

		Wesson	
		Geständnis	Schweigen
Smith	Geständnis	$(-4, -4)$	$(0, -10)$
	Schweigen	$(-10, 0)$	$(-2, -2)$

Tabelle 2.1 fasst die Spielregeln des Kommissars zusammen. Ein Eintrag $(-k, -\ell)$ bedeutet dabei, dass Smith zu einer Gefängnisstrafe von k Jahren und Wesson zu einer Gefängnisstrafe von ℓ Jahren verurteilt wird. Ihren Gewinn maximieren die Spieler also dann, wenn sie mit einer möglichst geringen Strafe davonkommen. Möchte man negative Gewinnbeträge vermeiden, so könnte man alle Gewinne gleichermaßen skalieren, ohne dadurch die strategischen Aspekte des

Spiels zu ändern. Halbiert man etwa die Beträge in Tabelle 2.1 und addiert 5, so erhält man die Werte in Tabelle 2.2, die in strategischer Hinsicht äquivalent sind.

Tab. 2.2: Das Gefangenendilemma ohne negative Einträge

		Wesson	
		Geständnis	Schweigen
Smith	Geständnis	$(3,3)$	$(5,0)$
	Schweigen	$(0,5)$	$(4,4)$

Allgemein betrachtet man für nichtkooperative Spiele mit einer beliebigen Anzahl von Spielern die *Normalform* (oder *strategische Form*), die für das Gefangenendilemma oben bereits angegeben wurde. Für mehr als zwei Spieler genügt allerdings die einfache zweidimensionale Tabellenform nicht mehr, um alle Gewinnvektoren für alle Tupel von Strategien der Spieler darzustellen. Die Repräsentation in Normalform ermöglicht für eine Vielzahl von Spielen – wenn auch nicht für die Gesamtheit aller Spiele – eine einheitliche Darstellung und Analyse. Die Normalform, die Borel (1921) und von Neumann (1928) zugeschrieben wird, ist am besten dafür geeignet, einzügige Spiele darzustellen, bei denen alle Spieler ihren Zug gleichzeitig und ohne Kenntnis der Züge der anderen Spieler machen und bei denen (externer) Zufall keine Rolle spielt. Für die Darstellung sequenzieller Spiele, bei denen die Spieler nacheinander oder abwechselnd ziehen, ist die so genannte *erweiterte Form* besser geeignet, die wir in Abschnitt 2.3.1 vorstellen. Ein- oder mehrzügige Spiele, bei denen auch noch der Zufall eine Rolle spielt, werden als so genannte *Bayes'sche Spiele* bezeichnet und in Abschnitt 2.4.2 näher erläutert.

Definition 2.1 (Normalform)
Ein Spiel mit n Spielern ist in *Normalform*, falls für alle i, $1 \leq i \leq n$, gilt:

1. Dem Spieler i steht eine (endliche oder unendliche) Menge S_i von (reinen) Strategien (bzw. Aktionen) zur Auswahl. Die Menge der *Profile (reiner) Strategien (oder Aktionen)* aller n Spieler wird dargestellt als das kartesische Produkt

$$S = S_1 \times S_2 \times \cdots \times S_n.$$

2. Die Gewinnfunktion $g_i : S \rightarrow \mathbb{R}$ gibt den *Gewinn $g_i(\vec{s})$ des Spielers i* für das Strategieprofil $\vec{s} = (s_1, s_2, \ldots, s_n) \in S$ an. Dabei bezeichne $\mathbb{R}$ die Menge der reellen Zahlen und s_j, $1 \leq j \leq n$, die von Spieler j gewählte Strategie.

♦

In Definition 2.1 wird von „reinen" Strategien gesprochen, da wir dort annehmen, dass sich jeder Spieler definitiv für genau eine Strategie entscheidet. Alternativ dazu kann man auch *gemischte* Strategien betrachten, bei denen eine Wahrscheinlichkeitsverteilung auf der Menge S_j der möglichen Strategien eines jeden Spielers j, $1 \leq j \leq n$, angenommen wird. Gemäß dieser Verteilung wählt jeder

Spieler dann seine Strategie mit einer bestimmten Wahrscheinlichkeit. Dies wird in Abschnitt 2.2 genauer erörtert.

Doch wie soll sich Smith nun in seinem Dilemma entscheiden? Könnte er sich darauf verlassen, dass Wesson schweigt, so wäre es für ihn, Smith, natürlich am besten, den Bankraub zu gestehen, denn eine Bewährungsstrafe ist besser als zwei Jahre Gefängnis. Natürlich kann er sich auf Wessons Schweigen nicht verlassen. Andererseits, auch wenn Wesson ein Geständnis ablegt und ihn mitbelastet, ist es für Smith besser, zu gestehen. Ins Gefängnis muss er dann zwar auf jeden Fall, aber vier Jahre sind besser als zehn. Aus Smith' Sicht ist ein Geständnis also für jede Strategie, die Wesson wählt, besser als weiter zu schweigen. Das heißt, zu gestehen ist für Smith eine dominante Strategie. Aus symmetrischen Gründen ist auch für Wesson ein Geständnis eine dominante Strategie. Allgemein ist dieser Begriff wie folgt definiert.

Definition 2.2 (dominante Strategie)
Sei $\mathcal{S} = S_1 \times S_2 \times \cdots \times S_n$ die Menge der Strategieprofile der n Spieler eines nichtkooperativen Spiels in Normalform und sei g_i die Gewinnfunktion des Spielers i, $1 \leq i \leq n$. Eine Strategie $s_i \in S_i$ des Spielers i heißt *dominant* (oder *schwach dominant*), falls

$$g_i(s_1, \ldots, s_{i-1}, s_i, s_{i+1}, \ldots, s_n) \geq g_i(s_1, \ldots, s_{i-1}, s_i', s_{i+1}, \ldots, s_n) \qquad (2.1)$$

für alle Strategien $s_i' \in S_i$ und alle Strategien $s_j \in S_j$ mit $1 \leq j \leq n$ und $j \neq i$ gilt.

Ist die Ungleichung (2.1) echt für alle $s_i' \in S_i$ mit $s_i' \neq s_i$ und alle $s_j \in S_j$ mit $1 \leq j \leq n$ und $j \neq i$, so ist s_i für den Spieler i eine *echt dominante Strategie*. ◆

Die o. g. Strategie, zu gestehen, ist somit sowohl für Smith als auch für Wesson sogar echt dominant. Hat ein Spieler eine (echt) dominante Strategie, so ist dies für ihn natürlich sehr vorteilhaft: Er muss sich gar nicht darum kümmern, was die anderen Spieler tun, sondern besitzt unabhängig von ihnen eine beste Strategie.

Interessanterweise wäre es beim Gefangenendilemma aus *globaler* Sicht jedoch günstiger, wenn *beide* Spieler von ihrer echt dominanten Strategie abweichen, also schweigen würden. Könnten sie sich nämlich absprechen und auf gemeinsames Schweigen einigen, kämen beide für jeweils nur zwei statt für vier Jahre ins Gefängnis. Die dominante Strategie zu spielen und ein Geständnis abzulegen ist jedoch die sicherere Variante, denn selbst wenn sie sich auf gemeinsames Schweigen geeinigt hätten, wäre für beide Spieler die Gefahr einfach zu groß, dass der andere Spieler sein Wort bricht und aus Eigennutz gesteht. Der übers Ohr gehaue Spieler müsste dann die Höchststrafe abbrummen, während der Verräter draußen auf Bewährung herumspazieren könnte.

Wie oben erwähnt, ist die Variante, dass sich beide Spieler für das Schweigen entscheiden, also *kooperieren*, aus globaler Sicht durchaus vorteilhaft. Dies wird formal durch den Begriff der Pareto-Dominanz bzw. der Pareto-Optimalität (oder Pareto-Effizienz; vgl. auch Definition 6.4 auf Seite 248 in Abschnitt 6.3.2) ausgedrückt, mit denen man Aussagen über die global gewählten Strategieprofile aller Spieler treffen kann.

Definition 2.3 (Pareto-Dominanz und Pareto-Optimalität)

Sei $\mathcal{S} = S_1 \times S_2 \times \cdots \times S_n$ die Menge der Strategieprofile der n Spieler eines nicht-kooperativen Spiels in Normalform. Seien $\vec{s}$ und $\vec{t}$ zwei Strategieprofile aus $\mathcal{S}$.

1. Wir sagen, $\vec{s}$ *Pareto-dominiert* $\vec{t}$, falls für alle i, $1 \leq i \leq n$, gilt:

$$g_i(\vec{s}) \geq g_i(\vec{t}). \tag{2.2}$$

   Ist diese Ungleichung echt, so sagen wir, $\vec{t}$ wird von $\vec{s}$ *stark Pareto-dominiert*.

2. Wir sagen, $\vec{t}$ ist *Pareto-optimal*, falls für alle $\vec{s} \in \mathcal{S}$ gilt: Wird $\vec{t}$ von $\vec{s}$ Pareto-dominiert, so ist $g_i(\vec{s}) = g_i(\vec{t})$ für alle i, $1 \leq i \leq n$. Das heißt, $\vec{t}$ ist Pareto-optimal, falls es kein $\vec{s} \in \mathcal{S}$ gibt, sodass

   a) $g_i(\vec{s}) \geq g_i(\vec{t})$ für alle i, $1 \leq i \leq n$, und

   b) $g_j(\vec{s}) > g_j(\vec{t})$ für mindestens ein j, $1 \leq j \leq n$.

3. Wir sagen, $\vec{t}$ ist *schwach Pareto-optimal*, falls es kein $\vec{s} \in \mathcal{S}$ gibt, das $\vec{t}$ stark Pareto-dominiert.

♦

Intuitiv bedeutet die Pareto-Optimalität eines Strategieprofils $\vec{t} = (t_1, t_2, \ldots, t_n)$ also, dass kein anderes Strategieprofil allen Spielern mindestens so viel Gewinn wie $\vec{t}$ und zudem mindestens einem Spieler einen echt größeren Gewinn beschert. Ein *Pareto-Optimum* liegt also genau dann vor, wenn sich kein Spieler verbessern kann, ohne dass ein anderer Spieler sich dadurch verschlechtert. Schwach Pareto-optimal ist $\vec{t}$ dagegen, wenn kein anderes Strategieprofil *sämtlichen* Spielern einen echt größeren Gewinn einbringt. Jedes Pareto-Optimum ist somit auch ein schwaches Pareto-Optimum; umgekehrt sind schwache Pareto-Optima nicht notwendig Pareto-optimal. Wie man sich leicht überlegt, ist das Strategieprofil (Schweigen, Schweigen) das Pareto-Optimum im Beispiel des Gefangenendilemmas, denn kein anderes Strategieprofil stellt einen der beiden Spieler besser, ohne zugleich den anderen schlechter dastehen zu lassen.

Bisher haben wir zwei unterschiedliche Konzepte kennen gelernt, die einen Hinweis auf den Ausgang eines Spiels geben können:

1. dominante Strategien – wie z. B. das Strategieprofil (Geständnis, Geständnis) im Gefangenendilemma;

2. Pareto-Optima – wie z. B. das Strategieprofil (Schweigen, Schweigen) im Gefangenendilemma.

Ein drittes Konzept, mit dessen Hilfe man den Ausgang eines Spiels vorhersagen kann, ist das Kriterium der *Stabilität*. Informal gesagt ist eine Lösung – also ein Profil der Strategien aller Spieler – stabil, wenn keiner der Spieler einen Anreiz hat, von seiner Strategie in diesem Profil abzuweichen, sofern er davon ausgeht, dass auch die anderen Spieler ihre jeweilige Strategie gemäß diesem Profil wählen. Man sagt dann auch, dass sich die Strategien dieser Lösung im Gleichgewicht befinden.

Es gibt verschiedene formale Definitionen für solche Gleichgewichte. Das wohl bekannteste Gleichgewicht geht auf Nash (1951) zurück. Ähnlich wie John von Neumann gilt auch John Forbes Nash als einer der großen Pioniere der Spieltheorie. Nash gewann zahlreiche Preise und erhielt die höchsten akademischen Ehrungen für seine grandiosen Erkenntnisse und bahnbrechenden Ideen, u. a. 1978 den *John von Neumann Theory Prize* für die Entdeckung der nach ihm benannten Gleichgewichte in nichtkooperativen Spielen und 1994 den *Nobelpreis für Wirtschaftswissenschaften* (gemeinsam mit den Spieltheoretikern Reinhard Selten und John Harsanyi). Nashs bewegtes und bewegendes Leben – mit all seinen genialen Momenten und seinen Schattenseiten – ist Gegenstand der (nicht autorisierten) Biographie von Nasar (1998) und des darauf basierenden Hollywood-Spielfilms „*A Beautiful Mind*", USA 2001, der mit vier Oscars ausgezeichnet wurde, u. a. in den Kategorien *Best Picture* (Brian Grazer und Ron Howard) und *Best Director* (Ron Howard), und der für vier weitere Oscars nominiert wurde.

Die folgende Definition des Nash-Gleichgewichts bezieht sich wieder auf reine Strategien der Spieler. Den entsprechenden Begriff des Nash-Gleichgewichts in gemischten Strategien führen wir später in Definition 2.5 ein.

Definition 2.4 (Nash-Gleichgewicht in reinen Strategien)

Sei $S = S_1 \times S_2 \times \cdots \times S_n$ die Menge der Strategieprofile der n Spieler eines nichtkooperativen Spiels in Normalform und sei g_i die Gewinnfunktion des Spielers i, $1 \le i \le n$.

1. Eine Strategie $s_i \in S_i$ des Spielers i heißt *beste Antwortstrategie auf ein Profil* $\vec{s}_{-i} = (s_1, \ldots, s_{i-1}, s_{i+1}, \ldots, s_n) \in S_1 \times \cdots \times S_{i-1} \times S_{i+1} \times \cdots \times S_n$ *der Strategien der anderen Spieler*, falls

$$g_i(s_1, \ldots, s_{i-1}, s_i, s_{i+1}, \ldots, s_n) \ge g_i(s_1, \ldots, s_{i-1}, s_i', s_{i+1}, \ldots, s_n) \qquad (2.3)$$

   für alle Strategien $s_i' \in S_i$ gilt.
2. Gibt es genau eine solche Strategie $s_i \in S_i$ des Spielers i, so ist sie seine *echt beste Antwortstrategie auf das Profil* $\vec{s}_{-i}$ *der Strategien der anderen Spieler*.
3. Ein Strategieprofil $\vec{s} = (s_1, s_2, \ldots, s_n) \in S$ ist in einem *Nash-Gleichgewicht in reinen Strategien*, falls $s_i \in S_i$ für alle i, $1 \le i \le n$, eine beste Antwortstrategie des Spielers i auf das Profil $\vec{s}_{-i}$ der Strategien der anderen Spieler ist.
4. Gibt es genau ein solches Strategieprofil $\vec{s}$, so ist $\vec{s}$ ein *striktes Nash-Gleichgewicht in reinen Strategien*.

♦

Weil die Ungleichungen (2.1) und (2.3) identisch sind, könnte man vielleicht glauben, eine beste Antwortstrategie sei dasselbe wie eine dominante Strategie. Es gibt jedoch einen feinen, aber entscheidenden Unterschied. Bei der Definition der besten Antwortstrategie gilt (2.3) lediglich für alle Strategien $s_i' \in S_i$ des Spielers i, während der Kontext – das Profil $\vec{s}_{-i} = (s_1, \ldots, s_{i-1}, s_{i+1}, \ldots, s_n)$ der Strategien der anderen Spieler – fixiert ist. Im Gegensatz dazu gilt (2.1) bei der Definition der dominanten Strategie für alle Strategien $s_i' \in S_i$ des Spielers i *und für alle Strategieprofile* $\vec{s}_{-i} = (s_1, \ldots, s_{i-1}, s_{i+1}, \ldots, s_n)$ *der anderen Spieler.* Folglich ist dies eine schärfere Forderung: Hat ein Spieler eine dominante Strategie, so ist diese seine beste Antwortstrategie auf *sämtliche* Strategieprofile der anderen Spieler.

Ein Nash-Gleichgewicht in reinen Strategien liegt vor, wenn jeder Spieler eine beste Antwortstrategie auf die von ihm erwarteten Strategien seiner Mitspieler wählt. Daher hat kein Spieler einen Anreiz, von seiner gewählten besten Antwortstrategie abzuweichen, und die Lösung ist stabil. Aus dem im vorherigen Absatz Gesagten ergibt sich sofort, dass ein Profil aus dominanten Strategien für alle Spieler stets auch ein Nash-Gleichgewicht in reinen Strategien ist; die Umkehrung gilt jedoch im Allgemeinen nicht (ein Beispiel dafür ist die später vorgestellte „Schlacht der Geschlechter").

Da wir beim Gefangenendilemma die dominanten Strategien der beiden Spieler bereits kennen (beide legen ein Geständnis ab), wissen wir auch, dass (Geständnis, Geständnis) ein Nash-Gleichgewicht in reinen Strategien ist: Weder Smith noch Wesson können ihre Situation durch „einseitiges Abweichen" (unter der Annahme also, dass der andere nicht abweicht) verbessern und bleiben daher „stabil geständig". Dieses Strategieprofil bildet sogar ein striktes Nash-Gleichgewicht, denn es gibt kein anderes. Das liegt daran, dass beide Spieler sogar *echt* dominante Strategien haben. Dies gilt allgemein für jedes Spiel in Normalform: Haben alle Spieler eine echt dominante Strategie, so bilden diese das strikte Nash-Gleichgewicht in reinen Strategien. Schwach dominante Strategien können hingegen in mehreren Nash-Gleichgewichten auftreten. Können Sie sich ein Spiel in Normalform überlegen, in dem es zwar ein striktes Nash-Gleichgewicht gibt, dieses aber keine dominanten Strategien enthält?

Wie wir gesehen haben, sind beim Gefangenendilemma das Nash-Gleichgewicht (Geständnis, Geständnis) und das Pareto-Optimum (Schweigen, Schweigen) verschieden. Also können Nash-Gleichgewichte und Pareto-Optima unterschiedlich sein. Abbildung 2.1 stellt übersichtlich die Beziehungen zwischen den einzelnen Lösungskonzepten dar. Dabei bedeutet ein Pfeil ($A \rightarrow B$) eine Implikation: Wenn ein Strategieprofil das Kriterium A erfüllt, dann erfüllt es auch das Kriterium B.

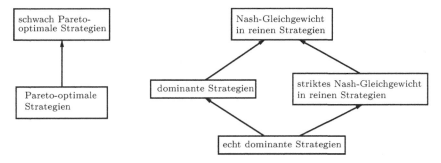

Abb. 2.1: Beziehungen zwischen den Lösungskonzepten für nichtkooperative Spiele in Normalform (Implikationen)

Abbildung 2.2 zeigt die Beziehungen zwischen einigen der bisher vorgestellten Lösungskonzepte für nichtkooperative Spiele in Normalform als Venn-Diagramm. Ein solches Diagramm veranschaulicht mengentheoretische Inklusionen. Das größte Feld in dieser Abbildung stellt die Menge aller Lösungen (also Strategieprofile) dar, die kleineren Felder sind jeweils Teilmengen dieser Menge gemäß den jeweiligen Lösungskonzepten. Dabei stellt das kleinste Feld, das ein Lösungskonzept vollständig einschließt, die entsprechende Lösungsmenge dar. Zum Beispiel veranschaulicht das Feld um „dominante Strategien" die Menge der Profile, in denen sämtliche Spieler eine dominante Strategie haben. Der Übersichtlichkeit halber verzichten wir dabei auf die Darstellung von schwach Pareto-optimalen und echt dominanten Strategien sowie von strikten Nash-Gleichgewichten in reinen Strategien. Diese allgemeineren bzw. spezielleren Lösungskonzepte können jedoch leicht ergänzt werden. Insbesondere sieht man an beiden Abbildungen, dass die Eigenschaft der Pareto-Optimalität sowohl mit der Existenz von dominanten Strategien als auch mit der von Nash-Gleichgewichten in reinen Strategien unvergleichbar ist. Das heißt, die Pareto-Optimalität einer Lösung impliziert keine der beiden anderen Eigenschaften für diese Lösung und wird von keiner dieser beiden anderen Eigenschaften impliziert.

Abb. 2.2: Beziehungen zwischen einigen Lösungskonzepten für nichtkooperative Spiele in Normalform (Venn-Diagramm)

2.1.2   Weitere Zwei-Personen-Spiele

In diesem Abschnitt analysieren wir eine Reihe von weiteren interessanten Zwei-Personen-Spielen in Normalform bezüglich der oben erwähnten Lösungskonzepte. Wie das Gefangenendilemma hat jedes dieser Spiele seine eigenen strategischen Merkmale und steht somit beispielhaft für eine ganze Klasse von Spielen mit denselben strategischen Eigenschaften, die sich voneinander nur in der Höhe des jeweils möglichen Gewinns der beiden Spieler unterscheiden.

Die Schlacht der Geschlechter

Dieses Spiel, im Englischen als „*battle of the sexes*" bezeichnet, wird in der Regel von Paaren gespielt, einer Frau und einem Mann.

Georg und Helena wollen an ihrem ersten Hochzeitstag zusammen ausgehen. Noch zu entscheiden ist nur die Frage, wohin. Natürlich machen sie ganz unterschiedliche Vorschläge.

„Lass uns doch einfach zum Stadion fahren", sagt Georg. „Zufällig habe ich noch zwei Karten für das Fußballspiel heute Abend ergattern können!" Stolz präsentiert er sie ihr.

„So ein Pech!", entgegnet Helena enttäuscht und hält ebenfalls ein Paar Eintrittskarten hoch. „Ich wollte dich damit überraschen! Heute tritt Tori Amos auf, und da dachte ich …"

„Tut mir wirklich leid!", ruft da Georg. „Vielleicht kannst du sie ja auf dem Weg zum Stadion jemandem verkaufen. Aber das ist England gegen Deutschland, der Klassiker! Den kann ich nicht verpassen!"

„So?", erwidert Helena etwas schnippisch. „Dann geh doch zu deinem Klassiker! Ich finde bestimmt jemanden, der *deine* Tori-Amos-Karte haben will!"

„So habe ich das doch nicht gemeint!", lenkt Georg klug ein. „Dass ich den Abend mit dir verbringen will, ist doch ganz klar, und von mir aus können wir auch zu deinem Konzert gehen. Hauptsache, wir machen was zusammen. Nur zehnmal lieber als das Konzert würde ich *gemeinsam* mit dir das Fußballspiel sehen."

An dieser Stelle lassen wir die beiden besser allein, damit sie ihre „Schlacht" ungestört austragen, dann ihren Streit schlichten und eine für beide annehmbare Entscheidung treffen können. Stattdessen werfen wir einen Blick auf ihr Spiel.

Tab. 2.3: Die Schlacht der Geschlechter

		Helena	
		Fußball	Konzert
Georg	Fußball	$(\mathbf{10},\mathbf{1})$	$(0,0)$
	Konzert	$(0,0)$	$(\mathbf{1},\mathbf{10})$

Tabelle 2.3 zeigt die Gewinnvektoren von Georg und Helena für alle vier Fälle. Links steht in den Gewinnvektoren Georgs Gewinn und rechts der von Helena. Offenbar haben beide nichts davon, den Abend bei verschiedenen Veranstaltungen zu verbringen: Die Strategieprofile (Fußball, Konzert) und (Konzert, Fußball)

werden beide mit $(0,0)$ belohnt, denn eine Trennung vom Partner verdirbt ihnen jegliche Freude, auch am eigenen Lieblingsereignis.

Dagegen bilden die fettgedruckten Gewinnvektoren $(10,1)$ bzw. $(1,10)$ jeweils ein Nash-Gleichgewicht in reinen Strategien, denn wenn sich Georg und Helena für entweder (Fußball, Fußball) oder (Konzert, Konzert) entscheiden, haben sie beide keinen Anreiz, einseitig abzuweichen, da dies jeweils mit dem Verlust des positiven Gewinns bestraft werden würde. Allerdings gewinnt Georg das Zehnfache von Helena, falls sie beide ins Stadion gehen, und umgekehrt ist Helenas Gewinn zehnmal größer als der von Georg, falls sie den Abend in der Konzerthalle verbringen. Diese beiden Nash-Gleichgewichte in reinen Strategien sind also, anders als beim Gefangenendilemma, nicht strikt.

Gibt es dominante Strategien? Dass die Wahl „Konzert" für Georg nicht dominant ist, ist unmittelbar klar, denn „Fußball" statt „Konzert" zu wählen erhöht seinen Gewinn von 0 auf 10, falls Helena sich ihm zuliebe auch für „Fußball" entscheidet. Aber auch die Wahl „Fußball" ist für Georg keine dominante Strategie, denn wenn Helena nicht nachgibt und dabei bleibt, unbedingt ins Konzert gehen zu wollen, könnte Georg seinen Gewinn von 0, den er in diesem Fall bei der Wahl „Fußball" hätte, auf immerhin noch 1 erhöhen, indem er einlenkt und sich ihr zuliebe für das Konzert entscheidet.

Aus symmetrischen Gründen gibt es auch für Helena keine dominante Strategie. Wie man an diesem Beispiel sieht, können Nash-Gleichgewichte in reinen Strategien existieren, auch wenn kein Spieler eine dominante Strategie hat.

Anders als beim Gefangenendilemma stimmen in diesem Spiel die Pareto-Optima mit den Nash-Gleichgewichten in reinen Strategien überein. Die Strategieprofile (Fußball, Konzert) und (Konzert, Fußball) mit dem Gewinnvektor $(0,0)$ sind nicht Pareto-optimal, denn durch den Übergang auf die Profile (Fußball, Fußball) bzw. (Konzert, Konzert) mit den Gewinnvektoren $(10,1)$ bzw. $(1,10)$ können sich beide Spieler in diesen Fällen verbessern, ohne dass sich der jeweils andere Spieler verschlechtert (im Gegenteil: auch der andere Spieler verbessert sich dabei).

Das Strategieprofil (Fußball, Fußball) mit dem Gewinnvektor $(10,1)$ dagegen ist Pareto-optimal, denn Georg kann sich in diesem Fall überhaupt nicht verbessern, und Helena kann sich zwar durch den Übergang auf das Profil (Konzert, Konzert) mit dem Gewinnvektor $(1,10)$ verbessern, aber nur auf Kosten einer Verschlechterung von Georg, und mit den anderen beiden Strategieprofilen – (Fußball, Konzert) und (Konzert, Fußball) – würde sie ihren Gewinn sogar auf 0 verringern. Mit einem symmetrischen Argument zeigt man, dass auch das Strategieprofil (Konzert, Konzert) Pareto-optimal ist.

Das Angsthasenspiel

Dieses Spiel, im Englischen als *„chicken game"* bezeichnet, modelliert nicht eine Situation, bei der sich wie in der Schlacht der Geschlechter zwei Partner abstimmen wollen, sondern eine Konfrontationssituation zweier Feinde. Solche Situationen kommen bei persönlichen Fehden ebenso wie in der großen Politik vor, etwa beim atomaren Wettrüsten verfeindeter Gesellschaftssysteme während des Kalten Krieges. Auf der privaten Ebene handelt es sich um ein riskantes, möglicherweise tödliches Mutprobenspiel, das in verschiedenen Varianten gespielt werden kann und schon mehrmals verfilmt wurde.[3] Von einer Nachahmung muss dringend abgeraten werden.

Abb. 2.3: Das Angsthasenspiel

Da in diesem Buch jedoch niemand verletzt oder noch schlimmer geschädigt werden soll, lassen wir David und Edgar, zwei zehnjährige Jungen, das Angsthasenspiel in ihren zwar aufgemotzten, aber mit recht leistungsschwachen Benzinmotoren ausgestatteten Spielzeugautos spielen (siehe Abbildung 2.3). Nach den Regeln des Spiels „rasen" sie also mit der Höchstgeschwindigkeit von 5 km/h aufeinander zu, und wer zuerst feige kneift und zur Seite ausweicht, ist das Angsthäschen und hat verloren. Da er aber immerhin vernünftig war und überlebt hat, erhält er als Trostpreis ein Gummibärchen, während der heldenhafte Gewinner eine Siegprämie von drei Gummibärchen einstreicht. Sind beide vernünftig und weichen gleichzeitig aus, so erhalten sie beide einen Gewinn von zwei Gummibärchen. Wollen aber beide mutig bis zum Schluss sein, so gelten sie beim unweigerlichen Zusammenprall als „tot" (nur im Spiel) und gewinnen kein Gummibärchen.

Die Gewinnvektoren dieser vier möglichen Spielausgänge sind in Tabelle 2.4 dargestellt, wobei die linke Komponente Davids Gewinn und die rechte Komponente Edgars Gewinn darstellt. Wieder sind die beiden Nash-Gleichgewichte in reinen Strategien, wenn nämlich ein Spieler „Weiterfahren" und der andere „Ausweichen" wählt, in der Tabelle fettgedruckt. Und wie bei der Schlacht der Geschlechter sind diese beiden Nash-Gleichgewichte auch Pareto-optimal. Zusätzlich ist hier aber

---

[3] Eine Variante des Angsthasenspiels spielen Jim (dargestellt von James Dean in seiner vorletzten Rolle, bevor er bei einem Autounfall tragisch verunglückte) und sein Gegner Buzz in „... denn sie wissen nicht, was sie tun" („*Rebel Without a Cause*", USA 1955). Beide rasen in ihren Autos mit Höchstgeschwindigkeit auf eine Klippe zu. Wer zuerst feige kneift und abbremst bzw. aus dem fahrenden Auto springt, ist der Angsthase und hat verloren.

Eine etwas andere Variante dieses Spiels wird in John Waters' Kultfilm „*Cry Baby*", USA 1990, vorgestellt. Cry Baby (zu Deutsch die Heulsuse, dargestellt von Johnny Depp) und sein Gegner Baldwin rasen in dieser Musical-Parodie auf die Dächer ihrer Autos geschnallt mit Höchstgeschwindigkeit aufeinander zu. Wer zuerst zur Seite ausweicht, ist der Angsthase und hat verloren.

Tab. 2.4: Das Angsthasenspiel

		Edgar	
		Ausweichen	Weiterfahren
David	Ausweichen	$(2,2)$	$(\mathbf{1},\mathbf{3})$
	Weiterfahren	$(\mathbf{3},\mathbf{1})$	$(0,0)$

auch (Ausweichen, Ausweichen) Pareto-optimal, denn auch mit dem Gewinnvektor $(2,2)$ kann sich kein Spieler verbessern, ohne dass sich der andere Spieler dadurch gleichzeitig verschlechtern würde. Hat einer der beiden Spieler – oder haben sie beide – eine dominante Strategie?

Elfmeterschießen

„Fußball ist ein einfaches Spiel; 22 Mann rennen 90 Minuten lang einem Ball hinterher, und am Ende gewinnen immer die Deutschen", erklärte Gary Lineker die etwas vereinfachten, auf das Wesentliche reduzierten Regeln des Fußballspiels, nachdem die englische Nationalmannschaft am 4. Juli 1990 im Halbfinale der Fußball-Weltmeisterschaft gegen den späteren Weltmeister Deutschland im Elfmeterschießen ausgeschieden war.[4] Natürlich ist Fußball viel komplizierter, als es Lineker im Moment der Enttäuschung einräumen mochte; dieses Spiel ist hinsichtlich sportlicher, konditioneller, mannschaftlicher, balltechnischer und strategischer bzw. taktischer Aspekte viel zu vielgestaltig, als dass man es in eine Normalform im Sinne der Spieltheorie pressen könnte. Dennoch gibt es eine Situation beim Fußball, die sich tatsächlich sehr schön als ein nichtkooperatives Spiel in Normalform darstellen lässt: das Elfmeterschießen.

Die beiden Spieler beim Elfmeterschießen sind der Schütze und der Torhüter, in Abbildung 2.4 verkörpert von David und Edgar, die das Angsthasenspiel offensichtlich unversehrt überlebt haben. Beide haben in Wirklichkeit viele Aktionen zur Auswahl; z. B. sind die beliebtesten Aktionen eines wirklichen Elfmeterschützen, den Ball so zu treten, dass er unten links, unten rechts, unten in der Mitte, oben links ins Eck, oben rechts ins Eck oder oben in der Mitte einschlägt. Es gibt noch mehr, wie etwa die weniger beliebten (und eigentlich auch nicht beabsichtigten), aber gar nicht so seltenen Aktionen, den Ball über die Latte zu heben oder seitlich am Tor vorbeizuschießen. Zur Vereinfachung reduzieren wir diese Vielzahl von tatsächlich vorkommenden Strategien auf jeweils zwei für beide Spieler: Der Schütze kann links oder rechts ins Tor schießen, und der Torhüter kann nach links

---

[4]Das originale Zitat lautet auf Englisch: „Football is a simple game; 22 men chase a ball for 90 minutes, and at the end the Germans always win." Linekers Ausspruch war in diesem Fall allerdings etwas unpräzise, da dieses spezielle Spiel, auf dessen Ausgang er frustriert Bezug nahm, 120 Minuten plus Nachspielzeit plus die Zeit des Elfmeterschießens dauerte.

Abb. 2.4: David als Schütze und Edgar als Torhüter beim Elfmeter

oder rechts springen, um den Ball zu halten. „Links" und „rechts" sind hier jeweils aus Sicht des Torhüters gemeint, auch wenn es um den Schützen geht. In Abstraktion von der Wirklichkeit nehmen wir außerdem an, dass der Torhüter den Ball garantiert hält, wenn er auf die richtige Seite springt, und dass der Schütze das Tor nie verfehlt. Schießt er also nach links (bzw. rechts) und springt der Torhüter ebenfalls nach links (bzw. rechts), so hat der Torhüter definitiv gehalten; springt der Torhüter jedoch auf die andere Seite, so hat der Schütze den Elfmeter definitiv verwandelt.

Tab. 2.5: Elfmeterschießen

		Torhüter	
		links	rechts
Schütze	links	$(-1,1)$	$(1,-1)$
	rechts	$(1,-1)$	$(-1,1)$

Tabelle 2.5 gibt die Gewinnvektoren der vier möglichen Spielausgänge an, wobei die linke Komponente den Gewinn des Schützen und die rechte Komponente den Gewinn des Torhüters darstellt. Anders als bei allen bisher vorgestellten Zwei-Personen-Spielen gibt es beim Elfmeterschießen *kein* Nash-Gleichgewicht in reinen Strategien (selbst dann nicht, wenn wir mehr als zwei Strategien für die beiden Spieler zulassen würden). Denn (Links, Links) und (Rechts, Rechts) sind keine solchen Nash-Gleichgewichte, weil der Schütze sich in diesen Fällen durch

einseitiges Abweichen verbessern könnte. Ebenso ist weder (Links, Rechts) noch
(Rechts, Links) ein solches Nash-Gleichgewicht, weil sich in diesen Fällen der Torhüter durch einseitiges Abweichen verbessern könnte.

Die einzig sinnvolle Strategie des Schützen ist es also, *zufällig* nach links oder
rechts zu schießen (und sich nicht von vornherein festzulegen), und die einzig
sinnvolle Strategie des Torhüters ist es, *zufällig* nach links oder rechts zu springen
(und sich nicht von vornherein festzulegen).[5] Dies ist aber eine *gemischte* Strategie,
und wir werden später sehen, dass dieses Spiel tatsächlich ein Nash-Gleichgewicht
in solchen Strategien besitzt.

Wenn es kein Nash-Gleichgewicht in reinen Strategien gibt, kann es auch kein
Strategieprofil geben, das eine dominante Strategie für sowohl den Schützen als
auch den Torhüter enthält (siehe die Abbildungen 2.1 und 2.2). Man überlegt sich
ebenso leicht, dass kein Spieler überhaupt eine dominante Strategie haben kann.
Andererseits sind sämtliche vier Strategieprofile dieses Spiels Pareto-optimal, denn
für sie alle gilt, dass sich kein Spieler verbessern kann, ohne dass sich dadurch der
andere Spieler gleichzeitig verschlechtern würde. Beispielsweise kann sich beim
Profil (Links, Links) nur der Schütze von -1 auf 1 verbessern, aber dies gelingt
ihm nur auf Kosten einer Verschlechterung des Torhüters von 1 auf -1.

Das Stein-Schere-Papier-Spiel

In diesem allgemein beliebten Spiel zählen beide Spieler – nennen wir sie David
und Edgar – gemeinsam laut bis drei (oder sie sagen z. B. „Schnick – Schnack –
Schnuck"), und auf drei (bzw. „Schnuck") formen sie mit der Hand gleichzeitig
ein Symbol: eine Faust für *„Stein"*, zwei geöffnete Finger für *„Schere"* oder die
flache Hand für *„Papier"* (siehe Abbildung 2.5(a)). Diese Symbole stehen für die
drei möglichen Strategien der Spieler. Dabei gelten die folgenden Regeln:

- *Stein* schlägt *Schere*, denn der Stein kann die Schere stumpf machen.
- *Schere* schlägt *Papier*, denn die Schere kann Papier zerschneiden.
- *Papier* schlägt *Stein*, denn Papier kann den Stein einwickeln.
- Formen dabei beide Spieler verschiedene Symbole, so geht ein Punkt an den
  Spieler, dessen Symbol das Symbol des anderen Spielers schlägt, und der andere
  Spieler verliert einen Punkt.
- Formen beide Spieler jedoch das gleiche Symbol, so gewinnt niemand; also
  erhält kein Spieler einen Punkt.

---

[5]In Abstraktion von der Wirklichkeit wird hier vernachlässigt, dass ein reaktionsschneller
Torhüter seine Chancen durchaus erhöhen kann, indem er wartet, wohin der Ball fliegt, und
dann in die richtige Ecke springt. Auch die üblichen Verunsicherungstaktiken von Torhütern
und die Täuschungsmanöver von Elfmeterschützen gehen nicht in unsere Analyse des Spiels
ein.

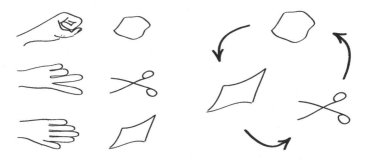

(a) Symbole für die Strategien   (b) Zyklus der Dominanzbeziehungen

Abb. 2.5: Strategien im Stein-Schere-Papier-Spiel

Anders als bei den bisherigen Spielen hat hier jeder der beiden Spieler drei Strategien zur Auswahl, weshalb es insgesamt neun mögliche Strategieprofile bzw. Spielausgänge gibt. Die o. g. Dominanzbeziehungen zwischen den drei Strategien der Spieler bilden einen Zyklus (siehe Abbildung 2.5(b)). Die o. g. Punkte geben die Gewinne der Spieler in den verschiedenen Spielausgängen an und sind in Tabelle 2.6 dargestellt, wobei die linke Komponente Davids Gewinn und die rechte Komponente Edgars Gewinn angibt.

Tab. 2.6: Das Stein-Schere-Papier-Spiel

		Edgar		
		Stein	Schere	Papier
	Stein	$(0,0)$	$(1,-1)$	$(-1,1)$
David	Schere	$(-1,1)$	$(0,0)$	$(1,-1)$
	Papier	$(1,-1)$	$(-1,1)$	$(0,0)$

Auch in diesem Spiel existiert kein Nash-Gleichgewicht in reinen Strategien. Betrachten wir beispielsweise das Strategieprofil (Schere, Stein), in dem Edgar seinen höchsten Gewinn erzielt. Glaubt David jedoch, dass Edgar die Strategie *Stein* spielen wird, so profitiert er von einem einseitigen Abweichen, denn David maximiert seinen Gewinn in diesem Fall dadurch, dass er *Papier* wählt. Deshalb ist (Schere, Stein) kein Nash-Gleichgewicht in reinen Strategien, und analog kann man in allen anderen Fällen argumentieren. Wir werden später jedoch sehen, dass auch dieses Spiel ein Nash-Gleichgewicht in *gemischten* Strategien besitzt.

Das Zahlenwahlspiel

An diesem Spiel können beliebig viele Mitspieler teilnehmen. Jeder von ihnen wählt eine reelle Zahl zwischen 0 und 100 (einschließlich dieser beiden Randwerte). Von all diesen gewählten Zahlen wird der Durchschnitt gebildet; die Zahl Z sei genau zwei Drittel dieses Durchschnitts. Gewonnen hat, wer dieser Zahl Z am nächsten kommt. Für jeden Spieler stehen in diesem Spiel also unendlich viele Strategien zur Auswahl, denn es gibt (sogar überabzählbar) unendlich viele reelle Zahlen im Intervall $[0, 100]$.

Welche Zahl sollte man nun wählen? Ein erster Gedanke ist: Würden alle Spieler die größtmögliche Zahl, 100, wählen, wäre $Z = 66,666\cdots$, und größer kann Z nie sein. Daher wäre es dumm, eine Zahl zu wählen, die größer als $66,666\cdots$ ist. Anders gesagt, die Strategie (bzw. Zahl) $66,666\cdots$ dominiert alle Strategien (bzw. Zahlen), die größer sind. Diese können also eliminiert werden.

Ein zweiter Gedanke ist: Wie verhalten sich meine Mitspieler? Angenommen, alle Spieler wählen unter Gleichverteilung eine beliebige Zahl aus $[0, 100]$. Der Durchschnitt wäre dann 50 und zwei Drittel davon wären $33,333\cdots$. – Aber Moment mal! Warum sollten eigentlich alle Spieler eine beliebige Zahl aus $[0, 100]$ wählen? Geht man davon aus, dass alle Spieler *rational* handeln, so haben sie ebenfalls bereits alle Zahlen oberhalb von $66,666\cdots$ eliminiert; dann wäre aber der Durchschnitt der verbleibenden Zahlen (unter Annahme der Gleichverteilung) schon $33,333\cdots$ und zwei Drittel davon wären $22,222\cdots$.

Diese Überlegung führt uns unmittelbar zum dritten Gedanken: Alle Spieler handeln rational und alle wissen, dass alle rational handeln, und alle wissen, dass alle wissen, dass alle rational handeln, was wiederum auch alle wissen, und so weiter. Anders gesagt, auch die Zahl $33,333\cdots$ dominiert alle größeren Zahlen, was zur Eliminierung weiterer Zahlen führt, und ebenso dominiert $22,222\cdots$ alle größeren Zahlen, wodurch auch diese eliminiert werden, und so weiter. Warum soll man damit an irgendeiner Stelle aufhören? Denkt man diesen dritten Gedanken konsequent zu Ende, so bleibt zu guter Letzt nur eine Zahl, die man als seine Strategie wählen sollte: die Null. Und tatsächlich ist in diesem Spiel die Null das strikte Nash-Gleichgewicht in reinen Strategien. Gehen aber alle Spieler davon aus, dass alle anderen Spieler – rational wie sie selbst – bis zum Schluss rational bleiben und die Null wählen, so sollten sie dies ebenfalls tun, denn andernfalls (bei einseitigem Abweichen[6]) würden sie verlieren. Zahlen alle Spieler am Anfang einen Euro in einen Jackpot ein, der dann an den oder die Sieger geht, und wählen alle die Null, so bekommen sie alle einfach ihren Einsatz wieder zurück.

Interessant ist nun aber der vierte Gedanke: Handeln tatsächlich alle Spieler rational? Dieses Spiel – oder Varianten davon – wurde schon mehrmals öffentlich gespielt, oft mit mehreren Tausend Mitspielern. Nie war es dabei so, dass alle ihre Strategie gemäß dem Nash-Gleichgewicht gewählt und gewonnen haben. Sobald aber Spieler von diesem abweichen, gewinnen auch die anderen nicht mehr unbedingt, wenn sie ihre Gleichgewichtsstrategie spielen. So können z. B. vier dumme (oder bauernschlaue?) Spieler ihren rationalen, spieltheoretisch hervorragend ge-

---

[6]Weicht mehr als ein Spieler von seiner Strategie gemäß dem Nash-Gleichgewicht ab, so wird dieses Abweichen möglicherweise nicht betraft.

schulten Gegenspieler düpieren: Während dieser die gleichgewichtige Null wählt, spielen sie etwa die 100 und sind damit Sieger, weil ihre Zahl der Zahl

$$Z = \left(\frac{2}{3}\right) \cdot \left(\frac{100+100+100+100+0}{5}\right) = \left(\frac{2}{3}\right) \cdot \left(\frac{400}{5}\right) = \frac{800}{15} = 53{,}333\cdots$$

am nächsten kommt. Bei insgesamt vier Spielern, von denen drei die 100 wählen und einer die Null, sind wegen $Z = (2/3) \cdot (300/4) = 50$ alle Spieler Gewinner und teilen den Jackpot gerecht unter sich auf, erhalten also einfach ihren Einsatz zurück.

Nagel (1995) und Selten und Nagel (1998) geben eine Übersicht über solche spieltheoretischen Experimente. Die resultierenden Häufigkeitsverteilungen ergaben in der Regel Mittelwerte um die 22, was vielleicht darauf hinweist, dass der durchschnittliche Mitspieler bis zum zweiten der oben beschriebenen Gedanken kam. Interessant ist auch, dass sich die gewählten Zahlen besonders stark an den Stellen 0, 22 und 33 und etwas weniger auffällig an den Stellen 67 und 100 häuften. Übrigens wurde in einem dieser Experimente, das die *Financial Times* mit ihren Lesern durchführte, eine Variante dieses Spiels gespielt, bei der es nur erlaubt war, *ganze* Zahlen im Bereich $[0, 100]$ zu wählen. In dieser Variante gibt es kein striktes, sondern zwei Nash-Gleichgewichte in reinen Strategien: 0 und 1.

Diese experimentellen Ergebnisse deuten auch darauf hin, dass man mittels der Spieltheorie allein, die ja ausschließlich von rationalen Spielern und Handlungen ausgeht, menschliches Verhalten nur teilweise erklären und auch nur eingeschränkte Handlungsempfehlungen geben kann. Beispielsweise funktionieren Finanzmärkte ganz ähnlich wie das Zahlenwahlspiel: Man versucht, eine Prognose für die künftige Entwicklung einer Aktie abzugeben, deren Entwicklung nicht nur von den Fundamentaldaten des entsprechenden Unternehmens abhängt, sondern auch vom Verhalten der anderen Marktteilnehmer. Geht ein Händler an der Börse nur von den rein wirtschaftlichen Daten und der Annahme der Rationalität aller anderen Händler aus, so kann er sich sehr schnell verspekulieren und sehr viel Geld verlieren. Denn an der Börse gelten nicht nur die Gesetze des Marktes und der rationalen Wirtschaftstheorie (zu der u. a. die Spieltheorie gehört). Märkte werden auch durch psychologische Aspekte und die äußerst schwer vorherzusagenden Verhaltensweisen der Marktteilnehmer regiert.

2.2 Nash-Gleichgewichte in gemischten Strategien

Bei allen Spielen, die bisher vorgestellt wurden, mussten sich alle Spieler für genau eine Strategie entscheiden:

- Smith und Wesson mussten im Gefangenendilemma entweder gestehen oder schweigen;

- Georg und Helena mussten sich in der Schlacht der Geschlechter entweder auf das Fußballspiel oder das Konzert festlegen;
- im Angsthasenspiel konnten David und Edgar nur entweder ausweichen oder weiterfahren;
- beim Elfmeterschießen mussten sich der Schütze und der Torhüter für eine Seite des Tors entscheiden, links oder rechts;
- beim Stein-Schere-Papier-Spiel formten David und Edgar bei „Schnuck" mit der Hand entweder einen Stein oder eine Schere oder ein Blatt Papier; und
- beim Zahlenwahlspiel schließlich legte sich jeder Spieler auf genau eine Zahl fest.

Alle Spieler spielen in diesen Spielen also *reine* Strategien. Doch wenn ein solches Spiel mehrmals hintereinander gespielt wird, entscheiden sich die Spieler möglicherweise nicht immer für dieselbe Strategie. Ein Torhüter, der bei jedem Elfmeter auf die linke Seite springt, wäre irgendwann sehr leicht auszurechnen; stattdessen sollte er völlig zufällig, unter Gleichverteilung, mal nach links, mal nach rechts springen. Entscheiden sich die Spieler zufällig gemäß einer bestimmten Wahrscheinlichkeitsverteilung für ihre Strategie, so spricht man von *gemischten* Strategien. Bei Spielen mit gemischten Strategien gewinnt man mit Intelligenz allein nicht unbedingt, das Glück muss einem auch hold sein.

Im vorigen Abschnitt wurde bereits darauf hingewiesen, dass Spiele, in denen es kein Nash-Gleichgewicht in reinen Strategien gibt – wie etwa Elfmeterschießen oder das Stein-Schere-Papier-Spiel –, ein Nash-Gleichgewicht in gemischten Strategien haben können. Formal ist dieser Begriff wie folgt definiert.

Definition 2.5 (Nash-Gleichgewicht in gemischten Strategien)
Sei $\mathcal{S} = S_1 \times S_2 \times \cdots \times S_n$ die Menge der Strategieprofile der n Spieler eines nichtkooperativen Spiels in Normalform und sei g_i die Gewinnfunktion des Spielers i, $1 \leq i \leq n$. Der Einfachheit halber nehmen wir an, dass alle Mengen S_i endlich sind.[7]

1. Eine *gemischte Strategie für Spieler* i ist eine Wahrscheinlichkeitsverteilung π_i auf S_i, wobei $\pi_i(s_j)$ die Wahrscheinlichkeit dafür ist, dass i die Strategie $s_j \in S_i$ wählt.

---

[7]Für geeignete Wahrscheinlichkeitsmaße können die hier definierten Begriffe auf unendliche Strategieräume erweitert werden.

2. Ein Profil $(\pi_1, \pi_2, \ldots, \pi_n)$ gemischter Strategien ist in einem *Nash-Gleichgewicht in gemischten Strategien*, falls für alle Spieler i, $1 \leq i \leq n$, und alle $s'_i \in S_i$ gilt:

$$\sum_{\vec{s}=(s_1,s_2,\ldots,s_n)\in\mathcal{S}} \left(\prod_{j=1}^{n} \pi_j(s_j) \right) g_i(\vec{s}) \qquad (2.4)$$

$$\geq \sum_{\vec{s}_{-i}\in\mathcal{S}} \left(\prod_{j\neq i} \pi_j(s_j) \right) g_i(s_1,\ldots,s_{i-1},s'_i,s_{i+1},\ldots,s_n),$$

wobei $\vec{s}_{-i} = (s_1,\ldots,s_{i-1},s_{i+1},\ldots,s_n) \in S_1 \times \cdots \times S_{i-1} \times S_{i+1} \times \cdots \times S_n$ für ein Strategieprofil $\vec{s} = (s_1, s_2, \ldots, s_n) \in \mathcal{S}$ und einen Spieler i, $1 \leq i \leq n$, das Profil der Strategien der anderen Spieler bezeichnet.

$\blacklozenge$

Das bedeutet, dass ein Profil $(\pi_1, \pi_2, \ldots, \pi_n)$ gemischter Strategien genau dann in einem Nash-Gleichgewicht in gemischten Strategien ist, wenn es für keinen Spieler i eine Strategie $s'_i \in S_i$ gibt, die ihm als Antwort auf die (von ihm erwarteten) gemischten Strategien der anderen Spieler einen größeren Gewinn als seine gemischte Strategie π_i auf S_i verschaffen würde. Für jeden Spieler würde ein einseitiges Abweichen von der gemischten Strategie im Nash-Gleichgewicht also bestraft werden, sofern die jeweils anderen Spieler an ihrer gemischten Strategie im Nash-Gleichgewicht festhalten. Folglich muss für ein Nash-Gleichgewicht in gemischten Strategien gelten, dass

1. jeder Spieler gegenüber jeder Strategie, die er in seiner gemischten Strategie mit positiver Wahrscheinlichkeit wählt, indifferent ist und

2. die Wahrscheinlichkeitsverteilungen der Spieler im Profil ihrer gemischten Strategien unabhängig sind.

Insbesondere ergibt sich der Begriff der reinen Strategie als der Spezialfall einer gemischten Strategie, bei dem das Wahrscheinlichkeitsgewicht 1 auf eine konkrete Strategie des Spielers gelegt wird: $\pi_i(s_j) = 1$ für ein $s_j \in S_i$ und $\pi_i(s_k) = 0$ für alle $s_k \in S_i$ mit $k \neq j$. Demgemäß ergibt sich der Begriff des Nash-Gleichgewichts in reinen Strategien als ein Spezialfall des Nash-Gleichgewichts in gemischten Strategien. Jedes Nash-Gleichgewicht in reinen Strategien ist folglich auch ein Nash-Gleichgewicht in gemischten Strategien. Wie die folgenden Beispiele zeigen, sind umgekehrt Nash-Gleichgewichte in gemischten Strategien nicht notwendig solche in reinen Strategien. So kann es zusätzliche Nash-Gleichgewichte in gemischten Strategien geben; insbesondere können solche für Spiele existieren, die überhaupt kein Nash-Gleichgewicht in reinen Strategien haben.

Elfmeterschießen

Wie bereits festgestellt wurde, gibt es beim Elfmeterschießen (siehe Tabelle 2.5 auf Seite 39) kein Nash-Gleichgewicht in reinen Strategien. Es wurde ebenfalls schon erwähnt, dass dieses Spiel jedoch ein Nash-Gleichgewicht in gemischten Strategien hat, wenn sich nämlich der Schütze (kurz mit S bezeichnet) und der Torhüter (kurz mit T bezeichnet) jeweils mit der Wahrscheinlichkeit $1/2$ für die linke (kurz L) bzw. rechte Seite (kurz R) des Tors entscheiden. Diese Gleichverteilungen schreiben wir so:

$$\pi_S = (\pi_S(L), \pi_S(R)) = (1/2, 1/2);$$
$$\pi_T = (\pi_T(L), \pi_T(R)) = (1/2, 1/2).$$

Es ist klar, dass dieses Profil (π_S, π_T) gemischter Strategien im (strikten, d.h. eindeutigen) Nash-Gleichgewicht ist. Würde etwa der Schütze von seiner gemischten Strategie in diesem Gleichgewicht einseitig abweichen, indem er seinen Schuss mit einer größeren Wahrscheinlichkeit als $1/2$ nach rechts platziert, so hätte der Torhüter eine beste Antwortstrategie, die den Schützen bestraft: Er würde mit Wahrscheinlichkeit 1 ebenfalls nach rechts springen. Daher hat der Schütze keinen Anreiz, von seiner gemischten Strategie $\pi_S = (1/2, 1/2)$ einseitig abzuweichen. Ein symmetrisches Argument zeigt, dass auch der Torhüter schlecht beraten wäre, von seiner gemischten Strategie $\pi_T = (1/2, 1/2)$ einseitig abzuweichen.

Die Wahrscheinlichkeitsverteilungen eines Nash-Gleichgewichts in gemischten Strategien hängen von den genauen Werten der Gewinnvektoren des gegebenen Spiels in Normalform ab. Ändern sich die möglichen Gewinne der Spieler für die einzelnen Strategieprofile, so ändern sich auch die Wahrscheinlichkeiten, mit denen sie ihre Strategien wählen sollten, damit sich die Lösung der gemischten Strategien aller Spieler weiterhin im Gleichgewicht befinden. Nehmen wir beispielsweise an, ein Torhüter hält sicher, wenn er nach rechts springt (und der Ball auch auf die rechte Seite kommt), ist aber bei seinen Sprüngen nach links oft recht tolpatschig: Springt er nach links, so hält er nur jeden zweiten Ball, der auf diese Seite kommt. Für das Strategieprofil (Links, Links) haben der Schütze und der Torhüter also dieselben Chancen auf Erfolg; alle anderen Gewinnvektoren sind wie zuvor. Tabelle 2.7 zeigt die Gewinnvektoren in diesem abgeänderten Spiel.

Tab. 2.7: Elfmeterschießen mit einem links ungeschickten Torhüter

		Torhüter	
		links	rechts
Schütze	links	$(0,0)$	$(1,-1)$
	rechts	$(1,-1)$	$(-1,1)$

Um im Nash-Gleichgewicht in gemischten Strategien zu sein, muss der Schütze eine gemischte Strategie π_S finden, die den Torhüter indifferent gegenüber jeder mit positiver Wahrscheinlichkeit gewählten Strategie in π_T macht, und umgekehrt muss der Torhüter eine gemischte Strategie π_T finden, die den Schützen indifferent gegenüber jeder mit positiver Wahrscheinlichkeit gewählten Strategie in π_S macht.

Schießt der Schütze nach links, so ergibt sich sein Gewinn in Abhängigkeit von der gemischten Strategie π_T des Torhüters gemäß Tabelle 2.7 als $0 \cdot \pi_T(L) +$

$\pi_T(R) = \pi_T(R)$. Schießt er jedoch nach rechts, so ergibt sich sein Gewinn entsprechend als $\pi_T(L) - \pi_T(R)$. Indifferent gegenüber einem Links- oder Rechtsschuss wird der Schütze also gemacht, falls der Torhüter seine Strategien so mischt, dass

$$\pi_T(R) = \pi_T(L) - \pi_T(R)$$

gilt. Da außerdem

$$\pi_T(L) + \pi_T(R) = 1$$

gelten muss (denn π_T ist eine Wahrscheinlichkeitsverteilung), bewirkt der Torhüter die gewünschte Indifferenz des Schützen durch die Wahl von $\pi_T(L) = 2/3$ und $\pi_T(R) = 1/3$. Gewissermaßen versucht der Torhüter sein Defizit auf der linken Seite dadurch wettzumachen, dass er öfter auf diese Seite springt. Er antizipiert damit den Fakt, dass der Schütze ihn vermutlich öfter auf seiner schwachen Seite erwischen will.

Umgekehrt ergibt sich für den Torhüter durch einen Sprung nach links in Abhängigkeit von der gemischten Strategie π_S des Schützen gemäß Tabelle 2.7 ein Gewinn von $0 \cdot \pi_S(L) - \pi_S(R) = -\pi_S(R)$. Springt er jedoch nach rechts, so ergibt sich sein Gewinn entsprechend als $-\pi_S(L) + \pi_S(R)$. Indifferent gegenüber einem Links- oder Rechtssprung wird der Torhüter also gemacht, falls der Schütze seine Strategien so mischt, dass

$$-\pi_S(R) = -\pi_S(L) + \pi_S(R)$$

gilt, woraus sich mit

$$\pi_S(L) + \pi_S(R) = 1$$

für den Schützen ebenfalls die Lösung $\pi_S(L) = 2/3$ und $\pi_S(R) = 1/3$ ergibt. Diese gemischte Strategie spiegelt die schon oben genannte Tatsache wider, dass der Schütze den Torhüter öfter auf dem falschen Fuß – also auf der schwachen linken Torseite – testen wird.

Gemäß der Ungleichung (2.4) in Definition 2.5 ist dieses Profil gemischter Strategien, $(\pi_S, \pi_T) = ((2/3, 1/3), (2/3, 1/3))$, im (strikten) Nash-Gleichgewicht, da ein einseitiges Abweichen eines der Spieler bestraft werden würde.

Das Stein-Schere-Papier-Spiel

Auch bei diesem Spiel (siehe Tabelle 2.6 auf Seite 41) gibt es, wie wir schon festgestellt haben, kein Nash-Gleichgewicht in reinen Strategien. Ähnlich wie beim Elfmeterschießen kann man jedoch die Existenz eines (strikten) Nash-Gleichgewichts in gemischten Strategien finden. Der Unterschied liegt lediglich in der Anzahl der zur Auswahl stehenden Strategien. Da jeder der beiden Spieler hier drei reine Strategien miteinander mischen kann, ergibt sich dieses Gleichgewicht genau dann, wenn jeder Spieler mit einer Wahrscheinlichkeit von jeweils einem Drittel Stein, Schere oder Papier wählt.

Die Schlacht der Geschlechter

Anders als beim Elfmeterschießen und beim Stein-Schere-Papier-Spiel hatten wir bei der Schlacht der Geschlechter (siehe Tabelle 2.3 auf Seite 35) gesehen, dass sie zwei Nash-Gleichgewichte in reinen Strategien hat. Zusätzlich gibt es noch ein drittes Nash-Gleichgewicht in gemischten Strategien. Um dieses zu bestimmen, genügt es wieder, dass Georg eine gemischte Strategie π_G findet, die Helena indifferent gegenüber ihren beiden Wahlmöglichkeiten macht, während umgekehrt Helena ihre reinen Strategien so in π_H mischt, dass auch Georg indifferent gegenüber seinen Aktionen ist.

Wählt Georg das Fußballspiel (kurz F) statt des Konzerts (kurz K), so ergibt sich sein Gewinn in Abhängigkeit von Helenas gemischter Strategie π_H gemäß Tabelle 2.3 als $10 \cdot \pi_H(F) + 0 \cdot \pi_H(K) = 10 \cdot \pi_H(F)$. Wählt er hingegen das Konzert, so gewinnt er $0 \cdot \pi_H(F) + \pi_H(K) = \pi_H(K)$. Damit er indifferent gegenüber diesen beiden Aktionen ist, muss Helena ihre Strategien also so mischen, dass

$$10 \cdot \pi_H(F) = \pi_H(K)$$

gilt, und wegen $\pi_H(F) + \pi_H(K) = 1$ ergibt sich $\pi_H(F) = 1/11$ und $\pi_H(K) = 10/11$. Da die Gewinnvektoren in Tabelle 2.3 bezüglich Georg und Helena symmetrisch sind, ergibt sich Georgs gemischte Strategie analog als $\pi_G(F) = 10/11$ und $\pi_G(K) = 1/11$. Bei diesem symmetrischen Nash-Gleichgewicht in gemischten Strategien,

$$(\pi_G, \pi_H) = ((10/11, 1/11), (1/11, 10/11)),$$

würden Georg und Helena also zehn Mal auf ihrem Favoriten beharren und beim elften Mal nachgeben, um den Wunsch der Partnerin bzw. des Partners zu erfüllen.

Offenbar resultiert daraus aber ein Problem. In einem Durchgang des Spiels müssen sich beide ja auf eine Option festlegen, entweder das Fußballspiel oder das Konzert. Wenn beide an elf verschiedenen Hochzeitstagen zehn Mal störrisch sind und nur einmal nachgeben, werden sie nur zwei dieser elf besonderen Tage gemeinsam verbringen und an den neun anderen getrennt sein, wovon keiner der beiden etwas hat. Der Grund dafür liegt an der Intensität, mit der sie ihrer eigenen Lieblingsstrategie den Vorzug gegenüber der des Partners bzw. der Partnerin geben: Beiden ist ihr eigener Favorit zehnmal teurer! Wie müsste man die Gewinnvektoren in Tabelle 2.3 abändern, um ein Nash-Gleichgewicht in gemischten Strategien der Form

$$(\pi'_G, \pi'_H) = ((1/2, 1/2), (1/2, 1/2)),$$

zu erhalten? Dieses Gleichgewicht würde es ihnen ermöglichen, abwechselnd dem Wunsch der einen oder des anderen zu folgen, und die Beziehung wäre gerettet. Wie man sieht, ist es in einer Partnerschaft wichtig, dass beide nicht zu egoistisch auf ihre eigenen Vorlieben fokussiert sind, sondern auch den Vorschlägen des Partners oder der Partnerin etwas abgewinnen können.

Das Angsthasenspiel

Auch beim Angsthasenspiel (siehe Tabelle 2.4 auf Seite 38) existiert noch ein zusätzliches Nash-Gleichgewicht in gemischten Strategien, das man wie oben bestimmen kann. Bezeichnet π_D Davids und π_E Edgars gemischte Strategie und kürzen wir „*Ausweichen*" mit A und „*Weiterfahren*" mit W ab, so ergibt sich

$$
\begin{aligned}
2 \cdot \pi_E(A) + \pi_E(W) &= 3 \cdot \pi_E(A); \\
2 \cdot \pi_D(A) + \pi_D(W) &= 3 \cdot \pi_D(A).
\end{aligned}
$$

Also ist

$$
(\pi_D, \pi_E) = ((\pi_D(A), \pi_D(W)), (\pi_E(A), \pi_E(W))) = ((1/2, 1/2), (1/2, 1/2))
$$

dieses Nash-Gleichgewicht in gemischten Strategien, das zusätzlich zu den beiden Nash-Gleichgewichten in reinen Strategien existiert. Interpretiert man diese drei Nash-Gleichgewichte in diesem Spiel als Handlungsempfehlungen, so könnte man beiden Spielern raten (und ihnen dabei wünschen, dass sie mit ihrer Einschätzung des Gegners richtig liegen!):

1. Wenn du vermutest, dass dein Gegner ein Angsthase ist, dann solltest du unbedingt aufs Ganze gehen und heldenhaft gewinnen. Das entspricht dem einen der beiden Nash-Gleichgewichte in reinen Strategien.
2. Wenn du vermutest, dass dein Gegner todesmutig alles riskiert, dann solltest du klug sein und ausweichen. Du gewinnst so zwar nicht, aber bist wenigstens nicht tot. Das entspricht dem anderen der beiden Nash-Gleichgewichte in reinen Strategien.
3. Wenn du deinen Gegner nicht einschätzen kannst und einfach keine Ahnung hast, was er tun wird, dann solltest du eine Münze werfen und bei Kopf aufs Ganze gehen und bei Zahl vorsichtig ausweichen. Vielleicht gewinnst du so; vielleicht überlebst du so auch nur – viel Glück! Das entspricht dem Nash-Gleichgewicht in gemischten Strategien.

Das Gefangenendilemma

Hat auch das Gefangenendilemma (siehe Tabelle 2.1 auf Seite 28) zusätzlich zu seinem Nash-Gleichgewicht in reinen Strategien, (Geständnis, Geständnis), ein solches in gemischten Strategien? Versuchen wir einfach die oben beschriebene Methode anzuwenden. Wir suchen also eine gemischte Strategie π_{Smith} für Smith, die Wesson indifferent gegenüber seinen Strategien – „*Geständnis*" (kurz G) und „*Schweigen*" (kurz S) – macht, und umgekehrt suchen wir eine gemischte Strategie π_{Wesson} für Wesson, die Smith indifferent gegenüber seinen Strategien G und S

macht. Damit Smith aber indifferent ist, muss nach den Werten aus Tabelle 2.1 (alternativ kann man auch Tabelle 2.2 verwenden) gelten:

$$4 \cdot \pi_{\text{Wesson}}(G) = 10 \cdot \pi_{\text{Wesson}}(G) + 2 \cdot \pi_{\text{Wesson}}(S)$$
$$-3 \cdot \pi_{\text{Wesson}}(G) = \pi_{\text{Wesson}}(S).$$

Setzt man nun jedoch in $\pi_{\text{Wesson}}(G) + \pi_{\text{Wesson}}(S) = 1$ den Wert $-3 \cdot \pi_{\text{Wesson}}(G)$ für $\pi_{\text{Wesson}}(S)$ ein, so erhält man $\pi_{\text{Wesson}}(G) = -(1/2)$, was als negativer Wert keine Wahrscheinlichkeit sein kann. Dasselbe gilt für Smith' gemischte Strategie π_{Smith} beim Versuch, Wesson indifferent zu machen.

Folglich gibt es beim Gefangenendilemma kein zusätzliches Nash-Gleichgewicht in gemischten Strategien. Dies ist auch nicht weiter verwunderlich, wenn man bedenkt, dass zu gestehen sowohl für Smith als auch für Wesson eine echt dominante Strategie ist, wie wir in Abschnitt 2.1 festgestellt haben. Nimmt man an, dass sie beide rational spielen, werden sie folglich nie mit positiver Wahrscheinlichkeit schweigen. Echt dominierte Strategien – wie hier „*Schweigen*" – gehören nie zu einem Nash-Gleichgewicht.

Tab. 2.8: Eigenschaften einiger Zwei-Personen-Spiele

	Gefangenen- dilemma	Schlacht der Geschlechter	Angsthasen- spiel	Elfmeter- schießen	Stein-Schere- Papier-Spiel
dominante Strategie?	ja	nein	nein	nein	nein
echt dominante Strategie?	ja	nein	nein	nein	nein
Anzahl der NG i. r. Str.	1	2	2	0	0
Anzahl der NG i. g. Str.	1	3	3	1	1
Anzahl der PO	1	2	3	4	9
PO = NG?	nein	ja	nein	nein	nein

Tabelle 2.8 fasst einige Eigenschaften der bisher betrachteten Zwei-Personen-Spiele zusammen. Die ersten beiden Zeilen dieser Tabelle beantworten die Frage, ob beide Spieler eine dominante oder sogar echt dominante Strategie im jeweiligen Spiel haben. Die nächsten beiden Zeilen geben jeweils die Anzahlen der Nash-Gleichgewichte (kurz NG) in reinen bzw. gemischten Strategien an. Die letzten beiden Zeilen der Tabelle geben jeweils die Anzahl der Pareto-Optima (kurz PO) an und beantworten die Frage, ob die Menge der Pareto-Optima eines Spiels mit der Menge der Nash-Gleichgewichte in reinen Strategien dieses Spiels übereinstimmt. Wenn schon die Anzahl der Pareto-Optima von der der Nash-Gleichgewichte verschieden ist, ist die Antwort auf diese Frage natürlich „nein", aber auch bei gleichen Anzahlen muss die Gleichheit dieser Mengen nicht gelten.

Existenz von Nash-Gleichgewichten

Wie man in Tabelle 2.8 sieht, haben alle diese Spiele ein Nash-Gleichgewicht, wenn schon keines in reinen Strategien, dann wenigstens eines in gemischten Strategien.

Das ist kein Zufall. Ein herausragendes Resultat von Nash (1950, 1951) zeigt, dass es unter geeigneten Voraussetzungen immer ein Nash-Gleichgewicht in gemischten Strategien gibt (siehe Satz 2.1 unten). Da dieser wichtige Satz hier nicht formal bewiesen werden soll, benötigen wir auch keine formale Definition der in seinem Beweis verwendeten Begriffe aus der mathematischen Topologie. Stattdessen soll die Beweisidee informal erklärt werden.

Sei $\mathcal{S} = S_1 \times S_2 \times \cdots \times S_n$ die Menge der Strategieprofile der n Spieler eines nichtkooperativen Spiels in Normalform. Dabei seien alle Mengen S_i endlich. Wie kann man den abstrakten Begriff der „Strategie" (in reiner und in gemischter Form) mathematischen bzw. topologischen Argumenten zugänglich machen? Wie soll man z. B. die Strategie „Weiterfahren" mit der Strategie „Geständnis" oder „Links" vergleichen? Nash fasst dazu reine Strategien als die Einheitsvektoren eines geeigneten reellen Vektorraums auf; jede Strategie aus S_i ist also in $\mathbb{R}^{m_i}$. Mit den üblichen Operationen in Vektorräumen kann man Strategien dann mischen; jede gemischte Strategie ergibt sich als eine Linearkombination reiner Strategien, jeweils gewichtet mit einer bestimmten Wahrscheinlichkeit, und weil eine gemischte Strategie einer Wahrscheinlichkeitsverteilung auf S_i entspricht, ist die Summe dieser Wahrscheinlichkeiten 1.

Mathematisch gesprochen sind gemischte Strategien über S_i die Punkte eines Simplex, der als eine *konvexe* Teilmenge des $\mathbb{R}^{m_i}$ aufgefasst werden kann. Konvex heißt eine solche Teilmenge, wenn die direkte Verbindung zweier Punkte dieser Menge vollständig in der Menge liegt. Abbildung 2.6(a) zeigt eine konvexe Menge; offensichtlich können beliebige zwei Punkte dieser Menge direkt verbunden werden, ohne die Menge zu verlassen. Die in Abbildung 2.6(b) dargestellte Menge ist jedoch nicht konvex; beispielsweise liegt die direkte Verbindung der Punkte $(1,2)$ und $(3,2)$ nicht vollständig innerhalb der Menge. Außerdem verlangt man von den Strategiemengen, dass sie *kompakt* seien (was über die mathematischen Begriffe der Abgeschlossenheit und Beschränktheit definiert ist).

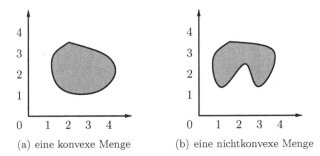

(a) eine konvexe Menge (b) eine nichtkonvexe Menge

Abb. 2.6: Eine konvexe und eine nichtkonvexe Menge

Auch die Gewinnfunktionen g_i, $1 \leq i \leq n$, die jedem Strategieprofil $\vec{s} = (s_1, s_2, \ldots, s_n) \in \mathcal{S}$ eine reelle Zahl zuordnen, müssen bestimmte Bedingungen erfüllen, damit bekannte Fixpunktsätze aus der Topologie angewandt werden können. Es wird verlangt, dass die (multilinearen) Erweiterungen der g_i auf die Mengen der gemischten Strategien über S *stetig* seien und *quasikonkav in s_j* für alle j, $1 \leq j \leq n$. Grob und informal gesprochen bedeutet Stetigkeit, dass bei sehr kleinen Änderungen der Profile gemischter Strategien sich die entsprechenden Gewinne auch nur minimal ändern, dass also keine Sprungstellen (man sagt, „Unstetigkeitsstellen") auftreten. Quasikonkav heißt eine Funktion $f : \mathbb{R} \to \mathbb{R}$, wenn ihre Negation, $-f$, quasikonvex ist, und *quasikonvex* heißt eine Funktion $g : \mathbb{R} \to \mathbb{R}$, falls alle Mengen der Form $M_c = \{x \in \mathbb{R} \,|\, g(x) \leq c\}$ konvex sind. Beispielsweise ist jede monotone Funktion sowohl quasikonvex als auch quasikonkav, und quasikonkav ist jede Funktion, die bis zu einem bestimmten Punkt monoton wächst und anschließend monoton fällt.

Stellen wir uns zur Veranschaulichung konkret vor, dass Anna und Belle ein Zwei-Personen-Spiel in Normalform spielen, bei dem Anna die reinen Strategien a_1, a_2 und a_3 und Belle die reinen Strategien b_1 und b_2 zur Auswahl stehen. Die in Tabelle 2.9 dargestellten Gewinne beider Spielerinnen sind davon abhängig, welche Strategien sie selbst und welche die andere Spielerin wählt.

Tab. 2.9: Annas Gewinn (links) und Belles Gewinn (rechts)

		Belle	
		Strategie b_1	Strategie b_2
	Strategie a_1	$(1,2)$	$(1,2)$
Anna	Strategie a_2	$(4,1)$	$(2,0)$
	Strategie a_3	$(3,0)$	$(4,3)$

Die in Abbildung 2.7(a) gezeigte Teilmenge des $\mathbb{R}^2$ stellt Annas Gewinne bezüglich ihrer Strategiemenge dar. Ihre reinen Strategien liefern die drei Punkte $a_1 = (1,1)$, $a_2 = (4,2)$ und $a_3 = (3,4)$, deren erste Komponente Annas Gewinn ist, wenn Belle die reine Strategie b_1 wählt, und deren zweite Komponente Annas Gewinn ist, wenn Belle die reine Strategie b_2 wählt (siehe Tabelle 2.9). Mischt Anna je zwei ihrer drei reinen Strategien, sodass beide mit positiver Wahrscheinlichkeit und die dritte nicht gewählt wird, so ergibt sich ein Punkt auf der Verbindungslinie zwischen den entsprechenden Punkten a_i und a_j, $i, j \in \{1, 2, 3\}$ und $i \neq j$. Mischt sie alle drei reinen Strategien, sodass jede mit positiver Wahrscheinlichkeit gewählt wird, so ergibt sich ein Punkt im Inneren des Dreiecks aus Abbildung 2.7(a). Offensichtlich ist die durch dieses Dreieck dargestellte Menge konvex, was aus der Konvexität ihrer Strategiemenge und den Eigenschaften ihrer Gewinnfunktion folgt.

Die in Abbildung 2.7(b) gezeigte Teilmenge des $\mathbb{R}^3$ stellt Belles Gewinne bezüglich ihrer Strategiemenge dar. Ihre reinen Strategien liefern die beiden Punkte $b_1 = (2,1,0)$ und $b_2 = (2,0,3)$, deren i-te Komponente für $i \in \{1, 2, 3\}$ Belles Gewinn ist, wenn Anna die reine Strategie a_i wählt (siehe Tabelle 2.9). Mischt Belle ihre beiden reinen Strategien, sodass jede mit positiver Wahrscheinlichkeit gewählt wird, so ergibt sich ein Punkt auf der Verbindungslinie zwischen b_1 und b_2. Wie man sieht, ist auch diese Punktmenge konvex.

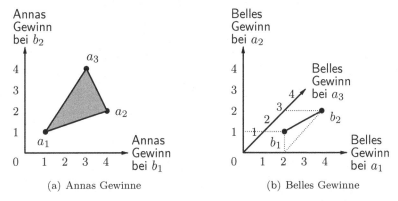

(a) Annas Gewinne   (b) Belles Gewinne

Abb. 2.7: Konvexe Gewinnmengen für reine und gemischte Strategiemengen

Satz 2.1 (Nash (1950, 1951))
Für jedes Spiel, das die oben beschriebenen Voraussetzungen erfüllt, existiert ein Nash-Gleichgewicht in gemischten Strategien.

Da endliche Mengen nicht konvex sein können, kann die Existenz eines Nash-Gleichgewichts in *reinen* Strategien mit dem Beweis von Satz 2.1 nicht garantiert werden. Die Menge der *gemischten* Strategien über S (inklusive der reinen Strategien als Spezialfälle) ist jedoch kompakt und konvex und die Erweiterungen der Gewinnfunktionen auf diese Menge erfüllen alle nötigen Bedingungen, wodurch sich bestimmte Fixpunktsätze der Topologie anwenden lassen. Man kann dann geeignete Transformationen definieren, deren Fixpunkte den Nash-Gleichgewichten in gemischten Strategien entsprechen.

Zum Beweis von Satz 2.1 sei nur so viel gesagt, dass man für $\vec{s} = (s_1, s_2, \ldots, s_n) \in S$ und jeden Spieler i eine *Beste-Antwort-Korrespondenz* $b_i(\vec{s}_{-i})$ als eine Relation aus der Menge aller Wahrscheinlichkeitsverteilungen über den Profilen $\vec{s}_{-i} = (s_1, \ldots, s_{i-1}, s_{i+1}, \ldots, s_n) \in S_1 \times \cdots \times S_{i-1} \times S_{i+1} \times \cdots \times S_n$ der Strategien der anderen Spieler definiert. Setzt man dann

$$b(\vec{s}) = b_1(\vec{s}_{-1}) \times b_2(\vec{s}_{-2}) \times \cdots \times b_n(\vec{s}_{-n}),$$

so kann man mit dem Fixpunktsatz von Kakutani zeigen, dass b unter den genannten Voraussetzungen einen Fixpunkt haben muss. Das heißt, es existiert ein Strategieprofil $\vec{s}^*$ mit $\vec{s}^* \in b(\vec{s}^*)$. Weil aber $b(\vec{s})$ nach Definition gerade die besten Antwortstrategien aller Spieler auf $\vec{s}$ enthält, zeigt dieser Fixpunkt $\vec{s}^* \in b(\vec{s}^*)$, dass sich die gemischten Strategien aller Spieler in $\vec{s}^*$ simultan im Nash-Gleichgewicht befinden müssen: Kein Spieler hat einen Anreiz, von seiner gemischten Strategie in $\vec{s}^*$ abzuweichen. Dies ist die Idee des ursprünglichen Beweises, den Nash (1950) für Satz 2.1 gibt.

Nash (1951) liefert auch einen alternativen und eleganteren Beweis von Satz 2.1, der den Fixpunktsatz von Brouwer statt des Fixpunktsatzes von Kakutani verwendet. Er schreibt (Nash, 1951, Seite 288): *„The proof given here is a considerable improvement over that earlier version and is based directly on the Brouwer theorem.“* Der Fixpunktsatz von Kakutani verallgemeinert den von Brouwer von Fixpunkten für Abbildungen auf Fixpunkte für Korrespondenzen. Nasar (1998) berichtet auf Seite 94, dass der große John von Neumann, als Nash ihm von seinem Resultat erzählen wollte, diesen mit den Worten abfertigte: *„That's trivial, you know. That's just a fixed point theorem.“*

2.3   Schachmatt: Spielbäume in Spielen mit perfekter Information

2.3.1   Sequenzielle Zwei-Personen-Spiele

Bei allen bisher betrachteten Spielen haben alle Spieler nur *einen Zug* und diesen *gleichzeitig* gemacht. Sie mussten dabei ihre Strategie wählen, ohne zu wissen, wie ihr(e) Gegenspieler agieren würden. Viele Spiele verlaufen jedoch *sequenziell* (oder *mehrzügig*): Die Spielregeln legen fest, in welcher Reihenfolge die Spieler ziehen, und alle Spieler (insbesondere der Spieler am Zug) haben jederzeit perfekte Information über alle vorangegangenen Spielzüge. „Spielzüge" werden dabei synonym mit „Strategien" verwendet; welche Strategien (oder Züge) in einer Spielsituation möglich sind, legen die Regeln des Spiels fest.

Klassische Zwei-Personen-Spiele mit perfekter Information, bei denen die beiden Spieler, Weiß und Schwarz, abwechselnd ziehen, sind z. B. Schach, Dame, Mühle und Go. In jeder Situation solcher Spiele versucht der Spieler, der gerade am Zug ist, eine Antwort auf die Frage zu finden: *„Gibt es einen Zug, sodass es für jeden Zug des Gegners einen Zug gibt, sodass ... ich gewinne?"* „Gewinnen" heißt dabei oft,[8] dass nach den jeweiligen Spielregeln dem Gegner kein weiterer Zug mehr möglich ist. Beim Schach etwa verkündet der Sieger das Ende des Spiels mit: „Schachmatt!"

Man kann die in Definition 2.1 vorgestellte Normalform eines Spiels so erweitern, dass sie auch diese Sequenzialität – diese Aufeinanderfolge von Zügen der Spieler – ausdrücken kann. Solche *Spiele in erweiterter Form* (im Englischen bezeichnet als *„extensive form games"*) geben nicht nur eine vollständige Beschreibung der Strategien der einzelnen Spieler an, sondern legen auch fest, wer wann am Zug

---

[8]Es gibt auch Spiele, bei denen ein Spieler, dem in der aktuellen Situation kein Zug möglich ist, einfach aussetzen kann. Allerdings kann man „Aussetzen" auch als einen Spielzug interpretieren.

ist, was die Spieler in welcher Situation wissen und welche Strategien ihnen dann zur Verfügung stehen. Eine formale Definition des Begriffs eines Spiels in erweiterter Form würde ziemlich ausufern, weshalb hier darauf verzichtet wird. Für eine geeignete Klasse solcher Spiele, nämlich die *(endlichen) Spiele mit perfekter Information* bietet sich eine Darstellung durch so genannte Spielbäume an. Bäume sind spezielle Graphen (nämlich zusammenhängende, kreisfreie Graphen), und die üblichen graphentheoretischen Begriffe und Bezeichnungen (wie *Wurzel, innerer Knoten, Blatt, Kante* usw.) werden hier vorausgesetzt und ohne weitere Erklärung verwendet. Die Grundlagen der Graphentheorie findet man z. B. im Buch von Diestel (2006); algorithmische Aspekte von Problemen auf Graphen werden z. B. von Gurski *et al.* (2010) behandelt.

Spielbäume

Spielbäume können folgendermaßen beschrieben werden:

- Die Wurzel (ein ausgezeichneter Knoten des Baumes) stellt die Ausgangssituation dar. Bei Schach und Dame ist das die Grundaufstellung der Figuren, bei Mühle und Go das leere Brett usw.
- Jedes Blatt (d. h., jeder Knoten mit genau einer inzidenten Kante) stellt eine Endsituation dar.[9] In eine solche Situation kann man aus genau einer Vorgängersituation von der Wurzel her gelangen, aber es gibt keine Folgesituation – das Spiel ist beendet. Verschiedene Blätter können dabei dieselbe Endsituation darstellen. Beispielsweise kann ein und dieselbe Matt-Situation im Schach über ganz verschiedene Wege (also Spielverläufe) erreicht werden.

  Jedes Blatt ist mit dem Spieler beschriftet, der in dieser Situation am Zug wäre, dem aber kein weiterer Zug mehr zur Auswahl steht. Bei jedem Blatt wird der Gewinn für alle Spieler aufgelistet, der sich für sie ergibt, wenn das Spiel in diesem Blatt endet. Geht es – wie bei Schach z. B. – nur um Sieg, Remis oder Niederlage, so bilden die Gewinnfunktionen der Spieler etwa auf die Werte 1, 1/2 oder 0 ab. Allgemeiner kann auch erlaubt werden, dass sie in $\mathbb{R}$ abbilden.
- Jeder innere Knoten (d. h. jeder Knoten, der kein Blatt ist) repräsentiert die Spielsituation, in die man gelangt, wenn man dem Pfad von der Wurzel zu diesem Knoten folgt. Jeder innere Knoten ist ein Entscheidungsknoten und mit dem Spieler beschriftet, der in dieser Situation am Zug ist. Alle Spieler kennen

---

[9]In ungerichteten Bäumen könnten prinzipiell zwar auch Blätter als Wurzel ausgezeichnet sein, bei Spielbäumen ist es jedoch sinnvoll, zu verlangen, dass die Wurzel ein innerer Knoten ist, die Ausgangssituation also keine Endsituation darstellt. Dies impliziert, dass die Wurzel mindestens zwei Kinder hat, dem beginnenden Spieler also mehr als ein Zug zur Auswahl steht. Das ist auch keine Einschränkung, denn hätte dieser Spieler nur einen möglichen Anfangszug, so könnte man auf diesen Zug auch verzichten und die sich durch diesen Zug ergebende Situation zur Ausgangssituation deklarieren.

in jeder Spielsituation den gesamten Verlauf des Spiels von der Wurzel bis in die aktuelle Situation. Die Kinder eines jeden inneren Knotens repräsentieren die jeweiligen Folgesituationen, die sich abhängig vom gewählten Zug ergeben; die entsprechende Kante ist daher mit der gewählten Strategie beschriftet.

Auch wenn die Spielbäume endlicher Spiele endlich sind, können sie eine gigantische Größe erreichen. Beispielsweise ist der Spielbaum für Schach unüberschaubar riesig, und die Kunst des Schachspiels besteht darin, aus der Vielzahl der Möglichkeiten bei jedem Zug eine solche auszuwählen, die schließlich zu einem Sieg führt. Nur die besten Schachspieler überblicken die Entwicklung eines Spiels über mehr als drei, vier oder fünf Züge im Voraus. Selbst für Schachcomputer, die mit ihrer ernormen Rechenleistung systematisch alle Möglichkeiten für mehrere Züge im Voraus durchspielen können, ist diese Aufgabe überaus herausfordernd. Natürlich fließt bei der Programmierung von Schachcomputern auch menschliches Expertenwissen ein, um statt des sturen systematischen Durchmusterns aller Möglichkeiten effizientere Strategien zu entwickeln. Dennoch ist es bis heute nicht ganz klar, ob die besten Schachcomputer die besten menschlichen Schachspieler in jedem Spiel schlagen können. Der enormen Rechenleistung der Maschine setzt der menschliche Gegenspieler dabei nichts als seine Erfahrung, Gewitztheit und Intuition entgegen und kann damit erfolgreich sein. Damit er in vernünftiger Zeit seinen nächsten Zug machen kann, kann sich ein Schachspieler – Mensch oder Computer – immer nur einen beschränkten vorausschauenden Horizont von wenigen Zügen leisten.

Sehen wir uns als ein erstes Beispiel ein beliebtes, sehr einfaches kombinatorisches Zwei-Personen-Spiel mit perfekter Information an, das man mit Stift und Papier spielen kann, wobei man zunächst das „Spielbrett" auf das Blatt Papier zeichnet.

Tic-Tac-Toe (Vier gewinnt)

Es gibt (mindestens) zwei Varianten dieses Spiels: Tic-Tac-Toe wird auf einem (3×3)-Brett gespielt, Vier gewinnt auf einem (4×4)-Brett. Zu Beginn sind alle neun (bzw. 16) Felder des Brettes leer. Die beiden Spieler, X und O, tragen abwechselnd ihr Zeichen auf einem noch leeren Feld des Brettes ein. (Bei einer anderen als der hier vorgestellten Variante von Vier gewinnt steht das Spielbrett aufrecht und man kann die Spielsteine nur von oben einwerfen.) Ziel des Spiels ist es, sein Zeichen (X oder O) auf den drei (bzw. vier) Feldern des Brettes in einer Reihe, einer Spalte oder einer Diagonalen zu platzieren. Wem das gelingt, der hat gewonnen, und das Spiel ist beendet. Gelingt dies keinem der beiden Spieler, so ist das Spiel mit einem Remis beendet, sobald sämtliche Felder des Brettes gefüllt sind. Abbildung 2.8 zeigt einen Spielverlauf von Vier gewinnt, bei dem X gewinnt. Aus Platzgründen werden nicht alle 16 Züge dieser Partie dargestellt.

Abbildung 2.9 zeigt einen Ausschnitt des Spielbaums für Tic-Tac-Toe, der schon für dieses einfache Spiel enorm groß ist. Dargestellt sind die ersten beiden Ebe-

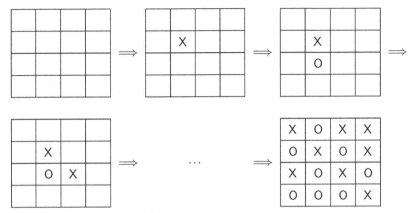

Abb. 2.8: Ein Spielverlauf in Vier gewinnt

nen dieses Baums, also die Wurzel und ihre Kinder, und drei Blätter mit ihren jeweiligen Vorgängerknoten. Rechts neben jedem Knoten steht der Spieler, der in dieser Situation am Zug ist, und aus Gründen der Übersichtlichkeit sind nur einige Kanten mit der Strategie beschriftet: (i,j) für $1 \le i,j \le 3$ bedeutet, dass dieser Spieler in diesem Zug sein Zeichen in der i-ten Spalte und in der j-ten Reihe setzt.

Man kann ausrechnen, dass es bei Tic-Tac-Toe insgesamt 765 verschiedene Spielsituationen (Größe des Zustandsraums) gibt, die von der Anfangssituation aus erreichbar sind, und 26.830 verschiedene mögliche Partien (Anzahl der Blätter des Spielbaums), bis auf Rotationen oder Spiegelungen des Bretts. Dass die Anzahl der möglichen Partien so viel größer als der Zustandsraum ist, liegt nur daran, dass ein und dieselbe Spielsituation in vielen Partien vorkommen kann. Beispielsweise kann die Endsituation ⊞ aus Abbildung 2.9, in der X gewinnt, einerseits wie in dieser Abbildung aus ⊞ und andererseits aus ⊞, ⊞, ⊞ oder ⊞ entstehen.

Man kann sich leicht überlegen, dass, wenn man Tic-Tac-Toe oder Vier gewinnt konzentriert spielt und keinen Fehler macht, auf jeden Fall immer ein Unentschieden drin ist.

Nim

Ein anderes Spiel, für das man sich einfach eine Gewinnstrategie erarbeiten kann, ist das Spiel Nim. Es ist ein so altes Spiel, dass heute nicht mehr klar ist, wer es wann und wo erfunden oder zuerst gespielt hat. Angeblich reichen die Wurzeln dieses Spiels bis ins altertümliche China zurück, in Europa wurde es erstmals im 16. Jahrhundert erwähnt. Seinen Namen Nim verdankt das Spiel Bouton (1902), einem amerikanischen Mathematiker der an der Harvard University lehrte und dieses Spiel umfassend mathematisch analysierte. Auch wenn die Herkunft des Namens Nim ungeklärt ist, vermutet man, dass er mit dem deutschen Verb „nimm" zu tun hat (Bouton wurde in Leipzig promoviert), welches in der Form „*nim*" auch

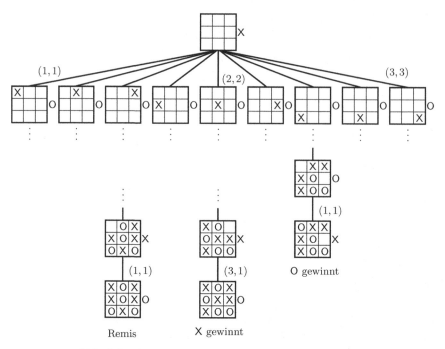

Abb. 2.9: Ausschnitt aus dem Spielbaum für Tic-Tac-Toe

ein veraltetes englisches Verb gleicher Bedeutung ist. Bemerkenswert ist auch, dass sich, wenn man NIM auf den Kopf stellt, das Wort WIN ergibt.

Nim wird von zwei Spielern gespielt, die abwechselnd Dinge von verschiedenen Haufen entfernen. Sie müssen in jedem Zug mindestens ein Objekt nehmen, und sie dürfen eine bestimmte Anzahl von Objekten nehmen, allerdings alle vom selben Haufen. Der Einfachheit halber nehmen wir an, dass David und Edgar Nim mit nur einem Haufen spielen, sagen wir, mit einem Haufen von 16 Fußbällen. Die Regeln spezifizieren wir in dieser Variante so, dass jeder der beiden Spieler, wenn er am Zug ist, mindestens einen Ball nehmen muss, er darf aber auch zwei oder drei Bälle nehmen. Jeder Spieler hat also drei mögliche Strategien in jedem Zug. Verloren hat der Spieler, der den letzten Ball nimmt, und der andere hat gewonnen.

David und Edgar spielen zwei Mal. Im ersten Spiel fängt David an, im zweiten Edgar. Wie viele Bälle sollen sie nehmen, wenn sie am Zug sind? Tabelle 2.10(a) stellt den Verlauf des ersten Spiels dar und Tabelle 2.10(b) den des zweiten.

Zwei Mal hat Edgar gewonnen. Was hat er besser gemacht als David? Gibt es vielleicht eine Gewinnstrategie, die mit Sicherheit zum Erfolg führt? Um dieser Frage nachzugehen, ist es zweckmäßig, sich das Spielende genauer anzusehen und dann das Spiel von hinten her nach vorn aufzurollen.

Beim letzten Zug, den in beiden Spielen David gemacht hat, war nur noch ein Ball übrig. Dieser Zug musste nach den Spielregeln also zwangsläufig zur Niederlage führen. Davids Pech war, zu diesem Zeitpunkt, als nur noch ein Ball vorhanden

Tab. 2.10: Spielverläufe in zwei Nim-Partien

(a) David beginnt und Edgar gewinnt

Anzahl der Bälle	16	15	13	10	9	7	5	4	1	0
David nimmt	1		3		2		1		1	
Edgar nimmt		2		1		2		3		Sieg

(b) Edgar beginnt und gewinnt

Anzahl der Bälle	16	13	11	9	6	5	3	1	0
David nimmt		2		3		2		1	
Edgar nimmt	3		2		1		2		Sieg

war, am Zug gewesen zu sein. Um zu gewinnen, muss man also versuchen, den Gegner in diese Position zu drängen. Dies gelang Edgar, weil vor dem vorletzten Zug im Spiel aus Tabelle 2.10(a) noch vier und vor dem vorletzten Zug im Spiel aus Tabelle 2.10(b) noch drei Bälle· vorhanden waren. Ebenso wäre es ihm bei zwei Bällen geglückt, denn nach den Spielregeln darf er ein, zwei oder drei Bälle in einem Zug nehmen. Das heißt, wer am Zug ist, wenn es noch zwei, drei oder vier Bälle gibt, hat eine Gewinnstrategie, die dem Gegner keine Chance lässt.

Was aber, wenn es noch fünf Bälle gibt? Nach den Regeln muss man mindestens einen und darf man höchstens drei Bälle nehmen. Folglich ist man bei fünf Bällen in der misslichen Situation, dass man keine andere Wahl hat, als den Gegner in die oben beschriebene Position zu bringen, in der ihm ein Sieg sicher ist, wenn er richtig spielt. Die Situation, am Zug zu sein, wenn es noch fünf Bälle gibt, ist demnach genauso schlecht wie die, am Zug zu sein, wenn es nur noch einen Ball gibt. Ist man dagegen am Zug, wenn noch sechs, sieben oder acht Bälle vorhanden sind, so zieht wieder das o. g. Argument: Man kann dann den Gegner in die missliche Lage mit den fünf Bällen zwingen. Diese Argumentationskette lässt sich so fortsetzen. In Tabelle 2.11 wird durch ein • angezeigt, für welche Anzahl von Bällen ein Spieler eine Gewinnstrategie hat, wenn er gerade am Zug ist.

Tab. 2.11: Wann gibt es eine Gewinnstrategie für Nim?

Anzahl der Bälle	1	2	3	4	5	6	7	8	9	10	11	12	13	14	15	16
Gewinnstrategie		•	•	•		•	•	•		•	•	•		•	•	•

Natürlich gilt dies auch, wenn man mit mehr als 16 Bällen beginnt. Je nachdem, welcher Spieler den ersten Zug macht und wie viele Bälle es zu Beginn gibt, existiert für genau einen der beiden Spieler eine Gewinnstrategie. In diesem Beispiel hätte David, der im Spiel von Tabelle 2.10(a) den ersten Zug machen durfte, eigentlich eine Gewinnstrategie gehabt, mit der er seinen Sieg hätte erzwingen können, wenn er nicht im ersten Zug schon gepatzt und seinen Vorteil an Edgar verschenkt hätte.

Edgar dagegen hat seine Sache im Spiel von Tabelle 2.10(b) besser gemacht und den Vorteil seiner Gewinnstrategie kaltblütig in einen Sieg umgesetzt. An diesem Beispiel sieht man auch, dass es eine Rolle spielen kann, welcher Spieler beginnt, und dass es durchaus kein Vorteil sein muss, den ersten Zug machen zu dürfen, z. B. dann nicht, wenn man mit einem Haufen von 13 Bällen beginnt und deshalb gegen einen unerbittlich spielenden Gegner bis zum Schluss nicht in eine Gewinnposition kommen kann.

Ein anderes Beispiel dafür, dass zuerst zu ziehen nachteilig sein kann, ist eine „sequenzialisierte" Variante des Elfmeterschießens. Würde da der Torhüter zuerst „ziehen", also z. B. nach links springen, so könnte der Schütze den Ball einfach auf die andere Seite, also nach rechts, schießen und gewinnen, und umgekehrt könnte der Torhüter mit Sicherheit halten, wenn er wüsste, wohin der Schütze schießt. Natürlich würde man diese sequenzialisierte Variante des Elfmeterschießens nie spielen, weil sie trivial und daher langweilig ist.

Der Algorithmus, mit dem man die oben beschriebene Gewinnstrategie berechnen kann, ist eine sehr einfache Anwendung des Prinzips der *dynamischen Programmierung*. Dieses Prinzip wurde in den 1940er Jahren von dem amerikanischen Mathematiker Richard Bellman auf Optimierungsprobleme der Regelungstheorie angewandt, später auch auf Optimierungsprobleme in den Wirtschaftswissenschaften, insbesondere auf solche in der Spieltheorie. Bellman gilt als der Erfinder der dynamischen Programmierung, auch wenn das Prinzip selbst schon vorher (unter anderem Namen) in der Physik gebräuchlich war. Dynamische Programmierung lässt sich zur Lösung eines Optimierungsproblems einsetzen, wenn sich dieses so in kleinere Optimierungsprobleme derselben Art zerlegen lassen, dass man aus den Lösungen dieser kleineren Probleme rekursiv eine Lösung des größeren Problems gewinnen kann. Beispielsweise kann man die Frage, ob ein Spieler eine Nim-Gewinnstrategie für n Bälle hat, auf die Frage zurückführen, ob er eine solche für $n-1$, $n-2$ und $n-3$ Bälle hat. Dies kann man so lange machen, bis man schließlich das Ausgangsproblem in so kleine Teilprobleme zerlegt hat, dass man diese direkt lösen kann; in unserem Beispiel wäre das für ein, zwei bzw. drei Bälle der Fall. Nun taucht man rückwärts aus den Rekursionsstufen wieder auf, erhält dabei jeweils die Lösungen größerer Teilprobleme aus denen der kleineren Teilprobleme, bis man schließlich das Ausgangsproblem gelöst hat.

Dieser auf dynamischer Programmierung beruhende Algorithmus für die Gewinnstrategie von Nim arbeitet in Pseudo-Polynomialzeit, d. h., die Zeit, die dieser Algorithmus zur Lösung benötigt, ist proportional zur Anzahl n der gegebenen Bälle des Problems. Da Zahlen jedoch üblicherweise nicht unär, sondern binär dargestellt werden und die Größe der Binärdarstellung einer Zahl n logarithmisch in n ist, ist ein solcher Pseudo-Polynomialzeit-Algorithmus eigentlich nicht effizient. Schöner wäre es, wenn sich das Problem in wirklicher Polynomialzeit lösen ließe, also in einer Zeit, die proportional zur Binärdarstellung der Anzahl n der gegebenen Bälle ist. Den oben beschriebenen Algorithmus in Pseudocode und eine detaillierte Analyse seiner Laufzeit findet man z. B. in (Könemann, 2008). Allerdings ist es gar nicht nötig, die gesamte Rekursionstiefe zu durchlaufen, wodurch die Laufzeit so sehr verschlechtert wird. Wie man an Tabelle 2.11 sieht, genügt es, für die gegebene Anzahl n von Bällen zu ermitteln, ob sie in der Restklasse 1 mod 4 liegt, also in der Menge $\{1, 5, 9, \ldots\}$, und das geht nun wirklich effizient. Eine Gewinnstrategie hat man genau dann, wenn die Antwort „nein" und man selbst am Zug ist. Spielt man Nim nicht in der hier vorgestellten vereinfachten Variante, sondern mit mehreren Haufen und anderen Regeln zum Entfernen von Objekten, so ist die Lösung allerdings weniger trivial.

2.3.2 Gleichgewichte in Spielbäumen

Die Gewinne der Spieler in einem durch einen Spielbaum repräsentierten Spiel mit perfekter Information hängen davon ab, in welchem Blatt des Baums das Spiel endet, welchen Verlauf es also genommen hat. Auch in einem Spielbaum kann man den Begriff des Gleichgewichts verwenden, um eine Vorhersage darüber zu machen, welchen Verlauf das Spiel nimmt, also welche Strategie in jedem Knoten des entsprechenden Pfades von der Wurzel zum Blatt durch den Spieler gewählt wird, der jeweils am Zug ist.

Wendet man z. B. den Begriff des Nash-Gleichgewichts in reinen Strategien (siehe Definition 2.4 auf Seite 32) auf Spielbäume an, dann verlangt man in jedem inneren Knoten des Baums, dass der Spieler, der gerade am Zug ist, eine „beste Antwortstrategie" auf die Strategien der anderen Spieler wählt. Im Nim-Spiel etwa besteht eine solche beste Antwortstrategie darin, den Gegner – sofern das möglich ist – stets in eine Position zu bringen, aus der heraus er nicht gewinnen kann. Man versucht also, so viele Bälle zu nehmen, dass die Anzahl der verbleibenden Bälle aus der Restklasse 1 mod 4 ist. Diese beste Antwort ist jedoch nur möglich, wenn man selbst in einer Position ist, die einen solchen Zug erlaubt, d. h. auf einer mit • gekennzeichneten Position in Tabelle 2.11. In den beiden Spielverläufen, die in den Tabellen 2.10(a) und 2.10(b) dargestellt sind, war Edgar bei jedem seiner Züge in dieser glücklichen Lage und hat jeden Zug von David, bei dem dieser etwa i Bälle genommen hat, mit der besten Antwortstrategie gekontert, indem er selbst $4 - i$ Bälle genommen hat. Sehen Sie, warum diese Formel, $4 - i$, bei Edgars erstem Zug in der Partie von Tabelle 2.10(a) nicht zutrifft?

Nash-Gleichgewichte machen jedoch nicht immer sinnvolle Vorhersagen über den Spielverlauf in Spielbäumen. Insbesondere können Nash-Gleichgewichte Drohungen enthalten, die unglaubwürdig werden, wenn die Spieler nacheinander statt gleichzeitig ziehen. Beispielsweise hatten wir gesehen, dass das Angsthasenspiel in Normalform (siehe Tabelle 2.4 auf Seite 38) zwei Nash-Gleichgewichte in reinen Strategien besitzt: (Weiterfahren, Ausweichen) mit dem Gewinnvektor $(3, 1)$ und (Ausweichen, Weiterfahren) mit dem Gewinnvektor $(1, 3)$. Sequenzialisiert man dieses Spiel jedoch, wobei etwa David zuerst zieht bzw. fährt, so ist seine Drohung, todesmutig weiterzufahren, für Edgar nicht mehr sehr einschüchternd. Da er als

Zweiter zieht bzw. fährt, kann er gelassen abwarten, wie sich David in seinem ersten Zug wirklich verhält, und darauf dann in für sich optimaler Weise reagieren.

Natürlich würde man das Angsthasenspiel in sequenzialisierter Form nie spielen, da es dann – ähnlich wie das sequenzialisierte Elfmeterschießen – trivialisiert würde. Betrachten wir deshalb noch ein anderes Beispiel, das in Tabelle 2.12 zunächst in Normalform angegeben ist. Bei diesem Spiel teilen zwei Firmen einen Markt unter sich auf, der insgesamt einen Profit von 10 abwirft. Um ihren Marktanteil zu erhöhen, erwägen beide Firmen, eine Werbekampagne zu starten, die jeweils Kosten von 4 verursachen würde. Der Marktanteil von Firma A beträgt derzeit 70% und der von Firma B folglich 30%. Ohne Werbekampagne hat Firma A deshalb einen Gewinn von 7 und Firma B einen Gewinn von 3. Wenn nur eine der beiden Firmen eine Kampagne startet, sichert sie sich dadurch einen Marktanteil von 80% (Firma A würde also 10% hinzugewinnen und Firma B sogar 50%), muss allerdings auch die Kosten der Kampagne tragen. Somit ergibt sich der Gewinnvektor $(4,2)$, wenn Firma A einseitig eine Kampagne startet, und der Gewinnvektor $(2,4)$, wenn Firma B dies einseitig tut. Entscheiden sich beide Firmen für eine Kampagne, so teilen sie den Markt zu je 50% untereinander auf, und es ergibt sich der Gewinnvektor $(1,1)$.

Tab. 2.12: Das Werbekampagnenspiel in Normalform

		Firma B	
		keine Kampagne	Werbekampagne
Firma A	keine Kampagne	$(7,3)$	$(\mathbf{2},\mathbf{4})$
	Werbekampagne	$(4,2)$	$(1,1)$

Die Analyse dieses Spiels in Normalform wird dadurch vereinfacht, dass die Firma A eine echt dominante Strategie hat: keine Kampagne. Firma B dagegen hat keine dominante Strategie, denn ihre Entscheidung hängt von der Strategie der Firma A ab: Führt diese keine Kampagne durch, ist das Starten einer eigenen Kampagne für die Firma B profitabel; andernfalls ist es für sie besser, auf eine Werbekampagne zu verzichten. Man sieht leicht ein, dass der in Tabelle 2.12 fettgedruckte Gewinnvektor $(2,4)$ zu einem Profil reiner Strategien gehört, die sich im strikten Nash-Gleichgewicht befinden: Keine der Firmen hat einen Anreiz, von ihrer Strategie abzuweichen, sofern die andere Firma bei ihrer Strategie bleibt.

Sequenzialisieren wir dieses Spiel nun, wobei die Firma A den ersten Zug macht,[10] so ergibt sich der Spielbaum in Abbildung 2.10. (Da hier keine Spiel-

---

[10]Anders als beim Angsthasenspiel oder Elfmeterschießen ist es bei diesem Spiel plausibel, dass es sequenziell gespielt werden kann. Es könnte beispielsweise sein, dass die Werbeagentur beiden Firmen eine Frist setzt, bis zu der sie sich für oder gegen den Auftrag für eine Werbekampagne entscheiden müssen, und dass die Frist für Firma A vor der für Firma B

situationen darzustellen sind, unterscheidet sich dieser Spielbaum formal etwas von dem in Abbildung 2.9.) In den Blättern sind die Gewinnvektoren gemäß den Entscheidungen der beiden Spieler nach Tabelle 2.12 angegeben, wobei links der Gewinn der Firma A und rechts der Gewinn der Firma B steht.

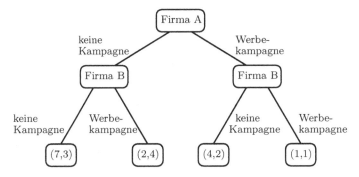

Abb. 2.10: Spielbaum für das Werbekampagnenspiel in erweiterter Form

Es gibt zwei Nash-Gleichgewichte in reinen Strategien für diesen Spielbaum. Das erste ist das aus der Normalform: Wenn sich die Firma A gegen eine Werbekampagne entscheidet, ist die beste Antwortstrategie der Firma B, eine Kampagne zu starten, und wir landen in dem mit $(2,4)$ beschrifteten Blatt. Das zweite Nash-Gleichgewicht kommt nun neu hinzu: Wenn sich die Firma A für eine Werbekampagne entscheidet, ist die beste Antwortstrategie der Firma B, selbst keine Kampagne zu starten, und wir landen in dem mit $(4,2)$ beschrifteten Blatt.

Das erste Nash-Gleichgewicht, das zu dem mit $(2,4)$ beschrifteten Blatt führt und bei dem Spiel in Normalform das einzige war, ist jedoch im Spiel in erweiterter Form *unglaubwürdig*, denn die Firma A kennt im perfekten Informationsmodell die Strategien der Firma B und kann daher voraussehen, dass die Entscheidung gegen eine Kampagne ihren Gewinn von 4 auf 2 senken würde. Sie hätte also einen Anreiz, von der Entscheidung gegen eine Kampagne abzurücken – keine Werbekampagne zu starten ist, anders als in der Normalform, keine dominante Strategie mehr für sie. Anders ausgedrückt, da das Spiel sequenziell abläuft, kann die Firma A ihren Vorteil des ersten Zugs ausspielen und die folgenden strategischen Überlegungen anstellen, bei denen sie ausgehend von den Gewinnen beider Spieler an den Blättern des Spielbaums rückwärts durch den Baum geht und prüft, welche Entscheidungen in den Knoten eine Stufe oberhalb der Blattebene getroffen werden, und dann iteriert. Diese Methode ist als *Rückwärtsinduktion* (englisch: „*backward induction*") bekannt und funktioniert in diesem Beispiel wie folgt:

---

endet. Dies gibt der Firma B den mutmaßlichen Vorteil, auf die Entscheidung von Firma A angemessen reagieren zu können. Es wird sich jedoch zeigen, dass der Vorteil in diesem sequenziellen Spiel in Wirklichkeit bei Firma A liegt, die zuerst zieht.

1. Betrachten wir zunächst den linken Teilbaum des Spielbaums mit den Blättern $(7,3)$ und $(2,4)$. Da in der Wurzel dieses Teilbaums die Firma B ihre Entscheidung zu treffen hat, kann die Firma A voraussagen, dass diese sich für eine Werbekampagne entscheiden wird, denn im Gewinnvektor $(2,4)$ ist der Gewinn von Firma B größer als im Gewinnvektor $(7,3)$.

2. Betrachten wir nun den rechten Teilbaum des Spielbaums mit den Blättern $(4,2)$ und $(1,1)$. Wieder hat die Firma B ihre Entscheidung in der Wurzel des Teilbaums zu treffen, und die Firma A kann voraussagen, dass diese sich hier gegen eine Kampagne entscheiden wird, denn im Gewinnvektor $(4,2)$ ist der Gewinn von Firma B größer als im Gewinnvektor $(1,1)$.

3. Aus diesen Betrachtungen und Vorhersagen schließt die Firma A, dass sie mit ihrer eigenen Entscheidung für den einen oder anderen Teilbaum ihren Gewinn maximieren kann, wenn sie selbst eine Kampagne durchführt, denn ihr eigener Gewinn ist in $(4,2)$ größer als in $(2,4)$.

Das Ergebnis dieser Rückwärtsinduktion ist also, dass die Firma A eine Werbekampagne macht, die Firma B aber nicht, und die Gewinne der Firmen ergeben sich als $(4,2)$. Interessanterweise ist dies ein anderes Ergebnis als das Nash-Gleichgewicht für das entsprechende Spiel in Normalform. Für die beiden Firmen ist es auch etwas enttäuschend, dass ihr Gewinn *vor* dem Spiel größer war als *nach* dem Spiel: Hätten sie sich nie Gedanken um eine Werbekampagne gemacht, stünden sie nun besser da. Der eigentliche Gewinner dieses Spiels ist die Werbeagentur, die nicht einmal ein Mitspieler war.

Selten (1975) entwickelte ein geeignetes Lösungskonzept, das die Idee der Rückwärtsinduktion formal ausdrückt und als *teilspiel-perfektes Gleichgewicht* bekannt ist. Ein Teilspiel eines endlichen Spielbaums T wird durch den entsprechenden Teilbaum T' repräsentiert, dessen Wurzel ein beliebiger Entscheidungsknoten des ursprünglichen Spielbaums T ist. Der Einfachheit halber identifizieren wir dabei (Teil-)Spiele mit den sie repräsentierenden (Teil-)Spielbäumen. Ein teilspiel-perfektes Gleichgewicht in einem Spielbaum T liegt genau dann vor, wenn sich die jeweiligen Strategien in jedem Teilspiel T' von T (auch wenn in T' nur noch ein Zug zu absolvieren ist) im Gleichgewicht befinden. Das heißt, egal von welchem Knoten in T wir ausgehen, die in diesem Knoten gewählte Strategie des Spielers am Zug ist stets die beste Antwort auf die übrigen im Gleichgewichtsprofil angegebenen Strategien.

Teilspiel-perfekte Gleichgewichte verfeinern den Begriff der Nash-Gleichgewichte in reinen Strategien für Spielbäume, denn jedes teilspiel-perfekte Gleichgewicht ist auch ein solches Nash-Gleichgewicht. Die Umkehrung gilt allerdings im Allgemeinen nicht, wie wir am Beispiel des Werbekampagnenspiels gesehen haben. Der Zweck der teilspiel-perfekten Gleichgewichte besteht gerade darin, unglaubwürdige Nash-Gleichgewichte in Spielbäumen auszuschließen.

Dieses Lösungskonzept kann auch auf allgemeinere Spiele in erweiterter Form übertragen werden, etwa auf Spiele mit unvollkommener Information. In solchen

Spielen definiert man zusätzlich „Informationsbezirke" der Spieler – Teilmengen von Entscheidungsknoten im Spielbaum, in denen sich ein Spieler in einer bestimmten Phase des Spiels befinden muss, ohne nach dem bisherigen Spielverlauf genau zu wissen, in welchem. Bei der Definition von teilspiel-perfekten Gleichgewichten für solche Spiele verlangt man zusätzlich, dass in seinen Teilspielen die zugeordneten Informationsbezirke nicht getrennt werden dürfen.

2.4 Full House: Spiele mit unvollkommener Information

Im Gegensatz zu Spielen mit perfekter Information, in denen jeder Spieler jederzeit vollkommenes Wissen über den bisherigen Spielverlauf und insbesondere über seine aktuelle Position im Spielbaum hat, sind *Spiele mit unvollkommener Information* dadurch gekennzeichnet, dass den Spielern Informationen vorenthalten werden. Bei Kartenspielen etwa lassen die Spieler ihre Mitspieler in der Regel nicht in ihr Blatt sehen. Insbesondere wissen die Spieler bei solchen Spielen nicht genau, an welcher Position im Spielbaum sie sich in einer bestimmten Spielphase befinden, und sind sich daher auch über die richtige Strategie in der jeweiligen Situation nicht ganz sicher. Wie oben erwähnt wurde, kann man dies durch den Begriff der Informationsbezirke aller Spieler formalisieren. Von einer übermäßigen Formalisierung wollen wir jedoch auch weiterhin absehen und die wesentlichen Begriffe stattdessen anhand geeignet gewählter Beispiele verdeutlichen. In diesem Abschnitt stellen wir dazu das so genannte Ziegenproblem vor und analysieren außerdem eine vereinfachte Variante des Pokerspiels.

2.4.1 Das Ziegenproblem

Ein herrliches Spiel, über das schon viel gestritten wurde und das allein genügend Stoff für ein ganzes Buch liefert (von Randow, 2004), ist das *Ziegenproblem*. Andere Namen dieses bekannten Spiels sind das *Drei-Türen-Problem* und das *Monty-Hall-Problem* bzw. das *Monty-Hall-Dilemma*. Monty Hall heißt der Moderator der US-amerikanischen TV-Spielshow *„Let's make a deal"*, durch die das Ziegenproblem in den USA so populär wurde. Hall moderierte diese Show von 1963 bis 1986 und später noch einmal von 1990 bis 1991. In Deutschland lief eine Adaption dieser Show unter dem Namen „Geh aufs Ganze!".

Einem Spieler werden drei verschlossene Türen gezeigt, hinter denen sich Gewinne befinden. Hinter einer Tür steht ein teures Auto und hinter den zwei anderen Türen jeweils eine Ziege. Es ist klar, dass der Spieler das Auto gewinnen will und nicht eine Ziege, die immer nur meckert. Der Spieler wird nun aufgefordert, eine Tür zu wählen, siehe Abbildung 2.11(a). Danach öffnet der Moderator eine der

(a) Wahl einer Tür (b) Änderung der Wahl oder nicht?

Abb. 2.11: Das Ziegenproblem

anderen beiden Türen, wobei er darauf achtet, dass sich hinter dieser eine Ziege befindet. Genauer gesagt, hat der Spieler die Tür gewählt, hinter der das Auto steht, so öffnet der Moderator – zufällig und mit gleicher Wahrscheinlichkeit – eine der beiden Ziegentüren; hat der Spieler jedoch eine Tür gewählt, hinter der sich eine Ziege verbirgt, so öffnet der Moderator die andere Ziegentür. Nun bekommt der Spieler die Möglichkeit, seine Wahl noch einmal zu überdenken: Er kann entweder bei der zuerst gewählten Tür bleiben oder seine Wahl ändern. Die Frage ist, ob sich eine Änderung der Türwahl für den Spieler lohnt oder nicht, siehe Abbildung 2.11(b).

Die hitzig geführte öffentliche Debatte um die richtige Antwort auf diese Frage wurde durch die amerikanische Journalistin Marilyn vos Savant[11] 1990 ausgelöst, die ihren Lesern ihre Lösung des Rätsels in ihrer Kolumne *Ask Marilyn* in einer Septemberausgabe des *Parade Magazine* vorstellte. Die von vos Savant präsentierte korrekte Lösung rief ein unerwartet großes Echo kontroverser Meinungen hervor, die oft an Beleidigungen grenzten.[12] Unter den etwa 10.000 Zuschriften fanden sich nahezu 1.000 von promovierten Lesern, viele auch von Mathematikprofessoren, und manche ihrer spöttischen Kommentare und überzeugt vorgetra-

---

[11]Marilyn vos Savant stellte bereits als Zehnjährige einen beeindruckenden Rekord auf: Mit einem IQ von 228 gilt sie laut Guinessbuch der Weltrekorde als die Person mit dem bisher höchsten gemessenen Intelligenzquotienten.

[12]*„You blew it! [...] Please help by confessing your error and, in the future, being more careful."* (Prof. Robert Sachs, George Mason University in Fairfax, Virginia).

„You are utterly incorrect. [...] How many irate mathematicians are needed to get you to change your mind?" (Prof. E. Ray Bobo, Georgetown University, Washington D.C.).

„Our math department had a good, self-righteous laugh at your expense." (Prof. Mary Jane Still, Palm Beach Junior College, Florida).

„Maybe women look at math problems differently than men." (Don Edwards, Sunriver, Oregon).

„You are the goat!" (Glenn Calkins, Western State College, Colorado) usw.

genen – und doch falschen – Behauptungen werden im Artikel *„Behind Monty Hall's Doors: Puzzle, Debate and Answer?"* von John Tierney in der *New York Times* vom 21. Juli 1991 vorgestellt (siehe auch von Randow, 2004).

Intuitive Lösungsansätze für das Ziegenproblem

Die Lösung, die vos Savant für das Ziegenproblem gab, lautet: Es lohnt sich für den Spieler, die ursprünglich gewählte Tür zu wechseln, denn er erhöht seine Erfolgsaussichten auf den Gewinn des Autos so von einem Drittel auf zwei Drittel! Intuitiv liegt dies daran, dass der Moderator durch das Öffnen einer Ziegentür weitere Informationen preisgibt, die der Spieler zuvor nicht hatte: Hinter der geöffneten Tür kann der Hauptgewinn keinesfalls stehen, denn von dort guckt einem ja eine überraschte Ziege entgegen. Gewissermaßen übertragen sich nach dieser Beobachtung die Erfolgschancen von der nun geöffneten Tür auf die beiden anderen Türen, aber überraschenderweise nicht etwa gleichmäßig auf beide – wie vielleicht manch einer vermuten würde (siehe Fußnote 12) –, sondern ausschließlich auf die vom Spieler ursprünglich nicht gewählte Tür. Deshalb verdoppelt ein Wechsel der gewählten Tür seine Gewinnchancen.

Doch warum ist das so? Eine ganz grobe Erklärung ist, dass ein Spieler, der nach dem Öffnen der Ziegentür die zuerst gewählte Tür wechselt, etwas aus der Beobachtung der offenen Tür *gelernt* hat, wohingegen ein anderer Spieler, der nicht wechselt, sondern stur bei seiner Wahl bleibt, nichts gelernt hat. Letzterem hätte man diese zusätzliche Information auch gar nicht erst geben müssen, da er sie nicht zu nutzen weiß.

Eine andere intuitive Erklärung wurde ursprünglich von vos Savant gegeben: Angenommen, es gibt eine Million Türen, von denen nur eine den Hauptgewinn verbirgt, und der Spieler wählt zunächst die erste. Der Moderator, der weiß, was hinter jeder Tür ist, und der natürlich die mit dem Hauptgewinn nicht verraten möchte, öffnet alle Türen außer der ersten und der mit Nr. 777.777. Dann würde der Spieler doch selbstverständlich von der ersten Tür zu der mit Nr. 777.777 wechseln, oder?

Aufgrund der ausgesprochen heftigen Kritik an ihrer Argumentation (siehe Fußnote 12) lieferte vos Savant noch eine weitere Erklärung, bei der alle denkbaren Fälle durchgespielt werden (siehe Tabelle 2.13). Dabei nehmen wir an, dass hinter den Türen 1 und 2 je eine Ziege und hinter Tür 3 das Auto steht. Wir wiederholen das Spiel in einem Gedankenexperiment sechs Mal, ohne uns die Spielergebnisse zu merken, denn sonst wüssten wir im zweiten Spiel noch, hinter welcher Tür wir im ersten Spiel das Auto vorgefunden und gewonnen haben. Zum Beispiel könnten wir annehmen, dass wir diese sechs Spiele von sechs verschiedenen Spielern durchführen lassen, die sich untereinander nicht austauschen.

Bei den ersten drei Spielen wählt der Spieler der Reihe nach zunächst die erste, die zweite und die dritte Tür, und nachdem der Moderator eine Ziegentür geöffnet hat, bleibt der Spieler jeweils bei seiner Türwahl. In den anderen drei Spielen wählt der Spieler wieder der Reihe nach zunächst die erste, die zweite und die dritte Tür, aber jetzt wechselt er jeweils seine Türwahl, nachdem der Moderator eine Ziegentür geöffnet hat. Damit sind alle möglichen Fälle bedacht.

Tab. 2.13: Alle Fälle des Ziegenproblems

	Tür 1: Ziege	Tür 2: Ziege	Tür 3: Auto	Strategie	Gewinn
Spiel 1	gewählte Tür			Bleiben	Ziege
Spiel 2		gewählte Tür		Bleiben	Ziege
Spiel 3			gewählte Tür	Bleiben	Auto
Spiel 4	gewählte Tür			Wechseln	Auto
Spiel 5		gewählte Tür		Wechseln	Auto
Spiel 6			gewählte Tür	Wechseln	Ziege

Wie man sieht, gewinnt man das Auto mit der Wechselstrategie in zwei von drei Fällen, mit der Bleibestrategie hingegen nur in einem der drei Fälle. Diese Fallunterscheidung ist auch anhand des Baums in Abbildung 2.12 dargestellt. Jedes Blatt dieses Baums repräsentiert genau eines der Spiele aus Tabelle 2.13, und zwar die Spiele 1, 4, 2, 5, 3 und 6 von links nach rechts.

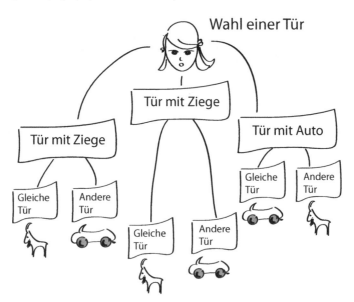

Abb. 2.12: Alle Fälle des Ziegenproblems

Lösung des Ziegenproblems mit dem Gesetz der totalen Wahrscheinlichkeit

Wen diese mehr oder weniger intuitiven Argumente noch nicht ganz überzeugen, dem kann auch noch eine formale mathematische Lösung des Ziegenproblems angeboten werden. Insbesondere kann nämlich mit dem Gesetz der totalen Wahrscheinlichkeit bzw. mit der damit verwandten Formel von Bayes erklärt werden, warum sich durch das Öffnen einer Tür, hinter der das Auto nicht steht, die Gewinnchancen von dieser Tür nicht gleichermaßen auf die beiden anderen Türen verteilen, sondern ausschließlich auf die vom Spieler ursprünglich nicht gewählte andere Tür übergehen, weshalb die Wechselstrategie sinnvoll ist.

Um zunächst die Bayes'sche Formel zu erläutern, benötigen wir einige Grundbegriffe der Wahrscheinlichkeitstheorie. Ein endlicher *Wahrscheinlichkeitsraum* ist gegeben durch eine endliche Menge $\mathcal{E} = \{e_1, e_2, \ldots, e_k\}$ von *Elementarereignissen*, wobei das Ereignis e_i mit der Wahrscheinlichkeit $w_i = \mathrm{W}(e_i)$ eintritt und $\sum_{i=1}^{k} w_i = 1$ gilt. Eine solche Zuordnung von Wahrscheinlichkeiten w_i zu den Elementarereignissen e_i spezifiziert eine *Wahrscheinlichkeitsverteilung*. Treten etwa alle Elementarereignissen mit derselben Wahrscheinlichkeit auf ($w_i = 1/k$ für jedes i, $1 \le i \le k$), so liegt eine *Gleichverteilung* vor.

Dies lässt sich auf jede Teilmenge $E \subseteq \mathcal{E}$, kurz als *Ereignis* bezeichnet, erweitern:

$$\mathrm{W}(E) = \sum_{e_i \in E} w_i.$$

$\mathrm{W}(E)$ bezeichnet die *(totale) Wahrscheinlichkeit* dafür, dass das Ereignis E eintritt. Beispielsweise gilt für die Gleichverteilung auf $\mathcal{E}$, dass $\mathrm{W}(E) = \|E\|/k$ einfach die Häufigkeit ist, mit der unter allen möglichen Elementarereignissen ein solches aus E eintritt. Dabei bezeichnet $\|E\|$ die *Kardinalität der Menge E*, d.h., die Anzahl ihrer Elemente.

Für alle Ereignisse $A, B \subseteq \mathcal{E}$ gelten die folgenden grundlegenden Eigenschaften:

1. $0 \le \mathrm{W}(A) \le 1$, wobei $\mathrm{W}(\emptyset) = 0$ und $\mathrm{W}(\mathcal{E}) = 1$ gilt.
2. $\mathrm{W}(\overline{A}) = 1 - \mathrm{W}(A)$, wobei $\overline{A} = \mathcal{E} - A$ das zu A komplementäre Ereignis ist.
3. $\mathrm{W}(A \cup B) = \mathrm{W}(A) + \mathrm{W}(B) - \mathrm{W}(A \cap B)$.

Nun definieren wir den Begriff der bedingten Wahrscheinlichkeit.

Definition 2.6 (bedingte Wahrscheinlichkeit)
Seien A und B Ereignisse mit $\mathrm{W}(B) > 0$.

1. Die *bedingte Wahrscheinlichkeit dafür, dass das Ereignis A unter der Bedingung eintritt, dass das Ereignis B eingetreten ist*, ist definiert als

$$\mathrm{W}(A \,|\, B) = \frac{\mathrm{W}(A \cap B)}{\mathrm{W}(B)}.$$

2. A und B heißen *(stochastisch) unabhängig*, falls $\mathrm{W}(A \cap B) = \mathrm{W}(A) \cdot \mathrm{W}(B)$ gilt.
   $\blacklozenge$

Das Eintreten eines von zwei unabhängigen Ereignissen hängt demnach nicht davon ab, ob das andere eintritt oder nicht: A und B sind genau dann unabhängig, wenn $\mathrm{W}(A \,|\, B) = \mathrm{W}(A)$ oder $\mathrm{W}(A \,|\, B) = \mathrm{W}(A \,|\, \overline{B})$ (bzw. $\mathrm{W}(B \,|\, A) = \mathrm{W}(B)$ oder $\mathrm{W}(B \,|\, A) = \mathrm{W}(B \,|\, \overline{A})$) gilt. Die Bayes'sche Formel gibt an, wie man mit bedingten Wahrscheinlichkeiten rechnen kann.

Satz 2.2 (Bayes)

1. *Sind A und B zwei Ereignisse mit $W(A) > 0$ und $W(B) > 0$, so gilt:*

$$W(A) \cdot W(B \,|\, A) = W(B) \cdot W(A \,|\, B).$$

2. *Sind A und $B_1, B_2, \ldots, B_\ell$ Ereignisse mit $W(A) > 0$ und $W(B_i) > 0$, $1 \leq i \leq \ell$, wobei $\bigcup_{i=1}^{\ell} B_i = \mathcal{E}$ eine Zerlegung des endlichen Wahrscheinlichkeitsraumes $\mathcal{E}$ in disjunkte Ereignisse bildet, so gilt für alle i, $1 \leq i \leq \ell$:*

$$W(B_i \,|\, A) = \frac{W(A \,|\, B_i) \cdot W(B_i)}{\sum_{j=1}^{\ell} W(A \,|\, B_j) \cdot W(B_j)} = \frac{W(A \,|\, B_i) \cdot W(B_i)}{W(A)}. \qquad (2.5)$$

Die erste Aussage des Satzes 2.2 ist der Spezialfall seiner zweiten Aussage für $\ell = 1$. Der Beweis dieses Satzes folgt unmittelbar aus der Definition der bedingten Wahrscheinlichkeit. Die in (2.5) verwendete Gleichheit

$$W(A) = \sum_{j=1}^{\ell} W(B_j \cap A) = \sum_{j=1}^{\ell} W(A \,|\, B_j) \cdot W(B_j) \qquad (2.6)$$

wird auch als das *Gesetz der totalen Wahrscheinlichkeit* bezeichnet.

Um diese Formel nun auf das Ziegenproblem anzuwenden, berechnen wir die Wahrscheinlichkeiten, mit denen der Spieler das Auto gewinnt (bezeichnet mit $W(A)$), wenn er entweder die Bleibe- oder die Wechselstrategie wählt. Bezeichnen wir mit B_1 das Ereignis, dass er anfangs eine Ziegentür gewählt hat, und mit B_2 das Ereignis, dass er anfangs die Tür mit dem Auto gewählt hat, so ergibt sich $W(B_1) = 2/3$ und $W(B_2) = 1/3$.

Wählt der Spieler die Bleibestrategie, so ist $W(A)$ ganz offensichtlich gleich der Wahrscheinlichkeit, mit der er anfangs die Tür wählt, hinter der sich das Auto befindet, also $W(A) = W(B_2) = 1/3$. Dies folgt auch aus dem Gesetz der totalen Wahrscheinlichkeit, denn die bedingten Wahrscheinlichkeiten für den Gewinn des Autos unter diesen Bedingungen, B_1 bzw. B_2, nach denen ursprünglich entweder die falsche oder die richtige Tür gewählt wurde, sind wegen der Bleibestrategie des Spielers $W(A \,|\, B_1) = 0$ bzw. $W(A \,|\, B_2) = 1$, woraus gemäß (2.6) folgt:

$$W(A) = W(A \,|\, B_1) \cdot W(B_1) + W(A \,|\, B_2) \cdot W(B_2) = 0 \cdot \frac{2}{3} + 1 \cdot \frac{1}{3} = \frac{1}{3}.$$

Dass der Moderator dem Spieler anschließend noch einen Tipp gibt, indem er eine andere Tür öffnet, ist für diesen lernresistenten Spieler, der stur bei seiner Wahl bleibt, völlig irrelevant.

Wählt der Spieler jedoch die Wechselstrategie, so ergeben sich die bedingten Wahrscheinlichkeiten für den Gewinn des Autos unter diesen Bedingungen, B_1 bzw. B_2, als $W(A \,|\, B_1) = 1$ bzw. $W(A \,|\, B_2) = 0$. Folglich ergibt sich nun aus dem Gesetz der totalen Wahrscheinlichkeit gemäß (2.6) die totale Erfolgswahrscheinlichkeit dieses Spielers als:

$$W(A) = W(A \,|\, B_1) \cdot W(B_1) + W(A \,|\, B_2) \cdot W(B_2) = 1 \cdot \frac{2}{3} + 0 \cdot \frac{1}{3} = \frac{2}{3}.$$

Alternativ zum obigen Ansatz kann man auch die Formel von Bayes (d. h. die erste Aussage von Satz 2.2) direkt anwenden, um zum selben Schluss zu kommen (siehe z. B. Rieck, 2010). Sehen Sie, wie?

Warum wird das Ziegenproblem eigentlich in diesem Kapitel behandelt, in dem es um die nichtkooperative Spieltheorie geht? Schließlich gibt es hier nur *einen* Spieler, denn die Rolle des Moderators ist nicht die eines Gegenspielers, sondern eher die eines Beraters oder Hinweisgebers. Ist das Ziegenproblem überhaupt ein Spiel, und wenn ja, gegen wen spielt dieser eine Spieler denn?

Das Ziegenproblem kann man durchaus als ein Spiel auffassen, nicht nur, weil es in einer TV-Spielshow gespielt wird, sondern vor allem, weil es einen Spieler gibt, der durch geschickte Auswahl der richtigen Strategie seinen Gewinn maximieren möchte. Man könnte sagen, dieser Spieler spielt „gegen die Natur", was bedeutet, er spielt gegen den Zufall. *„Games against nature"* ist ein gängiger Ausdruck, der das Bestreben des Menschen umschreibt, den unerbittlichen Zufall zu schlagen. Man könnte in gewisser Weise auch sagen, der Spieler spielt doch gegen den Moderator. Denn manch ein Moderator begnügt sich nicht mit der passiven Rolle des Türstehers und -öffners, sondern versucht aktiv Einfluss auf den Ausgang des Spiels oder auf die Strategiewahl des Spielers zu nehmen. So wird in dem o. g. Artikel der *New York Times* über den Moderator Monty Hall berichtet, dass er die Regeln des Spiels gelegentlich unterlief:

On the first, the contestant picked Door 1.

„That's too bad," Mr. Hall said, opening Door 1. *„You've won a goat."*

„But you didn't open another door yet or give me a chance to switch."

„Where does it say I have to let you switch every time? I'm the master of the show. Here, try it again."

Oder Hall bot den Spielern Geld, um sie zur Änderung ihrer gewählten Strategie zu bewegen:

On the second trial, the contestant again picked Door 1. Mr. Hall opened Door 3, revealing a goat. The contestant was about to switch to Door 2 when Mr. Hall pulled out a roll of bills.

„You're sure you want Door No. 2?" he asked. *„Before I show you what's behind that door, I will give you $3,000 in cash not to switch to it."*

„I'll switch to it."

„Three thousand dollars,“ Mr. Hall repeated, shifting into his famous cadence. „Cash. Cash money. It could be a car, but it could be a goat. Four thousand.“

„I'll try the door.“

„Forty-five hundred. Forty-seven. Forty-eight. My last offer: Five thousand dollars.“

„Let's open the door.“

„You just ended up with a goat,“ he said, opening the door.

Spiele werden, wie man sieht, nicht nur durch den Zufall beeinflusst, sondern auch durch die Psychologie der Spieler, besonders wenn es sich um Spiele mit unvollkommener Information handelt, bei denen Gegner bluffen können. Das Spiel, bei dem Bluffen und andere psychologische Tricks geradezu zum Strategie-Repertoire gehören, ist das Pokerspiel.

2.4.2   Analyse einer einfachen Poker-Variante

In einem Kapitel über nichtkooperative Spiele kommt man nicht umhin, auch auf Poker einzugehen. Sowohl Borel (1921) als auch von Neumann (1928), die als die Väter der Spieltheorie gelten (siehe auch Borel, 1938; von Neumann und Morgenstern, 1944), waren gerade von diesem Spiel so fasziniert, dass sie die Gesetze des Spielens mit mathematischen Methoden ergründen wollten.

Poker ist anders als alle bisher behandelten Spiele. Beim Pokern gibt es wie bei allen Spielen mit unvollkommener Information Unsicherheiten, aber nicht nur darüber, welche Blätter die Gegenspieler in der Hand halten, sondern auch darüber, was für Spielertypen sie sind. Sind sie ausgefuchste Bluffer oder vorsichtige Angsthäschen? Von der Antwort auf diese Frage hängt es ab, welche eigene Strategie die Spieler wählen sollten, und somit hängt auch ihr Gewinn davon ab. Da man üblicherweise nicht nur ein Pokerspiel spielt, sondern mehrere hintereinander, lernt man im Laufe eines Pokerabends seine Gegenspieler in der Regel immer besser kennen, man lernt sie und ihre Spielweise immer besser einzuschätzen (oder sollte dies zumindest versuchen). Umgekehrt gibt man allerdings auch über sich selbst und die eigene Spielweise Informationen preis, die den anderen Spielern helfen, diese zu bewerten. Ein nervöses Zucken der Augenbraue beim Bluffen hat schon so manchen finanziellen Ruin bewirkt!

Wir haben schon beim Ziegenproblem gesehen, dass das richtige Rechnen mit bedingten Wahrscheinlichkeiten bei einem Lernprozess hilfreich sein kann. Die in Satz 2.2 angegebene Formel von Bayes zeigt, wie man das Lernen aus Beobachtungen mathematisch ausdrücken kann. Beim Pokern beobachten wir unsere Gegenspieler und versuchen, aus ihren Verhaltensweisen zu lernen. Deshalb ist Poker ein so genanntes *Bayes'sches Spiel*. In einem solchen Spiel stellen die Spieler

Vermutungen über die Verhaltensweisen ihrer Mitspieler an, bestimmen also Wahrscheinlichkeiten dafür, wie diese sich in Zukunft voraussichtlich verhalten werden. Haben die anderen Spieler gewisse Vorlieben für bestimmte Spielzüge? Wer von ihnen würde bei einem relativ guten Blatt alles riskieren, wer würde auf Nummer sicher gehen? Gibt dieses Pokerface irgendetwas preis? Bei welchem Spieler lässt sich ein Täuschungsversuch einfach durchschauen?

So passen die Spieler ihre eigene Spielweise ständig an ihre Beobachtungen der Mitspieler und an ihre Vermutungen über deren Spielweisen an. Um beim Pokern erfolgreich zu sein und den höchsten Gewinn einzustreichen, ist eine ausgeprägte Fähigkeit, seine Mitspieler gut einzuschätzen, vielleicht sogar wichtiger als ein gutes Blatt. Und kann man selbst gut bluffen, braucht man gar kein Kartenglück, um zu gewinnen. Es kommt nur darauf an, die anderen gut genug täuschen zu können. Offenbar spielt es bei Poker eine wichtige Rolle, was jeder über seine Gegenspieler weiß oder zu wissen glaubt. Man kann sich (ähnlich wie beim „dritten Gedanken" zum „Zahlenwahlspiel" auf Seite 42) eine unendlich verschachtelte Situation der folgenden Art vorstellen:

Ich glaube, dass mein Gegenspieler bluffen wird.

Aber weil er glaubt, dass ich glaube, dass er bluffen wird, blufft er nicht.

Aber weil wiederum ich glaube, dass er dies glaubt, glaube ich doch nicht, dass er bluffen wird.

Weil dann jedoch er glaubt, dass ich glaube, dass er glaubt, dass ...

Usw.

Harsanyi entwickelte eine Methode, wie man als Spieler mit solchen unendlich verschachtelten Gedanken über die anderen Spieler umgehen kann. Er schlägt vor, diese Gedankenkette durch die Annahme zu unterbrechen, dass allen Spielern die Rollen – oder Typen – ihrer Mitspieler nach einer gewissen Anzahl von Spielzügen bekannt sind. Sie werden dann zum *Allgemeinwissen* („*common knowledge*"). Wissen, Glaube, Information – diese Begriffe nehmen bei Spielen wie Poker eine zentrale Stellung ein. Hier gibt es auch Bezüge zur Philosophie und epistologischen Logik, wo man sich etwa fragt, was es für eine Gruppe von Spielern oder Individuen bedeutet, dass sie allgemeines Wissen oder allgemein anerkannte Glaubenssätze teilen, und welche Konsequenzen für das gesamtgesellschaftliche soziale Ergebnis aus der Interaktion der Spieler mit diesem geteilten Wissen resultieren.

Die Begriffe der *vollständigen Information* und der *perfekten Information* sind in der Spieltheorie zwar ähnlich, aber nicht identisch. Bei Spielen mit *vollständiger Information* besitzt jeder Spieler vollständiges Wissen über die Struktur des Spiels (weiß also etwa, wer wann am Zug ist und welche Strategien ihm dann zur Verfügung stehen) und über die Gewinnfunktionen aller Spieler, er weiß jedoch nicht unbedingt, welche Aktionen die anderen Spieler ausführen oder bisher ausgeführt haben. So wissen die Spieler bei den einzügigen Zwei-Personen-Spielen aus den Abschnitten 2.1.1 und 2.1.2 (Gefangenendilemma, Schlacht der Geschlechter, Angsthasenspiel usw.) zwar genau, welche Strategien ihren Gegenspielern zur Verfügung stehen und welchen Gewinn sie jeweils zu erwarten haben, aber sie wissen nicht, welche Strategie sie tatsächlich im Moment des gleichzeitig auszuführenden Zuges wählen werden. Deshalb handelt es sich dabei um Spiele mit zwar vollständiger, aber unvollkommener Information.

Bei Spielen mit *perfekter* (oder *vollkommener*) *Information* dagegen, Schach oder Tic-Tac-Toe zum Beispiel, besitzt jeder Spieler nicht nur vollständiges Wissen über die Spielstruktur und die Gewinnfunktionen aller Spieler, er weiß auch bei jedem seiner Züge, welche Aktionen die anderen Spieler bisher ausgeführt haben. Er kennt also bei jedem Zug seine genaue Position im Spielbaum und kann aufgrund dieser vollkommenen Information seine nächste Aktion wählen.

Bayes'sche Spiele wie Poker sind Spiele mit *unvollständiger Information.* Für Poker bedeutet das nicht nur, dass die Spieler die Blätter ihrer Gegenspieler nicht kennen (was eine Grundvoraussetzung dieses Spiels ist, denn ohne verdeckte Karten kann man Poker nicht spielen). Diese verdeckte Information bewirkt zunächst nur, dass die Spieler Wahrscheinlichkeiten über die Spielzüge ihrer Gegner bestimmen müssen. Der besondere Reiz von Poker besteht nun aber darin (und das ist das Wesentliche eines Bayes'schen Spiels), dass die Spieler anfangs nicht einmal wissen, welche *Spielertypen* ihnen am Tisch gegenübersitzen. Der Typ eines Spielers (z. B., ob er ein risikoscheuer, risikoneutraler oder risikofreudiger Spieler ist) legt Wahrscheinlichkeiten fest, mit denen er eine aus den ihm zur Auswahl stehenden Strategien wählt und welche Gewinne er folglich zu erwarten hat. Unvollständig ist die Information eines Spiels, wenn sich auch nur ein Spieler unsicher über den Typ eines anderen Spielers (also über die Wahrscheinlichkeitsverteilung, mit der dieser seine Strategien wählt) und damit auch über dessen Gewinnfunktion ist.

Harsanyi schlägt eine Transformation vor, durch die man Spiele mit unvollständiger Information in solche mit vollständiger, wenn auch unvollkommener, Information überführen kann, indem man die „Natur" – also die Schicksals- oder Zufallsgöttin – als eine zusätzliche Spielerin ins Spiel kommen und die Gewinne der Spieler von den unbekannten Zufallszügen der Natur abhängen lässt (siehe auch die „*games against nature*" beim Ziegenproblem). Mit dieser Methode können Spieler beim Spiel hinzulernen. Sie beobachten die Aktionen ihrer Mitspieler und können gemäß der Bayes'schen Formel aus Satz 2.2 ihren anfänglichen Glauben über die Typen ihrer Mitspieler geeignet anpassen, wobei man diesen „*Glauben*" einfach als eine Wahrscheinlichkeitsverteilung über die möglichen Spielertypen auffasst.

Doch kommen wir nun zurück zum Pokerspiel. Mit Intelligenz allein kann man nichts gegen das Pech ausrichten. Zum Beispiel hat man beim Pokern keinen Einfluss auf die eigenen oder die gegnerischen Karten. Deshalb kann man auch dann elendig verlieren, wenn man ein absoluter Pokerprofi ist. Es ist eine Lotterie! In einem Spiel, das dem Zufall unterworfen ist, ist kein Sieg oder Unentschieden garantiert. Seinen Gewinn zu maximieren heißt hier, den Zufall und die gegnerischen Spieler auszutricksen, so gut es geht. Wer Poker schon einmal gespielt hat, weiß, dass man ab und zu bluffen muss (also so tun muss, als hätte man ein besseres – oder auch schlechteres – Blatt auf der Hand, als man wirklich hat), sonst verliert man mehr Geld, als man müsste.

Von Neumann betrachtet die folgende vereinfachte Poker-Variante (siehe von Neumann und Morgenstern, 1944, Kap. 19), die dennoch die wesentlichen Merkmale dieses Spiels aufweist.[13]

Von Neumanns vereinfachte Poker-Variante

Zwei Spieler, Belle und David, ziehen zufällig eine Karte aus einem unendlichen Kartenstapel, wobei auf jeder Karte eine beliebige reelle Zahl zwischen 0 und 1 stehen kann. Weil die beiden Spieler einander misstrauen, haben sie den Stapel zuvor von Belles kleinem Bruder Edgar ordentlich mischen lassen, und wir nehmen an, dass jede Karte unabhängig und mit der gleichen Wahrscheinlichkeit gezogen werden kann. Vor dem Spiel zahlen beide Spieler einen Euro in die Spielkasse (siehe Abbildung 2.13).

Abb. 2.13: Beginn bei von Neumanns vereinfachter Poker-Variante

Nun beginnt die Wettrunde, bei der etwa Belle beginnt. Sie kann:

1. entweder *weitergeben*, also kein zusätzliches Geld in die Spielkasse einzahlen,
2. oder *erhöhen*, was bedeutet, dass sie einen weiteren Euro in die Spielkasse einzahlt.

---

[13]Borel (1921, 1938), von Fréchet (1953) als Initiator der Theorie der psychologischen Spiele bezeichnet, untersuchte eine ähnliche Variante des Pokerspiels, das sich von der von Neumanns dadurch unterscheidet, dass Belle bei einem schlechten Blatt einfach passt, ohne dass es zum *Showdown* kommt.

Anschließend ist David dran. Seine Aktionen hängen davon ab, was Belle als ihre Strategie gewählt hatte:

1. Angenommen, Belle hat weitergegeben. Dann hat David keine Wahl, sondern *muss* mitgehen, was in diesem Fall bedeutet, dass er kein Geld in die Kasse zahlen muss, da ja auch Belle nichts eingezahlt hat. Nun kommt es zum *Showdown*: Beide Spieler zeigen sich ihre Karten, und wer die Karte mit der größeren Zahl hat, gewinnt den Inhalt der Spielkasse.

2. Angenommen, Belle hat erhöht. Dann hat David eine Wahl. Er kann:

   a) entweder *passen*, weil er ein schlechtes Blatt hat und deshalb aufgibt – in diesem Fall gewinnt Belle alles aus der Spielkasse, ohne dass sie ihre oder David seine Karte zeigen müsste,

   b) oder David kann *mitgehen* – in diesem Fall zahlt er denselben Betrag wie Belle (also einen weiteren Euro) in die Kasse, und es kommt auch hier zum *Showdown*: Die höhere Karte gewinnt.

Der Spielablauf dieser vereinfachten Poker-Variante ist in Abbildung 2.14 dargestellt. Im Vergleich zu wirklichem Poker sind die Möglichkeiten, die den beiden Spielern hier zur Verfügung stehen, stark eingeschränkt. Insbesondere haben beide höchstens eine Wahlmöglichkeit, bevor das Spiel endet, während in den meisten richtigen Poker-Varianten jeder Spieler in der Regel mehrmals dran ist, Karten nachziehen oder ablegen kann, um schließlich mit etwas Glück ein gutes Pokerblatt – wie z. B. ein *Full House*, *Flush*, *Straight Flush*, *Poker*, *Three of a Kind*, *Two Pair* etc. – auf der Hand halten zu können. Diese starke Einschränkung schadet jedoch nicht. Die Analyse des Spiels kann so vereinfacht werden, aber das Wesentliche des Spiels wird immer noch erfasst.

Analyse einer Simplifizierung der vereinfachten Poker-Variante von Neumanns

Wir werden jedoch nicht von Neumanns vereinfachte Poker-Variante selbst analysieren, sondern eine von Binmore (2007) vorgestellte noch einfachere Variante, bei der Belle und David nicht aus einem unendlichen Kartenstapel auswählen, sondern bei der es genau drei Karten gibt, auf denen die drei Werte 1, 2 und 3 stehen. Bis auf diese Änderung sind die Regeln des Spiels identisch. Insbesondere gewinnt im *Showdown* jeweils die höhere Karte.

Welchen Spielverlauf kann man vorhersagen? Um dieses Spiel zu analysieren, ist wieder ein Gleichgewichtskonzept nützlich. Gleichgewichte in Bayes'schen Spielen nennt man *Bayes'sche Nash-Gleichgewichte*. In Normalform-Spielen ist ein Nash-Gleichgewicht in reinen oder gemischten Strategien (siehe Definition 2.4 auf Seite 32 und Definition 2.5 auf Seite 44) ein Strategieprofil, in dem jede Strategie eine beste Antwort auf die übrigen im Gleichgewichtsprofil angegebenen Strategien darstellt, d. h., alle Strategien in einem solchen Profil sichern dem jeweiligen Spieler den höchstmöglichen Gewinn unter der Voraussetzung, dass die übrigen Spieler ihre Strategie aus dem Gleichgewichtsprofil spielen.

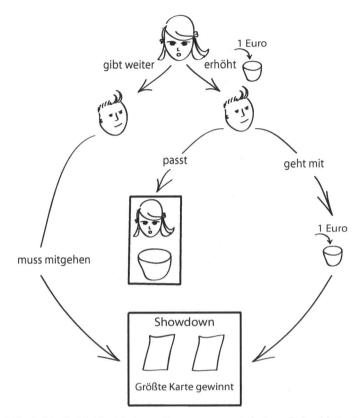

Abb. 2.14: Spielablauf bei von Neumanns vereinfachter Poker-Variante

In einem Bayes'schen Spiel kommt noch der Einfluss des Zufalls hinzu; hier versuchen rationale Spieler ihren *erwarteten* Gewinn zu maximieren, abhängig davon, was jeder Spieler über die anderen Spieler glaubt. Zur Erinnerung: „*Glauben*" wird als eine Wahrscheinlichkeitsverteilung über die möglichen Spielertypen gesehen. Dabei fasst man den Gewinn eines Spielers als eine diskrete, von den gewählten Strategien aller Spieler abhängige Zufallsvariable X auf, die die Werte $x_1, x_2, \ldots, x_k$ annehmen kann.[14] Der *Erwartungswert von X* ist definiert als

$$\mathrm{E}(X) = \sum_{i=1}^{k} x_i \cdot \mathrm{W}(X = x_i), \tag{2.7}$$

---

[14] Eine *Zufallsvariable* ist eine Funktion, die den Elementarereignissen reelle Zahlen zuordnet. Hier sind die Elementarereignisse die von den gewählten Strategien aller Spieler abhängigen Spielverläufe, denen der jeweilige Gewinn des betreffenden Spielers zugeordnet wird. Wir beschränken uns dabei auf endlich viele diskrete Werte für X; der Begriff des Erwartungswerts lässt sich aber auch auf abzählbar unendlich viele diskrete Werte und auf reelle Zufallsvariablen mit einer Wahrscheinlichkeitsdichtefunktion verallgemeinern.

wobei $W(X = x_i)$ die Wahrscheinlichkeit dafür bezeichnet, dass X den Wert x_i annimmt.

Am einfachsten lässt sich der Begriff des Bayes'schen Nash-Gleichgewichts für den Typ des risikoneutralen Spielers ausdrücken. Die entsprechende Definition für risikoscheue oder risikofreudige Spieler ist noch etwas allgemeiner, und wir gehen hier nicht darauf ein.

Definition 2.7 (Bayes'sches Nash-Gleichgewicht)

In einem Bayes'schen Spiel ist ein *Bayes'sches Nash-Gleichgewicht für risikoneutrale Spieler* als ein Strategieprofil definiert, das den erwarteten Gewinn aller Spieler abhängig davon maximiert, was jeder Spieler über die von den anderen Spielern gewählten Strategien glaubt. ♦

Zurück zum Spiel von Belle und David. Wir nehmen an, dass beide risikoneutral sind und dass beide über einen Bayes'schen Lernprozess bereits dahin gelangt sind, den jeweils anderen für risikoneutral zu halten. Die drei Karten (1, 2 und 3) werden nun von Edgar gemischt, und es ergeben sich sechs Möglichkeiten für die Anordnung der Karten im Stapel:

1	1	2	2	3	3
2	3	1	3	1	2
3	2	3	1	2	1

Jede Anordnung tritt mit einer Wahrscheinlichkeit von $1/6$ auf. Belle erhält die oberste Karte und David die mittlere. Man kann davon ausgehen, dass David – sofern er die Wahl hat, weil Belle erhöht – mit einer 1 auf der Hand passen wird, denn durch Mitgehen würde er nur mehr Geld verlieren. Ebenso ist klar, dass er immer dann mitgeht, wenn er absolut sicher gewinnt, also die 3 auf der Hand hält. Daher kann man weiterhin davon ausgehen, dass Belle weitergibt und nicht erhöht, wenn sie die Karte 2 auf der Hand hält. Denn würde sie erhöhen, dann würde sie mehr verlieren als nötig, wenn David die 3 hat (weil er dann mitgeht), könnte aber nicht mehr als durch Weitergeben gewinnen, wenn David die 1 hat (weil er dann passt). Natürlich erhöht Belle mit einer 3 auf der Hand. Diese Strategien, die man als sicher annehmen kann, sind in Abbildung 2.15 durch Doppellinien dargestellt.

Diese Abbildung stellt einen Spielbaum dar, wie er auf Seite 55 beschrieben wurde, nur dass hier manche Kanten nicht mit Strategien, sondern mit Wahrscheinlichkeiten beschriftet sind, weil es sich um ein Bayes'sches Spiel handelt. Die mit einer gestrichelten Linie umrandeten Felder stellen die Informationsbezirke der Spieler dar; z. B. sieht David ganz unten in Abbildung 2.15 seine eigene Karte 2, weiß aber nicht, in welchem Entscheidungsknoten dieses Informationsbezirks er sich tatsächlich befindet, also ob Belle die Karte 1 (linker Knoten) oder die Karte 3 (rechter Knoten) gezogen hat. In den quadratischen Blättern des Spielbaums steht jeweils links oben der Gewinn von Belle und rechts unten Davids Gewinn.

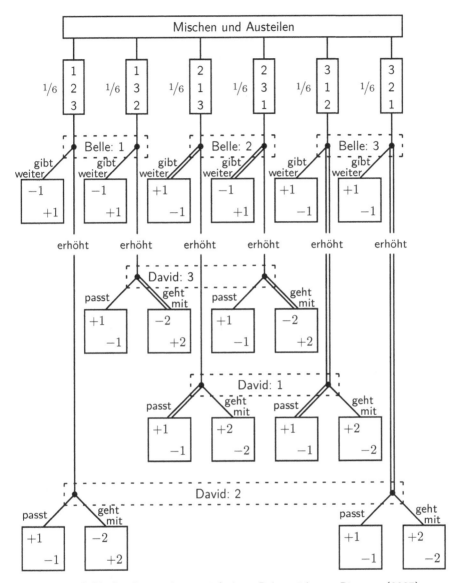

Abb. 2.15: Spielbaum des vereinfachten Pokerspiels von Binmore (2007)

Da sich die Gewinne in jedem Blatt zu 0 addieren, handelt es sich hierbei um ein so genanntes *Nullsummenspiel*.

Noch unklar sind nur die folgenden beiden Fälle: Sollte Belle bluffen, wenn sie die Karte 1 hat? Und sollte David mitgehen, wenn er die Karte 2 gezogen hat?

Betrachten wir dies zunächst aus Belles Sicht, die entscheiden muss, wie sie sich bei einer gezogenen Karte 1 verhalten soll. David ist immer abhängig von ihrem erstem Spielzug: Entweder hat er eine Wahl (wenn sie nämlich erhöht, also blufft), oder aber er wird zum Mitgehen gezwungen (wenn sie nämlich weitergibt).

Hat David eine Wahl, so fällt er seine Entscheidung (mitzugehen oder zu passen) zufällig, sofern er die Karte 2 gezogen hat. Die Frage ist nun, wie zufällig?

Sei p die Wahrscheinlichkeit dafür, dass Belle blufft (also erhöht), falls sie die Karte 1 gezogen hat. Beide wissen, dass die Wahrscheinlichkeit dafür, dass Belle die Karte 3 gezogen hat und David danach die Karte 2 zieht, genau 1/6 ist, und dass die Wahrscheinlichkeit dafür, dass Belle die 1 gezogen hat und David danach die 2 zieht, ebenfalls 1/6 ist.

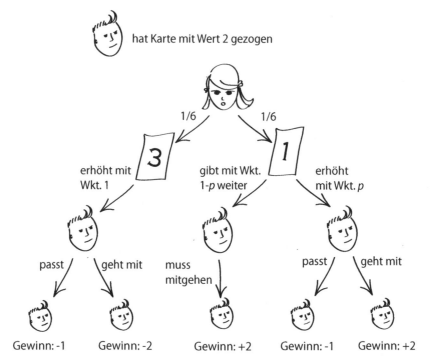

Abb. 2.16: Belle blufft mit Wahrscheinlichkeit p, sodass David indifferent ist

Wenn David die 2 auf der Hande hält, muss er seine Strategien mischen. Belle versucht deshalb, ihre Bluff-Wahrscheinlichkeit p so zu wählen, dass David bezüglich seiner Strategien indifferent ist. Da Belle mit Wahrscheinlichkeit 1/6 eine 1 gegen Davids 2 hat und mit Wahrscheinlichkeit p erhöht und da sie mit Wahrscheinlichkeit 1/6 eine 3 gegen Davids 2 hat und mit Wahrscheinlichkeit 1 erhöht (siehe Abbildung 2.16), wird der linke Entscheidungsknoten in Davids Informationsbezirk 2 in Abbildung 2.15 mit Wahrscheinlichkeit $(1/6)p$, der rechte aber mit Wahrscheinlichkeit 1/6 erreicht. Somit ergeben sich die entsprechenden bedingten Wahrscheinlichkeiten als $p/(p+1)$ und $1/(p+1)$. Warum?

Bezeichnen wir mit A_ℓ bzw. A_r das Ereignis, dass der linke bzw. der rechte Entscheidungsknoten in Davids Informationsbezirk 2 in Abbildung 2.15 erreicht wird, und mit B die Bedingung, dass David eine 2 auf der Hand hält und Belle erhöht. Wir haben die Wahrscheinlichkeiten $W(A_\ell) = (1/6)p$ und $W(A_r) = 1/6$ bereits bestimmt. Natürlich gilt $W(B\,|\,A_\ell) = W(B\,|\,A_r) = 1$, denn wenn der linke oder rechte Entscheidungsknoten in seinem Informationsbezirk 2 erreicht wurde, hat David mit Sicherheit eine 2 auf der Hand und Belle erhöht. Gesucht sind die bedingten Wahrscheinlichkeiten $W(A_\ell \,|\, B)$ und $W(A_r \,|\, B)$. Nach der Bayes'schen Formel aus Satz 2.2 gilt:

$$W(A_\ell \,|\, B) \;=\; \frac{W(A_\ell) \cdot W(B \,|\, A_\ell)}{W(B)} \;=\; \frac{W(A_\ell)}{W(B)}, \tag{2.8}$$

$$W(A_r \,|\, B) \;=\; \frac{W(A_r) \cdot W(B \,|\, A_r)}{W(B)} \;=\; \frac{W(A_r)}{W(B)}. \tag{2.9}$$

Doch wie ermittelt man die Wahrscheinlichkeit $W(B)$ in (2.8) und (2.9)? Um die direkte Berechnung dieser Wahrscheinlichkeit zu vermeiden, ist ein kleiner Trick nützlich. Setzen wir $b = 1/W(B)$, so können wir (2.8) und (2.9) wie folgt schreiben:

$$W(A_\ell \,|\, B) \;=\; b \cdot W(A_\ell), \tag{2.10}$$

$$W(A_r \,|\, B) \;=\; b \cdot W(A_r). \tag{2.11}$$

Aber wenn die Bedingung B erfüllt ist, muss einer der beiden Entscheidungsknoten in Davids Informationsbezirk 2 erreicht werden. Folglich gilt $W(A_\ell \,|\, B) + W(A_r \,|\, B) = 1$. Addieren wir nun (2.10) und (2.11), so folgt $W(A_\ell \,|\, B) + W(A_r \,|\, B) = 1 = b(W(A_\ell) + W(A_r))$ und somit $b = 1/(W(A_\ell) + W(A_r))$. Setzen wir diesen Wert für b in (2.10) und (2.11) ein, erhalten wir die oben angegebenen bedingten Wahrscheinlichkeiten:

$$W(A_\ell \,|\, B) \;=\; b \cdot W(A_\ell) \;=\; \frac{W(A_\ell)}{W(A_\ell) + W(A_r)} \;=\; \frac{(1/6)\,p}{(1/6)\,p + 1/6} \;=\; \frac{p}{p+1},$$

$$W(A_r \,|\, B) \;=\; b \cdot W(A_r) \;=\; \frac{W(A_r)}{W(A_\ell) + W(A_r)} \;=\; \frac{1/6}{(1/6)\,p + 1/6} \;=\; \frac{1}{p+1}.$$

Unten in Abbildung 2.16 stehen Davids mögliche Gewinne. Hat David eine Wahl (weil Belle erhöht), wird er also dann indifferent, wenn sich sein Gewinn bzw. Verlust beim Passen (der in jedem Fall -1 ist) die Waage hält mit seinem Gewinn bzw. Verlust beim Mitgehen (der sich je nachdem, ob Belle blufft oder nicht, als $+2$ oder -2 ergibt), wenn also gilt:

$$-1 = \frac{2p}{p+1} - \frac{2}{p+1},$$

woraus sich eine Bluff-Wahrscheinlichkeit von $p = 1/3$ für Belle ergibt, wenn sie eine 1 auf der Hand hält.

Umgekehrt sei q die Wahrscheinlichkeit dafür, dass David mitgeht, wenn er eine 2 gezogen hat. Hat Belle eine 1 gezogen, so muss sie ebenfalls ihre Strategien (weiterzugeben oder zu erhöhen) mischen. David versucht deshalb, q so zu wählen, dass sie indifferent bezüglich dieser Strategien ist. Dies ist in Abbildung 2.17 dargestellt, in der unten Belles mögliche Gewinne stehen.

Damit Belle bei einer 1 auf der Hand indifferent gegenüber ihren Strategien ist, muss David q so wählen, dass sich Belles Gewinn bzw. Verlust beim Weitergeben

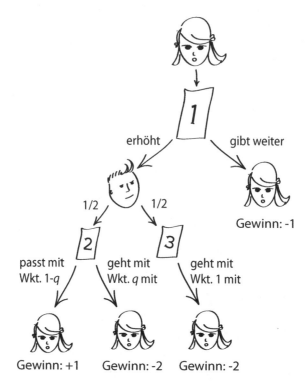

Abb. 2.17: David geht mit Wahrscheinlichkeit q mit, sodass Belle indifferent ist

(der offenbar -1 ist) die Waage hält mit ihrem Gewinn bzw. Verlust beim Erhöhen (der sich je nachdem, ob David passt oder mitgeht, als $+1$ oder -2 ergibt). Passen bedeutet dabei, dass David auf ihren Bluff hereinfällt, und Mitgehen, dass er dies nicht tut. Hat er eine 3 gezogen, wird er keinesfalls auf den Bluff hereinfallen und geht deshalb auf jeden Fall mit. Mit einer 2 auf der Hand muss David jedoch q so wählen, dass gilt:

$$-1 = (1/2)\left((1-q) - 2q\right) + (1/2)(-2),$$

um Belle indifferent gegen die beiden Strategien in ihrem Informationsbezirk 1 in Abbildung 2.15 zu machen, wo sie nicht weiß, ob sie sich im linken oder rechten Entscheidungsknoten befindet. Aus dieser Gleichung folgt, dass David mit Wahrscheinlichkeit $q = 1/3$ mitgehen sollte, wenn er eine 2 gezogen hat.

Ein Bayes'sches Nash-Gleichgewicht für diese vereinfachte Poker-Variante liegt also dann vor, wenn Belle mit Wahrscheinlichkeit $1/3$ blufft, falls sie eine 1 zieht, und wenn David mit Wahrscheinlichkeit $1/3$ mitgeht, falls sie erhöht und er eine 2 zieht. Dieses Ergebnis ist prinzipiell auch für allgemeinere Varianten dieses Spiels aussagekräftig, etwa für das vereinfachte Pokerspiel von Neumanns oder auch für eine üblichere Poker-Variante mit *Full House*, *Flush* usw. Zum Beispiel machen Anfänger oft den Fehler, nur mit einer mittelguten Hand zu bluffen, vermutlich weil sie sich mit einer wirklich schlechten Hand nicht trauen. Wie wir gesehen haben, blufft Belle aber nur mit ihrem schlechtesten Blatt, der Karte 1. Auch ist es beim Pokern wichtig, nicht zu wenig zu bluffen, da man andernfalls weit unter seinem erwarteten Gewinn bleiben wird. Mit der Formel (2.7) können Sie leicht den erwarteten Gewinn von Belle und David im o. g. Bayes'schen Nash-Gleichgewicht ermitteln.

Andererseits darf man das Bluffen aber auch nicht übertreiben. Würde Belle jedes Mal bluffen, wenn sie eine 1 gezogen hat, so könnte sich das irgendwann rächen, weil David sie ja beobachtet und aus ihrer Spielweise lernt. Dies ist nicht nur beim Poker, sondern auch in vielen anderen Situationen des Lebens zu berücksichtigen, bei denen man seinen Gewinn durch Täuschen steigern kann. Beim Autokauf etwa weiß der Käufer nicht unbedingt, ob er ein gutes oder schlechtes Auto besichtigt und ob es seinen Preis wert ist oder nicht. Ein Autokauf ist deshalb wie Poker. Verkauft aber ein Händler immer nur schlechte Autos zu überhöhten Preisen, so spricht sich das irgendwann herum und wird zum Allgemeinwissen in der Stadt. Hat der Händler zu viel geblufft, kann er seinen Laden bald schließen, weil die Käufer gelernt haben und er jedes Vertrauen bei ihnen verspielt hat.

Nicht nur logisches Kalkül ist nötig, um beim Pokern erfolgreich zu sein, sondern auch psychologisches Einfühlungsvermögen. Wirklich erfolgreich wird ein Pokerspieler allerdings erst dann sein, wenn er seinen Spielertyp gut zu tarnen versteht. Nicht nur auf das *Pokerface*, mit dem man seine Gesichtszüge angesichts eines Spielblatts unter Kontrolle halten kann, kommt es an, sondern vor allem darauf, eine nicht vorhersehbare Spielweise zu praktizieren. So kann man die Versuche seiner Gegner unterlaufen, aus der eigenen Spielweise zu lernen.

Auch andere Spiele, wie z. B. die Zwei-Personen-Spiele in Normalform aus den Abschnitten 2.1.1 und 2.1.2, kann man als Bayes'sche Spiele auffassen. Würde man etwa das Gefangenendilemma aus Abschnitt 2.1.1 viele Male spielen (endlich oft, ohne genau zu wissen, wie oft) und wäre dies Allgemeinwissen beider Spieler, so würde sich nach Harsanyi ein Bayes'sches Nash-Gleichgewicht beim Spielzug *Schweigen* beider Spieler einstellen, weil Smith und Wesson nun aus dem Verhalten ihres Partners lernen können. Interessanterweise unterscheidet sich dieses Bayes'sche Nash-Gleichgewicht von dem normalen Nash-Gleichgewicht in reinen Strategien, bei dem beide Spieler geständig sind (siehe Abschnitt 2.1.1), und es ist zudem Pareto-optimal.

2.5 Wie schwer ist es, ein Nash-Gleichgewicht zu finden?

Auch wenn die Existenz eines Nash-Gleichgewichts in reinen Strategien nicht garantiert werden kann, wissen wir aus Satz 2.1, dass ein Nash-Gleichgewicht in *gemischten* Strategien stets existiert. Dieses herausragende Resultat von Nash

(1950, 1951) zeigt die Universalität solcher Gleichgewichte und verleiht diesem Lösungskonzept seine zentrale Bedeutung in der Spieltheorie.

Sind die Strategien aller Spieler im Gleichgewicht, so hat keiner von ihnen einen Grund, von seiner (gemischten) Strategie abzuweichen, so lange es die anderen nicht tun. Folglich kann man davon ausgehen, dass sich im Verlauf eines Spiels schließlich ein Gleichgewicht einstellen wird. Doch was nützt eine solche Vorhersage, wenn das Spiel längst beendet ist, bevor man sie berechnen konnte? Wie lange dauert es, ein gleichgewichtiges Strategieprofil zu finden?

Das ist genau der Punkt, auf den man in der algorithmischen Spieltheorie und in der Computational Social Choice großen Wert legt: Man begnügt sich nicht mit dem Existenznachweis für ein wichtiges Lösungskonzept wie das Nash-Gleichgewicht in gemischten Strategien, sondern man möchte auch wissen, wie schwer es ist, solche Gleichgewichte algorithmisch zu bestimmen. Einige Grundlagen der Komplexitätstheorie wurden bereits in Abschnitt 1.5 gelegt. Zur Bestimmung der Komplexität von Nash-Gleichgewichten werden wir nun weitere komplexitätstheoretische Konzepte benötigen.

Nash-Gleichgewichte in Nullsummenspielen

Nun wäre es wunderbar, wenn man Nash-Gleichgewichte immer effizient berechnen könnte. Leider sind für die meisten Spiele jedoch nur Algorithmen bekannt, deren Laufzeit entweder nicht bekannt ist (weil sie sehr schwer zu analysieren sind) oder aber die schlimmstenfalls Exponentialzeit benötigen. Lediglich für spezielle Fälle konnten effiziente Algorithmen zur Berechnung von Nach-Gleichgewichten entwickelt werden. So ist die Erkenntnis, dass für Nullsummenspiele mit zwei Spielern Nash-Gleichgewichte in gemischten Strategien mit Hilfe von linearer Programmierung berechnet werden können, von Neumann (1928) zu verdanken. Bei Nullsummenspielen ergibt die Summe der Gewinne aller Spieler für jedes Strategieprofil null; Beispiele sind die simplifizierte Variante des Pokerspiels von Neumanns aus dem vorigen Abschnitt oder auch das Elfmeterschießen oder das Stein-Schere-Papier-Spiel aus Abschnitt 2.1.2.

Lineare Programmierung spielt in der Optimierung eine wichtige Rolle. Dass lineare Programme überhaupt in Polynomialzeit lösbar sind, konnte allerdings erst Ende der 1970er Jahre von Hačijan (1979) bewiesen werden, dessen Algorithmus auf der *Ellipsoidenmethode* beruht. Seine Arbeit war ein Meilenstein in der linearen Programmierung, da es zuvor lange unklar gewesen war, ob lineare Programme in Polynomialzeit lösbar sind. Auch neue Verfahren wie die *Innere-Punkte-Methoden*, die ebenfalls in Polynomialzeit laufen, wurden dadurch inspiriert. In der Praxis werden dennoch auch heute noch die älteren *Simplexmethoden* (siehe z. B. Dantzig und Thapa, 1997, 2003) häufig verwendet, die zwar für bestimmte, speziell konstruierte lineare Programme nur in Exponentialzeit arbeiten, aber für viele andere lineare Programme effizienter sind als z. B. der Algorithmus von Hačijan (1979).

Mit linearer Programmierung kann man lineare Zielfunktionen optimieren, wie sie z. B. im Kontext der Gewinnmaximierung beim Spielen auftreten, wobei die

Lösungen bestimmten Nebenbedingungen unterliegen, die in Form von linearen Gleichungen oder Ungleichungen auftreten. Formal werden lineare Programme in der folgenden Form dargestellt:

$$\text{Maximiere} \qquad \vec{c}^T \vec{x}$$
$$\text{unter den Bedingungen} \quad A\vec{x} \leq \vec{b}$$
$$\text{und} \qquad \vec{x} \geq \vec{0}.$$

Dabei sind $\vec{x}$, $\vec{b}$ und $\vec{c}$ Vektoren und A eine Matrix zueinander passender Dimensionen und $\vec{c}^T$ bezeichnet den transponierten Vektor zu $\vec{c}$, d. h., $\vec{c}^T$ ist der Zeilenvektor, der dem Spaltenvektor $\vec{c}$ entspricht. Die Koeffizienten in den Vektoren $\vec{b}$ und $\vec{c}$ und der Matrix A sind bekannt, gesucht ist der Lösungsvektor $\vec{x}$. Sind ganzzahlige Lösungen gesucht (d. h. ein Lösungsvektor $\vec{x}$ mit Komponenten $x_i \in \mathbb{Z}$, wobei $\mathbb{Z}$ die Menge der ganzen Zahlen bezeichnet), so spricht man von einem *ganzzahligen linearen Programm*. Im Gegensatz zu linearen Programmen ist das zur ganzzahligen linearen Programmierung gehörige Entscheidungsproblem NP-vollständig (siehe z. B. Garey und Johnson, 1979), außer wenn die Anzahl der Variablen durch eine Konstante beschränkt ist – in diesem Fall zeigte Lenstra Jr. (1983), dass auch dieses Problem in Polynomialzeit gelöst werden kann.

Übrigens betrachtete von Neumann auch den Zusammenhang zwischen linearer Programmierung und so genannten Matrix-Spielen, und er schlug die erste Innere-Punkte-Methode vor, auch wenn diese hinsichtlich der Effizienz der Simplexmethode von Dantzig (siehe Dantzig und Thapa, 2003) nicht gewachsen war.

Satz 2.3 (von Neumann (1928))
In jedem Nullsummenspiel mit zwei Spielern, die die Gewinnfunktionen g_1 bzw. g_2 und jeweils endlich viele Strategien zur Auswahl haben, wobei $\mathcal{A}$ die Menge der gemischten Strategien für Spieler 1 und $\mathcal{B}$ die Menge der gemischten Strategien für Spieler 2 ist, gibt es einen Wert w, sodass gilt:

1. *Für Spieler 1 gibt es eine gemischte Strategie $\pi_1 \in \mathcal{A}$, sodass*

$$\max_{\alpha \in \mathcal{A}} \min_{\beta \in \mathcal{B}} g_1(\alpha, \beta) = \min_{\beta \in \mathcal{B}} g_1(\pi_1, \beta) = w.$$

2. *Für Spieler 2 gibt es eine gemischte Strategie $\pi_2 \in \mathcal{B}$, sodass*

$$\min_{\beta \in \mathcal{B}} \max_{\alpha \in \mathcal{A}} g_1(\alpha, \beta) = \max_{\alpha \in \mathcal{A}} g_1(\alpha, \pi_2) = w.$$

Spieler 1 kann sich demnach mit seiner gemischten Strategie π_1, unabhängig von der von Spieler 2 gewählten Strategie, einen Gewinn der Höhe mindestens w sichern. Umgekehrt kann Spieler 2 mit seiner gemischten Strategie π_2 verhindern, dass Spieler 1 einen höheren Gewinn als w erhält. Da es sich um ein Nullsummenspiel handelt, gilt $g_1(\vec{\pi}) = -g_2(\vec{\pi})$ für jedes Strategieprofil $\vec{\pi}$; folglich ist der Verlust von Spieler 2 niemals schlimmer als $-w$. Dieses Resultat ist als das Minimax-Theorem bekannt, weil jeder der beiden Spieler den maximal möglichen

Gewinn des anderen Spielers minimiert – und somit, da es sich um ein Nullsummenspiel handelt, seinen eigenen Gewinn maximiert. Da in Nullsummenspielen diese Minimax-Strategie mit dem Nash-Gleichgewicht in gemischten Strategien übereinstimmt und als ein lineares Programm ausgedrückt werden kann, können solche Nash-Gleichgewichte in Nullsummenspielen mit zwei Spielern in Polynomialzeit berechnet werden. Das Minimax-Prinzip aus Satz 2.3 lässt sich auch auf sequenzielle Spiele erweitern.

Nash-Gleichgewichte in allgemeinen Normalform-Spielen

In allgemeinen Normalform-Spielen, die nicht auf Nullsummenspiele für zwei Spieler eingeschränkt sind, lassen sich Nash-Gleichgewichte anscheinend nicht so effizient berechnen. Diese Vermutung wurde kürzlich von Daskalakis *et al.* (2006) bewiesen (siehe auch die Arbeiten von Daskalakis *et al.*, 2009a,b, die einerseits eine kompakte Zusammenfassung der wichtigsten Ideen geben und andererseits alle Details des Beweises darstellen). Den sehr anspruchsvollen formalen Beweis dieses vielbeachteten Resultats wollen wir hier nicht angeben. Stattdessen begnügen wir uns damit, das Ergebnis darzustellen und zu erklären und einige der im Beweis verwendeten Ideen anzudeuten.

Im Unterschied zu den Entscheidungsproblemen für diskrete Strukturen, wie z. B. SAT, die in Abschnitt 1.5 vorgestellt wurden, handelt es sich hier jedoch um ein funktionales Suchproblem (d. h., statt eine Ja/Nein-Frage zu beantworten ist ein Nash-Gleichgewicht in gemischten Strategien zu finden), das über kontinuierlichen, also nicht diskreten Strukturen definiert ist. Beispielsweise könnten auch irrationale Werte der Gewinnfunktionen der Spieler auftreten, die sich mittels Computer nicht exakt, sondern nur in einer geeigneten Annäherung darstellen und verarbeiten lassen. Dieses Problem umgeht man dadurch, dass man statt des exakten Nash-Gleichgewichts π selbst lediglich eine ϵ-Approximation π_ϵ von π sucht, d. h., der erwartete Gewinn jedes Spielers bei dem Strategieprofil π_ϵ ist höchstens um den Faktor ϵ besser als der erwartete Gewinn jedes Spielers für das Strategieprofil π. Eine solche ϵ-Approximation eines Nash-Gleichgewichts π erlaubt es den Spielern demnach, ihren jeweiligen Gewinn durch Abweichung von ihrer gemischten Gleichgewichtsstrategie zu verbessern, aber um nicht mehr als den Faktor $\epsilon > 0$, der beliebig klein gewählt werden kann. Gerechtfertigt wird diese Vorgehensweise dadurch, dass das Berechnen einer ϵ-Approximation eines Nash-Gleichgewichts nicht schwerer als das Berechnen dieses Nash-Gleichgewichts selbst sein kann (denn man erlaubt ja dabei sogar einen ϵ-Fehler); folglich kann ein Härte-Resultat für das Problem der Berechnung von ϵ-Approximationen von Nash-Gleichgewichten auf das Problem der Berechnung von Nash-Gleichgewichten übertragen werden (vgl. Aussage 3 in Lemma 1.1).

Das nächste Problem im Beweis von Daskalakis *et al.* (2006) ist, dass die Methoden der klassischen Komplexitätstheorie, deren Grundlagen in Abschnitt 1.5 skizziert wurden, hier eigentlich gar nicht anwendbar sind. Nach Satz 2.1 existiert *immer* eine Lösung des Problems; im Sinne eines Entscheidungsproblems wäre also stets die Antwort „Ja" zu geben, wodurch das Problem trivial wird. Im Gegensatz dazu besteht bei üblichen Entscheidungsproblemen wie SAT die Schwierigkeit gerade darin, die „Ja"-Instanzen von den „Nein"-Instanzen zu unterscheiden. Wie kann man die Berechnungshärte solcher funktionalen Suchprobleme zeigen, die für sämtliche Instanzen eine Lösung besitzen? Es gibt zwar auch eine Theorie der Komplexität von Funktionen (siehe z. B. den Übersichtsartikel von Selman, 1994), doch die ist hier nicht gut anwendbar.

Stattdessen führte Papadimitriou (1994) eine neue Komplexitätsklasse ein, die dem Problem, Nash-Gleichgewichte zu bestimmen, besser gerecht wird. Diese neue Klasse nannte er PPAD. Intuitiv liegt ihr die Erkenntnis zugrunde, dass es für solche totalen Suchprobleme, bei denen jede Instanz eine Lösung hat, einen mathematischen Beweis geben muss (wie den von Satz 2.1 für das Problem der Nash-Gleichgewichte), und wenn das Problem nicht in Polynomialzeit lösbar ist, dann muss es einen *nichtkonstruktiven* Schritt in diesem Beweis geben. Für alle bekannten totalen Suchprobleme, die nicht offensichtlich in Polynomialzeit lösbar sind, identifiziert Papadimitriou (1994) einen der folgenden vier simplen Gründe für einen solchen nichtkonstruktiven Beweisschritt und schlägt demgemäß eine Unterscheidung in vier entsprechende Komplexitätsklassen vor:

1. PPA, für „*Polynomial Parity Argument for Graphs*". Für jedes Problem in PPA kann der nichtkonstruktive Beweisschritt durch das folgende Paritätsargument beschrieben werden:

   > Hat ein ungerichteter Graph einen Knoten mit ungeradem Grad, dann hat er noch mindestens einen weiteren solchen Knoten.

   Der *Knotengrad* in einem ungerichteten Graphen ist dabei die Anzahl der zu ihm inzidenten Kanten.

2. PPAD, für „*Polynomial Parity Argument for Directed Graphs*". Für jedes Problem in PPAD kann der nichtkonstruktive Beweisschritt durch das folgende Paritätsargument beschrieben werden:

   > Hat ein gerichteter Graph einen unbalancierten Knoten (also einen Knoten mit verschiedenem Eingangs- und Ausgangsgrad), dann hat er noch mindestens einen weiteren solchen Knoten.

   Der *Eingangsgrad* eines Knotens in einem gerichteten Graphen ist dabei die Anzahl der in ihn einlaufenden Kanten und sein *Ausgangsgrad* ist die Anzahl der von ihm auslaufenden Kanten.

3. PLS, für „*Polynomial Local Search*". Für jedes Problem in PLS kann der nichtkonstruktive Beweisschritt durch das folgende Argument beschrieben werden:

   > Jeder kreisfreie gerichtete Graph hat eine Senke, also einen Knoten ohne auslaufende Kanten.

4. PPP, für „*P*olynomial *P*igeonhole *P*rinciple". Für jedes Problem in PPP kann der nichtkonstruktive Beweisschritt durch das folgende „Schubladen"-Argument beschrieben werden:

> Jede Funktion, die n Elemente auf $n-1$ Elemente abbildet, hat eine Kollision, d.h., $f(i) = f(j)$ für $i \neq j$.

Für die Probleme in jeder dieser vier Klassen garantiert die jeweilige offensichtlich gültige Bedingung, dass man nach etwas sucht, das tatsächlich existiert. Ein typisches totales Suchproblem in PPAD beispielsweise ist das folgende:

END OF THE LINE

Gegeben: Ein gerichteter Graph G (repräsentiert durch ein Programm, wie unten angegeben) und ein ausgezeichneter unbalancierter Knoten u in G.

Gesucht: Ein unbalancierter Knoten $v \neq u$ in G.

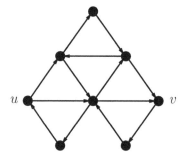

Abb. 2.18: Eine Instanz des totalen Suchproblems END OF THE LINE

Abbildung 2.18 zeigt eine (sehr kleine) Instanz des Problems END OF THE LINE. Gegeben sind in dieser Instanz der gerichtete Graph G und der unbalancierte Knoten u; gesucht ist ein anderer unbalancierter Knoten, und in diesem Fall gibt es nur einen, nämlich v. Es ist auch völlig klar, dass, wenn es einen unbalancierten Knoten gibt, es dann auch (mindestens) einen zweiten gibt. Bevor wir zu suchen anfangen, ist uns also garantiert, dass wir nicht umsonst suchen werden. Wäre der Graph wie üblich durch eine Adjazenzmatrix (die angibt, zwischen welchen Knoten es eine Kante gibt und zwischen welchen nicht) oder als Listen von Knoten und Kanten gegeben, so wäre das Problem END OF THE LINE natürlich ganz einfach effizient lösbar. Man müsste lediglich alle von u verschiedenen Knoten des Graphen durchsuchen und sobald man einen unbalancierten gefunden hat, diesen ausgeben. In dieser Weise würde man jedoch nicht das Wesentliche der Klasse PPAD und des Problems END OF THE LINE erfassen.

Stattdessen stellen wir uns vor, dass der Graph sehr groß ist, sagen wir, er hat 2^n Knoten, die jeweils durch ein Wort über dem Alphabet $\{0,1\}$ der Länge n

dargestellt sind. Zum Beispiel könnte u in dem Graphen G mit $2^3 = 8$ Knoten aus Abbildung 2.18 durch das Wort 000 und v durch das Wort 111 dargestellt sein. Kanten werden nun, wie unten beschrieben, durch Programme repräsentiert. Der Einfachheit halber kann man dabei annehmen, dass – anders als der Graph G in Abbildung 2.18 – jeder Knoten höchstens eine einlaufende und höchstens eine auslaufende Kante hat. Dadurch erreicht man (ohne die Komplexität des Problems zu verringern), dass der Graph als eine Menge von Pfaden und Kreisen dargestellt werden kann, und das Problem besteht nun darin, ausgehend von dem gegebenen unbalancierten Knoten dem entsprechenden Pfad bis zu seinem Ende zu folgen, der eine Lösung (also einen anderen unbalancierten Knoten) darstellt – daher der Name des Problems, END OF THE LINE. Die Schwierigkeit besteht allerdings darin, dass es Pfade geben kann, deren Länge exponentiell in n ist und denen zu folgen demnach Exponentialzeit erfordert.

Die Repräsentation der Kanten des Graphen durch Programme kann man z. B. durch boolesche Schaltkreise realisieren. Wegen der vereinfachenden Annahme, dass jeder Knoten höchstens eine einlaufende und höchstens eine auslaufende Kante besitzt, genügen zwei solche Schaltkreise pro Knoten, je einer zur Berechnung des jeweiligen Vorgänger- bzw. Nachfolgerknoten. Mit Schaltkreisen kann man nicht nur boolesche Funktionen der Form $\{0,1\}^n \to \{0,1\}$ berechnen (siehe z. B. den booleschen Schaltkreis in Abbildung 1.4), sondern auch solche der Form $\{0,1\}^n \to \{0,1\}^n$, die den gegebenen Knoten auf den Vorgänger- bzw. Nachfolgerknoten abbilden, jeweils in der Darstellung als Wort in $\{0,1\}^n$.

Anders als die (klassischen) Komplexitätsklassen P und NP ist PPAD nicht über eine entsprechende Maschinenrepräsentation definiert, sondern als die Klasse aller Probleme, die sich auf das Problem END OF THE LINE reduzieren lassen. Natürlich hätte man aber auch z. B. NP in dieser Weise definieren können, nämlich als die Menge aller Probleme, die sich auf SAT $\leq_m^P$-reduzieren lassen. Den Begriff der $\leq_m^P$-Reduktion aus Definition 1.2 kann man einfach von Entscheidungsproblemen auf totale Suchprobleme übertragen (siehe Zankó, 1991): Sind $f, g : \Sigma^* \to \Sigma^*$ zwei totale Funktionen, so *lässt sich die Funktion f in Polynomialzeit auf die Funktion g (funktional many-one-)reduzieren*, falls es Funktionen $r, s \in$ FP gibt, sodass

$$f(x) = s(g(r(x)))$$

für alle $x \in \Sigma^*$ gilt. Dabei transformiert:

1. die effizient berechenbare Funktion r eine gegebene Instanz x des Suchproblems f in eine äquivalente Instanz des Suchproblems g, und
2. die effizient berechenbare Funktion s eine Lösung dieser Instanz $r(x)$ des Suchproblems g zurück in eine äquivalente Lösung der gegebenen Instanz x des Suchproblems f.

Die Klasse PPAD enthält viele Probleme (wie z. B. das unten definierte Problem BROUWER FIXED POINT), für die bisher trotz jahrzehntelanger intensiver

Bemühungen vergeblich versucht wurde, effiziente Algorithmen zu entwickeln. Die dieser Klasse inhärente Komplexität liegt intuitiv zwischen der von P und NP, d. h., könnte man zeigen, dass P = NP gilt, dann wären auch sämtliche Probleme in PPAD effizient lösbar. Ähnlich wie bei der „P = NP?"-Frage können wir also lediglich vermuten, dass PPAD schwere Probleme enthält, und die Überzeugung, dass dies so ist, ist etwas schwächer als die Überzeugung, dass P $\neq$ NP gilt und NP schwere Probleme enthält. In Analogie zu Definition 1.2 heißt ein totales Suchproblem PPAD-*hart*, falls sich END OF THE LINE (und somit jedes beliebige Problem der Klasse PPAD) auf dieses Suchproblem reduzieren lässt, und es heißt PPAD-*vollständig*, falls es zu PPAD gehört und PPAD-hart ist.

Betrachten wir nun das folgende totale Suchproblem:

NASH EQUILIBRIUM

Gegeben: Ein kooperatives Spiel in Normalform, das im Sinne einer ϵ-Approximation für eine beliebig kleine gegebene positive Konstante ϵ diskret repräsentiert wird.

Gesucht: Eine ϵ-Approximation eines Nash-Gleichgewichts in gemischten Strategien.

Dann kann das Resultat von Daskalakis *et al.* (2006) folgendermaßen ausgedrückt werden.

Satz 2.4 (Daskalakis *et al.* (2006))
NASH EQUILIBRIUM *ist* PPAD-*vollständig.*

Der formale, technische Beweis von Satz 2.4 würde, wie bereits erwähnt, den Rahmen dieses Buches sprengen. Stattdessen skizzieren wir kurz die wesentlichen Beweisschritte. Nach der o. g. Definition ist zu zeigen, dass erstens das Problem NASH EQUILIBRIUM zu PPAD gehört und dass es zweitens PPAD-hart ist. Die erste Aussage kann dadurch gezeigt werden, dass man NASH EQUILIBRIUM auf END OF THE LINE reduziert; die zweite Aussage dadurch, dass man umgekehrt END OF THE LINE auf NASH EQUILIBRIUM reduziert. Diese Reduktionen sind alles andere als einfach. Man verwendet dabei u. a. ein elegantes Resultat der Kombinatorik, das als Sperners Lemma bekannt ist und ein kombinatorisches Gegenstück zum Fixpunktsatz von Brouwer darstellt (siehe z. B. Papadimitriou, 1994). Auch der Fixpunktsatz von Brouwer selbst, der ja auch bei dem Beweis von Satz 2.1 angewandt wurde, spielt eine Rolle. Diesem Satz entspricht nämlich das folgende totale Suchproblem:[15]

---

[15]In diesem Suchproblem stellt der reelle m-dimensionale Einheitswürfel, $[0,1]^m$, eine kompakte und konvexe Menge dar, die durch f auf sich selbst abgebildet wird. Der *Euklidische Abstand zweier Vektoren* $\vec{x}, \vec{y} \in [0,1]^m$ mit $\vec{x} = (x_1, x_2, \ldots, x_m)$ und $\vec{y} = (y_1, y_2, \ldots, y_m)$ ist

BROUWER FIXED POINT	
Gegeben:	Eine Lipschitz-stetige Funktion $f : [0,1]^m \to [0,1]^m$, die durch einen effizienten Algorithmus $\mathcal{A}_f$ repräsentiert wird (d. h., $\mathcal{A}_f$ berechnet bei Eingabe von $\vec{x} \in [0,1]^m$ den Wert $f(\vec{x}) \in [0,1]^m$), wobei d der Euklidische Abstand und ℓ die Lipschitz-Konstante ist. Außerdem ist die gewünschte Genauigkeit durch eine beliebig kleine positive Konstante ϵ gegeben.
Gesucht:	Eine ϵ-Approximation eines Fixpunkts von f.

Im Beweis von Satz 2.4 spielt BROUWER FIXED POINT die Rolle eines geeigneten Zwischenproblems. Erst wird NASH EQUILIBRIUM auf BROUWER FIXED POINT reduziert (was im Wesentlichen dem Beweis von Satz 2.1 entspricht), dann BROUWER FIXED POINT auf END OF THE LINE. Somit ist NASH EQUILIBRIUM in PPAD. Umgekehrt wird END OF THE LINE auf BROUWER FIXED POINT reduziert und schließlich BROUWER FIXED POINT auf NASH EQUILIBRIUM. Es folgt, dass NASH EQUILIBRIUM PPAD-hart und somit PPAD-vollständig ist. Da die einzelnen Reduktionen teilweise recht haarig und technisch sind, verweisen wir für weitere Details auf die Arbeiten von Daskalakis *et al.* (2006, 2009a,b).

Das Resultat von Daskalakis *et al.* (2006) aus Satz 2.4 ist ein Meilenstein der algorithmischen Spieltheorie. Allerdings baut es auf Vorläuferresultaten auf, bei denen die Idee des Problems END OF THE LINE ebenfalls im Mittelpunkt steht, etwa dem Algorithmus von Scarf (1967) oder dem Algorithmus von Lemke und Howson Jr. (1964). Daskalakis *et al.* (2006) zeigten eigentlich mehr, als in Satz 2.4 festgehalten ist, nämlich dass das Problem NASH EQUILIBRIUM auch dann PPAD-vollständig ist, wenn es auf Normalform-Spiele mit drei Spielern eingeschränkt ist. Dieses Ergebnis konnte später noch verbessert werden. Ein herausragendes und vielleicht auch etwas überraschendes Ergebnis von Chen und Deng (2006) zeigt, dass dieses Problem sogar dann PPAD-vollständig ist, wenn es auf Normalform-Spiele mit nur zwei Spielern eingeschränkt ist.

Viele weitere algorithmische und komplexitätstheoretische Ergebnisse zum Berechnen von Gleichgewichten in Spielen sind in den letzten Jahren erzielt worden. Ohne auf Details einzugehen, erwähnen wir die Arbeiten von Brandt *et al.* (2011, 2009b), Conitzer und Sandholm (2006, 2003), Elkind *et al.* (2007) und Sandholm *et al.* (2005).

---

definiert als $d(\vec{x}, \vec{y}) = \sqrt{(x_1 - y_1)^2 + (x_2 - y_2)^2 + \cdots + (x_m - y_m)^2}$. Eine Funktion $F : \mathbb{R} \to \mathbb{R}$ heißt *Lipschitz-stetig*, falls eine Konstante ℓ (die so genannte *Lipschitz-Konstante*) existiert, sodass $d(f(\vec{x}), f(\vec{y})) \leq \ell \cdot d(\vec{x}, \vec{y})$ für alle $\vec{x}, \vec{y} \in [0,1]^m$ gilt. Die Existenz dieser Konstanten ℓ ist nötig, um auch mit irrationalen Werten und Fixpunkten umgehen zu können; andernfalls wäre das Problem BROUWER FIXED POINT nicht berechenbar.

3 Kooperative Spiele: Miteinander spielen

Dieses Kapitel gibt eine kurze Einführung in die kooperative Spieltheorie, die die nichtkooperative Spieltheorie aus Kapitel 2 ergänzt. Beide Theorien beinhalten Aspekte der Kooperation von Spielern und Aspekte der Konkurrenz zwischen Spielern. In der nichtkooperativen Spieltheorie konkurrieren die einzelnen Spieler miteinander und versuchen egoistisch, nur ihre eigenen Interessen zu verwirklichen bzw. ihren eigenen Gewinn zu maximieren. Jeder kämpft nur für sich und keiner geht ein Bündnis mit anderen Spielern ein. Allerdings kann auch bei nichtkooperativen Spielen eine Form der Kooperation von Spielern in dem Sinn vorkommen, dass sich die von ihnen gewählten Aktionen weniger aggressiv gegen ihre Gegenspieler richten, als es ihnen möglich wäre.

Bei den kooperativen Spielen hingegen arbeiten die Spieler in Gruppen – so genannten *Koalitionen* – zusammen und führen *gemeinsame* Aktionen aus, um ihre Ziele zu verwirklichen. Das ist der wesentliche Unterschied zu den nichtkooperativen Spielen. Die Spieler haben einen Vorteil von der Kooperation in Koalitionen, wenn sie so ihren individuellen Gewinn erhöhen können. Allerdings kann es dabei auch vorkommen, dass verschiedene Koalitionen im Wettbewerb stehen oder dass sich die Spieler einer solchen Koalition anschließen, die ihnen die Zuteilung eines möglichst hohen individuellen Gewinns sichert. Kooperative Spiele können als das allgemeinere Konzept aufgefasst werden, denn ein nichtkooperatives Spiel, bei dem keine Koordination bzw. Kooperation zwischen den Spielern stattfindet, führt zu einelementigen Koalitionen. Es gibt allerdings mehrere Möglichkeiten, ein nichtkooperatives zu einem kooperativen Spiel zu verallgemeinern.

Wie Koalitionen von Spielern durch gemeinsame Aktionen den Gewinn jedes Einzelnen steigern können, zeigt das folgende Beispiel.

Sonntag ist Markttag. Anna, Belle, Chris, David und Edgar haben die Vorratskammern ihrer Eltern geplündert und wollen ihre Beute jeweils für 1 € auf dem Markt zum Verkauf anbieten.

„Ich habe ein halbes Pfund Sauerkirschen", sagt Anna. „Ein leicht verdienter Euro!"

„Oder wir könnten uns zusammentun", entgegnet Belle. „Ich habe ein Pfund Quark und ein halbes Pfund Zucker. Wenn wir vier Portionen süßen Kirschquark zu je 1 € anbieten, verdienen wir 4 €, also jede von uns 2 €, doppelt so viel wie allein!"

„Oder ihr lasst mich noch mitmachen!", schlägt Chris vor. „Ich habe einen halben Liter Milch, da könnte man einen leckeren süßen Kirsch-Quark-Milchshake mixen!"

„Denk doch mal nach, Mann!", widerspricht David. „Aus deinem halben Liter kriegt ihr nur zwei Milchshakes und mehr als 2 € könnt ihr unmöglich für einen verlangen. Macht insgesamt 4 €, aber weil ihr zu dritt seid, bleiben beim Teilen des Gewinns für jeden nur $4/3$ €, was weniger ist als 2 €. Die Mädchen würden dich nicht mitspielen lassen!"

„Stimmt!", sagt Chris zerknirscht. „Die können ja auch rechnen."

„Aber lass den Kopf nicht hängen, Alter!", fährt David fort. „Ich habe ein halbes Pfund Mehl und zwei Eier stibitzt. Mit deiner Milch könnten wir Eierkuchen machen. Schätze mal, vier sind da drin, jeder bringt 1 €, macht 4 € insgesamt bzw. 2 € für jeden von uns. Wir brauchen die Mädchen gar nicht! Wollen wir das Ding zusammen durchziehen?"

Bevor Chris antworten kann, wendet sich Belle an ihren kleinen Bruder: „Edgar, was hast du eigentlich zu bieten?"

„Ich habe je ein Päckchen Backpulver und Vanillepudding-Pulver und ein halbes Stück Butter erbeutet", zählt Edgar auf. „Naja, was eben noch so da war. Mit der Milch könnten wir Vanillepudding machen, aber mir scheint, die Eierkuchen mit David sind für Chris profitabler."

„Hey!", ruft Anna erfreut aus. „Wenn wir alle unsere Zutaten zusammenwerfen, können wir einen voll leckeren Kirsch-Quark-Kuchen backen. Für den können wir insgesamt bestimmt 15 € verlangen, geteilt durch fünf ergibt das einen Reingewinn von 3 € für jeden von uns!"

„Tolle Idee!", stimmt Belle zu. „Und wenn wir ihn dann lieber selbst essen wollen, teilen wir ihn eben unter uns auf."

„Prima!", sagt Edgar. „Dann überlege ich mir schon mal, wie wir den Kuchen möglichst fair aufteilen können, sodass kein Neid entsteht."

Der gerechten Aufteilung von Kuchen werden wir uns allerdings erst in Kapitel 6 zuwenden. In diesem Kapitel beschreiben wir dagegen die Grundlagen der kooperativen Spieltheorie. In den Abschnitten 3.1 und 3.2 interessiert uns insbesondere die Bildung von Koalitionen in verschiedenen Arten solcher Spiele und ihre Stabilität. In Abschnitt 3.3 geht es um den Einfluss – oder Machtindex – einzelner Spieler in kooperativen Spielen, und in Abschnitt 3.4 untersuchen wir die Komplexität einiger Probleme in gewichteten Wahlspielen.

3.1   Grundlagen

Kooperative Spiele mit übertragbarem Gewinn

Wie in Kapitel 2 sei $P = \{1, 2, \ldots, n\}$ eine Menge von Spielern, die wir manchmal auch mit einem Namen statt einer Zahl bezeichnen. Beispielsweise zeigt Abbildung 3.1 die fünf Spieler – Anna, Belle, Chris, David und Edgar – aus dem oben angegebenen Spiel und die vier Koalitionsstrukturen, die dort erwähnt wurden.

Dabei handelt es sich um ein *kooperatives Spiel mit übertragbarem Gewinn*. Ein solches Spiel ist gegeben durch ein Paar $G = (P, v)$, mit der Menge $P = \{1, 2, \ldots, n\}$ der Spieler und der *charakteristischen Funktion* $v : \mathfrak{P}(P) \to \mathbb{R}^+$, die für jede Teilmenge (oder *Koalition*) $C \subseteq P$ von Spielern den Nutzen (oder Gewinn) $v(C)$ angibt, den diese durch ihre Zusammenarbeit erzielen. Dabei bezeichnet $\mathfrak{P}(P)$ die Potenzmenge von P und $\mathbb{R}^+$ die Menge der nicht negativen reellen Zahlen.

Üblicherweise nimmt man an, dass die charakteristische Funktion v eines solchen Spiels $G = (P, v)$ die folgenden Eigenschaften erfüllt:

1. *Normalisierung*: $v(\emptyset) = 0$.
2. *Monotonie*: Für alle Koalitionen C und D mit $C \subseteq D$ gilt $v(C) \leq v(D)$.

Die charakteristische Funktion des Spiels aus Abbildung 3.1 ist offenbar monoton – jedenfalls soweit man dies für die Gewinne der dort angegebenen Koalitionen sehen kann. Zum Beispiel gelten für die Koalitionen $C_1 = \{\text{Anna}\}$, $C_2 = \{\text{Anna}, \text{Belle}\}$, $C_3 = \{\text{Anna}, \text{Belle}, \text{Chris}\}$ und $C_4 = \{\text{Anna}, \text{Belle}, \text{Chris}, \text{David}, \text{Edgar}\}$, die in der aufsteigenden Inklusionskette $C_1 \subseteq C_2 \subseteq C_3 \subseteq C_4$ geordnet sind, die Ungleichungen $v(C_1) = 1 \leq 4 = v(C_2)$, $v(C_2) = 4 = v(C_3)$ und $v(C_3) = 4 \leq 15 = v(C_4)$.

Abbildung 3.1 gibt nicht für alle möglichen Koalitionen die Werte der charakteristischen Funktion an. Bei $n = 5$ Spielern wären die Werte für insgesamt $2^5 = 32$ Koalitionen anzugeben. Kooperative Spiele erfordern i. Allg. eine Darstellung, deren Größe exponentiell in der Anzahl der Spieler ist, was insbesondere für ihre algorithmische Handhabbarkeit problematisch ist. Es gibt aber Möglichkeiten, mit diesem Problem fertig zu werden, und eine davon werden wir später kennen lernen.

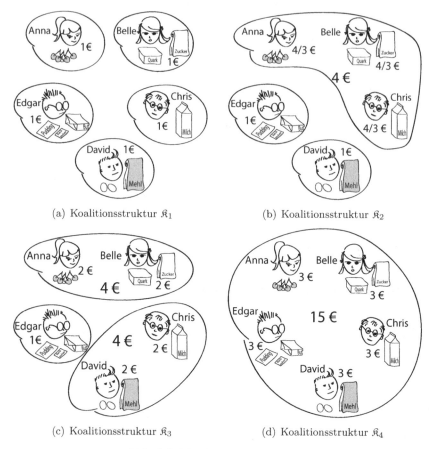

(a) Koalitionsstruktur $\mathfrak{K}_1$ (b) Koalitionsstruktur $\mathfrak{K}_2$

(c) Koalitionsstruktur $\mathfrak{K}_3$ (d) Koalitionsstruktur $\mathfrak{K}_4$

Abb. 3.1: Vier Koalitionsstrukturen

Eine *Koalitionsstruktur* eines kooperativen Spiels $G = (P, v)$ mit übertragba-
rem Gewinn ist eine Zerlegung $\mathfrak{K} = \{C_1, C_2, \ldots, C_k\}$ von P in paarweise disjunkte
Koalitionen, d. h., $\bigcup_{i=1}^{k} C_i = P$ und $C_i \cap C_j = \emptyset$ für $i \neq j$. Die einfachste Koalitionsstruktur besteht nur aus einer Koalition, der so genannten *großen Koalition*, an
der sämtliche Spieler beteiligt sind. Abbildung 3.1(d) zeigt die große Koalition in
unserem Beispiel. Das andere Extrem ist in Abbildung 3.1(a) zu sehen: Eine Koalitionsstruktur aus $n = 5$ Koalitionen, die jeweils nur einen Spieler enthalten. Hier
schließen sich also überhaupt keine Spieler zusammen, sondern jeder handelt – wie
in einem nichtkooperativen Spiel – auf eigene Faust. Formal stellt man die vier
Koalitionsstrukturen aus Abbildung 3.1 folgendermaßen dar:

1. Abbildung 3.1(a): $\mathfrak{K}_1 = \{\{Anna\}, \{Belle\}, \{Chris\}, \{David\}, \{Edgar\}\}$,
2. Abbildung 3.1(b): $\mathfrak{K}_2 = \{\{Anna, Belle, Chris\}, \{David\}, \{Edgar\}\}$,
3. Abbildung 3.1(c): $\mathfrak{K}_3 = \{\{Anna, Belle\}, \{Chris, David\}, \{Edgar\}\}$,
4. Abbildung 3.1(d): $\mathfrak{K}_4 = \{\{Anna, Belle, Chris, David, Edgar\}\}$.

Für jede Koalition C gibt der Wert $v(C)$ lediglich an, welchen Gewinn die in C vereinigten Spieler insgesamt erwirtschaften. Wie dieser Gewinn dann unter ihnen aufgeteilt wird, muss auch noch angegeben werden. Ein *Ergebnis* eines kooperativen Spiels $G = (P, v)$ mit übertragbarem Gewinn ist gegeben durch ein Paar $(\mathfrak{K}, \vec{a})$, wobei $\mathfrak{K}$ eine Koalitionsstruktur ist und $\vec{a} = (a_1, a_2, \dots, a_n) \in \mathbb{R}^n$ ein Auszahlungsvektor, sodass

$$a_i \geq 0 \text{ für jedes } i \in P \quad \text{und} \quad \sum_{i \in C} a_i = v(C) \text{ für jede Koalition } C \in \mathfrak{K}$$

gilt. Das bedeutet, dass jedem Spieler $i \in P$ der nicht negative Betrag a_i ausgezahlt wird und dass der Gewinn $v(C)$, den die Spieler einer jeden Koalition C in dieser Koalitionsstruktur gemeinsam erzielen, vollständig unter den an C beteiligten Spielern aufgeteilt wird. Genau das ist gemeint, wenn man von einem kooperativen Spiel „mit übertragbarem Gewinn" spricht: Innerhalb einer Koalition wird der von ihr erzielte Gewinn auf die beteiligten Spieler übertragen. In den vier Koalitionsstrukturen aus den Abbildungen 3.1(a) bis 3.1(d) wird dazu einfach der Gewinn $v(C)$ in jeder Koalition C der jeweiligen Koalitionsstruktur durch die Anzahl der Spieler in C geteilt und der Gewinn gleichmäßig ausgeschüttet:

1. Abbildung 3.1(a) zeigt das Ergebnis $(\mathfrak{K}_1, \vec{a}_1)$ mit $\vec{a}_1 = (1, 1, 1, 1, 1)$,
2. Abbildung 3.1(b) zeigt das Ergebnis $(\mathfrak{K}_2, \vec{a}_2)$ mit $\vec{a}_2 = (4/3, 4/3, 4/3, 1, 1)$,
3. Abbildung 3.1(c) zeigt das Ergebnis $(\mathfrak{K}_3, \vec{a}_3)$ mit $\vec{a}_3 = (2, 2, 2, 2, 1)$ und
4. Abbildung 3.1(d) zeigt das Ergebnis $(\mathfrak{K}_4, \vec{a}_4)$ mit $\vec{a}_4 = (3, 3, 3, 3, 3)$.

Denkbar wäre es aber auch, dass manche Spieler einer Koalition einen verhältnismäßig größeren und andere Spieler einen verhältnismäßig kleineren Anteil am Gewinn erhalten, z. B. je nachdem, was sie zum Erfolg beigetragen haben. Entscheidend ist nur, dass der Gewinn einer Koalition vollständig unter ihren Spielern aufgeteilt wird. So passt z. B. der Auszahlungsvektor $\vec{a}_2' = (1/3, 4/3, 4/3, 2, 1)$ nicht zur Koalitionsstruktur $\mathfrak{K}_2$ aus Abbildung 3.1(b), weil Überträge zwischen verschiedenen Koalitionen nicht erlaubt sind, d. h., $(\mathfrak{K}_2, \vec{a}_2')$ ist kein Ergebnis des Spiels.

Es gibt auch *kooperative Spiele mit nicht übertragbarem Gewinn.* Nehmen wir etwa an, dass n Schlittenhunde mehrere Schlitten von einem Forschungsschiff zu einer Forschungsstation in der Antarktis ziehen sollen. Jeder Hund hat einen anderen Besitzer. Jeder Schlitten wird von mehreren Hunden gezogen, die ihre Aufgabe gemeinsam angehen. Je nachdem, wie ein solches Rudel (bzw. eine solche Koalition) von Hunden zusammengesetzt ist, kann die Aufgabe für einen Schlitten mehr oder weniger gut bewältigt werden. Aber da jeder Hund einem anderen Besitzer gehört, wird er nur von diesem belohnt, zum Beispiel durch eine größere Futterration, falls sein Schlitten schnell am Ziel war. Gewinne sind in diesem Beispiel demnach nicht innerhalb der Koalitionen übertragbar. Im Folgenden werden wir uns jedoch nur mit kooperativen Spielen mit übertragbarem Gewinn befassen und lassen deshalb den Zusatz „mit übertragbarem Gewinn" weg, wenn wir von einem kooperativen Spiel sprechen.

Superadditive Spiele

Ein kooperatives Spiel $G = (P, v)$ heißt *superadditiv*, falls

$$v(C \cup D) \geq v(C) + v(D) \tag{3.1}$$

für je zwei disjunkte Koalitionen C und D gilt.

In einem solchen Spiel kann man davon ausgehen, dass sich die große Koalition bilden wird, denn beliebige zwei Koalitionen können sich ohne Verlust vereinigen: Schlimmstenfalls addieren sich die Gewinne der beiden einzelnen Koalitionen bei der Vereinigung nur, aber möglicherweise erhöhen sie sich auch durch Synergieeffekte. Deshalb kann man die Ergebnisse in superadditiven kooperativen Spielen mit den Auszahlungsvektoren der großen Koalition identifizieren und muss keine komplizierteren Koalitionsstrukturen betrachten.

Ist die charakteristische Funktion von G etwa durch $v(C) = \|C\|^2$ definiert, so ist G superadditiv, denn für je zwei disjunkte Koalitionen C und D gilt:

$$v(C \cup D) = \|C \cup D\|^2 = (\|C\| + \|D\|)^2 \geq \|C\|^2 + \|D\|^2 = v(C) + v(D).$$

Das Spiel aus Abbildung 3.1 ist dagegen nicht superadditiv, denn

$$
\begin{aligned}
v(\{\text{Anna, Belle}\} \cup \{\text{Chris}\}) \;&=\; v(\{\text{Anna, Belle, Chris}\}) \\
&=\; 4 \\
&<\; 5 \;=\; 4+1 \;=\; v(\{\text{Anna, Belle}\}) + v(\{\text{Chris}\}),
\end{aligned}
$$

im Widerspruch zu (3.1).

Stabilitätskonzepte für kooperative Spiele: Kern, ϵ-Kern und kleinster Kern

Die Auszahlungsvektoren legen in einem kooperativen Spiel fest, wie die gemeinsam erzielten Gewinne innerhalb von Koalitionen verteilt werden, und beeinflussen so deren Stabilität. Schon in der nichtkooperativen Spieltheorie spielten Stabilitätskonzepte wie das Nash-Gleichgewicht (das vorliegt, wenn kein Spieler eines nichtkooperativen Spiels einen Anreiz hat, von seiner Strategie abzuweichen, sofern auch die anderen Spieler dies nicht tun, siehe Definition 2.4 auf Seite 32) eine wichtige Rolle. Auch in einem kooperativen Spiel ist jeder Spieler vorrangig an der Maximierung seines eigenen Gewinns interessiert und schließt sich zu diesem Zweck einer geeigneten Koalition an. Nehmen wir an, dass sich – wie in unserem Beispiel aus Abbildung 3.1 – die große Koalition gebildet hat. Kann ein Spieler seinen eigenen Gewinn jedoch erhöhen, indem er die große Koalition verlässt, so wird er dies tun – ohne Rücksicht auf die anderen Spieler. Dann ist das Spiel instabil und die große Koalition zerfällt in mehrere kleinere Koalitionen.

Einen Anreiz, der großen Koalition beizutreten, haben die Spieler in einem kooperativen Spiel $G = (P, v)$, wenn der Gewinn $v(P)$ der großen Koalition durch einen Auszahlungsvektor $\vec{a} = (a_1, a_2, \ldots, a_n) \in \mathbb{R}^n$ so auf die einzelnen Spieler aufgeteilt werden kann, dass gilt:

1. *Effizienz:* $\sum_{i=1}^{n} a_i = v(P)$ und
2. *individuelle Rationalität:* $a_i \geq v(\{i\})$ für alle $i \in P$.

Das heißt, kein Spieler kann allein mehr Gewinn als in der großen Koalition erzielen. Dies gilt genau dann, wenn $v(P) \geq \sum_{i \in P} v(\{i\})$. Wir fassen all diese Auszahlungsvektoren, die wir auch *Imputationen von G* nennen, in der folgenden Menge zusammen:

$$\mathcal{I}(G) = \left\{ (a_1, a_2, \ldots, a_n) \in \mathbb{R}^n \;\middle|\; \sum_{i=1}^{n} a_i = v(P) \text{ und } a_i \geq v(\{i\}) \text{ für alle } i \in P \right\}.$$

Die Frage ist nun, welche Imputationen in $\mathcal{I}(G)$ die Stabilität von G ermöglichen. Es gibt mehrere Stabilitätskonzepte, und ein ganz zentrales ist der *Kern von G* (engl. *core*), der folgendermaßen definiert ist:

$$Core(G) = \left\{ (a_1, a_2, \ldots, a_n) \in \mathcal{I}(G) \;\middle|\; \sum_{i \in C} a_i \geq v(C) \text{ für alle Koalitionen } C \subseteq P \right\}.$$

Wird der Gewinn der großen Koalition gemäß einer Imputation im Kern von G an die Spieler ausgezahlt, so hat keiner von ihnen einen Anreiz, von der großen Koalition abzufallen, da er in keiner anderen Koalition einen größeren Gewinn erzielen könnte. In diesem Sinn ist das Spiel stabil.

Als Beispiel betrachten wir ein Spiel mit $n \geq 3$ Spielern, die miteinander Schach spielen wollen (siehe auch Osborne und Rubinstein, 1994, S. 259). Hat sich ein Paar von Spielern für eine Partie gefunden, erhält es einen Euro. Allgemein ist die charakteristische Funktion dieses Spiels $G = (P, v)$ für alle $C \subseteq P$ durch

$$v(C) = \begin{cases} \|C\|/2 & \text{falls } \|C\| \text{ gerade ist} \\ (\|C\|-1)/2 & \text{falls } \|C\| \text{ ungerade ist} \end{cases}$$

definiert. Ist $n \geq 4$ gerade, so ist $Core(G) = \{(1/2, \ldots, 1/2)\}$. Ist jedoch $n \geq 3$ ungerade, so bleibt immer ein Spieler übrig, weshalb der Kern von G leer ist. Denn wäre z. B. für $n = 3$ der Kern von G nicht leer, sondern enthielte etwa den Vektor (a_1, a_2, a_3), so müsste wegen $a_1 + a_2 + a_3 = v(\{1,2,3\}) = 1$ mindestens einer der Werte a_1, a_2 und a_3 echt positiv sein, sagen wir, $a_1 > 0$. Dann ist $a_2 + a_3 < 1$. Weil aber $v(\{2,3\}) = 1$ ist, ergibt sich ein Widerspruch zu der Annahme, dass (a_1, a_2, a_3) in $Core(G)$ liegt. Folglich ist $Core(G)$ leer.

Kooperative Spiele mit leerem Kern sind instabil. Wann hat ein Spiel einen nicht leeren Kern? Für superadditive Spiele $G = (P, v)$ kann man für einen gegebenen Auszahlungsvektor $\vec{a} = (a_1, a_2, \ldots, a_n) \in \mathbb{R}^n$ mit einem linearen Programm (siehe auch Seite 84) testen, ob die folgenden $2^n + n + 1$ Bedingungen erfüllt sind:

$$\begin{aligned} a_i &\geq 0 & \text{für alle } i \in P \\ \sum_{i \in P} a_i &= v(P) \\ \sum_{i \in C} a_i &\geq v(C) & \text{für alle } C \subseteq P. \end{aligned}$$

Manchmal ist es mit geeigneten Techniken möglich, eine Lösung effizient zu bestimmen, auch wenn die Anzahl der zu testenden Bedingungen exponentiell in der Anzahl der Spieler ist.

Neben dem Kern gibt es noch einige weitere Stabilitätskonzepte. Weil der Kern eines kooperativen Spiels G leer sein kann, führten Shapley und Shubik (1966) den *starken ϵ-Kern von G* (engl. *strong ϵ-core*) ein, der für $\epsilon \in \mathbb{R}$ durch

$$\epsilon\text{-}Core(G) = \left\{ (a_1, a_2, \ldots, a_n) \in \mathcal{I}(G) \,\middle|\, \sum_{i \in C} a_i \geq v(C) - \epsilon \text{ für alle } C \subseteq P \right\}$$

definiert ist. Dies kann so interpretiert werden: $\epsilon\text{-}Core(G)$ enthält genau die Imputationen, sodass eine Koalition $C \subset P$, die die große Koalition verlassen will, eine Strafe in Höhe von ϵ zahlen muss, falls $\epsilon > 0$ ist. Ist ϵ dagegen negativ, wird C das Abfallen von der großen Koalition sogar durch einen Bonus in Höhe von ϵ erleichtert. Für $\epsilon = 0$ stimmt der starke ϵ-Kern von G genau mit dem Kern von G überein, d. h., $0\text{-}Core(G) = Core(G)$. Daher stellt der starke ϵ-Kern eine Verallgemeinerung des Kerns dar. Natürlich kann man, auch wenn der Kern eines kooperativen Spiels leer ist, einen nicht leeren starken ϵ-Kern dieses Spiels erhalten, wenn man ϵ nur groß genug wählt. Wählt man andererseits ϵ nur klein genug (falls nötig, auch negativ), so erhält man einen leeren starken ϵ-Kern, auch wenn der Kern dieses kooperativen Spiels nicht leer ist. Diese Idee verallgemeinerten Maschler *et al.* (1979), indem sie den *kleinsten Kern von G* (engl. *least core*) als den Durchschnitt aller nicht leeren starken ϵ-Kerne von G einführten. Alternativ kann man den kleinsten Kern von G als den nicht leeren starken ϵ-Kern von G mit $\epsilon \geq 0$ auffassen, sodass der $\tilde{\epsilon}$-Kern von G für alle Werte $\tilde{\epsilon} < \epsilon$ leer ist. Der kleinste Kern eines kooperativen Spiels ist stets nicht leer.

Für verwandte Stabilitätskonzepte, wie den „*kernel*" oder den „*nucleolus*" eines kooperativen Spiels, verweisen wir auf das Buch von Osborne und Rubinstein (1994). Den von Shapley (1953) eingeführten Begriff des Shapley-Wertes, der ebenfalls ein Lösungskonzept für kooperative Spiele darstellt, behandeln wir später auf Seite 108.

Stabile Mengen in einem kooperativen Spiel

Noch ein anderes Stabilitätskonzept – und das erste überhaupt – führten von Neumann und Morgenstern (1944) ein. Ist $G = (P, v)$ ein kooperatives Spiel mit mehr als zwei Spielern und sind $\vec{a} = (a_1, a_2, \ldots, a_n)$ und $\vec{b} = (b_1, b_2, \ldots, b_n)$ in $\mathcal{I}(G)$, so sagen wir, $\vec{a}$ *dominiert* $\vec{b}$, falls es eine Koalition $C \neq \emptyset$ gibt mit $a_i > b_i$ für alle $i \in C$ und $\sum_{i \in C} a_i \leq v(C)$ (vgl. auch den Begriff der dominanten Strategie in einem nichtkooperativen Spiel in Definition 2.2 auf Seite 30). Dabei bedeutet $a_i > b_i$ für alle $i \in C$, dass die Spieler in C lieber $\vec{a}$ als $\vec{b}$ als Auszahlungsvektor hätten, da jeder von ihnen echt davon profitiert, und $\sum_{i \in C} a_i \leq v(C)$ bedeutet, dass die Spieler in C glaubhaft damit drohen können, die große Koalition zu verlassen, denn allein können sie einen Gewinn erwirtschaften, der mindestens so groß ist wie die Auszahlung, die sie durch $\vec{a}$ erhalten.

Eine *stabile Menge von G* ist eine Teilmenge $S \subseteq \mathcal{I}(G)$, die die folgenden zwei Eigenschaften erfüllt:

1. *Interne Stabilität*: Kein $\vec{a} \in S$ wird von einem $\vec{b} \in S$ dominiert.
2. *Externe Stabilität*: Für alle $\vec{b} \in \mathcal{I}(G) - S$ gibt es ein $\vec{a} \in S$, sodass $\vec{b}$ von $\vec{a}$ dominiert wird.

Die Stabilität einer solchen Menge S in einem kooperativen Spiel kann so erklärt werden, dass es wegen der internen Stabilität von S keinen Grund gibt, einen Auszahlungsvektor aus S zu entfernen; andererseits gibt es aber wegen der externen Stabilität von S keinen Grund, einen weiteren Auszahlungsvektor zu S hinzuzufügen. Das interpretieren von Neumann und Morgenstern (1944) so, dass eine stabile Menge als eine Liste der „akzeptablen Verhaltensweisen" in einer Gesellschaft verstanden werden kann: Innerhalb dieser Liste ist keine einer anderen echt überlegen, aber für jede inakzeptable Verhaltensweise gibt es eine akzeptable Verhaltensweise, die dieser vorzuziehen ist.

Stabile Mengen existieren in manchen, aber nicht in allen kooperativen Spielen (Lucas, 1969). Wenn es sie gibt, sind sie in der Regel nicht eindeutig (Lucas, 1992) und außerdem schwer zu finden (siehe Brandt *et al.*, 2009a, die stabile Mengen als Lösungskonzept für Dominanzgraphen betrachten). Das sind einige der Gründe dafür, weshalb auch andere Stabilitäts- bzw. Lösungskonzepte für kooperative Spiele entwickelt wurden, wie z. B. der Kern. Der Kern eines kooperativen Spiels G ist in jeder stabilen Menge von G enthalten, und wenn der Kern selbst eine stabile Menge ist, dann gibt es keine andere stabile Menge in diesem Spiel (einen Beweis liefert z. B. Driessen, 1988).

3.2 Konvexe Spiele, einfache Spiele und gewichtete Wahlspiele

Konvexe Spiele

Kommen wir nun zum Kern eines kooperativen Spiels und zur Frage zurück, wann er existiert. Superadditive Spiele müssen i. Allg. keinen nicht leeren Kern haben, können in diesem Sinn also instabil sein. Aber für eine von Shapley (1971) eingeführte Teilklasse der superadditiven Spiele, die konvexen Spiele, ist garantiert, dass der Kern nicht leer ist.

Eine Funktion $s : \mathfrak{P}(P) \to \mathbb{R}^+$ heißt *supermodular*, falls für je zwei Teilmengen $C, D \subseteq P$ gilt:

$$s(C \cup D) + s(C \cap D) \geq s(C) + s(D).$$

Man kann zeigen (siehe z. B. Driessen, 1988), dass diese Bedingung äquivalent ist zu der Forderung

$$s(C \cup \{i\}) - s(C) \leq s(D \cup \{i\}) - s(D) \tag{3.2}$$

für alle Teilmengen $C, D \subseteq P$ mit $C \subseteq D \subseteq P$ und alle $i \in P - D$. Ein kooperatives Spiel $G = (P, v)$ heißt *konvex*, falls seine charakteristische Funktion v supermodular ist. Unmittelbar aus der Definition folgt, dass jedes konvexe Spiel superadditiv ist; die umgekehrte Aussage gilt i. Allg. nicht. Intuitiv ist in einem konvexen Spiel gemäß der Ungleichung (3.2) der Anreiz eines Spielers, einer Koalition beizutreten, umso größer, je größer diese Koalition ist. Das bedeutet, dass sich am Ende alle Spieler in der großen Koalition befinden, das Spiel also stabil ist: Keiner hat einen Anreiz, die große Koalition zu verlassen. Anders ausgedrückt heißt das:

Satz 3.1 (Shapley (1971))
Der Kern eines konvexen Spiels ist nie leer.

Um Satz 3.1 zu beweisen, konstruieren wir für ein beliebiges konvexes Spiel $G = (P, v)$ mit $P = \{1, 2, \ldots, n\}$ einen Auszahlungsvektor $\vec{a} = (a_1, a_2, \ldots, a_n) \in \mathbb{R}^n$ und zeigen, dass $\vec{a}$ im Kern von G liegt. Dazu setzen wir

$$a_1 = v(\{1\}), \quad a_2 = v(\{1, 2\}) - v(\{1\}), \quad \ldots, \quad a_n = v(P) - v(P - \{n\}),$$

d. h., jedem Spieler wird sein *marginaler Beitrag* ausgezahlt, also die Differenz, um die sein Beitritt zur Koalition seiner Vorgänger den Gewinn der Koalition erhöht. Dann ist $\vec{a}$ individuell rational, denn setzen wir $D_i = \{1, \ldots, i\}$ für $1 \leq i \leq n$, so gilt mit $C = \emptyset$ und $D = D_{i-1}$ gemäß der Ungleichung (3.2)

$$a_i = v(D_i) - v(D_{i-1}) = v(D_{i-1} \cup \{i\}) - v(D_{i-1}) \geq v(\emptyset \cup \{i\}) - v(\emptyset) = v(\{i\}) \tag{3.3}$$

für alle $i \in P$. Außerdem ist $\vec{a}$ effizient, denn

$$\sum_{i=1}^{n} a_i = v(\{1\}) + v(\{1, 2\}) - v(\{1\}) + v(\{1, 2, 3\}) - v(\{1, 2\}) + \cdots$$
$$\cdots + v(P) - v(P - \{n\})$$
$$= v(P),$$

woraus $\vec{a} \in \mathcal{I}(G)$ folgt. Es bleibt zu zeigen, dass $\vec{a}$ auch in $Core(G)$ liegt. Für eine beliebige Koalition $C = \{i, j, \ldots, k\}$ mit $1 \leq i < j < \cdots < k \leq n$ gilt einerseits

$$v(C) = v(\{i\}) - v(\emptyset) + v(\{i, j\}) - v(\{i\}) + \cdots + v(C) - v(C - \{k\}).$$

Andererseits gilt mit der Ungleichung (3.2) für die einzelnen Terme dieses Ausdrucks:

$$v(\{i\}) - v(\emptyset) \leq v(D_i) - v(D_{i-1}) = a_i \quad \text{(siehe auch (3.3))}$$
$$v(\{i, j\}) - v(\{i\}) \leq v(D_j) - v(D_{j-1}) = a_j$$
$$\vdots$$
$$v(C) - v(C - \{k\}) \leq v(D_k) - v(D_{k-1}) = a_k.$$

Daraus folgt $v(C) \leq a_i + a_j + \cdots + a_k$. Die Mitglieder der Koalition C haben also keinen Anreiz, von der großen Koalition abzufallen, wenn sie gemäß $\vec{a}$ ausgezahlt werden. Da C eine beliebige Koalition ist, gilt dies für alle Koalitionen. Folglich liegt $\vec{a}$ im Kern von G, und Satz 3.1 ist bewiesen.

Konvexe Spiele haben noch weitere vorteilhafte Eigenschaften. Definiert man beispielsweise für eine nicht leere Teilmenge $T \subseteq P$ das *Teilspiel eines kooperativen Spiels* $G = (P, v)$ als das Paar $G_T = (T, v_T)$ mit $v_T(C) = v(C)$ für alle Koalitionen $C \subseteq T$, so stellt man leicht fest, dass auch jedes Teilspiel eines konvexen Spiels konvex ist. Nach Satz 3.1 hat ein konvexes Spiel nicht nur selbst einen nicht leeren Kern, sondern dies gilt auch für jedes seiner Teilspiele. Weiter gilt, dass jedes konvexe Spiel genau eine stabile Menge hat, die mit seinem Kern übereinstimmt.

Einfache Spiele

Ein kooperatives Spiel $G = (P, v)$ heißt *einfach*, falls gilt:

1. $v(C) \in \{0, 1\}$ für jede Koalition $C \subseteq P$;
2. aus $C \subseteq D$ und $v(C) = 1$ folgt $v(D) = 1$ und
3. $v(\emptyset) = 0$ und $v(P) = 1$.

In einem einfachen Spiel *gewinnt* eine Koalition C, falls $v(C) = 1$ gilt, und sie *verliert*, falls $v(C) = 0$ gilt. Die zweite Eigenschaft drückt die Monotonie von v und die dritte Eigenschaft die Normalisierung von v aus, wobei hier zusätzlich gefordert wird, dass die große Koalition in einem einfachen Spiel immer gewinnt.

Ein Spieler $i \in P$ in einem einfachen Spiel $G = (P, v)$ heißt *Veto-Spieler*, falls $v(C) = 0$ für jede Koalition $C \subseteq P - \{i\}$ gilt. Äquivalent dazu ist die Forderung $v(P - \{i\}) = 0$. Ein Veto-Spieler ist also unverzichtbar, um eine Koalition zu bilden, die gewinnt. Ob der Kern eines einfachen, superadditiven Spiels leer ist oder nicht, hängt davon ab, ob es in diesem Spiel einen Veto-Spieler gibt oder nicht.

Satz 3.2

Ein einfaches, superadditives Spiel hat genau dann einen nicht leeren Kern, wenn es in ihm einen Veto-Spieler gibt.

Zum Beweis von Satz 3.2 nehmen wir zunächst an, dass $i \in P$ ein Veto-Spieler in einem einfachen, superadditiven Spiel $G = (P, v)$ ist. Wir definieren einen Auszahlungsvektor $\vec{a} = (a_1, a_2, \ldots, a_n)$ durch $a_i = 1$ und $a_j = 0$ für alle $j \neq i$, $1 \leq j \leq n$. Dann ist $\vec{a}$ in $\mathcal{I}(G)$, denn $a_k \geq v(\{k\})$ für alle $k \in P$ und $\sum_{k \in P} a_k = 1 = v(P)$. Für eine beliebige Koalition $C \subseteq P$ gilt $\sum_{k \in C} a_k = 1 \geq v(C)$, falls $i \in C$, und $\sum_{k \in C} a_k = 0 = v(C)$, falls $i \notin C$. Also haben die Spieler in C keinen Anreiz, von der großen Koalition abzufallen, wenn sie gemäß $\vec{a}$ ausgezahlt werden. Da C eine beliebige Koalition ist, gilt dies für alle Koalitionen. Somit liegt $\vec{a}$ im Kern von G.

Umgekehrt nehmen wir an, dass kein Spieler ein Veto-Spieler in G ist. Sei $\vec{a} = (a_1, a_2, \ldots, a_n) \in \{0, 1\}^n$ eine beliebige Imputation in $\mathcal{I}(G)$. Wegen $\sum_{k \in P} a_k = v(P) = 1$ gibt es ein i, $1 \leq i \leq n$, mit $a_i > 0$. Da insbesondere i kein Veto-Spieler in G ist, gilt $v(P - \{i\}) = 1$. Jedoch ist $\sum_{k \in P - \{i\}} a_k = 1 - a_i < 1$. Folglich haben die Spieler in $P - \{i\}$ einen Anreiz, die große Koalition zu verlassen oder, anders gesagt, i aus ihr zu verstoßen. Deshalb ist $\vec{a}$ nicht im Kern von G. Da $\vec{a}$ eine beliebige Imputation ist, gilt dies für alle Imputationen in $\mathcal{I}(G)$, und somit ist $Core(G) = \emptyset$. Satz 3.2 ist bewiesen.

Ähnlich zum oben angegebenen Beweis kann man auch zeigen, dass für jedes einfache, superadditive Spiel G mit nicht leerem Kern gilt: Eine Imputation $\vec{a} = (a_1, a_2, \ldots, a_n) \in \{0,1\}^n$ ist genau dann in $Core(G)$, wenn $a_i = 0$ für jeden Spieler i gilt, der kein Veto-Spieler ist.

Können Sie ein einfaches, superadditives Spiel mit einem Veto-Spieler konkret angeben, das nach Satz 3.2 einen nicht leeren Kern hat? Können Sie auch ein solches Spiel ohne einen Veto-Spieler angeben, dessen Kern nach Satz 3.2 leer ist und das demnach wegen Satz 3.1 nicht konvex sein kann? Und können Sie ein Spiel mit einem nicht leeren Kern angeben, das aber ebenfalls nicht konvex ist?

Anders als bei den konvexen Spielen ist selbst für die einfachen unter den superadditiven Spielen zwar nicht garantiert, dass ihr Kern nicht leer ist, aber nach Satz 3.2 gibt es eine notwendige und hinreichende Bedingung dafür, ob ihr Kern leer ist oder nicht. Doch auch diese Bedingung ist i. Allg. nicht leicht zu überprüfen, denn man müsste nacheinander für jeden Spieler testen, ob er ein Veto-Spieler ist, ob er also in *allen* Koalitionen für einen Sieg unverzichtbar ist. Auch die einfachen Spiele leiden darunter, dass die Anzahl der möglichen Koalitionen exponentiell in der Anzahl der Spieler ist. Selbst die Darstellung einfacher Spiele erfordert die Angabe der 2^n Werte $v(C)$ für alle Koalitionen $C \subseteq P$. Das erschwert die algorithmische Behandlung sogar für einfache kooperative Spiele erheblich. Deshalb stellen wir nun eine Möglichkeit vor, wie man einfache Spiele kompakt darstellen kann.

Gewichtete Wahlspiele

Das folgende Beispiel beschreibt ein gewichtetes Wahlspiel (engl. *weighted voting game*, auch bekannt als *weighted majority game* bzw. *weighted threshold game*).

Anna, Belle, David und Edgar[1] machen auf einem Spaziergang eine fantastische Entdeckung: Sie finden einen Schatz!

Erst wollen sie ihren Augen nicht trauen. Aber als sie näher kommen, erkennen sie ohne Zweifel eine große goldene Statue in der Form eines Buddhas, die in einer Waldsenke ruht. Edgars Vorschlag, die Erwachsenen zu Hilfe zu rufen, wird sofort verworfen, denn natürlich wollen

---

[1]Chris ist leider gerade in Polizeigewahrsam – warum, wird erst in Kapitel 5 enthüllt.

sie den Schatz selbst heben und behalten. Schnell holen sie einen Handwagen und Werkzeug und bauen eine Art Hebelvorrichtung, die wie eine Waage aussieht und mit der sie den Buddha aus der Grube heben und auf den Handwagen laden wollen. Der Reihe nach versucht es jeder von ihnen allein, aber keinem gelingt es – der Buddha ist einfach zu schwer. Anscheinend ist er wirklich aus massivem Gold.

„Wie wäre es", fragt Belle, „wenn wir uns alle vier gleichzeitig dran hängen?"

„Nein", antwortet David, und Gier blitzt ihm plötzlich aus den Augen. „Eigentlich finde ich, der Buddha gehört denen, die ihn heben können, und wenn wir alle ihn heben, muss ich ihn mit drei anderen teilen. Wollen wir nicht erst mal probieren, ob zwei oder drei es schaffen?"

Aber auch keine Zweiergruppe ist erfolgreich. Unbeweglich hockt der Buddha in seiner Grube. Als nächstes probiert es David zusammen mit Anna und Belle, die einige Jahre älter und dementsprechend schwerer als die beiden Jungen sind. Doch der Buddha rührt sich immer noch nicht (siehe Abbildung 3.2(a)).

(a) Anna, Belle und David sind zu leicht   (b) Anna, Belle und Edgar gewinnen

Abb. 3.2: Ein gewichtetes Wahlspiel

„O.K.!", sagt David zu Edgar, „dann komm du nun doch noch dazu."

„Erst wenn du absteigst!", erwidert Edgar unerbittlich.

„Warum ich?", fragt David empört. „Soll doch erst mal Anna oder deine Schwester absteigen!"

„Das ist doch Unsinn, David!", erklärt Anna ihm. „Ich bin schwerer als Edgar und Belle ist es auch. Was soll das bringen, wenn er meinen oder ihren Platz einnimmt, wo wir es doch jetzt auch nicht geschafft haben? Ihr beiden seid dagegen ungefähr gleich schwer, würde ich sagen, vielleicht ist Edgar sogar ein bisschen schwerer als du."

Das muss David einsehen, und die beiden Jungen tauschen die Plätze. Endlich hebt sich der Buddha (siehe Abbildung 3.2(b)), sodass sie ihn auf dem Handwagen abladen können.

„Gewonnen!", ruft Edgar begeistert. Und zu David gewandt setzt er
hinzu: „Tja, Pech gehabt!"

„Nach den Regeln, die er vorgeschlagen hat", sagt Belle, „hat David
tatsächlich Pech gehabt und verloren. Aber wenn er meinem Vorschlag
gefolgt wäre, hätte auch er mit uns gewonnen. Deshalb würde ich
sagen, der Buddha sollte uns allen gehören – und auch Chris, obwohl
der gar nicht dabei sein konnte.

Alle sind einverstanden und David ist erleichtert. „Apropos Chris",
sagt er dann, „ist seine Gerichtsverhandlung nicht auf heute Nachmittag festgesetzt? Ich glaube, wir sollten uns beeilen."

Um Chris' Gerichtsverhandlung wird es allerdings erst in Kapitel 5 gehen. Hier
beschäftigen wir uns dagegen mit den gewichteten Wahlspielen, durch die einfache
kooperative Spiele sehr kompakt repräsentiert werden können und die dennoch
vollständig ausdrucksstark sind, d. h., jedes einfache kooperative Spiel kann als
ein gewichtetes Wahlspiel dargestellt werden.

Ein *gewichtetes Wahlspiel* ist ein einfaches kooperatives Spiel $G = (P, v)$, das
durch die Gewichte $w_1, w_2, \ldots, w_n \in \mathbb{R}^+$ der n Spieler sowie eine Quote $q \in \mathbb{R}^+$ mit
$0 \leq q \leq \sum_{i=1}^{n} w_i$ gegeben ist. Wir schreiben $G = (w_1, w_2, \ldots, w_n; q)$. Eine Koalition
$C \subseteq P$ *gewinnt* (d. h., $v(C) = 1$), falls $\sum_{i \in C} w_i \geq q$ gilt; andernfalls *verliert* C
(d. h., $v(C) = 0$). Das oben beschriebene gewichtete Wahlspiel könnte z. B. durch
$G = (54, 53, 31, 33; 139)$ beschrieben werden, d. h., Anna wiegt 54 kg, Belle 53 kg,
David 31 kg, Edgar 33 kg und der Buddha 139 kg. Neben der großen Koalition
$P = \{$Anna, Belle, David, Edgar$\}$, die insgesamt $\sum_{i \in P} w_i = 171$ kg auf die Waage
bringt, gewinnt nur die Koalition $E = \{$Anna, Belle, Edgar$\}$ aus Abbildung 3.2(b),
die die Quote von 139 kg mit $\sum_{i \in E} w_i = 140$ kg überschreitet. Alle anderen Koalitionen verlieren, insbesondere auch die Koalition $D = \{$Anna, Belle, David$\}$ aus
Abbildung 3.2(a), denn $\sum_{i \in D} w_i = 138 < 139$.

Der Name „gewichtetes Wahlspiel" kommt daher, dass man mit solchen Spielen Entscheidungsprozesse in den politischen Organen repräsentativer Demokra-
tien wie dem Deutschen Bundestag oder dem US-amerikanischen Repräsentan-
tenhaus oder dem britischen Unterhaus modellieren kann, oder auch solche im
UN-Sicherheitsrat oder in den Gremien des Internationalen Währungsfonds.

Tab. 3.1: Sitzverteilung im 17. Deutschen Bundestag (Stand: 30. Mai 2011)

Partei	CDU/CSU	SPD	FDP	Die Linke	Bündnis 90/Die Grünen
Anzahl der Sitze	237	146	93	76	68

Tabelle 3.1 zeigt z. B. die Verteilung der 620 Sitze des 17. Deutschen Bundes-
tags. Die Anzahl der Sitze einer Partei stellt dabei ihr Gewicht dar. Nehmen wir in

Abstraktion von den Details des eigentlich komplizierteren, recht bürokratischen Gesetzgebungsprozesses an, dass für die Annahme einer Gesetzesvorlage eine einfache Mehrheit nötig ist, so ergibt sich die Quote $q = 311$. Vernachlässigen wir außerdem die Möglichkeit der Stimmenthaltung und nehmen weiter an, dass die Bundestagsmitglieder einer Partei stets als ein geschlossener Block abstimmen, so können wir dies als das gewichtete Wahlspiel

$$G = (237, 146, 93, 76, 68; 311)$$

darstellen. Offenbar gibt es in diesem Spiel keinen Veto-Spieler, denn keine Partei aus Tabelle 3.1 kann allein einer Gesetzesvorlage zur Annahme verhelfen; z.B. besitzen alle Parteien ohne die gewichtigste, die CDU/CSU, ein gemeinsames Gesamtgewicht von $383 > 311$. Unter der Annahme, dass alle diese Parteien ein Zweckbündnis gegen die CDU/CSU eingingen, könnten sie gegen den Willen der Unionsparteien eine Gesetzesvorlage durchbringen oder abschmettern. Wichtig für die Regierungsbildung, bei der die CDU/CSU mit der FDP eine Koalition einging, war natürlich die Tatsache, dass diese Koalition mit einem Gewicht von $330 > 311$ allein gegen die anderen Parteien, die die Opposition bilden, entscheidungsfähig ist.

Für einige mehr oder weniger realistische der insgesamt $2^5 = 32$ möglichen Koalitionen C der Parteien im 17. Deutschen Bundestag zeigt Tabelle 3.2, welche in diesem gewichteten Wahlspiel gewinnt (d.h., $v(C) = 1$) und welche verliert (d.h., $v(C) = 0$).

Tab. 3.2: Einige theoretisch mögliche Koalitionen im 17. Deutschen Bundestag

Koalition C	Gewicht von C	$v(C)$
{CDU/CSU, SPD}	383	1
{CDU/CSU, FDP}	330	1
{CDU/CSU, Die Linke}	313	1
{CDU/CSU, Bündnis 90/Die Grünen}	305	0
{SPD, FDP}	239	0
{SPD, Die Linke}	222	0
{SPD, Bündnis 90/Die Grünen}	214	0
{SPD, FDP, Die Linke}	315	1
{SPD, FDP, Bündnis 90/Die Grünen}	307	0
{SPD, Die Linke, Bündnis 90/Die Grünen}	290	0
{SPD, FDP, Die Linke, Bündnis 90/Die Grünen}	383	1
{FDP, Die Linke, Bündnis 90/Die Grünen}	237	0

3.3 Machtindizes in einfachen Spielen

Wie kann man den Einfluss eines Spielers in einem gewichteten Wahlspiel – oder, allgemeiner, in einem einfachen kooperativen Spiel – messen? Wir haben bereits den Begriff des Veto-Spielers kennen gelernt (siehe Satz 3.2), der offenkundig sehr großen Einfluss hat: Er ist für jede Koalition spielentscheidend, denn er kann ihr allein zum Sieg verhelfen. Betrachten wir noch einmal das gewichtete Wahlspiel $G = (54, 53, 31, 33; 139)$ aus Abbildung 3.2, in dem Anna, Belle, David und Edgar einen Buddha heben wollen. In diesem Spiel gibt es keinen Veto-Spieler. Andererseits gibt es einen Spieler, nämlich David, der nur sehr geringen – genauer, gar keinen – Einfluss hat, denn er ist zu leicht, um *irgendeiner* Koalition nützlich zu sein. Die anderen drei Spieler schaffen es auch ohne ihn, und egal, mit welchem anderen Spieler er ein Paar bildet, ist das Gewicht der beiden Spieler zu gering, um den Buddha zu heben. David ist ein Scheinspieler!

In einem kooperativen Spiel $G = (P, v)$ ist $i \in P$ ein *Scheinspieler* (engl. *dummy player*), falls er keiner Koalition einen Nutzen bringt, d. h., falls $v(C \cup \{i\}) = v(C)$ für jede Koalition $C \subseteq P$ gilt. Damit ein Spieler i in einem einfachen Spiel *kein* Scheinspieler ist, muss also $v(C) = 0$ und $v(C \cup \{i\}) = 1$ für mindestens eine Koalition C gelten. Sehen Sie, ob das gewichtete Wahlspiel $G = (237, 146, 93, 76, 68; 311)$ (siehe die Tabellen 3.1 und 3.2) einen Scheinspieler hat?

Wir stellen nun verschiedene Möglichkeiten vor, wie man den Einfluss eines einzelnen Spielers in einem einfachen kooperativen Spiel (insbesondere in einem gewichteten Wahlspiel) messen, d. h., den *Machtindex* (engl. *power index*) des Spielers bestimmen kann.

Der Shapley-Wert bzw. der Shapley-Shubik-Index

Da das gewichtete Wahlspiel $G = (54, 53, 31, 33; 139)$ aus Abbildung 3.2 offensichtlich superadditiv ist, ist sein Kern nach Satz 3.2 leer. Es ist also unklar, wie man den Gewinn aufteilen soll. Eine alternative Möglichkeit wäre, die Spieler nach ihrem Einfluss in diesem Spiel auszuzahlen. Shapley (1953) führte dafür die folgende Methode ein, mit der in einem kooperativen Spiel der Shapley-Wert eines Spielers bestimmt werden kann. Eingeschränkt auf *einfache* kooperative Spiele wurde diese Methode später von Shapley und Shubik (1954) als ein Maß für den Einfluss – oder die Macht – eines Spielers in solchen Spielen vorgeschlagen (siehe auch Shapley, 1981; Roth, 1988). Wir beginnen mit dem letzteren Begriff.

Sei $G = (P, v)$ ein einfaches Spiel. Ein Spieler $i \in P$ ist ein *Schlüsselspieler* (engl. *pivotal player*) für eine Koalition $C \subseteq P - \{i\}$, falls $C \cup \{i\}$ gewinnt, aber C nicht. Setzen wir

$$d_G(C, i) = v(C \cup \{i\}) - v(C), \tag{3.4}$$

so ist $d_G(C, i) = 1$, falls i ein Schlüsselspieler für C ist, und $d_G(C, i) = 0$ andernfalls. Beispielsweise ist ein Veto-Spieler i für *jede* Koalition $C \subseteq P - \{i\}$ ein Schlüsselspieler, aber ein Scheinspieler j ist für *keine* Koalition $C \subseteq P - \{j\}$ ein Schlüsselspieler.

Der *rohe Shapley-Shubik-Index* eines Spielers i in G ist definiert durch

$$\text{Shapley-Shubik}^*(G, i) \quad = \quad \sum_{C \subseteq P - \{i\}} \|C\|! \cdot (n - \|C\| - 1)! \cdot d_G(C, i) \quad (3.5)$$

und gibt an, in wie vielen Koalitionen i ein Schlüsselspieler ist, wobei es auf die Reihenfolge ankommt, in der Spieler Koalitionen beitreten.[2] Dies kann man sich z. B. für ein gewichtetes Wahlspiel folgendermaßen vorstellen. In einer festgelegten Reihenfolge treten die Spieler einer Koalition bei, bis das Gesamtgewicht der Koalition die Quote überschreitet und die Koalition gewinnt. Dieser Wechsel von Nicht-Gewinnen zu Gewinnen wird dem zuletzt beigetretenen Spieler gutgeschrieben, da dieser der kritische Schlüsselspieler für den Sieg dieser Koalition war. Dies macht man für alle möglichen Reihenfolgen (also Permutationen) der Spieler und zählt, wie oft der Spieler i ein Schlüsselspieler für eine Koalition ist.

Den rohen Shapley-Shubik-Index normalisiert man dann durch

$$\text{Shapley-Shubik}(G, i) \quad = \quad (1/n!) \cdot \text{Shapley-Shubik}^*(G, i)$$

und erhält den *Shapley-Shubik-Index von i in G*. Dieser Wert gibt die Wahrscheinlichkeit dafür an, dass i ein Schlüsselspieler für die Koalitionen bezüglich einer zufällig unter Gleichverteilung gewählten Permutation von P ist. Durch die Normalisierung erreicht man, dass der Wert Shapley-Shubik(G, i) stets zwischen 0 und 1 liegt. Er ist genau dann 0, wenn i ein Scheinspieler ist, denn dieser ist für keine Koalition ein Schlüsselspieler. Für einen Veto-Spieler ist dieser Wert dagegen gleich 1, denn dieser ist ja für jede Koalition ein Schlüsselspieler, egal, in welcher Reihenfolge die Spieler den Koalitionen beitreten. Außerdem bewirkt die Normalisierung, dass sich die Shapley-Shubik-Indizes aller Spieler zu 1 aufsummieren.

Wollen wir z. B. den Shapley-Shubik-Index von Anna in dem gewichteten Wahlspiel $G = (54, 53, 31, 33; 139)$ aus Abbildung 3.2 bestimmen, wird dies dadurch erleichtert, dass nur zwei Koalitionen gewinnen, $E = \{\text{Anna, Belle, Edgar}\}$ und $P = \{\text{Anna, Belle, David, Edgar}\}$, und Anna nur für $E - \{\text{Anna}\} = \{\text{Belle, Edgar}\}$ und $P - \{\text{Anna}\} = \{\text{Belle, David, Edgar}\}$ eine Schlüsselspielerin ist, d. h., es gilt $d_G(E - \{\text{Anna}\}, \text{Anna}) = 1$ und $d_G(P - \{\text{Anna}\}, \text{Anna}) = 1$. Nur diese Terme tragen zur Summe in (3.5) etwas bei; alle anderen Summanden verschwinden, weil $d_G(C, i) = 0$ für alle anderen Koalitionen $C \subseteq P - \{\text{Anna}\}$ ist.

---

[2]Hier bezeichnet $\|S\|!$ die Anzahl der Permutationen einer Menge S. Eine Permutation ist eine bijektive Abbildung einer Menge auf sich selbst, und $n! = 1 \cdot 2 \cdot \dots \cdot n$ mit $0! = 1$ ist die Fakultätsfunktion.

Daraus folgt:

Shapley-Shubik$^*(G, \text{Anna})$

$= \|E - \{\text{Anna}\}\|! \cdot (4 - \|E - \{\text{Anna}\}\| - 1)! \cdot d_G(E - \{\text{Anna}\}, \text{Anna}) +$

$\quad \|P - \{\text{Anna}\}\|! \cdot (4 - \|P - \{\text{Anna}\}\| - 1)! \cdot d_G(P - \{\text{Anna}\}, \text{Anna})$

$= 2! \cdot (4 - 2 - 1)! \cdot 1 + 3! \cdot (4 - 3 - 1)! \cdot 1$

$= 2 + 6 = 8.$

Aus Annas rohem Shapley-Shubik-Index erhalten wir durch Normalisierung ihren Shapley-Shubik-Index in G:

$$\text{Shapley-Shubik}(G, \text{Anna}) = (1/4!) \cdot \text{Shapley-Shubik}^*(G, \text{Anna})$$
$$= (1/24) \cdot 8 = 1/3.$$

Analog zeigt man, dass Belle und Edgar denselben Shapley-Shubik-Index in G haben: Shapley-Shubik$(G, \text{Belle}) = 1/3$ und Shapley-Shubik$(G, \text{Edgar}) = 1/3$. Nur der Scheinspieler David hat in G überhaupt keinen Einfluss auf den Spielausgang: Shapley-Shubik$(G, \text{David}) = 0$.

Hat man in einem einfachen Spiel $G = (P, v)$ die Shapley-Shubik-Indizes aller n Spieler bestimmt, so ist

1. Shapley-Shubik$(G, i) \geq 0$ für alle $i \in P$, und
2. es gilt wegen der Normalisierung $\sum_{i=1}^{n}$ Shapley-Shubik$(G, i) = 1 = v(P)$,

wie man leicht nachrechnen kann. Folglich ist

$$(\text{Shapley-Shubik}(G, 1), \text{Shapley-Shubik}(G, 2), \ldots, \text{Shapley-Shubik}(G, n))$$

eine gültige Imputation in $\mathcal{I}(G)$, die zur Auszahlung an die Spieler verwendet werden kann, z.B. als Alternative zu einem Auszahlungsvektor im Kern von G, der möglicherweise ja leer ist.

Wie schon erwähnt wurde, kann der Shapley-Shubik-Index von einfachen Spielen auf allgemeine kooperative Spiele verallgemeinert werden und heißt dann *Shapley-Wert*. Wir definieren diesen Wert, der ursprünglich von Shapley (1953) eingeführt wurde, nicht formal, aber intuitiv ist der Shapley-Wert eines Spielers $i \in P$ (bezeichnet mit Shapley(G, i)) in einem kooperativen Spiel $G = (P, v)$ der durchschnittliche marginale Beitrag, den i mit seinem Beitritt zum Gewinn einer Koalition $C \subseteq P - \{i\}$ beisteuert, gemittelt über alle Permutationen der Spieler.

Wie der Shapley-Shubik-Index hat auch der Shapley-Wert vorteilhafte Eigenschaften. Um noch zwei weitere Eigenschaften zu beschreiben, benötigen wir die folgenden Begriffe. Zwei Spieler i und j in einem kooperativen Spiel $G = (P, v)$ heißen *symmetrisch*, falls $v(C \cup \{i\}) = v(C \cup \{j\})$ für alle Koalitionen $C \subseteq P - \{i, j\}$ gilt. Sind i und j symmetrische Spieler in G, so gilt Shapley$(G, i) = $ Shapley(G, j).

Die Summe zweier Spiele $G_1 = (P, v_1)$ und $G_2 = (P, v_2)$ mit derselben Menge von Spielern ist definiert als das Spiel $G = G_1 + G_2 = (P, v)$, dessen charakteristische Funktion gegeben ist durch $v(C) = v_1(C) + v_2(C)$ für alle Koalitionen $C \subseteq P$. Dann gilt für alle Spieler $i \in P$:

$$\text{Shapley}(G, i) = \text{Shapley}(G_1, i) + \text{Shapley}(G_2, i).$$

Mit den oben erwähnten Eigenschaften lassen sich die Shapley-Werte der Spieler eines kooperativen Spiels axiomatisch charakterisieren.

Satz 3.3 (Shapley (1953))
Für ein kooperatives Spiel $G = (P, v)$ mit n Spielern ist

$$(\text{Shapley}(G, 1), \ \text{Shapley}(G, 2), \ \ldots, \ \text{Shapley}(G, n))$$

der einzige Auszahlungsvektor, der die folgenden vier Eigenschaften erfüllt:

1. *Scheinspieler: Ist $i \in P$ ein Scheinspieler, so gilt* $\text{Shapley}(G, i) = 0$.
2. *Effizienz:* $\sum_{i=1}^{n} \text{Shapley}(G, i) = v(P)$.
3. *Symmetrie:* $\text{Shapley}(G, i) = \text{Shapley}(G, j)$ *für symmetrische Spieler i und j.*
4. *Additivität:* $\text{Shapley}(G_1 + G_2, i) = \text{Shapley}(G_1, i) + \text{Shapley}(G_2, i)$.

In superadditiven Spielen $G = (P, v)$ sind alle Spieler auch individuell rational, d. h., $\text{Shapley}(G, i) \geq v(\{i\})$ für alle $i \in P$. Im Allgemeinen gilt dies jedoch nicht.

Der Banzhaf-Index

Einen anderen Machtindex für die Spieler in einfachen Spielen führte Banzhaf (1965) ein; derselbe Machtindex wurde eigentlich schon früher von Penrose (1946) vorgeschlagen und von Banzhaf (1965) wiederentdeckt, weshalb er manchmal auch als *Penrose-Banzhaf-Index* bezeichnet wird. Hier spielt die Reihenfolge, in der die Spieler den Koalitionen beitreten, keine Rolle, sondern es kommt nur auf die Anzahl der Koalitionen an, in denen sie Schlüsselspieler sind.

Formal ist der *rohe Banzhaf-Index* eines Spielers i in einem einfachen Spiel $G = (P, v)$ definiert durch

$$\text{Banzhaf}^*(G, i) = \sum_{C \subseteq P - \{i\}} d_G(C, i), \tag{3.6}$$

wobei $d_G(C, i)$ wie in (3.4) definiert ist, d. h., $d_G(C, i) = 1$, falls i ein Schlüsselspieler für C ist, und $d_G(C, i) = 0$ andernfalls. Der Wert $\text{Banzhaf}^*(G, i)$ gibt demnach die Anzahl der Koalitionen an, in denen i ein Schlüsselspieler ist. Da es jedoch auch hier mehr auf die Verhältnisse der Banzhaf-Indizes der einzelnen Spieler zueinander als auf ihre tatsächliche Größe ankommt, ist wieder eine Normalisierung sinnvoll. Banzhaf (1965) normalisiert den rohen Banzhaf-Index durch

$$\overline{\text{Banzhaf}}(G, i) = \frac{\text{Banzhaf}^*(G, i)}{\sum_{j=1}^{n} \text{Banzhaf}^*(G, j)},$$

und erhält so den *(normalisierten) Banzhaf-Index von i in G.*

Dubey und Shapley (1979) analysierten den oben definierten Banzhaf-Index hinsichtlich einiger zentraler Eigenschaften, die sie als die Axiome 1 bis 4 bezeichnen. Insbesondere zeigten sie, dass der ursprüngliche Banzhaf-Index ihr Axiom 4 (Dubey und Shapley, 1979, Theorem 1 auf S. 104) nicht erfüllt und schließen: *„This may be taken as an initial sign of trouble with the normalization [of the normalized Banzhaf index]"* (Dubey und Shapley, 1979, Fußnote 21). Deshalb schlugen sie eine andere Normalisierungsmethode vor:

$$\text{Banzhaf}(G, i) \;=\; \frac{\text{Banzhaf}^*(G, i)}{2^{n-1}},$$

die den so genannten *probabilistischen Banzhaf-Index von i in G* definiert, und zeigten, dass der probabilistische Banzhaf-Index ihr Axiom 4 erfüllt. Außerdem stellten sie fest, der probabilistische Banzhaf-Index sei *„better behaved when analyzing convergence"* (Dubey und Shapley, 1979, S. 116). Auch andere Autoren folgen dieser Argumentation. So merken Bachrach und Rosenschein (2009) auf Seite 126 an, der normalisierte Banzhaf-Index habe *„certain undesirable qualities"* (siehe auch Rey und Rothe, 2010b, die eine kurze Zusammenfassung der Diskussion einschließlich einer detaillierten Angabe des oben erwähnten Axioms 4 geben).

Andererseits hat auch der normalisierte Banzhaf-Index Vorteile. Beispielsweise ist der Vektor $(\overline{\text{Banzhaf}}(G, 1), \overline{\text{Banzhaf}}(G, 2), \ldots, \overline{\text{Banzhaf}}(G, n))$ für ein einfaches Spiel $G = (P, v)$ mit n Spielern effizient:

$$\overline{\text{Banzhaf}}(G, 1) + \overline{\text{Banzhaf}}(G, 2) + \cdots + \overline{\text{Banzhaf}}(G, n) \;=\; v(P),$$

was auf den probabilistischen Banzhaf-Index nicht zutrifft.

Betrachten wir wieder das gewichtete Wahlspiel $G = (54, 53, 31, 33; 139)$ aus Abbildung 3.2, in dem Anna, Belle, David und Edgar einen Buddha heben wollen. In diesem Spiel sind, wie wir gesehen haben, Anna, Belle und Edgar Schlüsselspieler für jeweils zwei Koalitionen, David hingegen ist für keine Koalition ein Schlüsselspieler. Folglich gilt für den rohen Banzhaf-Index dieser vier Spieler:

$$\text{Banzhaf}^*(G, \text{Anna}) \;=\; \text{Banzhaf}^*(G, \text{Belle}) \;=\; \text{Banzhaf}^*(G, \text{Edgar}) \;=\; 2,$$
$$\text{Banzhaf}^*(G, \text{David}) \;=\; 0.$$

Daraus ergibt sich der normalisierte Banzhaf-Index dieser vier Spieler als:

$$\overline{\text{Banzhaf}}(G, \text{Anna}) \;=\; \overline{\text{Banzhaf}}(G, \text{Belle}) \;=\; \overline{\text{Banzhaf}}(G, \text{Edgar}) \;=\; \tfrac{1}{3},$$
$$\overline{\text{Banzhaf}}(G, \text{David}) \;=\; 0$$

und ihr probabilistischer Banzhaf-Index als:

$$\text{Banzhaf}(G, \text{Anna}) \;=\; \text{Banzhaf}(G, \text{Belle}) \;=\; \text{Banzhaf}(G, \text{Edgar}) \;=\; \tfrac{1}{4},$$
$$\text{Banzhaf}(G, \text{David}) \;=\; 0.$$

3.4 Die Komplexität einiger Probleme in gewichteten Wahlspielen

In diesem letzten Abschnitt des Kapitels geht es um die Komplexität einiger Probleme in gewichteten Wahlspielen. Ein Vorteil dieser Spiele besteht darin, dass sie sich kompakt darstellen lassen, denn es müssen nur die Gewichte der n Spieler sowie eine Quote angegeben werden, nicht aber, welche der insgesamt 2^n möglichen Koalitionen von Spielern gewinnen und welche verlieren. Allerdings müssen wir dabei auch die Gewichte und die Quote – und auch z. B. das ϵ in $\epsilon\text{-}Core(G)$ – auf rationale Zahlen einschränken, denn andernfalls könnten Probleme, deren Instanzen gewichtete Wahlspiele enthalten, algorithmisch nicht behandelt werden.

Komplexität von Stabilitätskonzepten: Kern und kleinster Kern

Elkind *et al.* (2009a) untersuchten die Komplexität (siehe Abschnitt 1.5) von Problemen zu verschiedenen Stabilitätskonzepten. Beim folgenden Problem z. B. wird gefragt, ob der Kern eines gewichteten Wahlspiels leer ist oder nicht.

EMPTY CORE

Gegeben:	Ein gewichtetes Wahlspiel $G = (w_1, w_2, \ldots, w_n; q)$.
Frage:	Ist $Core(G) = \emptyset$?

Elkind *et al.* (2009a) zeigten, dass EMPTY CORE in P liegt, denn der Kern eines gewichteten Wahlspiels $G = (P, v) = (w_1, w_2, \ldots, w_n; q)$ ist genau dann leer, wenn es einen Spieler $i \in P$ gibt, der an allen gewinnenden Koalitionen beteiligt ist, d. h., $i \in \bigcap_{v(C)=1} C$. Dies kann man aber in einem gewichteten Wahlspiel einfach dadurch testen, dass man der Reihe nach für alle Spieler i in P prüft, ob $\sum_{j \in P-\{i\}} w_j < q$ gilt. Ist dies für ein i der Fall, so ist i in allen gewinnenden Koalitionen, d. h., i gehört dann zu

$$\bigcap_{\sum_{j \in C} w_j \geq q} C = \bigcap_{v(C)=1} C.$$

Im nächsten Problem, das Elkind *et al.* (2009a) betrachten, wird gefragt, ob der ϵ-Kern eines gewichteten Wahlspiels nicht leer ist.

LEAST CORE

Gegeben:	Ein gewichtetes Wahlspiel $G = (w_1, w_2, \ldots, w_n; q)$ und ein rationaler Wert $\epsilon \geq 0$.
Frage:	Ist $\epsilon\text{-}Core(G) \neq \emptyset$?

Dieses Problem heißt LEAST CORE, weil der kleinste Wert $\epsilon \geq 0$, für den (G, ϵ) eine Ja-Instanz von LEAST CORE ist, dem kleinsten Kern von G entspricht. Elkind *et al.* (2009a) definieren noch zwei weitere verwandte Probleme:

- IN LEAST CORE: Gegeben ein gewichtetes Wahlspiel G und eine Imputation $\vec{a} \in \mathcal{I}(G)$, ist $\vec{a}$ im kleinsten Kern von G?
- CONSTRUCT LEAST CORE: Gegeben ein gewichtetes Wahlspiel G, konstruiere eine Imputation $\vec{a}$ im kleinsten Kern von G.

Elkind *et al.* (2009a) zeigen, dass keines der Probleme LEAST CORE, IN LEAST CORE und CONSTRUCT LEAST CORE in deterministischer Polynomialzeit gelöst werden kann, außer es würde $P = NP$ gelten. Insbesondere zeigen sie die NP-Härte der Entscheidungsprobleme LEAST CORE und IN LEAST CORE durch eine $\leq_m^P$-Reduktion (siehe Definition 1.2 auf Seite 19) von dem folgenden NP-vollständigen Problem (siehe Garey und Johnson, 1979):

PARTITION

Gegeben: Eine nicht leere Folge $(k_1, k_2, \ldots, k_n)$ positiver ganzer Zahlen, sodass $\sum_{i=1}^{n} k_i$ eine gerade Zahl ist.

Frage: Gibt es eine Teilmenge $A \subseteq \{1, 2, \ldots, n\}$, sodass die Gleichheit $\sum_{i \in A} k_i = \sum_{i \in \{1,2,\ldots,n\}-A} k_i$ gilt?

Aus einer gegebenen Instanz $(k_1, k_2, \ldots, k_n)$ mit $\sum_{i=1}^{n} k_i = 2K$ von PARTITION wird dazu das folgende gewichtete Wahlspiel mit $n+1$ Spielern konstruiert:

$$G = (k_1, k_2, \ldots, k_n, K; K).$$

Die Korrektheit dieser Konstruktion ergibt sich aus dem folgenden Lemma, das wir hier ohne Beweis angeben.

Lemma 3.1

1. *Ist* $(k_1, k_2, \ldots, k_n) \in$ PARTITION, *so ist der kleinste Kern von G sein* $(2/3)$-*Kern und für jede Imputation* $\vec{a} = (a_1, a_2, \ldots, a_{n+1})$ *im kleinsten Kern von G gilt* $a_{n+1} = 1/3$.
2. *Ist* $(k_1, k_2, \ldots, k_n) \notin$ PARTITION, *so ist der kleinste Kern von G sein ϵ-Kern für ein* $\epsilon < 2/3$ *und für jede Imputation* $\vec{a} = (a_1, a_2, \ldots, a_{n+1})$ *im kleinsten Kern von G gilt* $a_{n+1} > 1/3$.

Dass diese Reduktion tatsächlich sowohl PARTITION $\leq_m^P$ LEAST CORE als auch PARTITION $\leq_m^P$ IN LEAST CORE und somit nach Lemma 1.1 auf Seite 20 die NP-Härte dieser beiden Probleme zeigt, folgt nun mit Lemma 3.1:

$$(k_1, k_2, \ldots, k_n) \in \text{PARTITION} \iff ((2/3) - (1/(6K)))\text{-}Core(G) \neq \emptyset, \quad (3.7)$$

$$\iff (k_1/3K, \ldots, k_n/3K, 1/3) \text{ ist im}$$

$$\text{kleinsten Kern von } G. \quad (3.8)$$

Den nicht ganz einfachen Beweis der Äquivalenzen (3.7) und (3.8) überlassen wir ebenfalls dem Leser. Dass schließlich auch das Konstruktionsproblem CONSTRUCT LEAST CORE unter der Annahme $P \neq NP$ nicht in Polynomialzeit gelöst werden kann, folgt aus derselben Reduktion und Lemma 3.1. Könnte man nämlich eine Imputation $\vec{a} = (a_1, a_2, \ldots, a_{n+1})$ im kleinsten Kern von G in Polynomialzeit konstruieren, so könnte man in Polynomialzeit das NP-vollständige Problem PARTITION lösen, indem man sich a_{n+1} ansieht: $(k_1, k_2, \ldots, k_n)$ ist genau dann eine Ja-Instanz von PARTITION, wenn $a_{n+1} = 1/3$ gilt.

Wie schwer ist es, die Kosten der Stabilität zu bestimmen?

Das gewichtete Wahlspiel $G = (54, 53, 31, 33; 139)$ aus Abbildung 3.2, in dem Anna, Belle, David und Edgar einen Buddha heben wollen, ist superadditiv und einfach, hat jedoch keinen Veto-Spieler. Nach Satz 3.2 ist der Kern von G leer. Kann man dieses Spiel durch eine externe Zusatzzahlung stabilisieren? Was würde diese Stabilisierung kosten? Und wie schwer ist es, die Kosten der Stabilität zu bestimmen?

Solche Fragen spielen auch in konkreten Anwendungsszenarien eine Rolle. Zum Beispiel wurde 2010 auf einem EU-Gipfel in Brüssel ein „Europäischer Stabilitätsmechanismus" beschlossen, der in den Lissabon-Vertrag eingefügt werden soll. Mit diesem Instrument lässt sich gewissermaßen eine externe Zusatzzahlung steuern. So soll der Bankrott bedrohter Euro-Mitglieder verhindert werden und ebenso, dass die „große Koalition" der Euro-Staatengemeinschaft instabil wird und auseinanderfällt. Auch wenn es im Detail natürlich Unterschiede zu den mathematischen Modellen der Spieltheorie gibt (z. B., weil EU-Politik auch von juristischen Fragen abhängt), zeigt dies, dass die Frage nach den Kosten der Stabilität auch in der Finanzpolitik der europäischen Staatengemeinschaft wichtig ist.

Fragen wie diesen gehen Bachrach *et al.* (2009a,b) allgemein für kooperative Spiele und insbesondere für gewichtete Wahlspiele nach. Nehmen wir an, ein Außenstehender ist daran interessiert, die große Koalition eines Spiels mit leerem Kern zu stabilisieren, und er ist bereit, dafür zu zahlen. Diese Zahlung erfolgt nur unter der Bedingung, dass die Spieler nicht von der großen Koalition abfallen. Diese Summe plus der eigentliche Gewinn der großen Koalition wird dann unter den Spielern verteilt, um Stabilität zu erreichen. Die *Kosten der Stabilität eines Spiels G* sind definiert als der Betrag der kleinsten Zusatzzahlung, die G stabilisiert. Formal sei für ein Spiel $G = (P, v)$ und eine Zusatzzahlung in Höhe von $\Delta \geq 0$ das *angepasste Spiel* $G(\Delta) = (P, v')$ gegeben durch $v'(C) = v(C)$ für $C \neq P$ und $v'(P) = v(P) + \Delta$, und die *Kosten der Stabilität für G* sind definiert durch

$$CoS(G) = \inf\{\Delta \mid \Delta \geq 0 \text{ und } Core(G(\Delta)) \neq \emptyset\}.$$

Für einheitlich gewichtete Wahlspiele $G = (w, \ldots, w; q)$ gilt $CoS(G) = (n/\lceil q/w \rceil) - 1$.

Für eine Menge P von Spielern sei $\mathcal{CS}(P)$ die Menge der Koalitionsstrukturen über P. Der Begriff der Kosten der Stabilität kann auch von der Koalitionsstruktur $\mathfrak{K}_0 = \{P\}$ auf andere Koalitionsstrukturen $\mathfrak{K} \in \mathcal{CS}(P)$ erweitert werden und wird mit $CoS(\mathfrak{K},G)$ bezeichnet (siehe Bachrach *et al.*, 2009a, zu den formalen Details). Bachrach *et al.* (2009a) zeigen, dass für jedes kooperative Spiel $G = (P,v)$ gilt:

$$\max_{\mathfrak{K} \in \mathcal{CS}(P)} (v(\mathfrak{K}) - v(P)) \le CoS(G) \le n \max_{C \subseteq P} v(C), \qquad (3.9)$$

wobei $v(\mathfrak{K}) = \sum_{C_j \in \mathfrak{K}} v(C_j)$ für $\mathfrak{K} = \{C_1, C_2, \ldots, C_m\}$.

In super-additiven Spielen kann die obere Schranke aus (3.9) noch deutlich verbessert werden: Ist ein kooperatives Spiel $G = (P,v)$ mit n Spielern super-additiv, so gilt $CoS(G) \le (\sqrt{n} - 1)v(P)$. Weiter zeigen Bachrach *et al.* (2009a), dass der ϵ-Wert des kleinsten Kerns von G genau dann positiv ist, wenn $CoS(G) > 0$ gilt. Alle genannten oberen Schranken sind asymptotisch scharf.

Bachrach *et al.* (2009a) definieren die folgenden beiden Probleme:

SUPER-IMPUTATION STABILITY

Gegeben: Ein gewichtetes Wahlspiel G, ein Parameter $\Delta \ge 0$ und eine Imputation $\vec{a} = (a_1, a_2, \ldots, a_n)$ im angepassten Spiel $G(\Delta)$.

Frage: Ist $\vec{a} \in Core(G(\Delta))$?

COST OF STABILITY

Gegeben: Ein gewichtetes Wahlspiel G und ein Parameter $\Delta \ge 0$.

Frage: Ist $CoS(G) \le \Delta$ (d.h., gilt $Core(G(\Delta)) \ne \emptyset$)?

Bachrach *et al.* (2009a) zeigen, dass diese beiden Probleme coNP-vollständig sind, sofern die Gewichte und der Schwellwert des gegebenen gewichteten Wahlspiels binär dargestellt sind. Die Klasse coNP enthält alle Probleme, deren Komplemente in NP liegen, und ähnlich der in Abschnitt 1.5 beschriebenen „P = NP?"-Frage ist es ein offenes Problem, ob NP $\ne$ coNP gilt.

Werden die Gewichte und der Schwellwert in diesen Problemen hingegen unär repräsentiert (oder sind die Gewichte polynomiell in der Anzahl der Spieler beschränkt), so sind beide Probleme in Polynomialzeit lösbar. Außerdem zeigen Bachrach *et al.* (2009a), dass die Probleme SUPER-IMPUTATION STABILITY und COST OF STABILITY für gewichtete Wahlspiele mit (binär dargestellten) ganzzahligen Gewichten und Schwellwerten effizient approximierbar sind.

Schließlich untersuchen sie die Frage nach einer kostengünstigsten stabilen Koalitionsstruktur. Für ein kooperatives Spiel $G = (P,v)$ und eine Koalitionsstruktur $\mathfrak{K}$ über P kann der Begriff des Kerns von G in natürlicher Weise verallgemeinert werden zum *CS-Kern von G*. Dieser enthält genau die Ergebnisse $(\mathfrak{K}, \vec{a})$ von G mit $\vec{a} = (a_1, a_2, \ldots, a_n)$ und $\sum_{i \in C} a_i \ge v(C)$ für alle $C \subseteq P$; wir schreiben $(\mathfrak{K}, \vec{a}) \in CS\text{-}Core(G)$. Ist $\vec{a}$ im Kern von G, so ist $(P, \vec{a})$ im CS-Kern von G; die Umkehrung gilt jedoch i. Allg. nicht. Die *kostengünstigste stabile Koalitionsstruktur* ist definiert durch $CoS_{\mathfrak{K}}(G) = \min\{CoS(\mathfrak{K},G) \mid \mathfrak{K} \in \mathcal{CS}(P)\}$. Elkind *et al.* (2008)

zeigen, dass es NP-vollständig ist, zu entscheiden, ob ein gegebenes gewichtetes Wahlspiel einen nicht leeren CS-Kern hat. Da dies äquivalent zu der Frage ist, ob $CoS_{\mathfrak{K}}(G) = 0$ gilt, ist dieses Problem ebenfalls NP-vollständig.

Komplexität von Machtindizes

Auch die Komplexität der Berechnung von Machtindizes in gewichteten Wahlspielen ist intensiv untersucht worden. Da es sich dabei allerdings um funktionale Probleme handelt, spielen andere Komplexitätsklassen als P und NP eine Rolle, denn diese enthalten nur Entscheidungsprobleme. Beim funktionalen Problem SHAPLEY-SHUBIK soll für ein gegebenes gewichtetes Wahlspiel $G = (P, v)$ und einen gegebenen Spieler $i \in P$ der (rohe) Shapley-Shubik-Index von i in G berechnet werden. Das funktionale Problem BANZHAF ist analog definiert.

Deng und Papadimitriou (1994) zeigten, dass SHAPLEY-SHUBIK unter einer geeigneten Reduzierbarkeit vollständig für die Klasse $\#P$ ist. Diese von Valiant (1979) eingeführte Komplexitätsklasse kann als eine Zählvariante der Klasse NP aufgefasst werden, denn sie enthält genau die Funktionen, die die Anzahl der Lösungen von Instanzen eines NP-Problems angeben, z. B. die Anzahl der erfüllenden Belegungen für eine gegebene boolesche Formel als Instanz des NP-vollständigen Problems SAT. Wäre die Anzahl $f(x)$ der Lösungen einer gegebenen Instanz x eines NP-Problems X effizient berechenbar, so könnte man auch X selbst effizient entscheiden: $x \in X \iff f(x) > 0$. Prasad und Kelly (1990) zeigten (implizit), dass unter einer geeigneten Reduzierbarkeit auch das Problem BANZHAF $\#P$-vollständig ist. Matsui und Matsui (2001) zeigten die NP-Vollständigkeit bestimmter Entscheidungsvarianten von SHAPLEY-SHUBIK und BANZHAF.

Die von Gill (1977) eingeführte Komplexitätsklasse PP steht für *„probabilistic polynomial time"* und ist noch mächtiger als NP. Faliszewski und Hemaspaandra (2009) zeigten die PP-Vollständigkeit des Problems SHAPLEY-SHUBIK-POWER-COMPARE: Gegeben zwei gewichtete Wahlspiele, G und G', und ein Spieler i, der in beiden Spielen vorkommt, gilt Shapley-Shubik$(G, i) >$ Shapley-Shubik(G', i)? Faliszewski und Hemaspaandra (2009) zeigten außerdem, dass das ursprünglich von Bachrach und Elkind (2008) definierte Problem, ob zwei Spieler in einem gewichteten Wahlspiel durch Vereinigung ihren gemeinsamen Shapley-Shubik-Index erhöhen können, in PP liegt; es ist offen, ob dieses Problem auch PP-hart ist.

Sei $G = (w_1, \ldots, w_n; q)$ ein gewichtetes Wahlspiel und $C \subseteq \{1, \ldots, n\}$ eine Koalition. Definiere das gewichtete Wahlspiel $G_{\&C} = (\sum_{i \in C} w_i, w_{j_1}, \ldots, w_{j_{n-\|C\|}}; q)$ mit $\{j_1, \ldots, j_{n-\|C\|}\} = \{1, \ldots, n\} - C$, in dem sich die Spieler aus C zu einem einzigen Spieler zusammengeschlossen haben, dessen Gewicht gleich der Summe der Gewichte der einzelnen Spieler in C ist. Für den normalisierten Banzhaf-Index zeigten Aziz und Paterson (2009), dass es NP-hart ist, zu entscheiden, ob die Vereinigung einer Koalition von Spielern zu einem gewichtigeren Spieler vorteilhaft ist. Formal ist dieses Problem für einen Machtindex PI wie folgt definiert:

PI-BENEFICIAL MERGE

Gegeben:	Ein gewichtetes Wahlspiel $G = (w_1, \ldots, w_n; q)$ und eine Koalition $C \subseteq \{1, \ldots, n\}$.
Frage:	Gilt $\mathrm{PI}(G_{\&C}, 1) > \sum_{i \in C} \mathrm{PI}(G, i)$?

Ähnlich lässt sich das Problem PI-BENEFICIAL SPLIT definieren, bei dem das Gewicht eines Spielers auf m neue Spieler aufgeteilt wird. In *einstimmigen* gewichteten Wahlspielen (*„unanimous weighted voting games"* – das sind Spiele $G = (w_1, \ldots, w_n; q)$ mit $q = \sum_{i=1}^{n} w_i$, in denen nur die große Koalition den Schwellwert erreichen und gewinnen kann) ist die Vereinigung stets nachteilig, das Teilen von Spielern jedoch stets vorteilhaft, d. h., Banzhaf-BENEFICIAL MERGE und Banzhaf-BENEFICIAL SPLIT sind trivialerweise in P (Aziz und Paterson, 2009).

Rey und Rothe (2010a,b) untersuchten die Komplexität dieser Probleme für den probabilistischen Banzhaf-Index und zeigten, dass Banzhaf-BENEFICIAL MERGE für Koalitionen der Größe 2 in P, aber für größere Koalitionen NP-hart ist. Analoge Resultate erzielten sie für Banzhaf-BENEFICIAL SPLIT. In einstimmigen gewichteten Wahlspielen zeigten sie, dass (im Gegensatz zum normalisierten Banzhaf-Index) das Teilen von Spielern stets nachteilig oder neutral, ihre Vereinigung jedoch für Koalitionen der Größe 2 stets neutral und für Koalitionen der Größe mindestens 3 sogar stets vorteilhaft ist, d. h., für einstimmige Spiele sind Banzhaf-BENEFICIAL MERGE und Banzhaf-BENEFICIAL SPLIT trivialerweise in P. Schließlich untersuchten sie die Analoga dieser Probleme in den von Bachrach und Rosenschein (2009) eingeführten *„threshold network flow games"* auf Hypergraphen.

Zuckerman *et al.* (2008) untersuchten die Komplexität von Problemen, die modellieren, wie man durch Manipulation der Quote in gewichteten Wahlspielen den Shapley-Shubik- bzw. Banzhaf-Index von Spielern erhöhen oder verringern kann.

Komplexität der Bestechung in Pfadunterbrechungsspielen

Angenommen, ein Eindringling versucht, Daten in einem Computer-Netzwerk von einem Startcomputer zu einem Zielcomputer zu übertragen, und ein Sicherheitssystem soll dies verhindern. Ein anderes Beispiel ist der Angriff durch Terroristen in Mumbai, Indien, von 2008: Die Angreifer drangen an bestimmten Eintrittspunkten in die Stadt ein und versuchten, bestimmte Zielpunkte zu erreichen, wo sie zuschlugen. Um solche Angriffe zu verhindern, platziert die Polizei von Mumbai auf verschiedenen Punkten des Straßen-Netzwerks der Stadt Inspektions-Checkpoints, damit kein Terrorist einen Weg von einem geeigneten Start- zu einem vermuteten Zielpunkt findet. Auch solche Szenarien können spieltheoretisch modelliert werden, z. B. durch nichtkooperative Nullsummenspiele (Jain *et al.*, 2011) oder durch kooperative Pfadunterbrechungsspiele (engl. *path-disruption games*). Diese wurden von Bachrach und Porat (2010) eingeführt. Rey und Rothe (2011) untersuchten die Komplexität verschiedener Bestechungsprobleme für solche Spiele.

Teil II

Wählen und Urteilen

4 Präferenzaggregation: Gemeinsame Entscheidungsfindung durch Wählen

Anna, Belle und Chris wollen den Nachmittag gemeinsam verbringen. Sie überlegen, ob sie Minigolf spielen, eine Fahrradtour machen oder ins Schwimmbad gehen. Sie können sich aber nicht einigen, denn sie haben nicht alle dieselben Vorlieben.

„Ich würde am liebsten eine Fahrradtour machen", sagt Anna. „Aber wenn das nicht geht, würde ich lieber Minigolf spielen als schwimmen gehen."

„Hey!", ruft Chris erfreut. „Das sehe ich genauso."

„Ach nein", erwidert Belle. „Eine Fahrradtour habe ich erst gestern gemacht, deshalb möchte ich lieber Minigolf spielen oder schwimmen gehen. Und Minigolf habe ich schon so lange nicht mehr gespielt: Das ist mein Favorit!"

Abbildung 4.1 zeigt die Präferenzen von Anna, Belle und Chris. Wofür sollen die drei sich entscheiden, sodass alle (mehr oder weniger) zufrieden sind? Anna und Chris sind der Meinung, dass sie sich für die Fahrradtour entscheiden sollten, denn diese steht zwei Mal an erster Stelle. Belle findet dagegen, die Entscheidung sollte auf Minigolf fallen, da diese Alternative als Einzige nie an letzter Stelle steht. Um ihre Entscheidung zu treffen, brauchen Anna, Belle und Chris ein *Wahlsystem*, eine Regel also, mit der sie aus ihren individuellen Präferenzen (oder Rangfolgen der zur Wahl stehenden Alternativen) den Sieger der Wahl bestimmen können.

Anna

Belle

Chris

Abb. 4.1: Vorlieben von Anna, Belle und Chris

4.1   Einige grundlegende Wahlsysteme

Die Entscheidung, wer eine Wahl gewinnt, hängt also offensichtlich nicht nur von den Stimmen bzw. Präferenzen der Wähler ab, sondern auch davon, nach welcher Vorschrift die Gewinner bestimmt werden. Formal wird eine *Wahl* als ein Paar (C, V) dargestellt, wobei C die Menge der zur Wahl stehenden Kandidaten (bzw. Alternativen) und V die Liste der Wähler ist. Jeder Wähler wird dabei durch seine Stimme repräsentiert, die seine Präferenzen über die Kandidaten in C angibt. V ist eine *Liste*, nicht eine Menge von Stimmen, da verschiedene Wähler ja dieselben Präferenzen haben können, so wie Anna und Chris in Abbildung 4.1. Wie oft dieselbe Stimme auftritt, muss bei der Auswertung einer Wahl natürlich berücksichtigt werden. Ein solches Paar (C, V) bezeichnet man auch als *Präferenzprofil.*

Ein *Wahlsystem* ist eine Vorschrift, die festlegt, wie die Gewinner einer gegebenen Wahl bestimmt werden. Man unterscheidet dabei zwischen eindeutigen und nicht eindeutigen Gewinnern. Falls genau ein Kandidat die Bedingungen des Wahlsystems für einen Wahlsieg erfüllt, ist dieser der *eindeutige Gewinner*. Andernfalls sind alle Kandidaten, die diese Bedingungen erfüllen, die *nicht eindeutigen Gewinner* der Wahl. Es ist auch möglich, dass eine Wahl keine Gewinner hat; ein Beispiel wurde im Zusammenhang mit dem Condorcet-Paradoxon in Abschnitt 1.2 angegeben (siehe die Abbildungen 1.1 und 1.2).

■ Formal kann ein *Wahlsystem* f durch eine Abbildung, eine so genannte *Social-Choice-Korrespondenz,*

$$f : \{(C, V) \,|\, (C, V) \text{ ist ein Präferenzprofil}\} \to \mathfrak{P}(C)$$

beschrieben werden, wobei $\mathfrak{P}(C)$ die Potenzmenge von C, also die Menge aller Teilmengen von C bezeichnet. Für ein Präferenzprofil $P = (C, V)$ ist dabei $f(P) \subseteq C$ die Menge der Gewinner von P, und es ist möglich, dass $f(P) = \emptyset$ gilt.

- Eine *Social-Choice-Funktion* hingegen ist eine Abbildung

$$f : \{(C,V) \,|\, (C,V) \text{ ist ein Präferenzprofil}\} \to C,$$

bei der für jedes gegebene Präferenzprofil ein einziger Gewinner ausgewählt wird.
- Eine *Social-Welfare-Funktion* schließlich beschreibt, wie mit Hilfe eines Wahlsystems nicht nur ein Gewinner oder eine Gewinnermenge der Wahl bestimmt werden kann, sondern sogar eine vollständige Ordnung über alle Kandidaten. Formal ist dies eine Abbildung

$$f : \{(C,V) \,|\, (C,V) \text{ ist ein Präferenzprofil}\} \to v,$$

wobei v eine Präferenzliste über alle Kandidaten in C ist, also eine Rangfolge aller Kandidaten.

In welcher Form die Stimmen der Wähler dargestellt werden, hängt vom verwendeten Wahlsystem ab. Häufig sind die Stimmen als Präferenzlisten angegeben, in denen die Wähler die Kandidaten absteigend sortieren. An erster Stelle in der (linearen) Präferenzliste eines Wählers steht also der von ihm am meisten bevorzugte Kandidat und an letzter Stelle sein am wenigsten bevorzugter Kandidat. Belles Stimme in Abbildung 4.1 zum Beispiel wird in der Form

$$\text{Minigolf} > \text{Schwimmen} > \text{Fahrradtour}$$

angegeben. Minigolf ist also die von Belle am meisten bevorzugte Alternative und die Fahrradtour die am wenigsten bevorzugte. Wie in dieser Abbildung lassen wir das Relationszeichen „$>$" manchmal auch weg.

Mathematisch drückt man dies durch eine (strikte) *lineare Ordnung* auf der Menge C der Kandidaten aus. Das heißt, die zugrunde liegende Präferenzrelation $>$ ist

1. *total* (für je zwei Kandidaten c und d in C gilt entweder $c > d$ oder $d > c$),
2. *transitiv* (für je drei Kandidaten c, d und e in C folgt aus $c > d$ und $d > e$, dass $c > e$ gilt) und
3. *asymmetrisch* (für je zwei Kandidaten c und d in C folgt aus $c > d$, dass $d > c$ nicht gilt).[1]

Für die meisten der im Folgenden vorgestellten Wahlsysteme sind die Wählerstimmen lineare Ordnungen auf der Menge der Kandidaten.

---

[1] Aus der Asymmetrie von $>$ folgt insbesondere die Irreflexivität von $>$; *reflexiv* heißt eine Relation R auf C, falls $c\,R\,c$ für alle $c \in C$ gilt. In der Social-Choice-Literatur (siehe z. B. Arrow, 1963) wird gelegentlich auch erlaubt, dass die Wähler gegenüber den Kandidaten *indifferent* sein dürfen; in diesem Fall verzichtet man auf die Forderung der Asymmetrie.

4.1.1 Scoring-Protokolle

Anna und Chris haben ein anderes Kriterium als Belle für die Auswertung einer Wahl beschrieben. Beiden Kriterien entsprechen Wahlsysteme, die zur wichtigen Klasse der so genannten Scoring-Protokolle gehören. Bei einem *Scoring-Protokoll* (auch *Scoring-Regel* genannt) wird durch einen Scoring-Vektor festgelegt, wie viele Punkte ein Kandidat für eine bestimmte Position in der Stimme eines Wählers bekommt. Ein Scoring-Vektor für m Kandidaten hat die Gestalt

$$\vec{\alpha} = (\alpha_1, \alpha_2, \ldots, \alpha_m),$$

wobei die α_i natürliche Zahlen sind, die die Ungleichungen $\alpha_1 \geq \alpha_2 \geq \cdots \geq \alpha_m$ erfüllen. Kommt ein Kandidat an i-ter Position in der Präferenzliste eines Wählers vor, so erhält er α_i Punkte von diesem Wähler. Zur Auswertung werden die Punkte eines jeden Kandidaten zusammengezählt, und die Gewinner der Wahl sind die Kandidaten mit den meisten Punkten; möglicherweise gibt es mehrere Gewinner.

Die Pluralitätsregel oder das Mehrheitswahlsystem

Dem Vorschlag von Anna und Chris, die in unserem Beispiel am Anfang des Kapitels die zweimal erstplatzierte Fahrradtour zum Sieger küren wollen, entspricht die Pluralitätsregel am besten. Diese ist eines der einfachsten Scoring-Protokolle. Bei der *Pluralitätsregel* (auch als *Mehrheitswahlsystem* bezeichnet) bekommt in jeder Stimme nur der Kandidat an erster Position einen Punkt, alle anderen gehen leer aus. Der Scoring-Vektor für *Pluralität* (wie wir die Pluralitätsregel kurz nennen wollen) ist also

$$\vec{\alpha} = (1, 0, \ldots, 0).$$

Die Auswertung der Wahl aus unserem Beispiel ist in Tabelle 4.1 angegeben, wobei die drei Alternativen mit ihren jeweiligen Anfangsbuchstaben abgekürzt werden. Die Fahrradtour hat hier zwei Punkte und gewinnt vor Minigolf und Schwimmen, die einen Punkt bzw. keinen Punkt bekommen.

Veto oder die Anti-Pluralitätsregel

Dem Vorschlag von Belle, die in unserem Eingangsbeispiel dem niemals letztplatzierten Minigolf den Sieg zuspricht, wird in gewisser Weise das Scoring-Protokoll *Veto* gerecht, das auch unter dem Namen *Anti-Pluralitätsregel* bekannt ist und den Scoring-Vektor

$$\vec{\alpha} = (1, \ldots, 1, 0)$$

hat. Bei diesem System bekommen alle Kandidaten einen Punkt, außer dem Kandidaten, der auf der letzten Position steht und keinen Punkt erhält. In Tabelle 4.1 sieht man, dass Minigolf gemäß Veto mit drei Punkten der Sieger ist, denn die Fahrradtour erhält zwei Punkte und Schwimmen nur einen Punkt.

Tab. 4.1: Beispiel für die Scoring-Protokolle Pluralität, Veto und Borda

		Punkte							
		Pluralität			Veto			Borda	
Präferenzprofil		F	M	S	F	M	S	F	M	S
Anna:	$F > M > S$	1	0	0	1	1	0	2	1	0
Belle:	$M > S > F$	0	1	0	0	1	1	0	2	1
Chris:	$F > M > S$	1	0	0	1	1	0	2	1	0
Summe der Punkte:		**2**	1	0	2	**3**	1	**4**	**4**	1

Das Borda-Wahlsystem

Ein anderes wohl bekanntes Scoring-Protokoll ist das *Borda-Wahlsystem*, das auf Borda (1781) zurückgeht. Bei m Kandidaten bekommt der Kandidat an erster Position $m - 1$ Punkte, der Kandidat an zweiter Position $m - 2$ Punkte und so weiter bis zu dem Kandidaten auf der letzten Position, der leer ausgeht. Der Scoring-Vektor für Borda (wie wir das Borda-Wahlsystem kurz nennen) mit m Kandidaten ist also

$$\vec{\alpha} = (m - 1, m - 2, \ldots, 0).$$

Tabelle 4.1 zeigt, dass bei der Entscheidung darüber, was Anna, Belle und Chris am Nachmittag machen, sowohl die Fahrradtour als auch Minigolf mit je vier Punkten die Borda-Gewinner sind, während Schwimmen lediglich einen Punkt bekommt. Das Borda-Wahlsystem wird in verschiedenen Varianten oft verwendet, unter anderem bei Wahlen in Slowenien oder beim *Eurovision Song Contest*.

4.1.2 Auf paarweisen Vergleichen beruhende Wahlsysteme

Anna, Belle und Chris entscheiden sich schließlich für die Fahrradtour. Auf dem Rückweg treffen sie zufällig David und Edgar und beschließen, gemeinsam etwas zu unternehmen. Die Jungen schlagen vor, entweder ein Eis essen zu gehen oder ein paar Würstchen zu grillen. Anna und Belle würden jedoch lieber einen Film anschauen oder einen Hamburger essen. Damit sie eine gemeinsame Entscheidung treffen können, teilen alle ihre Vorlieben mit (siehe Abbildung 4.2).

Chris stellt fest: „Vergleicht man Eisessen mit Grillen, so sind mehr von uns dafür, ein Eis zu essen, nämlich Anna, Belle und ich."

„Prima!", stimmt Anna zu. „Dann fällt Würstchengrillen schon mal aus. Aber was ist mit unseren Vorschlägen? Belle und ich finden so einen herzhaften Hamburger viel leckerer als Eis."

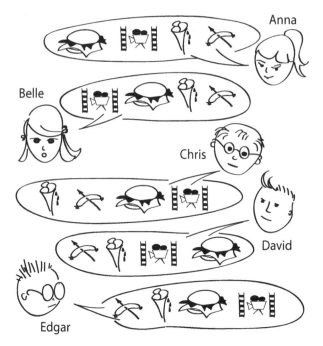

Abb. 4.2: Vorlieben von Anna, Belle, Chris, David und Edgar

„Das schon, aber wir sind zu dritt und ihr seid nur zu zweit", erwidert Chris. „Auch beim paarweisen Vergleich mit Hamburgeressen oder Filmgucken schneidet das Eis besser ab. Kein Zweifel, Eisessen hat gewonnen!"

Auch wenn Anna und Belle mit dieser Entscheidung nicht so ganz (und noch weniger als David und Edgar) zufrieden sind, hat Chris sie doch überzeugt, und sie alle gehen in die nächste Eisdiele.

Im Gegensatz zu den Scoring-Protokollen erhalten die Kandidaten hier nicht unmittelbar von den Wählern Punkte, sondern sie werden stattdessen alle paarweise miteinander verglichen. In einem solchen paarweisen Vergleich wird geprüft, welcher der beiden Kandidaten von einer (echten) Mehrheit der Wähler bevorzugt wird, also in den entsprechenden Präferenzlisten weiter vorn steht. Falls die Anzahl der Wähler gerade ist, kann natürlich auch ein Gleichstand auftreten. Die paarweisen Mehrheitsvergleiche der Präferenzen aus Abbildung 4.2 sind in Tabelle 4.2 dargestellt. Die verschiedenen Alternativen, die zur Wahl stehen, sind wieder durch ihre Anfangsbuchstaben dargestellt, und die Abkürzung $E?G$ steht zum Beispiel für den Vergleich von Eisessen und Grillen.

Die folgenden Wahlsysteme beruhen auf solchen paarweisen Vergleichen der Kandidaten, bestimmen aber in unterschiedlicher Weise die Gewinner.

Tab. 4.2: Beispiel für den paarweisen Mehrheitsvergleich

	Stimme	paarweiser Vergleich					
		$E?F$	$E?G$	$E?H$	$F?G$	$F?H$	$G?H$
Anna:	$H > F > E > G$	F	E	H	F	H	H
Belle:	$F > H > E > G$	F	E	H	F	F	H
Chris:	$E > G > H > F$	E	E	E	G	H	G
David:	$G > E > H > F$	E	G	E	G	H	G
Edgar:	$G > E > F > H$	E	G	E	G	F	G
Gewinner des Vergleichs:		E	E	E	G	H	G

Das Condorcet-Wahlsystem

Chris hat den wichtigen Begriff des Condorcet-Gewinners erklärt, der bereits in Abschnitt 1.2 erwähnt wurde. Ein Kandidat ist ein *Condorcet-Gewinner*, wenn er alle anderen Kandidaten in einem paarweisen Mehrheitsvergleich schlägt. Wie in Tabelle 4.2 zu sehen ist, gewinnt das Eisessen die paarweisen Vergleiche mit allen anderen Alternativen und ist somit der Condorcet-Gewinner dieser Wahl. Dieser Begriff und das dazugehörige Wahlsystem gehen auf Condorcet (1785) zurück.

Abbildung 4.3 stellt den Mehrheitsgraphen zu den paarweisen Vergleichen aus Tabelle 4.2 dar. Die Knoten dieses Graphen sind die Alternativen, und es gibt genau dann eine gerichtete Kante von A zu B, wenn A den paarweisen Vergleich gegen B mit einer (echten) Mehrheit der Wähler gewinnt.

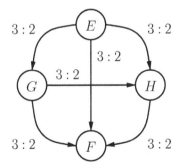

Abb. 4.3: Mehrheitsgraph zur Wahl in Tabelle 4.2

Man kann, wie in dieser Abbildung, die Kanten mit dem genauen Ergebnis des Vergleichs beschriften: Steht $i:j$ mit $i > j$ an der Kante von A zu B, so bevorzugen i Wähler A gegenüber B und nur j Wähler B gegenüber A. In diesem Beispiel ergibt sich zufällig dasselbe Ergebnis $3:2$ für jede gerichtete Kante. Tritt bei einer geraden Anzahl von Wählern ein Gleichstand $i:i$ auf, so kann man entweder zwei gegenläufige gerichtete Kanten zwischen die entsprechenden Knoten zeichnen oder eine ungerichtete Kante.

Im Beispiel der Wahl aus Tabelle 4.2 ist, wie gesagt, E der Condorcet-Gewinner. Die Alternative F (Film gucken) ist dagegen der *Condorcet-Verlierer*, denn F wird von jeder anderen Alternative im paarweisen Vergleich geschlagen. Wie wir in den Abbildungen 1.1 und 1.2 in Abschnitt 1.2 gesehen haben, muss ein Condorcet-Gewinner jedoch nicht immer existieren. In solchen Fällen tritt ein *Condercet-Topzyklus* und somit das Condorcet-Paradoxon auf, d. h., die Alternativen in diesem Topzyklus schlagen alle anderen Alternativen im paarweisen Vergleich, aber keine von ihnen schlägt alle anderen Alternativen im Topzyklus. Da in Abbildung 1.2 auf Seite 6 sämtliche Alternativen zum Topzyklus gehören, spricht man auch einfach vom *Condorcet-Zyklus*. Falls ein Condorcet-Gewinner existiert, ist er natürlich immer eindeutig, da er alle anderen Kandidaten schlagen muss. Analoge Aussagen gelten für Condorcet-Verlierer: Sie müssen nicht existieren, aber wenn es einen gibt, so ist er eindeutig.

Ein Wahlsystem *respektiert den Condorcet-Gewinner*, falls dieser – sofern er überhaupt existiert – der Wahlsieger in diesem System ist (vgl. auch das Condorcet-Kriterium auf Seite 150). Im Folgenden werden einige Wahlsysteme vorgestellt, die den Condorcet-Gewinner respektieren, aber anders als das Wahlsystem von Condorcet stets einen (oder mehrere) Gewinner haben, auch dann also, wenn es keinen Condorcet-Gewinner gibt. In jedem dieser Systeme sind die Gewinner bezüglich einer geeigneten Distanzfunktion möglichst „nah" am Condorcet-Sieg. Wie bei den Scoring-Protokollen oder dem Condorcet-System ordnen die Wähler die Kandidaten auch in jedem dieser Wahlsysteme absteigend nach ihrer Vorliebe; Wahlstimmen sind also jeweils Präferenzlisten.

Die Familie der Wahlsysteme von Llull und Copeland

Ein Wahlsystem, das auf dem paarweisen Vergleich von Kandidaten beruht und den Condorcet-Gewinner respektiert, geht auf Copeland (1951) zurück. Um die Punkte für die einzelnen Kandidaten festzulegen, werden alle Kandidaten paarweise miteinander verglichen. Falls einer der beiden Kandidaten dem anderen gegenüber von einer Mehrheit der Wähler bevorzugt wird, bekommt er einen Punkt und der andere keinen. Hat keiner der beiden an einem solchen Vergleich beteiligten Kandidaten eine (echte) Mehrheit, so bekommen beide einen halben Punkt. Zusammengezählt ergeben die Punkte eines Kandidaten seinen *Copeland-Score*. Gewonnen hat die Wahl schließlich, wer die meisten Punkte erhält, also alle Kandidaten mit dem höchsten Copeland-Score.

Bereits im 13. Jahrhundert schlug der Philosoph, Poet und Missionar Ramon Llull ein Wahlsystem vor, das ebenfalls auf paarweisen Vergleichen beruht und den Condorcet-Gewinner respektiert. Das System von Llull und das o. g. Copeland-System sind einander sehr ähnlich. Der einzige wesentliche Unterschied ist, dass ein Gleichstand, der bei einer geraden Anzahl von Wählern in den paarweisen

Vergleichen auftreten kann, in Llulls System nicht mit einem halben, sondern einem ganzen Punkt belohnt wird.[2]

Doch warum soll man einen solchen Gleichstand nicht auch mit einem anderen Punktwert als $1/2$ oder 1 belohnen? In der Literatur wird unter einer „Copeland-Wahl" gelegentlich auch die Anwendung der Regel verstanden, bei der im Fall eines Gleichstands beide Kandidaten leer ausgehen. Faliszewski *et al.* (2009b) schlagen deshalb eine ganze Familie von Wahlsystemen vor: Für eine rationale Zahl α zwischen 0 und 1 ist *Copeland*$^\alpha$ dasselbe System wie das oben beschriebene Copeland-System, nur dass ein Gleichstand in einem paarweisen Vergleich mit α Punkten belohnt wird. So ergibt sich der $C^\alpha Score(c)$ eines jeden Kandidaten c als die Anzahl seiner Siege plus α mal die Anzahl seiner Gleichstände in paarweisen Vergleichen, und es gewinnen die Kandidaten c mit dem größten $C^\alpha Score(c)$.

Copeland$^{1/2}$ ist in dieser Schreibweise das übliche Copeland-System, und das Wahlsystem Copeland^1 ist das System von Llull. Ist die Anzahl der Wähler ungerade, so kann in keinem paarweisen Mehrheitsvergleich ein Gleichstand auftreten; in diesem Fall sind Copeland$^\alpha$-Wahlen für alle α identisch.

Der deutsche Meister wird in der Bundesliga natürlich nicht gewählt, sondern durch die Ergebnisse von Fußballspielen ermittelt, die jeweils den paarweisen Vergleich zweier Mannschaften entscheiden: Ein Sieg bringt drei Punkte, ein Unentschieden einen Punkt und eine Niederlage keinen Punkt. Fasst man dies als eine „Copeland$^\alpha$-Wahl" auf und skaliert diese Punktwerte in den Bereich $[0,1]$, so entspricht dies dem Wert von $\alpha = 1/3$. Pro Spieltag gibt es neun solche Paarungen, und nach 34 Spieltagen feiert der „Copeland$^{1/3}$-Sieger" die deutsche Meisterschaft.

Wenn ein Condorcet-Gewinner in einer Wahl mit m Kandidaten existiert, so hat er (unabhängig von α) als Einziger den maximalen Copeland$^\alpha$-Score von $m-1$ und ist der *Copeland*$^\alpha$-*Gewinner*.

Tabelle 4.3 gibt ein Beispiel für eine Wahl mit paarweisem Mehrheitsvergleich an, in der kein Condorcet-Sieger existiert und die Anzahl der Wähler gerade ist. Hier kann es also vorkommen, dass bei einem paarweisen Vergleich von zwei Kandidaten, zum Beispiel A und B, kein Kandidat den Vergleich gewinnt. Als Gewinner ist in der entsprechenden Spalte der Tabelle deshalb ein Fragezeichen eingetragen.

---

[2]In seinem Werk *Artifitium Electionis Personarum* beschreibt Llull eigentlich mehrere Wahlsysteme, und da er diese für die Wahl des Abtes oder der Äbtissin in einem Mönchs- oder Nonnenkloster vorschlägt, oder für die Wahl von Bischöfen oder sogar des Papstes, sind in Llulls Systemen die Kandidaten mit den Wählern identisch. Solche Details werden wir hier jedoch vernachlässigen und stattdessen unter dem „Llull-System" das im Text beschriebene System verstehen. Die von Llull vorgeschlagenen Wahlsysteme konnten sich übrigens zu seinen Lebzeiten nie wirklich durchsetzen und gerieten danach in Vergessenheit (siehe Hägele und Pukelsheim, 2001). Beispielsweise wird die Papstwahl seit vielen Jahrhunderten mittels einer Variante der Pluralitätsregel abgehalten, bei welcher für einen Sieg eine Zweidrittelmehrheit der Stimmen der beteiligten Kardinäle nötig ist.

Tab. 4.3: Beispiel für den paarweisen Mehrheitsvergleich ohne Condorcet-Sieger

	paarweiser Vergleich					
Stimme	$A?B$	$A?C$	$A?D$	$B?C$	$B?D$	$C?D$
$A > D > C > B$	A	A	A	C	D	D
$C > D > B > A$	B	C	D	C	D	C
$C > D > B > A$	B	C	D	C	D	C
$B > D > A > C$	B	A	D	B	B	D
$A > C > D > B$	A	A	A	C	D	C
$A > C > B > D$	A	A	A	C	B	C
Gewinner des Vergleichs:	$?$	A	$?$	C	D	C

Die Auswertung dieser Beispielwahl für ein beliebiges rationales $\alpha \in [0,1]$ ergibt die folgenden Punktwerte der Kandidaten:

$$
\begin{aligned}
C^\alpha Score(A) &= 1+2\alpha, \\
C^\alpha Score(B) &= \alpha, \\
C^\alpha Score(C) &= 2, \\
C^\alpha Score(D) &= 1+\alpha.
\end{aligned}
$$

Der Gewinner einer Copeland[0]-Wahl mit dem Präferenzprofil aus Tabelle 4.3 ist also C mit 2 Punkten, bei einer Copeland[1]-Wahl hingegen ist A mit 3 Punkten der Gewinner, und bei einer Copeland[1/2]-Wahl gewinnen A und C, die beide 2 Punkte erzielen. Der Mehrheitsgraph dieser Wahl ist in Abbildung 4.4 zu sehen.

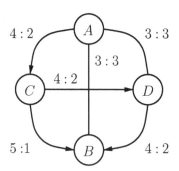

Abb. 4.4: Mehrheitsgraph zur Wahl in Tabelle 4.3

Das Wahlsystem von Dodgson

Ein weiteres Wahlsystem, das die Gewinner aufgrund paarweiser Vergleiche der Kandidaten bestimmt und den Condorcet-Gewinner respektiert, aber stets (mindestens) einen Gewinner hat, wird Dodgson (1876) zugeschrieben, der als der

Autor von z. B. „*Alice im Wunderland*" vielen Lesern von Kinderbüchern besser unter seinem Pseudonym Lewis Carroll bekannt ist.[3]

Auch hier soll der Gewinner einem Condorcet-Sieg wieder möglichst nah sein. Bei diesem Wahlsystem werden dazu in jeder Stimme Vertauschungen von zwei benachbarten Kandidaten betrachtet. Der *Dodgson-Score* eines gegebenen Kandidaten c (bezeichnet mit $DScore(c)$) ist die minimale Anzahl von solchen Vertauschungen in den Stimmen der Wähler, die nötig ist, um diesen Kandidaten zum Condorcet-Gewinner zu machen. In *Dodgsons Wahlsystem* gewinnen die Kandidaten mit dem niedrigsten Dodgson-Score.

Wenn ein Condorcet-Gewinner existiert, so sind für ihn keine Vertauschungen nötig. Er hat folglich als Einziger den minimalen Dodgson-Score von 0 und ist der Dodgson-Gewinner.

In der Beispielwahl aus Tabelle 4.3 ist $DScore(A) = 2$, denn durch zwei Vertauschungen in der zweiten Stimme:

$$C > D > B \overset{\frown}{>} A \quad \rightsquigarrow \quad C > D \overset{\frown}{>} A > B \quad \rightsquigarrow \quad C > A > D > B$$

schlägt A die Kandidaten B und D im paarweisen Mehrheitsvergleich und ist somit der Condorcet-Sieger. Dies zeigt, dass $DScore(A) \leq 2$ gilt. Doch es gilt auch $DScore(A) \geq 2$ und somit die Gleichheit, denn mit nur einer Vertauschung ist es nicht möglich, A zum Condorcet-Sieger zu machen. C hat ebenfalls einen Dodgson-Score von 2. Um Condorcet-Sieger zu werden, muss C noch den paarweisen Vergleich gegen A gewinnen und muss dafür in zwei weiteren Stimmen vor A stehen, denn steht C in nur einer weiteren Stimme vor A, wäre erst ein Gleichstand $(3:3)$ erreicht und keine echte Mehrheit. Zum Condorcet-Gewinner wird C zum Beispiel mit je einer Vertauschung in den letzten beiden Stimmen:

$$A \overset{\frown}{>} C > D > B \quad \rightsquigarrow \quad C > A > D > B$$
$$A \overset{\frown}{>} C > B > D \quad \rightsquigarrow \quad C > A > B > D.$$

Der Dodgson-Score von B und D ist jedoch größer als 2. Sehen Sie, welche Vertauschungen in der Ausgangswahl aus Tabelle 4.3 jeweils gemacht werden müssten, um B bzw. D zum Condorcet-Sieger zu machen? Können Sie zeigen, dass die Anzahl dieser Vertauschungen jeweils minimal ist, d. h., können Sie den Dodgson-Score von B und D genau bestimmen?

---

[3]Da das Dodgson-System, wie wir in Abschnitt 4.2 sehen werden, eine Reihe von unvorteilhaften Eigenschaften hat, sollte man fairerweise allerdings hinzufügen, dass Dodgson selbst es nie als Wahlsystem vorgeschlagen hat. Das Manuskript von Dodgson (1876) ist mit den Worten „*not yet published*" überschrieben, und Fishburn (1977) hält auf Seite 474 fest: „*Since Dodgson's function has serious defects, it may be a bit unfair to label [Dodgson's rule] with his name in view of the fact that the idea of counting inversions was cautiously proposed as a part of a more complex procedure.*" Tideman (1987) ergänzt: „*Dodgson did not actually propose the rule that has been given his name. Rather, he used it implicitly to criticize other rules.*" Brandt (2009) diskutiert diese historischen Anmerkungen und untersucht die Eigenschaften des Dodgson-Systems genauer.

Insgesamt sind somit A und C die Dodgson-Gewinner dieser Wahl. Wie man sieht, kann die Gewinnerbestimmung in diesem System wegen der vielen Möglichkeiten für Vertauschungen benachbarter Kandidaten in den Präferenzlisten der Wähler recht aufwändig sein, und dieser Eindruck täuscht auch nicht, wie wir in Abschnitt 4.3.1 sehen werden (siehe auch Hemaspaandra *et al.*, 1997a).

Das Wahlsystem von Simpson (Maximin)

Das Maximin-Wahlsystem wurde von Simpson (1969) vorgeschlagen und funktioniert folgendermaßen. Für je zwei verschiedene Kandidaten c und d in einer gegebenen Wahl sei $N(c,d)$ die Anzahl der Wähler, die c gegenüber d bevorzugen. Diese Zahlen lassen sich direkt aus den Kantenbeschriftungen $i:j$ des Mehrheitsgraphen ablesen. Beispielsweise gilt in der Wahl aus Tabelle 4.3, deren Mehrheitsgraph in Abbildung 4.4 dargestellt ist:

$$N(A,B) = N(B,A) = N(A,D) = N(D,A) = 3, \quad N(A,C) = 4, \quad N(C,A) = 2$$

usw. Der *Simpson-Score* eines Kandidaten c ist definiert als

$$SScore(c) = \min_{d \neq c} N(c,d).$$

Gewinner der Wahl sind die Kandidaten mit maximalem Simpson-Score. Weil man hier ein Maximum über die Minima der Werte $N(c,d)$ mit $d \neq c$ bildet, nennt man diesen Punktwert auch den *Maximin-Score* von c und das Wahlsystem demgemäß auch *Maximin*. Das heißt, ein Simpson-Gewinner schneidet gegen seinen ärgsten Widersacher im paarweisen Vergleich noch am besten ab.

Wenn ein Condorcet-Gewinner existiert, so hat er als Einziger den maximalen Simpson-Score, denn er schlägt selbst seinen ärgsten Widersacher im paarweisen Vergleich. Folglich sind Condorcet-Gewinner stets auch Simpson-Gewinner.

Tab. 4.4: Simpson-Scores der Kandidaten in der Wahl aus Tabelle 4.3

	A	B	C	D	Simpson-Score
A	$\times$	**3**	4	**3**	**3**
B	3	$\times$	**1**	2	1
C	**2**	5	$\times$	4	2
D	3	4	**2**	$\times$	2

Tabelle 4.4 zeigt die Simpson-Scores der Kandidaten in der Wahl aus Tabelle 4.3. In den mittleren vier Spalten stehen die Werte $N(c,d)$ für $c,d \in \{A,B,C,D\}$, $c \neq d$, wobei in jeder Zeile die Minima fettgedruckt sind. Diese Minima sind die Simpson-Scores der Kandidaten und stehen in der Spalte ganz rechts, wobei das Maximum der Simpson-Scores fettgedruckt ist. Gewonnen hat diese Wahl also der Kandidat A mit $SScore(A) = 3$.

Das Wahlsystem von Young

Im Wahlsystem von Young (1977) wird für jeden Kandidaten der Young-Score ermittelt. Ähnlich wie bei dem Wahlsystem von Dodgson gewinnen auch hier alle Kandidaten mit dem niedrigsten Young-Score. Dieser gibt wieder an, wie nah ein Kandidat einem Condorcet-Sieg kommt, aber anders als beim Dodgson-System verwendet das Wahlsystem von Young keine Vertauschungen von benachbarten Kandidaten, sondern stattdessen werden Wählerstimmen gestrichen.

Der *Young-Score* eines Kandidaten c (bezeichnet mit *YScore*(c)) ist die minimale Anzahl von Wählerstimmen, die gestrichen werden müssten, damit c Condorcet-Sieger wird. Alternativ zu dem so definierten Young-Score kann man als Score eines Kandidaten c einer Young-Wahl (C, V) auch die Größe einer größten Teilliste $V' \subseteq V$ definieren, sodass c Condorcet-Gewinner in (C, V') ist. Beide Score-Begriffe sind dual zueinander, wobei der eine auf ein Minimierungsproblem und der andere auf ein Maximierungsproblem hinausläuft. Für die Gewinnerbestimmung ist es egal, welchen der beiden Score-Begriffe für Young-Wahlen man verwendet. Die algorithmischen Eigenschaften der entsprechenden Probleme können sich jedoch für die beiden Definitionen unterscheiden. Das liegt in erster Linie daran, dass der Parameter „Anzahl der zu streichenden Wählerstimmen" im Minimierungsproblem in der Regel kleiner ist als der Parameter „Anzahl der Wählerstimmen in einer größten Teilliste V'" im Maximierungsproblem. Deshalb ist der hier definierte *YScore*$(\cdot)$ algorithmisch leichter handhabbar (siehe Betzler *et al.*, 2010a).

Existiert ein Condorcet-Gewinner, so müssen für ihn natürlich keine Wählerstimmen eliminiert werden. Folglich hat ein Condorcet-Gewinner als Einziger den minimalen Young-Score von 0; das Young-System respektiert den Condorcet-Gewinner ebenso wie die Systeme von Copeland, Llull, Dodgson und Simpson.

In der Beispielwahl aus Tabelle 4.3 kann der Kandidat A zum Condorcet-Gewinner gemacht werden, indem die zweite Stimme (also $C > D > B > A$) gestrichen wird, und mindestens eine Streichung ist auch nötig. Also ist *YScore*$(A) = 1$. Bei jedem anderen Kandidaten müssten hingegen mindestens zwei Stimmen eliminiert werden, um ihn zum Condorcet-Sieger zu machen. Somit ist A der eindeutige Young-Gewinner dieser Wahl.

Da es bei einer Wahl (C, V) insgesamt $2^{\|V\|}$ Teillisten von Stimmen in V gibt, die man streichen könnte, und da man schlimmstenfalls alle diese Möglichkeiten überprüfen müsste, um den Young-Score eines Kandidaten in C zu bestimmen, ist auch in Young-Wahlen die Gewinnerbestimmung ein schweres Problem (siehe Abschnitt 4.3.1 und Rothe *et al.*, 2003).

Das Wahlsystem von Kemeny

Dieses Wahlsystem wurde von Kemeny (1959) erstmals vorgestellt und von Levenglick (1975) weiter spezifiziert. Die ursprüngliche Definition dieses Wahlsystems verwendet keine strikten linearen Ordnungen, sondern erlaubt explizit, dass ein Wähler in seiner Präferenz auch indifferent gegenüber zwei Kandidaten sein kann. Eine Präferenz der Form $a > b = c > d$ bedeutet zum Beispiel, dass a der favorisierte Kandidat ist, b und c beide gleich eingestuft werden, aber beide schlechter als a und besser als d. Am wenigsten bevorzugt ist dann der Kandidat d. Wieder gilt, dass falls ein Condorcet-Sieger existiert, dieser auch ein Kemeny-Sieger ist.

Die Bestimmung der Gewinner im Wahlsystem von Kemeny erfolgt in mehreren Schritten. Es sei (C, V) eine Wahl, wobei Indifferenzen in den Präferenzen explizit erlaubt sind. Wichtig für die Gewinnerbestimmung sind die Abstandsfunktionen $d_{P,Q}$, die für je zwei Präferenzlisten P und Q über C (die nicht unbedingt in V vorkommen müssen) den Abstand zweier Kandidaten $c, d \in C$ wie folgt definieren:

$$d_{P,Q}(c,d) = \begin{cases} 0 & \text{falls } P \text{ und } Q \text{ auf } c \text{ und } d \text{ übereinstimmen} \\ 2 & \text{falls } P \text{ und } Q \text{ sich bei } c \text{ und } d \text{ widersprechen} \\ 1 & \text{sonst.} \end{cases}$$

Der Abstand von c und d bezüglich der Präferenzlisten P und Q ist gemäß dieser Funktion also:

- 0, falls in beiden Präferenzlisten entweder $c > d$, $d > c$ oder $c = d$ gilt;
- 2, falls in einer Präferenzliste $c > d$ und in der anderen Präferenzliste $d > c$ gilt;
- 1, falls in einer Präferenzliste $c = d$ und in der anderen entweder $c > d$ oder $d > c$ gilt.

Mit Hilfe der Funktionen $d_{P,Q}$ kann nun die Distanz zweier Präferenzlisten P und Q wie folgt bestimmt werden:

$$dist(P,Q) = \sum_{\{c,d\} \subseteq C} d_{P,Q}(c,d),$$

d. h., $dist(P,Q)$ ist die Summe der Werte von $d_{P,Q}(c,d)$ über alle ungeordneten Paare $\{c,d\} \subseteq C$. Im nächsten Schritt wird der *Kemeny-Score* einer Präferenzliste P über C (Achtung: *nicht* der Kemeny-Score eines Kandidaten aus C) bestimmt:

$$KScore_{(C,V)}(P) = \sum_{Q \in V} dist(P,Q).$$

Die *Kemeny-Gewinner* der Wahl sind dann die Kandidaten, die in den Präferenzlisten mit dem kleinsten Kemeny-Score ganz vorn stehen. Jede dieser Präferenzlisten wird als ein *Kemeny-Konsensus* bezeichnet.

Conitzer *et al.* (2006) interpretieren das Problem, einen Kemeny-Konsensus zu finden, als ein Graphenproblem. Aus einer gegebenen Wahl wird ein Graph erstellt, der dem Mehrheitsgraphen sehr ähnlich ist. Die Knoten entsprechen weiterhin den Kandidaten, und es gibt genau dann eine gerichtete Kante von einem Knoten A zu einem Knoten B, wenn der Kandidat A den Kandidaten B im paarweisen Mehrheitsvergleich schlägt. Das Gewicht dieser Kante entspricht der Anzahl der Stimmen für A abzüglich der Anzahl der Stimmen für B. Falls es einen Gleichstand

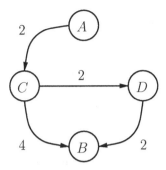

Abb. 4.5: Kemeny-Wahl für das Präferenzprofil aus Tabelle 4.3

zwischen zwei Kandidaten gibt, wird in diesem Graphen keine Kante gezeichnet. In Abbildung 4.5 ist der entsprechende Graph für die Wahl aus Tabelle 4.3 angegeben. Einen Kemeny-Konsensus zu finden, entspricht nun dem Problem, einen Graphen ohne Zyklen zu finden, in dem es genau eine Kante zwischen je zwei Kandidaten gibt, sodass die Kantengewichte der zu verändernden Kanten minimal sind. Für den hier angegebenen Graphen ist das einfach zu erreichen, indem eine gerichtete Kante von A nach B und eine gerichtete Kante von A nach D eingefügt wird. Aus diesem Graphen resultiert dann der Kemeny-Konsensus $A > C > B > D$, und somit gewinnt A diese Kemeny-Wahl.

Im Allgemeinen jedoch ist die Gewinnerbestimmung im Kemeny-System offenbar recht kompliziert, und wieder trägt dieser Eindruck nicht (siehe Abschnitt 4.3.1 und Hemaspaandra *et al.*, 2005b).

4.1.3 Das Approval-Wahlsystem

Die bisher vorgestellten Wahlsysteme erwarten von den Wählern immer eine vollständige Präferenzliste über alle Kandidaten. Beim *Approval-Wahlsystem*[4] hingegen, das Brams und Fishburn (1978) einführten, gibt jeder Wähler einigen Kandidaten seine Zustimmung (engl. *approval*) und den anderen Kandidaten nicht. Eine Wählerstimme enthält also nur eine (ungeordnete) Liste der Kandidaten, die die Zustimmung dieses Wählers erhalten. Diese Liste kann auch leer sein bzw. sämtliche Kandidaten enthalten, wenn ein Wähler keinem bzw. allen Kandidaten seine Zustimmung gibt.

Oft werden Stimmen auch durch so genannte *Approval-Vektoren* dargestellt: Für eine universell festgelegte Reihenfolge der Kandidaten in $C = \{c_1, c_2, \ldots, c_m\}$ ist dies ein Vektor in $\{0,1\}^m$, der für $1 \leq i \leq m$ an der i-ten Stelle eine 1 hat, falls dieser

---

[4]Auf Deutsch könnte man dieses Verfahren als „Zustimmungswahlsystem" bezeichnen; wir bleiben jedoch bei dem gängigen englischen Begriff „Approval-Wahlsystem".

Wähler dem Kandidaten c_i zustimmt, und eine 0 sonst. Approval-Vektoren darf man nicht mit den in Abschnitt 4.1.1 eingeführten Scoring-Vektoren verwechseln. Beispielsweise wäre $(1,0,1)$ ein erlaubter Approval-Vektor für drei Kandidaten, aber kein legitimer Scoring-Vektor.

Wie vielen Kandidaten ein Wähler seine Zustimmung gibt, bleibt ihm überlassen. Jede Zustimmung, die ein Kandidat von einem der Wähler erhält, wird mit einem Punkt belohnt. Der *Approval-Score* eines Kandidaten c (bezeichnet mit $AScore(c)$) ist die Summe der Punkte, die c insgesamt erhält. Gewinner sind die Kandidaten mit den meisten Zustimmungen, die also den höchsten Approval-Score haben.

Angenommen, die Entscheidung aus unserem Anfangsbeispiel, ob Anna, Belle und Chris eine Fahrradtour machen, schwimmen gehen, oder Minigolf spielen, soll mit dem Approval-Wahlsystem gefällt werden. Dann müssen sie statt einer Präferenzliste wie in Abbildung 4.1 festlegen, welchen Aktivitäten sie ihre Zustimmung (also einen Punkt) geben und welchen nicht. Angenommen, die drei Alternativen sind alphabetisch geordnet – Fahrradtour, Minigolf, Schwimmen – und Anna, Belle und Chris stimmen mit den Approval-Vektoren $(1,1,0)$, $(0,1,0)$ und $(1,0,0)$ ab; dann sind Fahrradtour und Minigolf die Approval-Gewinner mit jeweils zwei Punkten, während Schwimmen keinen Punkt bekommt.

Eine mit dem Approval-System verwandte Klasse von Scoring-Protokollen ist *k-Approval*. Für ein fest gewähltes k lässt sich k-Approval nur für Wahlen mit mindestens k Kandidaten anwenden, wobei der Scoring-Vektor

$$\vec{\alpha} = (\underbrace{1,\ldots,1}_{k},0,\ldots,0)$$

verwendet wird. Das heißt, die Wähler geben hier komplette Präferenzlisten über die Kandidaten ab, und die jeweils ersten k Kandidaten in jeder Stimme erhalten einen Punkt. Ein weiterer Unterschied zum Approval-Wahlsystem ist, dass die Anzahl der Kandidaten, die eine Zustimmung erhalten, bei k-Approval für jeden Wähler identisch ist, nämlich k, wohingegen sie beim Approval-Wahlsystem für jeden Wähler unterschiedlich sein kann. Offenbar ist 1-Approval nichts anderes als die Pluralitätsregel und $(m-1)$-Approval bei m Kandidaten ist nichts anderes als die Veto-Regel.

4.1.4 Mehrstufige Wahlsysteme

Die bisher vorgestellten Wahlsysteme bestimmen alle direkt aus den gegebenen Stimmen der Wähler den oder die Sieger der Wahl. Im Gegensatz dazu gibt es auch mehrstufige Wahlverfahren, bei denen der Ablauf der Wahl in mehreren Runden (oder Stufen) organisiert ist, wobei in jeder Runde möglicherweise nur eine Teilmenge der Kandidaten oder nur bestimmte Teile der Präferenzlisten der

Wähler betrachtet werden und die nächste Runde vom Ergebnis dieser Betrachtung abhängt.[5] Vier der wichtigsten mehrstufigen Wahlsysteme werden nun vorgestellt.

Das Mehrheitswahlsystem mit Stichwahl (engl. Plurality with Run-off)

Bei der Mehrheitswahl mit Stichwahl wird der Sieger in zwei Runden ermittelt. Die Wähler geben hierzu einmal eine komplette Präferenzliste über alle Kandidaten ab. In der ersten Runde wird für jeden Kandidaten ermittelt, wie oft er an erster Position steht. Die beiden Kandidaten mit den meisten ersten Plätzen nehmen an der Stichwahl in der zweiten Runde teil.[6] Dazu werden in den Stimmen alle Kandidaten außer diesen beiden gestrichen. Wer dann die meisten ersten Plätze in der Stichwahl belegt, gewinnt insgesamt die Wahl. Bei Gleichstand in einer der beiden Runden muss eine vorher vereinbarte *Vorzugsregel* (engl. *tie-breaking rule*) angewandt werden, die es ermöglicht, dass nur zwei Kandidaten in die Stichwahl einziehen und genau ein Kandidat die Stichwahl gewinnt. Eine Vorzugsregel könnte beispielsweise den Sieger alphabetisch auswählen (wer im Alphabet zuerst kommt, hat gewonnen). Diese Regel ist jedoch ziemlich unfair, da sie dem Kandidaten Aaron einen großen Vorteil verschaffen und der Kandidatin Züleyha einen großen Nachteil bescheren würde. Gerechter wäre es, einfach das Los entscheiden zu lassen, damit jeder dieselbe Chance hat zu gewinnen.

Wenn in der Beispielwahl aus Tabelle 4.3 der Gewinner durch die Mehrheitswahl mit Stichwahl ermittelt wird, bekommt der Kandidat A in der ersten Runde drei Punkte, C zwei Punkte, B nur einen und D gar keinen Punkt. Somit tritt A in der Stichwahl gegen C an, und die beiden anderen Kandidaten, B und D, werden gestrichen. C steht dann immer noch zwei Mal auf einem ersten Platz (also vor A) und erhält somit weiterhin zwei Punkte. A hat in der Stichwahl aber vier erste Plätze (steht also vor C) und gewinnt die Wahl.

Eine leicht abgewandelte Form dieses Wahlsystems wird bei den Präsidentschaftswahlen in Frankreich verwendet. Die wesentlichen Unterschiede liegen darin, dass die Wähler ihre Stimmen

- nicht als vollständige Präferenzliste über alle Kandidaten abgeben, sondern jeweils nur für ihren favorisierten Kandidaten stimmen, und
- in der Stichwahl erneut abgeben müssen, falls diese notwendig ist, weil kein Kandidat in der ersten Runde eine absolute Mehrheit erhalten hat.

---

[5] Beim Kemeny-System wurde erwähnt, dass man zur Gewinnerbestimmung in mehreren Schritten vorgeht. Das bedeutet jedoch nicht, dass dieses System mehrstufig wäre. Die Darstellung der Bestimmung von Kemeny-Gewinnern in mehreren Schritten hatte lediglich den Zweck, diese recht komplexe Kalkulation verständlich zu erklären.

[6] Eine Stichwahl ist nicht nötig, wenn ein Kandidat bereits in der ersten Runde eine absolute Mehrheit errungen hat.

Übertragbare Einzelstimmgebung (engl. Single Transferable Vote, kurz STV)

Dieses Wahlsystem verlangt als Wählerstimme ebenfalls eine vollständige Präferenzliste über alle Kandidaten. Die Anzahl der Runden in diesem Wahlverfahren ist vorher nicht genau festgelegt, jedoch gibt es höchstens so viele Runden, wie es Kandidaten gibt. In jeder Runde erhält der Kandidat an der ersten Position der Stimme eines Wählers einen Punkt (wie bei der Pluralitätsregel). Wenn es in einer Runde einen Kandidaten gibt, der mehr als die Hälfte aller Stimmen bekommen hat, so ist er der Sieger der Wahl, und es werden keine weiteren Runden durchlaufen. Gibt es in einer Runde jedoch keinen solchen Kandidaten, so wird der Kandidat mit der niedrigsten Punktzahl aus allen Stimmen gestrichen. In allen Stimmen, in denen ein Kandidat an erster Stelle gestrichen wird, werden also die Stimmen dieser Wähler auf die jeweiligen nächstbesten Kandidaten übertragen, die auf der zweiten Position standen und jetzt auf die erste Position vorgerückt sind. Dieses Verfahren wird so lange wiederholt, bis ein Sieger feststeht. Auch bei diesem Wahlsystem muss bei Gleichstand in den einzelnen Runden eine vorher vereinbarte Vorzugsregel angewandt werden, damit in jeder Runde höchstens ein Kandidat gestrichen wird.

Bei der Beispielwahl aus Tabelle 4.3 ergibt sich der folgende Ablauf:

1. In der ersten Runde erhält (wie beim Mehrheitswahlsystem mit Stichwahl) der Kandidat A drei Punkte, C zwei Punkte, B einen und D gar keinen Punkt. Also wird D gestrichen; beispielsweise wird aus der vierten Stimme $(B > D > A > C)$ dadurch die Stimme $B > A > C$.

2. Da D nie an erster Stelle stand, sind die Punkte der anderen Kandidaten unverändert, und nun wird der Kandidat B in der zweiten Runde gestrichen. In der vierten Stimme $(B > A > C)$ rückt somit der Kandidat A auf die erste Position und gewinnt einen Punkt hinzu: $A > C$.

3. Mit vier Punkten hat A nun in der dritten Runde mehr als die Hälfte aller Stimmen bekommen und gewinnt die Wahl.

Dieses Wahlverfahren (oder Varianten davon) wird unter anderem bei Wahlen in Australien und Neuseeland verwendet.

Das Cup-Protokoll

Der Sieger der *UEFA Champions League* wird natürlich nicht gewählt, sondern durch die Ergebnisse von Fußballspielen ermittelt, aber das Verfahren ähnelt dennoch dem Cup-Protokoll. Wer am Ende den Pokal (engl. *cup*) gewinnt, musste sich in den K.O.-Spielen der Endrunde durchsetzen, also erst das Achtel-, Viertel- und Halbfinale gewinnen und schließlich im Finale triumphieren.

Im *Cup-Protokoll*, das man auch „*Wahlbaum*" (engl. *voting tree*) nennt, wird die Struktur der Wahl durch einen balancierten Binärbaum vorgegeben, dessen Blätter mit den Kandidaten markiert sind. In einem *Binärbaum* hat jeder innere Knoten zwei Kinder, und *balanciert* ist er, falls sich der Abstand der Blätter von der Wurzel um höchstens eins unterscheidet. Abbildung 4.6 zeigt ein Beispiel für vier Kandidaten. Wäre die Anzahl der Kandidaten keine Zweierpotenz, so wäre die letzte Stufe des Baumes unvollständig, aber der Baum immer noch balanciert.

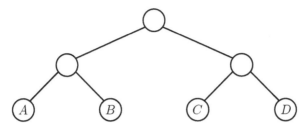

Abb. 4.6: Ein Wahlbaum im Cup-Protokoll

Die Beschriftung der Blätter im Wahlbaum aus Abbildung 4.6 entspricht den Auslosungen der Paarungen in den Halbfinalspielen einer K.O.-Runde. In jeder Runde werden die paarweisen Vergleiche (siehe auch Abschnitt 4.1.2) zwischen den beiden Kandidaten entschieden, mit denen die Kinder desselben inneren Knotens beschriftet sind, nur dass der Sieger eines solchen Vergleichs hier durch die Wähler und nicht durch den Ausgang eines Fußballspiels bestimmt wird.

Die Wählerstimmen sind wieder vollständige Präferenzlisten. Der Sieger eines paarweisen Vergleichs – also der Kandidat, den die echte Mehrheit der Wähler bevorzugt – zieht in die nächste Runde ein, d. h., mit ihm wird der Knoten beschriftet, dessen Kind er war. Tritt bei einer geraden Anzahl von Wählern ein Gleichstand auf, so wendet man wieder eine Vorzugsregel an. Bei einer ungeraden Anzahl von Kandidaten hat ein Kandidat zu Beginn keinen Gegner für den paarweisen Vergleich und zieht sozusagen mit einem Freilos in die nächste Runde ein.

So arbeitet man sich Runde um Runde von der Blattebene bis zur Wurzel. Der Sieger der Wahl ist der Kandidat, mit dem die Wurzel schließlich beschriftet wird.

Für die Beispielwahl aus Tabelle 4.3 und mit der (etwas willkürlichen) Vorzugsregel, nach der bei einem Gleichstand der alphabetisch kleinere Kandidat gewinnt, ergibt sich der in Abbildung 4.7 dargestellte Wahlverlauf. In der ersten Runde (siehe Abbildung 4.7(a)) gewinnt A wegen des Gleichstands $(3:3)$ nach der Vorzugsregel gegen B, während sich C mit $4:2$ Stimmen gegen D durchsetzt. A und C ziehen in die zweite Runde (das Finale, siehe Abbildung 4.7(b)) ein, das A mit $4:2$ Stimmen gegen C gewinnt.

Natürlich hängt der Wahlausgang nicht nur von den Präferenzlisten der Wähler, sondern erstens auch von der vereinbarten Vorzugsregel und zweitens davon ab, welches Blatt mit welchem Kandidaten beschriftet wird, also welche Paarungen zu Beginn ausgelost werden. Die oben verwendete Vorzugsregel bewirkt für die Wahl aus Tabelle 4.3, dass A gewissermaßen der Condorcet-Gewinner ist, denn A schlägt C mit einer Stimmenmehrheit und B und D gemäß der Vorzugsregel. Offensichtlich respektiert das Cup-Protokoll den Condorcet-Gewinner, denn dieser

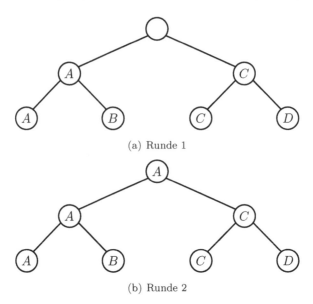

(a) Runde 1

(b) Runde 2

Abb. 4.7: Cup-Protokoll für die Wahl aus Tabelle 4.3 am Baum aus Abbildung 4.6

gewinnt jeden paarweisen Vergleich und ist auf dem Durchmarsch vom Blatt zur Wurzel nicht zu stoppen. Deshalb verwenden wir nun eine andere Vorzugsregel: Bei einem Gleichstand gewinnt der alphabetisch *größere* Kandidat. Nach dieser Regel wird A in der Wahl aus Tabelle 4.3 sowohl von B als auch von D geschlagen. Mit dieser Vorzugsregel ergeben sich die in Abbildung 4.8 dargestellten Wahlabläufe für zwei verschiedene Paarungen auf der Blattebene: A gegen B und C gegen D in Abbildung 4.8(a) und A gegen C und B gegen D in Abbildung 4.8(b).

Offenbar spielen die Paarungen, in denen Kandidaten gegeneinander antreten, eine entscheidende Rolle: In dem Wahlbaum aus Abbildung 4.8(a) gewinnt C und in dem aus Abbildung 4.8(b) gewinnt D. Kann man mit der hier verwendeten Vorzugsregel für die Wahl aus Tabelle 4.3 auch Paarungen (also Beschriftungen der Blätter mit Kandidaten) finden, sodass A bzw. B gewinnt? Wenn ja, welche? Wenn nein, warum nicht?

Das Wahlsystem von Bucklin

Dieses Wahlsystem geht auf den Amerikaner James W. Bucklin aus Grand Junction, Colorado, zurück. Da es dort von 1909 bis 1922 erstmals in politischen Wahlen eingesetzt wurde, ist es auch unter dem Namen *Grand-Junction-System* bekannt.

Für eine Wahl (C, V) sei $maj(V) = \lfloor \|V\|/2 \rfloor + 1$ der Schwellwert,[7] der für eine echte Mehrheit nötig ist. Die Wählerstimmen in V sind wieder vollständige

---

[7]Für eine reelle Zahl x bezeichne $\lfloor x \rfloor$ die größte ganze Zahl, die x nicht überschreitet.

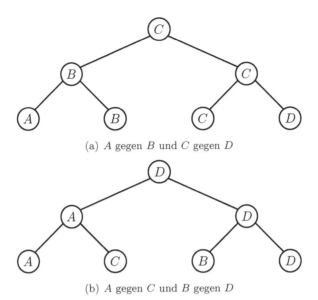

(a) A gegen B und C gegen D

(b) A gegen C und B gegen D

Abb. 4.8: Verschiedene Paarungen im Cup-Protokoll bei der Wahl aus Tabelle 4.3

Präferenzlisten. Bei der Gewinnerbestimmung geht man im Bucklin-Wahlsystem stufenweise vor, wobei die Anzahl der nötigen Stufen variabel, aber höchstens $m = \|C\|$ ist. In Stufe $i \leq m$ betrachtet man nur die ersten i Positionen in den Wählerstimmen:

1. In der ersten Stufe wird geprüft, ob es einen Kandidaten gibt, der in einer echten Mehrheit (also in mindestens $maj(V)$) der Stimmen auf der ersten Position steht:

   a) Falls ja, ist dieser Kandidat der (eindeutige) Bucklin-Gewinner.
   b) Falls nein, geht man zur nächsten Stufe.

2. In der zweiten Stufe wird geprüft, ob es Kandidaten gibt, die in einer echten Mehrheit (also in mindestens $maj(V)$) der Stimmen auf den ersten beiden Positionen stehen:

   a) Falls ja, sind diejenigen dieser Kandidaten die Bucklin-Gewinner, die in den meisten der Stimmen auf den ersten beiden Positionen stehen.
   b) Falls nein, geht man zur nächsten Stufe.

3. Usw.

Allgemein kann man in dieser Weise den *Bucklin-Score* eines Kandidaten $c \in C$ (bezeichnet mit $BScore(c)$) und die *Bucklin-Gewinner* bestimmen:

- Der *Bucklin-Score von c auf Stufe i* (bezeichnet mit $BScore^i(c)$) ist die Anzahl der Stimmen, in denen c auf einer der ersten i Positionen steht.
- Der *Bucklin-Score von c* ist das kleinste i mit $BScore^i(c) \geq maj(V)$.

- Unter allen Kandidaten mit dem kleinsten Bucklin-Score, etwa k, sind diejenigen mit dem größten Bucklin-Score auf Stufe k die Gewinner der Wahl (C,V).

Gibt es bereits auf der ersten Stufe einen Bucklin-Gewinner, so kann es nur einen geben. Ab der zweiten Stufe müssen Bucklin-Gewinner jedoch nicht eindeutig sein. Auf der letzten Stufe taucht jeder Kandidat auf den ersten $m = \|C\|$ Positionen eines jeden Wählers auf, denn mehr Positionen gibt es nicht. Daher ist der Bucklin-Score eines jeden Kandidaten auf Stufe m gleich der Anzahl aller Wähler, woraus insbesondere folgt, dass jeder Kandidat auf dieser Stufe eine echte Mehrheit hat. Somit gibt es stets einen oder mehrere Bucklin-Gewinner.

$A > D > C > B$	$A > D > C > B$
$C > D > B > A$	$C > D > B > A$
$C > D > B > A$	$C > D > B > A$
$B > D > A > C$	$B > D > A > C$
$A > C > D > B$	$A > C > D > B$
$A > C > B > D$	$A > C > B > D$

	A	B	C	D
$BScore^1(\cdot)$	3	1	2	0
$BScore^2(\cdot)$	3	1	4	4

(a) Stufe 1   (b) Stufe 2   (c) Bucklin-Scores auf Stufe 1 und 2

Abb. 4.9: Bestimmung des Bucklin-Gewinners für die Wahl aus Tabelle 4.3

Sehen wir uns wieder die Beispielwahl aus Tabelle 4.3 an. Abbildung 4.9 zeigt, wie der Bucklin-Gewinner ermittelt wird. In Abbildung 4.9(a), die die erste Stufe der Wahl zeigt, sind die Kandidaten auf der ersten Position in den Wählerstimmen fett dargestellt. Auf der ersten Stufe hat der Kandidat A den höchsten Punktwert mit $BScore^1(A) = 3$ (siehe Abbildung 4.9(c)), aber das reicht wegen $maj(V) = 4$ noch nicht zum Sieg. Deshalb geht die Wahl in die zweite Stufe, für die in Abbildung 4.9(b) die Kandidaten auf den ersten beiden Positionen fett dargestellt sind. A und B gewinnen auf dieser Stufe keine neuen Stimmen hinzu, aber C erhöht seinen Punktwert um zwei und D holt mit vier Punkten mächtig auf. C und D erreichen mit $BScore^2(C) = BScore^2(D) = 4 = maj(V)$ auf dieser Stufe die kritische Mehrheitsschwelle und gewinnen somit die Wahl.

Der Bucklin-Score von C und D ist also $BScore(C) = BScore(D) = 2$, und weitere Stufen sind nicht nötig, da die Gewinner schon feststehen. A und B würden die Mehrheitsschwelle erst auf der dritten Stufe erreichen, mit $BScore^3(A) = BScore^3(B) = 4$, folglich ist ihr Bucklin-Score 3.

4.1.5 Hybride Wahlsysteme

Bisher wurden „reine" Wahlsysteme vorgestellt, die jeweils auf einer anderen grundlegenden Idee zur Aggregation individueller Präferenzen beruhen. In diesem Abschnitt stellen wir einige *hybride Wahlsysteme* vor, die solche „reinen" Wahlsysteme miteinander kombinieren und die Vorteile der ihnen zugrunde liegenden Systeme vereinigen.

Das Wahlsystem von Black

Ein Condorcet-Gewinner schlägt, wie wir wissen, alle anderen Kandidaten im paarweisen Vergleich. Das ist ein sehr starkes Argument dafür, dass die Wahl des Condorcet-Gewinners ausgesprochen vernünftig ist, denn es kann keinen Besseren geben. Wie wir ebenfalls wissen (siehe Abbildung 1.2 auf Seite 6), ist das Problem mit dem Condorcet-System jedoch, dass ein Condorcet-Gewinner nicht immer existiert. Auch für das Borda-System (siehe Seite 125) sprechen gute Gründe, beispielsweise der, dass es immer mindestens einen Borda-Gewinner geben muss. Seit den z. T. leidenschaftlich geführten Disputen über das Borda- und das Condorcet-System an der Französischen Akademie der Wissenschaften im 18. Jahrhundert werden die Vor- und Nachteile dieser beiden Systeme diskutiert und gegeneinander abgewogen (siehe z. B. Saari, 2006).

Black (1958) erkannte, dass man die Vorzüge des einen Systems mit denen des anderen kombinieren kann, sodass der wesentliche Nachteil des Condorcet-Systems entfällt. Das *Wahlsystem von Black* geht in zwei Stufen vor (d. h., prinzipiell hätte es auch in Abschnitt 4.1.4 als ein mehrstufiges Verfahren genannt werden können), wobei die Reihenfolge der Stufen wichtig ist:

1. Existiert der Condorcet-Gewinner, so ist dieser auch der Gewinner im Wahlsystem von Black.
2. Andernfalls sind alle Borda-Gewinner die Black-Gewinner.

Es ist klar, dass das Black-System einerseits den Condorcet-Gewinner respektiert, andererseits aber stets (mindestens) einen Gewinner hat. Es vereinigt also die Vorzüge beider Systeme, Borda und Condorcet, in sich und vermeidet den wichtigsten Nachteil des Condorcet-Systems. Außerdem lassen sich Black-Gewinner sehr einfach bestimmen, im Unterschied zu den Gewinnern in anderen Systemen wie denen von Dodgson, Young und Kemeny, die ebenfalls den Condorcet-Gewinner respektieren und stets (mindestens) einen Gewinner haben.

Das Fallback-Wahlsystem

Brams und Sanver (2009) schlugen ein hybrides Wahlsystem vor, das das Bucklin- mit dem Approval-System kombiniert. Dazu ist es zunächst nötig, dass die Stimmen der Wähler sowohl ihre Zustimmung bzw. Nichtzustimmung zu den Kandidaten als auch ihre Präferenzen im Sinne einer linearen Ordnung der Kandidaten ausdrücken. Allerdings müssen in diesem System nur die Kandidaten linear geordnet werden, denen der jeweilige Wähler seine Zustimmung gibt; die anderen bleiben ungeordnet, da sie keine Punkte bekommen und daher keine Rolle bei der Gewinnerbestimmung spielen. Dies wird so dargestellt, dass jeder Wähler

1. eine Zustimmungslinie zwischen den Kandidaten zieht, links davon stehen die, denen er seine Zustimmung gibt, rechts davon die anderen, und
2. die Kandidaten, denen er zustimmt, linear nach seiner Vorliebe ordnet.

Abbildung 4.10 auf Seite 145 zeigt diese Repräsentation der Stimmen am Beispiel der Wahl aus Tabelle 4.3 auf Seite 130, ergänzt um willkürlich gewählte Zustimmungslinien der Wähler. Die irrelevanten Kandidaten ohne Zustimmung, die als ungeordnete Menge rechts von der Zustimmungslinie stehen, sind grau dargestellt. Alternativ dazu könnte man sie auch ganz weglassen.

Zur Gewinnerbestimmung versucht man nun zunächst, nach dem Verfahren des Bucklin-Systems – allerdings eingeschränkt auf die Kandidaten, denen zugestimmt wurde – einen Kandidaten mit einer echten Mehrheit der Stimmen zu finden, wobei man sich wieder Stufe um Stufe „zurückfallen" lässt (daher der englische Name „*fallback voting*"), solange dies nicht gelingt. Da die Wähler nach Belieben ihre Zustimmungen verteilen können, kann es – anders als beim Bucklin-System selbst – hier jedoch passieren, dass es auf keiner Stufe einen Kandidaten mit einer echten Stimmenmehrheit gibt. Wenn das so ist, wendet man in einer zweiten Phase das Approval-Wahlsystem an, d. h., gewonnen haben dann die Kandidaten mit dem höchsten Approval-Score. In dem Extremfall, dass jeder Wähler allen Kandidaten seine Zustimmung verweigert, hätte jeder Kandidat einen Bucklin- und Approval-Score von 0. Dann gäbe es zwar keinen Gewinner gemäß dem Bucklin-System, aber alle Kandidaten wären Approval- und somit auch Fallback-Gewinner.

Im Detail geht man bei der Bestimmung der *Fallback-Gewinner* einer Wahl (C, V) folgendermaßen vor:

1. Zunächst versucht man, Kandidaten mit einer echten Stimmenmehrheit nach dem Bucklin-Verfahren zu finden:

    a) In der ersten Stufe wird geprüft, ob es einen Kandidaten gibt, der in einer echten Mehrheit (also in mindestens $maj(V)$) der Stimmen auf der ersten Position steht:

       i. Falls ja, ist dieser Kandidat der (eindeutige) Fallback-Gewinner.
       ii. Falls nein, geht man zur nächsten Stufe.

    b) In der zweiten Stufe wird geprüft, ob es Kandidaten gibt, die in einer echten Mehrheit (also in mindestens $maj(V)$) der Stimmen auf den ersten beiden Positionen stehen:

       i. Falls ja, sind diejenigen dieser Kandidaten die Fallback-Gewinner, die in den meisten der Stimmen auf den ersten beiden Positionen stehen.
       ii. Falls nein, geht man zur nächsten Stufe.

    c) Usw.

2. Wenn es nicht gelingt, in dieser Weise einen (oder mehrere) Fallback-Gewinner zu bestimmen, sind die Kandidaten mit dem höchsten Approval-Score die Fallback-Gewinner.

Allgemein kann man so den *Fallback-Score* eines Kandidaten $c \in C$ (bezeichnet mit $FScore(c)$) und die *Fallback-Gewinner* bestimmen:

- Der *Fallback-Score von c auf Stufe i* (bezeichnet mit $FScore^i(c)$) ist die Anzahl der Stimmen, in denen c eine Zustimmung erhält und auf einer der ersten i Positionen steht.
- Gibt es ein i mit $FScore^i(c) \geq maj(V)$ für einen Kandidaten c, so ist der *Fallback-Score von c* das kleinste solche i. In diesem Fall sind unter allen Kandidaten mit dem kleinsten Fallback-Score, etwa k, diejenigen mit dem größten Fallback-Score auf Stufe k die Gewinner der Wahl (C, V).
- Gibt es kein i mit $FScore^i(c) \geq maj(V)$ für irgendeinen Kandidaten c, so ist der *Fallback-Score von c* gleich dem Approval-Score von c, und alle Kandidaten mit größtem Fallback- bzw. Approval-Score haben gewonnen.

A |	$\{B,C,D\}$
C > D > B |	$\{A\}$
|	$\{A,B,C,D\}$
B > D |	$\{A,C\}$
A |	$\{B,C,D\}$
A > C > B |	$\{D\}$

(a) Stufe 1

A |	$\{B,C,D\}$
C > D > B |	$\{A\}$
|	$\{A,B,C,D\}$
B > D |	$\{A,C\}$
A |	$\{B,C,D\}$
A > C > B |	$\{D\}$

(b) Stufe 2

A |	$\{B,C,D\}$
C > D > B |	$\{A\}$
|	$\{A,B,C,D\}$
B > D |	$\{A,C\}$
A |	$\{B,C,D\}$
A > C > B |	$\{D\}$

(c) Stufe 3

	A	B	C	D
$FScore^1(\cdot)$	3	1	1	0
$FScore^2(\cdot)$	3	1	2	2
$FScore^3(\cdot)$	3	3	2	2
$FScore(\cdot)$	**3**	**3**	2	2

(d) Fallback-Scores auf den Stufen 1 bis 3 und Gewinnerbestimmung nach Approval-Score

Abb. 4.10: Bestimmung der Fallback-Gewinner für die Wahl aus Tabelle 4.3

Zur Illustration betrachten wir wieder die Beispielwahl aus Tabelle 4.3, ergänzt um willkürlich gesetzte Zustimmungslinien. Ein Wähler stimmt dabei *keinem* Kandidaten zu. Die Abbildungen 4.10(a) bis 4.10(c) zeigen die Bestimmung der Fallback-Scores aller Kandidaten auf den Stufen 1 bis 3. Offensichtlich erreicht dabei kein Kandidat eine echte Mehrheit von mindestens $maj(V) = 4$ Stimmen. Also werden die Gewinner A und B gemäß dem Approval-System bestimmt (siehe Abbildung 4.10(d)). Das sind übrigens genau die Kandidaten, die in dem ganz ähnlichen Beispiel einer Bucklin-Wahl (siehe Abbildung 4.9 auf Seite 142) keine

Gewinner waren, während die damaligen Bucklin-Gewinner C und D hier nicht gewinnen.

Der Spezialfall einer Fallback-Wahl, in dem jeder Wähler allen Kandidaten seine Zustimmung gibt, ist nichts anderes als eine Bucklin-Wahl, und die Fallback- und Bucklin-Gewinner stimmen dann überein. Der Eindruck, dass die Gewinnerbestimmung in diesen beiden Systemen so aufwändig wie z. B. im Dodgson-, Young- oder Kemeny-System wäre, täuscht. Zwar ist die Bestimmung der Gewinner einer Bucklin- oder Fallback-Wahl etwas komplizierter als etwa bei Pluralitäts-, Borda- oder Veto-Wahlen, aber nicht wesentlich. Entschädigt wird man für diesen leichten Mehraufwand durch die besonders guten Eigenschaften, die diese beiden Systeme hinsichtlich der Wahlkontrolle aufweisen, wie wir in Abschnitt 4.3.3 sehen werden.

Sincere-Strategy Preference-Based Approval Voting (SP-AV)

Ein anderes hybrides System von Brams und Sanver (2006) kombiniert ebenfalls das Approval-System mit dem Prinzip des präferenzbasierten Wählens. Wie beim Fallback-System teilt jeder Wähler die Kandidatenmenge in zwei Teilmengen auf, die jeweils die Kandidaten enthalten, denen er seine Zustimmung gibt bzw. verweigert, die also links bzw. rechts der Zustimmungslinie stehen. Zusätzlich ordnet jeder Wähler die Kandidaten gemäß seiner Präferenz in seiner Stimme linear an. Anders als beim Fallback-System gibt er dabei aber eine vollständige Präferenzliste an, ordnet also auch die Kandidaten, denen er keine Zustimmung gibt.

Ist (C, V) eine gegebene Wahl, so bezeichnen wir für jeden Wähler $v \in V$ mit $S_v \subseteq C$ seine *Approval-Strategie*, also die Menge der Kandidaten, denen v zustimmt. Nun muss eine solche Approval-Strategie eines Wählers aber auch zu seiner Präferenzliste passen. Beispielsweise wäre eine Wählerstimme in sich widersprüchlich, wenn sie einem Kandidaten ohne Zustimmung den Vorzug vor einem anderen Kandidaten mit Zustimmung geben würde. Man könnte auch sagen, eine solche Stimme wäre „unehrlich". Im Wahlsystem *Sincere-Strategy Preference-Based Approval Voting* (kurz *SP-AV*) sind nur Stimmen erlaubt, die in diesem Sinn ehrlich sind. Dargestellt werden solche Stimmen wie eine normale Präferenzliste, ergänzt um eine Zustimmungslinie, die die Kandidaten mit und ohne Zustimmung voneinander trennt. Weiter lassen wir hier aus Gründen der Übersichtlichkeit das Symbol „>" weg. Eine Stimme der Form

$$A \quad D \quad C \mid B$$

bedeutet also, dass A, D und C die Zustimmung dieses Wählers haben, B nicht, und dass $A > D > C > B$ die Präferenzliste dieses Wählers über diese vier Kandidaten ist. Die Approval-Strategie dieser Stimme ist ehrlich. Eine unehrliche Approval-Strategie für dieselbe Präferenzliste würde z. B. nur A und C zustimmen, nicht aber B und D. Da wir unehrliche Approval-Strategien jedoch ausschließen, ist es möglich, SP-AV-Stimmen mit nur einer Zustimmungslinie darzustellen.

Formal ist der Begriff der Ehrlichkeit wie folgt definiert. Die Approval-Strategie einer Wählerstimme im oben angegebenen Format ist *ehrlich* (engl. *sincere*), falls gilt: Wenn ein Kandidat c die Zustimmung dieses Wählers hat, dann stimmt dieser auch allen Kandidaten zu, denen er in seiner Präferenzliste den Vorzug vor c gibt. Auf diese Weise kann es keine „Löcher" in einer ehrlichen Approval-Strategie bezüglich der zugehörigen Präferenzliste geben.

Außerdem verlangen Brams und Sanver (2006), dass die ehrlichen Approval-Strategien in einem spieltheoretischen Sinn nicht dominiert werden (siehe Definition 2.2 in Abschnitt 2.1.1 auf Seite 27). Solche Approval-Strategien heißen *erlaubt* (engl. *admissable*). Ein Wähler mit einer erlaubten Approval-Strategie muss seinem favorisierten Kandidaten zustimmen und darf seinem am wenigsten bevorzugten Kandidaten nicht zustimmen. Insbesondere bedeutet das, dass erlaubte Approval-Strategien nicht trivial sein dürfen: Für alle Wähler $v \in V$ in einer SP-AV-Wahl (C, V) gilt $\emptyset \neq S_v \neq C$, d. h., kein Wähler darf entweder allen Kandidaten oder keinem Kandidaten zustimmen.

Für eine Wahl in diesem Format sind die SP-AV-Gewinner alle Kandidaten mit dem höchsten Approval-Score. Beispielsweise wären die Approval-Strategien, die die Wähler in Abbildung 4.10 auf Seite 145 für die dort angegebene Wahl im Fallback-System hatten, hier nicht erlaubt, weil ein Wähler keinem Kandidaten zustimmt. Dagegen ist die in Abbildung 4.11(a) dargestellte Wahl im SP-AV-Format möglich, da sie dieses Präferenzprofil mit einem Profil ehrlicher, erlaubter Approval-Strategien kombiniert. Die Kandidaten rechts der Zustimmungslinie, denen die Zustimmung verweigert wird, sind grau dargestellt. Abbildung 4.11(b) zeigt die Approval-Scores aller Kandidaten. Diese SP-AV-Wahl gewinnt D.

$A D \mid C B$					
$C D B \mid A$					
$C D \mid B A$		A	B	C	D
$B D \mid A C$	$AScore(\cdot)$	3	2	2	4
$A \mid C D B$					
$A \mid C B D$					

(a) SP-AV-Wahl   (b) SP-AV-Gewinner A, B und D

Abb. 4.11: Bestimmung der SP-AV-Gewinner für die Wahl aus Tabelle 4.3 mit ehrlichen und erlaubten Approval-Strategien

Brams und Sanver (2006) führen dann den Begriff des *kritischen Profils von Approval-Strategien* ein, mit dessen Hilfe sie das „*SP-AV-Ergebnis*" – die Menge aller potenziellen SP-AV-Gewinner für ein gegebenes Präferenzprofil P unter einem geeigneten Profil von Approval-Strategien – genauer analysieren. So zeigt sich, dass das SP-AV-Ergebnis die Gewinner unter Scoring-Protokollen (wie zum Beispiel Borda) enthält und ebenso die Gewinner unter STV, Bucklin sowie Wahlsystemen, die den Condorcet-Gewinner respektieren. Ohne dass wir hier auf Details eingehen wollen, liegt der Vorteil dieser Kombination von Präferenzprofilen mit Profilen von Approval-Strategien darin, dass sie eine Analyse unter spieltheoretischen Gesichtspunkten erlaubt. Im Gegensatz zu den o. g. Systemen garantiert SP-AV die Wahl des Condorcet-Gewinners als ein (striktes) Nash-Gleichgewicht (siehe Definition 2.4 in Abschnitt 2.1.1), in dem die Wähler ehrliche und erlaubte Approval-Strategien verwenden. Allerdings kann SP-AV auch den Condorcet-Verlierer wählen – manchmal ebenfalls im Gleichgewicht. Für weitere Details verweisen wir auf die Arbeit von Brams und Sanver (2006). Auch in anderer Hinsicht hat SP-AV vorteilhafte Eigenschaften, wie wir in Abschnitt 4.3.3 sehen werden: Erdélyi *et al.* (2009d) zeigten, dass das Wahlsystem SP-AV (in einer leicht modifizierten Form) gegen viele Typen von Wahlkontrolle widerstandsfähig ist.

4.1.6   Übersicht über einige grundlegende Wahlsysteme

Tab. 4.5: Übersicht über einige grundlegende Wahlsysteme

	Wahlsysteme		
	positionsbasiert	paarweise Vergleiche	zustimmungsbasiert
einstufig	Scoring-Protokolle (Pluralität, Veto, Borda usw.)	Condorcet Copeland Llull Copeland$^\alpha$ Dodgson Simpson (Maximin) Young Kemeny	Approval
	SP-AV		SP-AV
mehrstufig	Black Mehrheitswahl mit Stichwahl STV Bucklin Fallback	Black Cup-Protokoll	Fallback

Viele grundlegende Wahlsysteme sind bisher vorgestellt worden, die jeweils auf recht unterschiedlichen Ideen beruhen. Unterteilen kann man sie prinzipiell erstens bezüglich ihres strukturellen Ablaufs in

- einstufige und
- mehrstufige Wahlsysteme

und zweitens bezüglich der Methode, nach der den Kandidaten Punktwerte zugewiesen und die Gewinner bestimmt werden, in

- positionsbasierte,
- auf paarweisen Vergleichen beruhende und
- zustimmungsbasierte Wahlsysteme.

Tabelle 4.5 gibt einen systematischen Überblick.

Die in Abschnitt 4.1.5 vorgestellten hybriden Wahlsysteme kombinieren bzw.
mischen diese methodischen Einteilungsmerkmale und tauchen deshalb in mehreren Spalten dieser Tabelle auf. Beispielsweise beruht das Black-System sowohl auf
dem Borda- als auch auf dem Condorcet-System und ist deshalb sowohl als ein
positionsbasiertes als auch als ein auf paarweisen Vergleichen beruhendes Wahlsystem aufzufassen. Das Fallback-System und SP-AV kombinieren positionsbasierte
Systeme mit dem zustimmungsbasierten Approval-System. Die hybriden Systeme
Black und Fallback sind mehrstufig, wobei das Black-System aus zwei einstufigen
und das Fallback-System aus einem einstufigen und einem mehrstufigen System
besteht. SP-AV ist hingegen als ein einstufiges Wahlsystem aufzufassen.

4.2 Eigenschaften von Wahlsystemen und Unmöglichkeitstheoreme

Alle der bisher vorgestellten Wahlsysteme führen die individuellen Präferenzlisten
oder Approval-Vektoren der Wähler über die Kandidaten zu einem gesellschaftlichen Konsens zusammen, um einen (oder mehrere) Gewinner zu bestimmen. Das
Ergebnis sind oft ganz unterschiedliche, gelegentlich sogar komplementäre Gewin-
nermengen. Welche ist die „richtige", d. h., welches Wahlsystem spiegelt die individuellen Vorlieben und Zustimmungen der Wähler „am besten" wider? Diese
Frage hat nicht nur eine Antwort, sondern viele, die sich teilweise widersprechen,
denn was die „richtige" soziale Auswahl ist, hängt von den Eigenschaften ab, die
man dabei hauptsächlich im Blick hat. In diesem Abschnitt werden eine Reihe von
Kriterien formuliert, die solche vorteilhaften Eigenschaften von Wahlsystemen ausdrücken, und in der Übersicht am Schluss des Abschnitts (siehe Tabelle 4.10 auf
Seite 170) wird – zumindest für einige der Eigenschaften und einige der Wahlsysteme aus Abschnitt 4.1 – zusammengefasst, welches Wahlsystem welches Kriterium
erfüllt und welches nicht.

Ein Wahlsystem ist lediglich eine Vorschrift zur Ermittlung der Gewinner einer
Wahl. Ob diese Vorschrift „gut" oder „demokratisch" ist und ob die Wahlsieger
die Präferenzen der Wähler angemessen repräsentieren, steht auf einem anderen
Blatt. So ist – rein formal gesehen – zum Beispiel auch die Diktatur ein (entartetes)
Wahlsystem. In einer Diktatur hängt der Ausgang einer jeden Wahl nur von der
Stimme des Diktators ab und nicht von den Stimmen der anderen Wähler. Für

die überwältigende Mehrheit der Wähler ist dieses Wahlsystem schlecht, denn sie haben keine Möglichkeit, mit ihrer Stimme Einfluss auf das Ergebnis der Wahl zu nehmen. Intuitiv sollte ein „faires" Wahlsystem also bestimmte Eigenschaften erfüllen (es sollte beispielsweise nicht diktatorisch sein), um ein von den Wählern akzeptiertes und nachvollziehbares Wahlergebnis zu liefern.

Neben einzelnen solcher Eigenschaften und Kriterien werden in diesem Abschnitt auch Kombinationen anstrebenswerter Eigenschaften betrachtet. Insbesondere werden verschiedene Unmöglichkeitstheoreme angegeben, die zeigen, dass es kein Wahlsystem gibt, welches bestimmte Kombinationen von Eigenschaften gleichzeitig erfüllt. Viele der hier angegebenen Eigenschaften finden nur Anwendung bei Wahlen, in denen die Wähler ihre Stimme als vollständige Präferenzliste über alle Kandidaten abgeben.

Das Condorcet-Kriterium

In Abschnitt 4.1 wurde der Begriff des Condorcet-Gewinners bereits definiert – dies ist ein Kandidat, der jeden anderen Kandidaten im paarweisen Vergleich schlägt. Ein Wahlsystem erfüllt das *Condorcet-Kriterium*, falls es den Condorcet-Gewinner immer wählt, sofern dieser existiert. Man sagt auch, ein solches Wahlsystem *respektiert den Condorcet-Gewinner*.

Das Condorcet-Wahlsystem erfüllt dieses Kriterium trivialerweise. Wie bereits erwähnt, erfüllen das Condorcet-Kriterium auch die Wahlsysteme von Copeland und Llull (sowie die ganze Familie der Copeland$^\alpha$-Systeme, für jedes rationale $\alpha \in [0,1]$) und die Wahlsysteme von Dodgson, Simpson, Young, Kemeny, Black und das Cup-Protokoll. Scoring-Protokolle wie Pluralität, Veto oder das Borda-Wahlsystem erfüllen das Condorcet-Kriterium jedoch nicht. Betrachten wir dazu die Beispielwahl in Tabelle 4.6. Die Häufigkeit einer Stimme wird in der ersten Spalte unter # angegeben, sodass insgesamt 19 Wähler über drei Kandidaten abstimmen. Da A die paarweisen Vergleiche mit B und C gewinnt, ist A der Condorcet-Gewinner dieser Wahl. Bei der Auswertung nach der Borda-Regel landet A mit 20 Punkten allerdings nur auf dem zweiten Platz hinter B mit 21 Punkten. Der Borda-Sieger ist also B und nicht der Condorcet-Gewinner A.

Bereits in Abschnitt 4.1.2 wurde analog zum Condorcet-Gewinner der Condorcet-Verlierer einer Wahl als der Kandidat definiert, der gegen alle anderen Kandidaten im paarweisen Mehrheitsvergleich unterliegt. Genau wie Condorcet-Gewinner müssen Condorcet-Verlierer nicht bei jeder Wahl existieren, aber falls es einen Condorcet-Verlierer gibt, so ist er eindeutig.

Das *Borda-Paradoxon* bezeichnet eine Situation, in der ein Kandidat mit den meisten Erstplatzierungen gewählt wird, also ein Pluralitätssieger ist, obwohl er eigentlich der Condorcet-Verlierer ist. Das Beispiel in Tabelle 4.6 zeigt, dass der Kandidat C die Pluralitätswahl mit 7 Punkten vor A und B gewinnt, obwohl er im paarweisen Vergleich sowohl A als auch B unterliegt, also der Condorcet-Verlierer ist. Auch wenn man vom Namen dieses Paradoxons vielleicht auf das

Tab. 4.6: Condorcet-Gewinner und -Verlierer in Borda- und Pluralitätswahlen

#	Stimme	paarweiser Vergleich			Borda			Pluralität		
		$A?B$	$A?C$	$B?C$	A	B	C	A	B	C
6	$A > B > C$	A	A	B	12	6	0	6	0	0
4	$B > A > C$	B	A	B	4	8	0	0	4	0
2	$B > C > A$	B	C	B	0	4	2	0	2	0
4	$C > A > B$	A	C	C	4	0	8	0	0	4
3	$C > B > A$	B	C	C	0	3	6	0	0	3
	Ergebnis:	A	A	B	20	21	16	6	6	7

Borda-Wahlsystem schließen könnte, tritt es dort jedoch nicht auf, denn im Borda-System gewinnt niemals der Condorcet-Verlierer. Stattdessen rührt der Name des Paradoxons daher, dass Borda erstmals dieses Problem mit der Pluralitätsregel erkannte (sein ursprüngliches Beispiel hat drei Kandidaten und 21 Wähler), was ihn motivierte, sein eigenes Wahlsystem als Alternative vorzuschlagen.

Man kann sich auch leicht davon überzeugen, dass weder das Mehrheitswahlsystem mit Stichwahl noch STV, weder das Bucklin- noch das Fallback-System das Condorcet-Kriterium erfüllen. Können Sie jeweils ein Gegenbeispiel angeben? Für das Approval-System ist der Begriff des Condorcet-Gewinners eigentlich nicht definiert; wir verweisen aber auf die bereits am Ende von Abschnitt 4.1.5 angedeutete Diskussion von Brams und Sanver (2006) im Zusammenhang mit SP-AV.

Das Condorcet-Kriterium beruht darauf, dass die paarweisen Vergleiche der Kandidaten mit echter Mehrheit gewonnen werden müssen. Beim *schwachen Condorcet-Kriterium* dagegen genügt es, eine (nicht unbedingt echte) Mehrheit zu haben, um siegreich aus einem Vergleich hervorzugehen. Bei einem Gleichstand hätten demnach beide Kandidaten den paarweisen Vergleich gewonnen. Ein Condorcet-Gewinner ist immer auch ein schwacher Condorcet-Gewinner; umgekehrt gibt es schwache Condorcet-Gewinner, die keine Condorcet-Gewinner sind. Demzufolge erfüllt jedes Wahlsystem, das den Condorcet-Gewinner respektiert, auch das schwache Condorcet-Kriterium, doch die umgekehrte Aussage gilt im Allgemeinen nicht.

Das Mehrheitskriterium

Das Mehrheitskriterium ist genau wie das Condorcet-Kriterium eine Bedingung, die die Gewinnerauswahl eines Wahlsystems betrifft. Ein Wahlsystem erfüllt das *(einfache) Mehrheitskriterium*, falls ein Kandidat, der in mehr als der Hälfte aller Stimmen auf der ersten Position ist, auch immer ein Gewinner der Wahl ist.

Das einfachste Wahlsystem, das dieses Kriterium erfüllt, erklärt den Kandidaten mit einer echten Mehrheit von Erstplatzierungen zum Sieger. Wenn dieser existiert, so ist er eindeutig. Wie beim Condorcet-Kriterium gibt es hier jedoch das Problem, dass ein solcher Gewinner nicht immer existiert, beispielsweise dann nicht, wenn drei Kandidaten auf jeweils einem Drittel der ersten Positionen in den Wählerstimmen stehen.

Die Pluralitätsregel umgeht dieses Problem, indem sie statt der *absoluten Mehrheit*, die dem Mehrheitskriterium zugrunde liegt, ihre Gewinner aufgrund einer *relativen Mehrheit* bestimmt. Ein Pluralitätssieger hat die meisten Erstplatzierungen in den Stimmen der Wähler und mindestens ein solcher Kandidat existiert immer. Offenbar erfüllt die Pluralitätsregel das Mehrheitskriterium, denn wenn ein Kandidat die absolute Mehrheit bezüglich der Erstplatzierungen in den Wählerstimmen hat, so hat er auch relativ zu allen anderen Kandidaten die meisten Erstplatzierungen und ist somit der Pluralitätssieger.

Das Bucklin-System umgeht das Problem, dass womöglich kein Kandidat mit absoluter Mehrheit auf den ersten Positionen der Stimmen existiert, anders als die Pluralitätsregel. Im Unterschied zu dieser Regel beruht Bucklin auf dem Begriff der absoluten Mehrheit, ausgedrückt durch den Schwellwert

$$maj(V) = \lfloor \|V\|/2 \rfloor + 1$$

für eine Wahl (C, V). Aber wenn es auf der ersten Stufe keinen Bucklin-Gewinner gibt, sucht man nach einem Kandidaten mit absoluter Stimmenmehrheit bis zur zweiten Position, dann bis zur dritten usw. Auf irgendeiner Stufe stehen dann der oder die Bucklin-Gewinner fest. Offenbar wird das Mehrheitskriterium auch vom Bucklin-System erfüllt.

Als ein Beispiel für ein Wahlsystem, das das Mehrheitskriterium nicht erfüllt, betrachten wir das Borda-System. Angenommen, es gibt vier Kandidaten, A, B, C und D, und drei Wähler, von denen zwei mit der Präferenzliste $A > B > C > D$ und einer mit der Präferenzliste $B > C > D > A$ abstimmen. Dann steht A in mehr als der Hälfte aller Stimmen auf dem ersten Platz, hat also die absolute Mehrheit der Erstplatzierungen. Im Borda-Wahlsystem erhält B jedoch $2 \cdot 2 + 3 = 7$ Punkte und A nur $2 \cdot 3 = 6$ Punkte. Somit ist B und nicht A der Borda-Gewinner.

Nicht-Diktatur

Diese Eigenschaft wurde am Anfang dieses Abschnitts bereits kurz erwähnt. Intuitiv besagt sie, dass der Ausgang einer Wahl nicht ausschließlich von der Stimme eines einzelnen Wählers abhängen soll. Formal nennt man ein Wahlsystem (im Sinne einer Social-Welfare-Funktion) f *diktatorisch*, falls es einen Wähler v (den *Diktator*) gibt, sodass das Ergebnis $f(P)$ einer jeden Wahl $P = (C, V)$ mit $v \in V$ unabhängig von den Stimmen der anderen Wähler in V mit der Präferenzliste von v übereinstimmt. (Dieser Begriff lässt sich unmittelbar auf Social-Choice-Korrespondenzen bzw. -Funktionen übertragen.)

Die Eigenschaft der *Nicht-Diktatur* erfüllt ein Wahlsystem demnach dann, wenn es keinen Diktator gibt. Dies ist eine grundlegende demokratische Forderung, die offensichtlich von allen hier vorgestellten Wahlsystemen erfüllt wird.

Pareto-Konsistenz

Auch die Eigenschaft der Pareto-Konsistenz ist intuitiv eine wünschenswerte Eigenschaft. Sie ist übrigens eng verwandt mit dem spieltheoretischen Begriff der Pareto-Optimalität aus Definition 2.3 auf Seite 31, nur dass dieser in einem anderen Kontext definiert wird: Statt mit Gewinnfunktionen von Spielern haben wir es nun mit Präferenzen von Wählern zu tun. Ein Wahlsystem (im Sinne einer Social-Welfare-Funktion) f erfüllt die Eigenschaft der *Pareto-Konsistenz*, falls gilt: Wenn in einem Präferenzprofil P alle Wähler einen Kandidaten c gegenüber einem Kandidaten d bevorzugen, dann wird c auch in $f(P)$ gegenüber d bevorzugt.

Wie die Nicht-Diktatur ist diese Forderung geradezu selbstverständlich. Es wäre einer Wählerschaft wohl schwer zu vermitteln, dass Guido die Wahl gegen Angela gewinnt, obwohl sämtliche Wähler sie für besser als ihn halten. Auch die Eigenschaft der Pareto-Konsistenz erfüllen alle hier vorgestellten Wahlsysteme.

Unabhängigkeit von irrelevanten Alternativen

Diese Eigenschaft ist nicht ganz so selbstverständlich wie die vorigen zwei Eigenschaften. Intuitiv versteht man darunter, dass die Präferenz über zwei Alternativen, die ein Wahlsystem im Ergebnis einer Wahl als „gesellschaftlichen Konsens" festlegt, nur von den individuellen Präferenzen der Wähler über diese beiden Alternativen abhängen sollte. Alle anderen Alternativen sind für diese Festlegung also irrelevant und sollten keine Rolle spielen.

Angenommen, die Wähler haben über die drei Kandidaten A, B und C abgestimmt, und nach dem verwendeten Wahlsystem, das die Eigenschaft der Unabhängigkeit von irrelevanten Alternativen erfüllt, liegt A vor C im aggregierten Ranking. Dann aber kündigt D überraschend an, ebenfalls zu kandidieren, weshalb die Wahl mit den entsprechend abgeänderten individuellen Präferenzlisten der Wähler wiederholt werden muss, d. h., jeder Wähler fügt D nach seiner Vorliebe in seine Stimme ein. Für das Verhältnis von A und C ist D ist also irrelevant! Wendet man nun dasselbe Wahlsystem erneut auf dieses abgeänderte Präferenzprofil an, dann garantiert die Unabhängigkeit von irrelevanten Alternativen, dass A im neuen aggregierten Ranking immer noch vor C steht. Statt D hinzuzufügen könnte man auch irgendwelche anderen Veränderungen an den Präferenzlisten der Wähler vornehmen, solange die ursprüngliche Reihenfolge von A und C erhalten bleibt. Außerdem betrifft die Unabhängigkeit von irrelevanten Alternativen nicht nur das Verhältnis von A und C, sondern das von beliebigen zwei Kandidaten.

Der Begriff der *Unabhängigkeit von irrelevanten Alternativen* geht auf Arrow (1963) zurück, der diese Eigenschaft allerdings (wie im oben angegebenen Beispiel) für Social-Welfare-Funktionen definiert hat, die als Ergebnis eine Präferenzliste über alle Kandidaten liefern. Taylor (1995, 2005) passte diese Definition folgendermaßen an Social-Choice-Korrespondenzen an, die als Ergebnis einer Wahl die Menge der Gewinner liefern: Wenn ein Kandidat c ein Gewinner der Wahl ist und ein anderer Kandidat d nicht, dann darf bei einer neuen Wahl, in der sich die Präferenzen der Wähler bezüglich c und d nicht geändert haben, der Kandidat d kein Gewinner sein. Das heißt, es könnte durch eine solche Änderung des Präferenzprofils passieren, dass c nun nicht mehr gewinnt (z. B. weil ein anderer Kandidat als c nun so viel besser abschneidet als c), aber d darf nicht zu einem Gewinner werden. Dass c ein Sieger bleibt, kann man auch im Falle der Unabhängigkeit von irrelevanten Alternativen nicht unbedingt erwarten, aber ein Sieg von d ist ausgeschlossen.

Die folgende kleine Anekdote, die dem Philosophen Sidney Morgenbesser zugeschrieben wird, illustriert eine Verletzung dieser Art von Unabhängigkeit von irrelevanten Alternativen.

Nach dem Hauptgang entschließt sich Sidney Morgenbesser, ein Dessert zu bestellen. Die Kellnerin teilt ihm mit, dass er zwischen Apfelkuchen und Blaubeerkuchen wählen könne. Sidney bestellt den Apfelkuchen. Nach einer Weile kommt die Kellnerin zurück und sagt, dass es auch noch Kirschkuchen gäbe. Da sagt Morgenbesser: „In diesem Fall werde ich den Blaubeerkuchen nehmen."

Auch wenn man intuitiv vielleicht glaubt, dass ein vernünftiges Wahlsystem die drei Eigenschaften der Nicht-Diktatur, Pareto-Konsistenz und Unabhängigkeit von irrelevanten Alternativen erfüllen sollte, zeigt das folgende Unmöglichkeitstheorem von Arrow (1963), dass dies – jedenfalls für präferenzbasierte Wahlsysteme mit mehr als zwei Kandidaten – nicht möglich ist.

Satz 4.1 (Arrow (1963))
Falls mindestens drei Kandidaten zur Wahl stehen, gibt es kein präferenzbasiertes Wahlsystem, das gleichzeitig die folgenden drei Eigenschaften erfüllt:

- *Nicht-Diktatur,*
- *Pareto-Konsistenz und*
- *Unabhängigkeit von irrelevanten Alternativen.*

Ursprünglich formulierte Arrow (1963) sein Unmöglichkeitstheorem in einem etwas anderen formalen Kontext. Die hier angegebene Formulierung geht auf Taylor (1995, 2005) zurück. Kenneth Arrow, der mit diesem fundamentalen Resultat die Social-Choice-Theorie in ihrer modernen Form begründet hat, wurde für seine Verdienste 1972 gemeinsam mit John Hicks durch einen *Nobelpreis für Wirtschaftswissenschaften* geehrt.

Da alle in Abschnitt 4.1 eingeführten präferenzbasierten Wahlsysteme nicht-diktatorisch und Pareto-konsistent sind, folgt aus Satz 4.1, dass sie nicht unabhängig von irrelevanten Alternativen sein können. Auf das Approval-System, das nicht präferenzbasiert ist, bezieht sich Satz 4.1 jedoch nicht, und tatsächlich kann man sich leicht überlegen, dass dieses System nicht nur nicht-diktatorisch und Pareto-konsistent ist, sondern auch unabhängig von irrelevanten Alternativen.

Neben der hier beschriebenen Eigenschaft der Unabhängigkeit von irrelevanten Alternativen gibt es auch noch andere Definitionen ähnlicher Eigenschaften, die teilweise unter dem gleichen Namen verwendet werden. Zusätzlich gibt es noch verschiedene Abschwächungen dieses Kriteriums, da manche Social-Choice-Theoretiker die hier verwendete Definition als zu restriktiv empfinden.

Resolutheit

Dies ist lediglich eine technische Eigenschaft, die den Unterschied zwischen Social-Choice-Funktionen und -Korrespondenzen beschreibt. Ein Wahlsystem heißt *resolut*, falls es stets einen einzelnen Kandidaten als Gewinner auswählt. Ein Wahlsystem, in dem es mehr als einen oder aber gar keinen Gewinner geben kann, ist dagegen nicht resolut.

Beispielsweise sind das Cup-Protokoll, das Mehrheitswahlsystem mit Stichwahl und STV resolut, wohingegen z. B. das Approval-, Borda-, Copeland-, Black-, Dodgson-, Simpson-, Young- und Kemeny-System nicht resolut sind. Durch Verwendung einer Vorzugsregel könnte man aber auch diese Systeme resolut machen.

Souveränität der Bürger

Von einem Wahlsystem erwartet jeder Wähler zu Recht, dass es prinzipiell möglich sein sollte, jeden der zur Wahl stehenden Kandidaten zum Sieger zu machen, und zwar ausschließlich aufgrund der Präferenzen der Wähler. Es ist ein grundlegendes demokratisches Gebot, dass allein die Wähler über Sieg und Niederlage bei einer Wahl entscheiden sollen. Dieses Gebot nennt man deshalb die *Souveränität der Bürger* (engl. *citizens' sovereignty*). Ein Wahlsystem (aufgefasst als eine Social-Choice-Funktion bzw. -Korrespondenz) f erfüllt diese Eigenschaft, wenn es für jeden Kandidaten c mindestens ein Präferenzprofil P gibt, sodass $f(P) = c$ bzw. $c \in f(P)$ gilt. Äquivalent dazu ist die Forderung der Surjektivität einer Social-Choice-Funktion, d. h., dass es für jedes Bildelement von f ein zugehöriges Urbild gibt. Alle in Abschnitt 4.1 betrachteten Wahlsysteme erfüllen diese Eigenschaft.

Strategiesicherheit

Ein Wahlsystem ist *strategiesicher*, wenn es keinem Wähler möglich ist, den Ausgang der Wahl durch eine unehrliche Stimmabgabe zu seinen Gunsten zu beeinflussen. Ist ein Wahlsystem nicht strategiesicher, so nennt man es *manipulierbar*.

Konkret bedeutet das, dass ein Wähler mit vollständigem Wissen über die Präferenzen der anderen Wähler in der Lage ist, durch Abgabe einer Stimme, die nicht seine eigentlichen, seine wahren Präferenzen über die Wähler angibt, einen für sich besseren Wahlausgang zu erzielen.

Diese Art der Manipulation nennt man auch *strategisches Wählen*. Sie kann beispielsweise im Borda-Wahlsystem ausgeführt werden, wie das folgende Beispiel zeigt. Angenommen, es gibt vier Kandidaten, A, B, C und D, und drei Wähler. Die ehrliche Präferenz des Manipulators (oder strategischen Wählers) ist $D > C > B > A$, er weiß aber, dass die beiden anderen (nichtmanipulativen) Wähler die Präferenz $A > B > C > D$ haben. Sein Lieblingskandidat D kann also unmöglich gewinnen, aber wenigstens möchte er den Sieg des ihm am meisten verhassten Kandidaten, A, verhindern. Daher ist es für ihn sinnvoll, statt seiner ehrlichen Stimme

$$D > C > B > A$$

die strategische Stimme

$$B > D > C > A$$

abzugeben. Denn der Gewinner bei der Wahl mit der ehrlichen Stimme wäre A mit 6 Punkten vor B mit 5 Punkten. Gibt der Manipulator dagegen die unehrliche bzw. strategische Stimme $B > D > C > A$ ab, so gewinnt B mit 7 Punkten die Wahl vor A mit 6 Punkten. Somit konnte der strategische Wähler durch die Abgabe einer unehrlichen Stimme den Wahlausgang zu seinen Gunsten beeinflussen.

Das folgende Resultat über die Strategiesicherheit von Wahlsystemen wurde unabhängig von Gibbard (1973) und Satterthwaite (1975) bewiesen.

Satz 4.2 (Gibbard (1973); Satterthwaite (1975))
Falls mindestens drei Kandidaten zur Wahl stehen, gibt es kein präferenzbasiertes Wahlsystem, das gleichzeitig die folgenden vier Eigenschaften erfüllt:

- *Nicht-Diktatur,*
- *Resolutheit,*
- *Souveränität der Bürger und*
- *Strategiesicherheit.*

Da viele gebräuchliche Wahlsysteme, die stets einen Gewinner haben, weder eine Diktatur darstellen noch von vornherein einen Kandidaten als Gewinner ausschließen, bedeutet dies, dass alle diese Wahlsysteme manipulierbar sind. Ein ernüchterndes – und gleichzeitig faszinierendes – Resultat!

Die Einschränkung auf resolute Wahlsysteme ist dabei nicht wesentlich: Duggan und Schwartz (2000) verallgemeinerten das Gibbard–Satterthwaite-Theorem von Social-Choice-Funktionen auf Social-Choice-Korrespondenzen. Mögliche Auswege, um Manipulation zu umgehen oder wenigstens zu erschweren, werden in Abschnitt 4.3 im Zusammenhang mit der Komplexität des Manipulationsproblems noch genauer betrachtet.

Unabhängigkeit von Klonen

Neben der Unabhängigkeit von irrelevanten Alternativen ist ein weiteres Unabhängigkeitskriterium die Unabhängigkeit von Klonen. Hier ist mit einem *Klon* eines Kandidaten c ein solcher Kandidat gemeint, der in jeder Präferenzliste der Wähler direkt neben c steht. Wie man durch Hinzufügen von Klonen den Ausgang einer Wahl beeinflussen kann, wird sehr schön von Tideman (1987) beschrieben, der dieses Kriterium einführte:

Als ich 12 Jahre alt war, wurde ich für die Wahl des Schatzmeisters meiner Schulklasse nominiert. Ein Mädchen namens Michelle war auch nominiert worden. Schatzmeister zu werden erschien mir sehr reizvoll, also nominierte ich nach einer raschen Kalkulation Michelles beste Freundin, Charlotte. In der folgenden Wahl erhielt ich 13 Stimmen, Michelle bekam 12 und Charlotte 11, also wurde ich der Schatzmeister.

In diesem Beispiel hat Tideman durch das Nominieren von Charlotte, die als Michelles beste Freundin dieser wahrscheinlich sehr ähnlich – oder zumindest unter den Mitschülern ähnlich beliebt – war, seiner Konkurrentin Michelle sozusagen einen Klon zur Seite gestellt. Nur weil so die Stimmen der Befürworter Michelles nun auf zwei Kandidatinnen aufgeteilt wurden, konnte er selbst die Wahl gewinnen, denn an sich hätte er gegen Michelle, die offenbar deutlich beliebter war als er, verloren.

Ein Wahlsystem erfüllt die *Unabhängigkeit von Klonen*, falls es nie möglich ist, einen Kandidaten, der eine Wahl ursprünglich nicht gewinnt, durch Hinzufügen von Klonen zu einem Gewinner der Wahl mit Klonen zu machen. Da die Wahl des Schatzmeisters in Tidemans Schulklasse nach der Pluralitätsregel ausgewertet wurde, erkennt man an diesem Beispiel, dass dieses Wahlsystem die Eigenschaft der Unabhängigkeit von Klonen verletzt. Dies gilt ebenso für z. B. das Borda-, das Simpson- und das Bucklin-System, wie man sich leicht überlegen kann.

Dass auch das Dodgson-System nicht unabhängig von Klonen ist, wurde von Brandt (2009) gezeigt; sein Gegenbeispiel hat drei Kandidaten und einen Klon sowie 12 Wähler. Ein Beispiel für ein Wahlsystem, das das Kriterium der Unabhängigkeit von Klonen erfüllt, ist das Approval-System, wobei man hier unter einem *Klon* eines Kandidaten c einen solchen Kandidaten versteht, dem alle Wähler genau dann zustimmen, wenn sie c zustimmen.

Anonymität

Dies ist wieder eine ganz grundlegende Eigenschaft: Bei einer Wahl soll es keine Rolle spielen, welcher Wähler welche Stimme abgibt; nur die Stimmen selbst sollen über Sieg und Niederlage entscheiden. Ein Wahlsystem erfüllt die Eigenschaft der

Anonymität, wenn unter jeder Permutation der Stimmen der Wähler dieselben Kandidaten gewinnen. Ein anonymes Wahlsystem berücksichtigt also nicht, in welcher Reihenfolge die abgegebenen Stimmen eingehen.

Alle hier vorgestellten Wahlsysteme sind anonym. Unmittelbar aus der Definition folgt, dass ein anonymes Wahlsystem keinen Diktator haben kann (außer es gäbe nur einen Wähler – doch in diesem trivialen Fall ist es ohnehin unerheblich, ob diese Eigenschaften gelten oder nicht).

Neutralität

Die ebenfalls grundlegende Eigenschaft der *Neutralität* ist erfüllt, wenn alle Kandidaten bei der Gewinnerbestimmung gleich behandelt werden. Das heißt, wenn zwei beliebige Kandidaten in jeder Stimme ihre Plätze tauschen, dann tauschen sie auch im Ergebnis der Wahl ihre Plätze. Alle hier betrachteten Wahlsysteme sind neutral.

Monotonie

Für eine Funktion $f : \mathbb{R} \to \mathbb{R}$ ist jedem klar, was unter der Eigenschaft der Monotonie zu verstehen ist. Beispielsweise ist f *monoton wachsend*, falls $f(x) \geq f(y)$ aus $x \geq y$ für alle $x, y \in \mathbb{R}$ folgt. Und wenn sogar $f(x) > f(y)$ für alle $x, y \in \mathbb{R}$ mit $x > y$ gilt, nennt man f *streng monoton wachsend*. Doch was versteht man unter Monotonie für ein Wahlsystem?

Wahlsysteme können, wie in Abschnitt 4.1 erwähnt wurde, als Social-Choice-Funktionen oder -Korrespondenzen bzw. als Social-Welfare-Funktionen aufgefasst werden. Social-Choice-Funktionen zum Beispiel bilden aber nicht reelle Zahlen auf reelle Zahlen ab, sondern Präferenzprofile auf Kandidaten. Auf $\mathbb{R}$ gibt es eine einfache Ordnungsrelation, mit deren Hilfe man sagen kann, ob eine reelle Zahl größer ist als eine andere. Nun wollen wir jedoch Präferenzprofile – die Argumente von Social-Choice-Funktionen oder -Korrespondenzen bzw. von Social-Welfare-Funktionen – miteinander vergleichen, und zwar aus der Sicht der einzelnen Kandidaten und unter Verwendung der zugrunde liegenden Präferenzrelationen der einzelnen Wähler. Intuitiv ist ein Präferenzprofil umso besser für einen bestimmten Kandidaten, je weiter vorn er in den individuellen Präferenzlisten der Wähler platziert ist. Auch können wir Kandidaten – die Funktionswerte von Social-Choice-Funktionen oder -Korrespondenzen – miteinander vergleichen; intuitiv ist ein Gewinner besser dran als ein Verlierer. Für Social-Welfare-Funktionen, deren Funktionswerte gesellschaftliche Rangfolgen sind, ist ein Kandidat um so besser dran, je weiter vorn er in dieser gesellschaftlichen Rangfolge landet.

Natürlich gibt es viele Möglichkeiten, die oben genannten intuitiven Begriffe formal zu fassen. Dementsprechend sind eine ganze Reihe von verschiedenen Monotoniebegriffen für Wahlsysteme gebräuchlich. Wir konzentrieren uns auf die folgenden. Ein Wahlsystem (aufgefasst als eine Social-Choice-Funktion oder -Korrespondenz) f heißt *monoton*, falls für jedes Präferenzprofil P gilt:

1. Wenn ein Kandidat w die Wahl gewinnt (d. h., wenn $f(P) = w$ bzw. $w \in f(P)$ gilt, je nachdem, ob f eine Social-Choice-Funktion oder -Korrespondenz ist) und
2. wenn aus P ein neues Präferenzprofil P' dadurch entsteht, dass die Position von w in einigen Wählerstimmen verbessert wird und alles andere unverändert bleibt,

dann gewinnt w auch die neue Wahl P' (d. h., es gilt $f(P') = w$ bzw. $w \in f(P')$).

Demnach verletzt ein Wahlsystem die Monotonie-Eigenschaft, wenn ein Gewinner einer Wahl dadurch zum Verlierer wird, dass er in einigen Stimmen auf eine bessere Position gestellt wird und alles sonst unverändert bleibt. Verletzt ein Wahlsystem die Eigenschaft der Monotonie, so spricht man auch von dem *Gewinner-wird-Verlierer-Paradoxon* (engl. *winner-turns-loser paradox*).

Eine etwas stärkere Forderung ist die *strenge Monotonie* eines Wahlsystems. Diese Eigenschaft ist erfüllt, falls ein Gewinner w einer Wahl auch dann noch gewinnt, wenn er in den Wählerstimmen besser platziert wird, aber jetzt muss nicht alles andere unverändert bleiben, sondern die Wähler dürfen in ihren Stimmen ihre Präferenzen über andere Kandidaten beliebig ändern, solange alle Kandidaten, die ursprünglich hinter w standen, auch in der neuen Wahl hinter w stehen. Diese Forderung ist nötig, da man andernfalls nicht sagen könnte, dass w sich in dem neuen Präferenzprofil verbessert hätte. Jedes streng monotone Wahlsystem ist natürlich auch monoton.

Auf Social-Welfare-Funktionen angewandt, definiert man diese Begriffe analog, nur dass jetzt aus denselben Voraussetzung folgt, dass w seine Position in der neuen gesellschaftlichen Rangfolge, die aus dem abgeänderten Präferenzprofil als Wahlergebnis entsteht, gegenüber seiner Position in der ursprünglichen gesellschaftlichen Rangfolge beibehält oder verbessert.

Die Monotonie-Eigenschaft wird offensichtlich von allen Scoring-Protokollen erfüllt. Das Gewinnerkriterium ist hier die maximale Punktzahl. Da aber die Anzahl der Punkte eines Kandidaten w entweder gleich bleibt oder sich erhöht, wenn er in einigen Wählerstimmen höher und in keiner niedriger eingestuft wird, und da sich die Punktwerte aller anderen Kandidaten durch diese Änderung höchstens verringern, kann w dadurch nicht von einem Gewinner zu einem Verlierer werden.

Das Beispiel von Fishburn (1977) in Tabelle 4.7 zeigt jedoch, dass die intuitiv sehr sinnvoll und wünschenswert erscheinende Eigenschaft der Monotonie von Dodgsons Wahlsystem nicht erfüllt wird. Die Zahl in der ersten Spalte unter # gibt dabei an, wie oft die angegebene Stimme abgegeben wurde. Der Dodgson-Gewinner in der Wahl mit den ursprünglichen Stimmen (links in der Tabelle) ist der Kandidat A. Insgesamt nehmen 43 Wähler an der Wahl teil, sodass A jeden anderen Kandidaten in mindestens 22 Stimmen schlagen muss, um Condorcet-Sieger zu werden. Für die Kandidaten B und D ist das bereits in der ursprünglichen Wahl

Tab. 4.7: Das Dodgson-System ist nicht monoton (Fishburn, 1977)

#	ursprüngliche Stimmen	veränderte Stimmen
15	$C > A > D > B$	$C > A > D > B$
9	$B > D > C > A$	$B > D > C > A$
9	$A > B > D > C$	$A > B > D > C$
5	$A > C > B > D$	$A > C > B > D$
5	$\mathbf{B} > \mathbf{A} > C > D$	$\mathbf{A} > \mathbf{B} > C > D$
	Dodgson-Gewinner: A	Dodgson-Gewinner: C
	(3 Vertauschungen)	(2 Vertauschungen)

der Fall, aber um C im paarweisen Vergleich zu schlagen, muss A noch in drei weiteren Stimmen vor C stehen. Das ist z. B. durch je eine Vertauschung in drei der ersten Stimmen möglich: $C \overset{\frown}{>} A > D > B \rightsquigarrow A > C > D > B$. Um Condorcet-Gewinner zu sein, fehlen dem Kandidaten C im ursprünglichen Präferenzprofil nur zwei Stimmen, in denen er an B vorbeiziehen müsste. Allerdings sind dazu mindestens vier Vertauschungen nötig, da C in allen ursprünglichen Stimmen entweder schon vor B oder aber nicht direkt hinter B steht. Alle anderen Kandidaten benötigen noch mehr Vertauschungen, um zum Condorcet-Gewinner zu werden, also ist A in dieser ursprünglichen Wahl der Dodgson-Gewinner.

Ein Tausch von A und B in jeder der fünf letzten Wählerstimmen sind die einzigen Änderungen, die nun in den Stimmen vorgenommen werden. In dem daraus resultierenden Präferenzprofil, das rechts in der Tabelle dargestellt ist, hat der bisherige Dodgson-Gewinner A somit seine Position verbessert. Die Situation für A bleibt dadurch aber unverändert, denn er benötigt nach wie vor drei Vertauschungen, um Condorcet-Gewinner zu werden. Da C im veränderten Präferenzprofil aber nun in den fünf letzten Stimmen direkt hinter B steht, kann C mit nur zwei Vertauschungen, je eine in zwei der fünf letzten Stimmen, an B vorbeiziehen und ist folglich der Dodgson-Gewinner der veränderten Wahl.

Ähnlich den Unmöglichkeitstheoremen von Arrow (1963) (siehe Satz 4.1 auf Seite 154) und von Gibbard (1973) und Satterthwaite (1975) (siehe Satz 4.2 auf Seite 156) bewiesen Muller und Satterthwaite (1977), dass das Kriterium der strengen Monotonie unmöglich mit anderen vernünftigen Kriterien kombiniert werden kann. Auch ihr Unmöglichkeitstheorem wird hier ohne Beweis angegeben.

Satz 4.3 (Muller und Satterthwaite (1977))
Falls mindestens drei Kandidaten zur Wahl stehen, gibt es kein präferenzbasiertes Wahlsystem, das gleichzeitig die folgenden vier Eigenschaften erfüllt:

- *Nicht-Diktatur,*
- *Resolutheit,*
- *Souveränität der Bürger und*
- *strenge Monotonie.*

Tab. 4.8: Das Dodgson-System ist nicht homogen (Brandt, 2009; Fishburn, 1977)

Stimme	ursprüngliche Anzahl	vervielfachte Anzahl
$D > C > A > B$	2	6
$B > C > A > D$	2	6
$C > A > B > D$	2	6
$D > B > C > A$	2	6
$A > B > C > D$	2	6
$A > D > B > C$	1	3
$D > A > B > C$	1	3
	Dodgson-Gewinner: A	Dodgson-Gewinner: D
	(3 Vertauschungen)	(6 Vertauschungen)

Homogenität

Angenommen, man führt eine Wahl durch und ermittelt den Sieger. Danach führt man dieselbe Wahl nochmals durch, aber jetzt darf jeder Wähler dieselbe Stimme wie bei der ersten Wahl *doppelt* abgeben. Dann wäre doch zu erwarten, dass derselbe Kandidat wie bei der ersten Wahl siegt und keiner sonst, oder? Angenommen, man wiederholt dieselbe Wahl ein drittes Mal, und jetzt darf jeder Wähler dieselbe Stimme wie bei der ersten Wahl *drei Mal* abgeben. Dann sollte doch wieder genau der Sieger der ersten Wahl gewinnen, oder?

Ein Wahlsystem erfüllt das *Homogenitätskriterium*, falls die Vervielfältigung aller Stimmen mit demselben Faktor auch zu demselben Ergebnis wie die ursprüngliche Wahl führt. Etwas formaler gesagt ist ein Wahlsystem (aufgefasst als eine Social-Choice-Funktion oder -Korrespondenz bzw. eine Social-Welfare-Funktion) f *homogen*, falls $f(P) = f(P^{(k)})$ für jedes Präferenzprofil P und jede Zahl $k \geq 1$ gilt, wobei $P^{(k)} = (C, V^{(k)})$ dadurch aus dem Präferenzprofil $P = (C, V)$ gebildet wird, dass jede Stimme aus V insgesamt k-mal in $V^{(k)}$ vorkommt.

Intuitiv sollte jedes vernünftige Wahlsystem diese Eigenschaft erfüllen. Wie Fishburn (1977) jedoch zeigte, erfüllt das Dodgson-System ebenso wie die Monotonie auch die Eigenschaft der Homogenität nicht. Das Gegenbeispiel von Fishburn (1977) hat acht Kandidaten und sieben Wähler und bezieht sich eigentlich auf eine Variante des Dodgson-Systems, die auf dem *schwachen Condorcet-Kriterium* beruht (d. h., ein Kandidat ist schon dann ein Condorcet-Gewinner, wenn er den paarweisen Vergleich gegen keinen anderen Kandidaten verliert). Tabelle 4.8 zeigt das Gegenbeispiel von Brandt (2009), das sich auf das übliche Dodgson-System bezieht und mit nur vier Kandidaten auskommt, dafür aber in der ursprünglichen Wahl 12 Wähler hat. Um Condorcet-Gewinner zu werden, muss ein Kandidat also in mindestens je sieben Stimmen vor jedem der anderen Kandidaten stehen. Der

Kandidat A schlägt in dieser Wahl bereits alle Kandidaten außer C im paarweisen Vergleich. Um auch C zu schlagen, benötigt A noch drei Vertauschungen, z. B. in den beiden Stimmen der ersten Gruppe und in einer Stimme der zweiten Gruppe:

- je eine in den beiden ersten Stimmen: $D > C \overset{\frown}{>} A > B \rightsquigarrow D > A > C > B$ und
- eine in der dritten Stimme: $B > C \overset{\frown}{>} A > D \rightsquigarrow B > A > C > D$.

Alle anderen Kandidaten benötigen mehr Vertauschungen, um Condorcet-Gewinner zu werden. Also ist A mit $DScore(A) = 3$ der Dodgson-Gewinner.

Wenn nun jede Stimme verdreifacht wird, ergeben sich die veränderten Stimmanzahlen rechts in der Tabelle. Insgesamt sind es nun also 36 Wähler und ein Kandidat benötigt die Unterstützung von jeweils mindestens 19 Stimmen, um gegen einen anderen Kandidaten im paarweisen Vergleich zu gewinnen. Mit den veränderten Stimmanzahlen braucht der Kandidat A nun sieben Vertauschungen, um den Kandidaten D zu schlagen und Condorcet-Gewinner zu werden. Andererseits verliert D selbst zwar alle paarweisen Vergleiche in dieser verdreifachten Wahl, kann aber

- A durch nur vier Vertauschungen schlagen, je eine in vier der Stimmen aus der zweiten Gruppe: $B > C > A \overset{\frown}{>} D \rightsquigarrow B > C > D > A$, und
- außerdem kann D durch je eine Vertauschung in der dritten und fünften Gruppe auch B und C schlagen:
  - $C > A > B \overset{\frown}{>} D \rightsquigarrow C > A > D > B$ und
  - $A > B > C \overset{\frown}{>} D \rightsquigarrow A > B > D > C$.

Somit benötigt D insgesamt nur sechs Vertauschungen, um Condorcet-Gewinner zu werden. Da B und C jeweils mindestens acht Vertauschungen benötigen, ist D in der verdreifachten Wahl der Dodgson-Gewinner. Weil die verdreifachte Wahl ein anderer Kandidat als die ursprüngliche Wahl gewinnt, zeigt dieses Beispiel, dass das Wahlsystem von Dodgson das Kriterium der Homogenität verletzt.

Fishburn (1977) schlug eine Methode vor, mit der man eine homogene Variante eines an sich inhomogenen Wahlsystems, wie z. B. des Dodgson-Systems, definieren kann. Man erhält also ein anderes Wahlsystem, das aber auf derselben Idee wie das Dodgson-System beruht (nämlich Kandidaten in den Stimmen zu vertauschen, um einen gegebenen Kandidaten zum Condorcet-Gewinner zu machen) und homogen ist. Rothe *et al.* (2003) zeigten, dass sich – anders als im urspünglichen Dodgson-System (siehe Abschnitt 4.3.1) – die Gewinner in dieser homogenen Variante des Dodgson-Systems effizient bestimmen lassen. Dies beruht auf der Methode der linearen Programmierung (siehe z. B. Abschnitt 2.5), die auch Young (1977) verwendete, um zu zeigen, dass die Gewinnerbestimmung in einem „homogenisierten" Young-System effizient machbar ist. Das ursprüngliche Young-System ist nämlich ebenfalls inhomogen (siehe Fishburn, 1977, der allerdings auch das Young-System über das schwache Condorcet-Kriterium einführt).

Das Teilnahme-Kriterium

Stellen Sie sich vor, es ist Wahltag und keiner geht hin! Auch wenn eine so extreme Situation kaum vorkommt, ist die geringe Wahlbeteiligung doch etwas bedenklich, die in vielen demokratischen Ländern vorkommt und oft mit „Politikverdrossenheit" begründet wird. Bei der letzten Bundestagswahl, die 2009 stattfand, wurde mit 70,8% die niedrigste Wahlbeteiligung seit dem Zweiten Weltkrieg verzeichnet. Fast jeder dritte Wahlberechtigte verzichtete darauf, seine Stimme abzugeben! Die Partei der Nichtwähler wäre eine ernsthafte Bedrohung für die etablierten Volksparteien und könnte in einer passenden Koalition womöglich sogar den Bundeskanzler stellen, ... wenn sie sich denn erst einmal zur Wahl stellen würde.

In anderen Ländern sieht es noch schlimmer aus. Zum Beispiel liegt die Wahlbeteiligung bei Präsidentschafts- und Parlamentswahlen in den Vereinigten Staaten von Amerika, dem Mutterland der Demokratie, in der Regel nur knapp über 50% – fast jeder zweite Wahlberechtigte verzichtet dort auf sein vor über 200 Jahren[8] blutig erkämpftes und nun verfassungsmäßig garantiertes Recht auf freie Wahlen! Ganz anders übrigens in den Diktaturen und Quasi-Diktaturen des Nationalsozialismus und der Ostblock-Staaten während des Kalten Krieges: So hatten z. B. die Reichstagswahlen 1936 und 1939 eine Wahlbeteiligung von über 99% und ebenso die Volkskammer-Wahlen der DDR in den Jahren 1963, 1967, 1981 und 1986 (und in den anderen Jahren immerhin noch über 98%). Mit Demokratie hatte das offensichtlich nichts mehr zu tun!

Auch das Recht, auf die Abgabe ihrer Stimmen zu verzichten, sollte den Wählern in einer freien Demokratie garantiert sein, anders als z. B. in der DDR (und auch wenn es durchaus demokratische Länder wie Australien und Österreich gibt, in denen teilweise Wahlpflicht bestand oder immer noch herrscht). Trotzdem können auch Nichtwähler Präferenzen über die zur Wahl stehenden Kandidaten haben, auch wenn sie ihren „Lieblingskandidaten" vielleicht nur als das geringste Übel ansehen. Durch die Nichtabgabe ihrer Stimme verzichten sie offensichtlich darauf, dieses geringste Übel zu unterstützen, und nehmen wissentlich in Kauf, dass ein noch größeres Übel gewählt wird. Die Vermutung liegt nahe, dass für jedes vernünftige Wahlsystem ein Nichtwähler seinen „Lieblingskandidaten" durch sein Fernbleiben von der Wahl schwächt. Doch diese Vermutung ist falsch! Für bestimmte Wahlsysteme tritt das so genannte *No-Show*-Paradoxon auf, das von Brams und Fishburn (1983) eingeführt wurde (siehe auch Moulin, 1988; Woodall, 1997). Es gibt mehrere Varianten dieses Paradoxons in der Literatur. Eine starke Variante besagt, dass ein Wähler manchmal erst durch sein Fernbleiben von der Wahl dafür sorgt, dass sein Lieblingskandidat gewinnt. In einer anderen starken Variante verhindert ein Wähler nur durch sein Fernbleiben von der Wahl den

---

[8]Allerdings war das Wahlrecht in den USA bis zur Mitte des 19. Jahrhunderts lediglich weißen Männern der privilegierten Mittel- und Oberschicht der Gesellschaft vorbehalten.

Sieg seines am meisten verhassten Kandidaten (äquivalent dazu bewirkt erst die Abgabe seiner Stimme, dass sein am meisten verhasster Kandidat gewinnt). Wir verwenden die allgemeine Variante des *No-Show*-Paradoxons, nach der es für einen Wähler vorteilhaft ist, der Wahl fernzubleiben, weil so ein Kandidat gewinnt, den er dem Gewinner der Wahl vorzieht, die sich mit seiner Stimme ergeben hätte.

Ein Paradoxon tritt immer dann auf, wenn eine entsprechende (meist wünschenswerte) Eigenschaft verletzt wird, so auch hier. Wahlsysteme, bei denen das *No-Show*-Paradoxon nicht auftritt, erfüllen das *Teilnahme-Kriterium* (engl. *partizipation*). In der allgemeinen Variante besagt dieses: Die Abgabe einer zusätzlichen Stimme (also die Teilnahme eines zusätzlichen Wählers an einer Wahl) darf nicht dazu führen, dass die Wahl von einem Kandidaten gewonnen wird, der in dieser hinzugefügten Stimme auf einer schlechteren Position steht als der ursprüngliche Gewinner. Die Stimmabgabe eines Wählers darf also seinem bevorzugten Kandidaten nicht schaden, denn dann wäre es für diesen Wähler ja besser gewesen, er wäre zu Hause geblieben und hätte seine Stimme gar nicht erst abgegeben.

Das Teilnahme-Kriterium erinnert auch an andere Kriterien. Ähnlich wie beim Monotonie-Kriterium geht es bei der Verletzung des Teilnahme-Kriteriums darum, dass ein Kandidat schlechter abschneidet, obwohl die ausgeführte Aktion eigentlich für diesen positiv sein sollte, entweder eine bessere Platzierung dieses Kandidaten in manchen schon vorhandenen Stimmen (bei Verletzung der Monotonie) oder eine zusätzliche Stimme, in der dieser Kandidat besser platziert ist als der momentane Gewinner (bei Verletzung der Teilnahme-Eigenschaft). Ähnlich wie bei der Manipulation bzw. Strategiesicherheit können Wähler auch durch ihre (Nicht-)Teilnahme versuchen, Einfluss auf den Wahlausgang zu nehmen. In beiden Fällen verhalten sie sich anders als erwartet: Um ihrem Lieblingskandidaten zum Sieg zu verhelfen, geben sie entweder eine unehrliche bzw. strategische oder eben gar keine Stimme ab. Außerdem ist das Teilnahme-Kriterium eng mit dem Zwillinge-willkommen-Kriterium verwandt, das unten vorgestellt wird.

Beispiele für Wahlsysteme, die das (allgemeine) Teilnahme-Kriterium erfüllen, sind alle Scoring-Protokolle wie Pluralität, Veto, Borda usw. sowie der einfache Mehrheitsentscheid, nach dem der Kandidat mit einer echten absoluten Mehrheit gewinnt (siehe auch Tabelle 4.10 auf Seite 170). Zu den Wahlsystemen, die das Teilnahme-Kriterium verletzen, bei denen also das *No-Show*-Paradoxon auftritt, gehören STV, das Mehrheitswahlsystem mit Stichwahl (Brams und Fishburn, 1983), das Cup-Protokoll (Moulin, 1988) und das Dodgson-System. Wie wir unten sehen werden, hängt das *No-Show*-Paradoxon eng mit dem Zwillingsparadoxon zusammen. Moulin (1988) zeigte auch den folgenden Satz, der einen Zusammenhang zwischen dem Teilnahme- und dem Condorcet-Kriterium herstellt.

Satz 4.4 (Moulin (1988))

1. *Für Wahlen mit höchstens drei Kandidaten gibt es Wahlsysteme, die gleichzeitig das Teilnahme- und das Condorcet-Kriterium erfüllen.*

2. *Für Wahlen mit mindestens vier Kandidaten (und mindestens 25 Wäh-*
   lern) erfüllt kein Wahlsystem gleichzeitig das Teilnahme- und das Condorcet-
   Kriterium.

Das Zwillinge-willkommen-Kriterium

Abbildung 4.12(a) zeigt eine Wahl mit den Wählerstimmen $w_1, w_2, \ldots, w_6$ und
Abbildung 4.12(b) zeigt den Baum, mit dem das Cup-Protokoll für diese Wahl
ausgeführt werden soll. Mögliche Gleichstände werden dabei alphabetisch gebrochen, d. h., die Vorzugsregel begünstigt den alphabetisch kleineren Kandidaten.

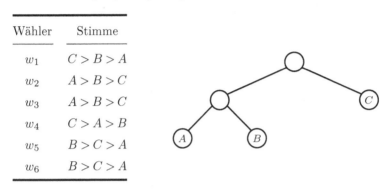

Wähler	Stimme
w_1	$C > B > A$
w_2	$A > B > C$
w_3	$A > B > C$
w_4	$C > A > B$
w_5	$B > C > A$
w_6	$B > C > A$

(a) Präferenzprofil   (b) Wahlbaum für das Cup-Protokoll

Abb. 4.12: Zwillingsparadoxon beim Cup-Protokoll (Moulin, 1988)

In der ersten Runde treten A und B gegeneinander an, und weil beide von je drei
Wählern bevorzugt werden, muss die Vorzugsregel entscheiden: A gewinnt. In der
zweiten Runde messen sich daher A und C, und C schlägt A mit $4:2$ und gewinnt
somit die Wahl. Das freut besonders den ersten Wähler, w_1, denn C ist sein
Lieblingskandidat. Doch da trifft, wie immer etwas verspätet, sein Zwillingsbruder
w_1' ein und verlangt, die Wahl noch einmal zu wiederholen, denn er möchte auch
seine Stimme abgeben. Ein *Zwilling* eines Wählers ist ein anderer Wähler mit
derselben Präferenzliste, d. h., w_1' hat dieselbe Präferenzliste wie w_1: $C > B > A$.

„Umso besser", denkt sich w_1, „wenn mein Zwilling an der Wahl teilnimmt, der
genauso abstimmt wie ich, dann muss unser gemeinsamer Lieblingskandidat C
erst recht gewinnen!" Doch was passiert? Nun setzt sich B in der ersten Runde
gegen A mit $4:3$ durch und zieht in die zweite Runde ein, in der er sich mit C
misst. Zwar wird C von w_1, w_1' und w_4 gegenüber B bevorzugt, aber die übrigen
vier Wähler sichern den Sieg von B! Eine solche Situation bezeichnet man als
Zwillingsparadoxon (Moulin, 1988). Kann dieses für ein Wahlsystem nie vorkommen, so erfüllt das Wahlsystem das *Zwillinge-willkommen-Kriterium*, und dieses
Beispiel von Moulin (1988) zeigt, dass das Cup-Protokoll dieses Kriterium nicht
erfüllt. Ähnlich wie beim *No-Show*-Paradoxon hat das Hinzufügen des Zwillings
eines Wählers dem gemeinsamen Lieblingskandidaten in Wirklichkeit geschadet.

Auch das *No-Show*-Paradoxon selbst ist an diesem Beispiel erkennbar: Wäre w'_1 nicht zur Wahl erschienen, so hätte mit C ein Kandidat gewonnen, den w'_1 besser als B findet. Den Sieg von B hat w'_1 erst durch seine unüberlegte Teilnahme ermöglicht. Dieser Zusammenhang zwischen den beiden Paradoxa gilt immer: Kommt bei einem Wahlsystem das Zwillingsparadoxon vor, so tritt in ihm auch das *No-Show*-Paradoxon auf. Anders gesagt, wenn ein Wahlsystem das Teilnahme-Kriterium erfüllt, so sind Zwillinge in einer nach diesem System abgehaltenen Wahl jederzeit willkommen, denn sie schaden nie und können nützlich sein. Folglich gilt die erste Aussage von Satz 4.4 trivialerweise auch für das Zwillinge-willkommen-Kriterium. Aber auch die zweite Aussage dieses Satzes lässt sich auf das Zwillinge-willkommen-Kriterium übertragen und liefert somit ein noch etwas stärkeres Unmöglichkeitsresultat im Hinblick auf das Condorcet-Kriterium.

Folgerung 4.1 (Moulin (1988))
Für Wahlen (C, V) mit mindestens vier Kandidaten (und $25 + \|C\|(\|C\|-1)/2$ oder mehr Wählern) erfüllt kein Wahlsystem gleichzeitig das Zwillinge-willkommen- und das Condorcet-Kriterium.

Da das Zwillinge-willkommen-Kriterium einen Spezialfall des Teilnahme-Kriteriums darstellt, weist es mit den Eigenschaften, die dem Teilnahme-Kriterium ähneln (wie Monotonie oder Strategiesicherheit), dieselben Ähnlichkeiten auf. Auch ist für Wähler das Zwillinge-willkommen-Kriterium in gewissem Sinn mit der Unabhängigkeit von Klonen für Kandidaten vergleichbar: Statt geklonten Kandidaten werden hier Zwillinge von Wählern zu einer Wahl hinzugefügt.

Dass auch das Dodgson-Wahlsystem das Zwillinge-willkommen-Kriterium – und somit auch das Teilnahme-Kriterium – verletzt, kann man anhand des folgenden Beispiels sehen. In der ursprünglichen Wahl aus Tabelle 4.7 auf Seite 160 (die eigentlich zeigte, dass das Dodgson-System nicht monoton ist) ist A der Dodgson-Gewinner. Beschließen nun aber vier weitere Wähler, die mit der Präferenz $A > C > B > D$ Zwillinge der Wähler in der vorletzten Gruppe sind, zusätzlich an dieser Wahl teilzunehmen, so ist der Kandidat C der Condorcet-Gewinner und somit auch der Dodgson-Gewinner dieser Wahl. Die neu hinzugekommenen Stimmen verhindern also den Sieg von A, auch wenn A in ihnen an erster Stelle steht.

Konsistenz

Im Jahr 1990 fand die erste Bundestagswahl nach der deutschen Wiedervereinigung statt. Von großem Interesse war dabei nicht nur, wer insgesamt die Wahl gewinnen, sondern auch, wie in Ost und West abgestimmt würde. Bei dieser Wahl stellte sich heraus, dass die Ost/West-Teilergebnisse und das gesamtdeutsche Ergebnis zueinander passten, also „widerspruchsfrei" (oder „konsistent") waren, denn dieselbe Partei (bzw., in unserem Sprachgebrauch, dieselbe Alternative), die in Ost- und in Westdeutschland jeweils allein gewonnen hatte, war auch bundesweit der Wahlsieger und stellte den Kanzler der deutschen Einheit.

Tab. 4.9: Gegenbeispiel für die Konsistenz einiger Wahlsysteme

Aufteilung von V	Gruppe	#	Stimme
	1	7	$A > B > C$
V_1	2	5	$B > C > A$
	3	4	$C > A > B$
V_2	4	5	$A > C > B$
	5	4	$C > B > A$

Ein Wahlsystem ist *konsistent*, falls Folgendes gilt: Wenn die Wähler in zwei (oder mehr) Gruppen aufgeteilt werden und ein Kandidat in all diesen Teilwahlen gewinnt, dann gewinnt er auch die Gesamtwahl, in der alle Wähler gemeinsam mit denselben Präferenzen bezüglich der Kandidaten wie in den Teilwahlen abstimmen.

Diese intuitiv ausgesprochen attraktive und vernünftige Eigenschaft wird von einigen Wahlsystemen erfüllt, beispielsweise von der Pluralitätsregel. Betrachten wir eine Pluralitätswahl (C, V) und teilen V in zwei disjunkte Gruppen auf, V_1 und V_2 mit $V_1 \cap V_2 = \emptyset$ und $V_1 \cup V_2 = V$. Angenommen, ein Kandidat $c \in C$ gewinnt beide Teilwahlen, (C, V_1) und (C, V_2). Dann hat er in beiden Teilwahlen mindestens so viele Punkte (also Erstplatzierungen) wie jeder andere Kandidat $d \in C$. Da sich die Punktwerte aller Kandidaten in beiden Teilwahlen bei der Vereinigung der Teilwahlen zur Gesamtwahl (C, V) addieren, hat c auch in dieser vereinigten Wahl mindestens so viele Punkte wie jeder andere Kandidat und gewinnt.

Aber bei weitem nicht alle Wahlsysteme haben diese schöne Eigenschaft, etliche sind inkonsistent. Betrachten wir die Wahl in Tabelle 4.9 mit den Kandidaten A, B und C und der Liste V von 25 Wählerstimmen. Die erste Spalte zeigt eine Aufteilung von $V = V_1 \cup V_2$ in zwei disjunkte Gruppen, mit $\|V_1\| = 16$ und $\|V_2\| = 9$. Die zweite Spalte unterteilt die Wähler in fünf Gruppen, sodass die Wähler einer Gruppe jeweils dieselbe Präferenzliste haben. Die dritte Spalte gibt die Anzahl der Stimmen in jeder Gruppe und die vierte Spalte die jeweilige Stimme selbst an.

Für welche Wahlsysteme zeigt diese Wahl mit dieser Aufteilung, dass das Konsistenz-Kriterium nicht erfüllt ist? Die paarweisen Vergleiche und die Borda-, Copeland- und Young-Scores werden für die Gesamtwahl aus Tabelle 4.9 in Abbildung 4.13(a), für die erste Teilwahl in Abbildung 4.13(b) und für die zweite Teilwahl in Abbildung 4.13(c) gezeigt. Die fettgedruckten Punktwerte geben dabei die Gewinner der jeweiligen Wahlen an. Wie man sieht, gewinnt A beide Teilwahlen im Borda-System, aber auch die Gesamtwahl. Folglich zeigt die Beispielwahl aus Tabelle 4.9 nicht, dass das Borda-System inkonsistent wäre. Auch kein anderes Beispiel könnte das zeigen, denn das Borda-Wahlsystem ist konsistent.

Betrachten wir nun die paarweisen Vergleiche, wobei z. B. ein 16 : 9 in der Zeile des Kandidaten A und der Spalte des Kandidaten B bedeutet, dass 16 Wähler A

paarweise Vergleiche			Scores		
	A	B	C	Borda	Copeland	Young
A	–	$16:9$	$12:13$	**28**	1	–
B	$9:16$	–	$12:13$	21	0	–
C	$13:12$	$13:12$	–	26	**2**	**0**

(a) Gesamtwahl ($\{A,B,C\}, V$)

paarweise Vergleiche			Scores		
	A	B	C	Borda	Copeland	Young
A	–	$11:5$	$7:9$	**18**	1	**3**
B	$5:11$	–	$12:4$	17	1	7
C	$9:7$	$4:12$	–	13	1	9

(b) Erste Teilwahl ($\{A,B,C\}, V_1$)

paarweise Vergleiche			Scores		
	A	B	C	Borda	Copeland	Young
A	–	$5:4$	$5:4$	**10**	**2**	**0**
B	$4:5$	–	$0:9$	4	0	–
C	$4:5$	$9:0$	–	13	1	–

(c) Zweite Teilwahl ($\{A,B,C\}, V_2$)

Abb. 4.13: Paarweise Vergleiche und Borda-, Copeland- und Young-Scores für die Wahl aus Tabelle 4.9 und ihre beiden Teilwahlen

den Vorzug vor B und nur 9 Wähler B den Vorzug vor A geben, A den paarweisen Vergleich also gewinnt. Zunächst stellt man fest, dass C der Condorcet-Gewinner der Gesamtwahl und A der Condorcet-Gewinner der zweiten Teilwahl ist. Deshalb haben C bzw. A in diesen Wahlen jeweils den maximalen Copeland-Score von 2 und den minimalen Young-Score von 0. Die Young-Scores der anderen Kandidaten sind daher für unser Gegenbeispiel irrelevant und werden nicht angegeben.

Die erste Teilwahl hat dagegen keinen Condorcet-Gewinner. A ist jedoch sowohl ein Copeland- als auch der Young-Gewinner dieser Teilwahl, und als Condorcet-Gewinner ist A ebenso in der zweiten Teilwahl der Copeland- und der Young-Sieger. Da aber nicht A, sondern C als Condorcet-Gewinner der Copeland- und der Young-Gewinner der Gesamtwahl ist, sind weder das Copeland- noch das Young-System konsistent.

Im Wahlsystem von Black (siehe Seite 143) versucht man erst, den Condorcet-Gewinner zu bestimmten (falls einer existiert), und falls das misslingt, ermittelt man die Borda-Sieger. Für die erste Teilwahl aus Tabelle 4.9 existiert kein Condorcet-Gewinner, und der Borda-Sieger A ist somit auch Black-Gewinner. Wieder gewinnt A beide Teilwahlen, aber nicht die Gesamtwahl, in der sich C durchsetzt. Das Black-System ist somit ebenfalls inkonsistent.

Für das Condorcet-System selbst ist die Beispielwahl aus Tabelle 4.9 nicht geeignet, die Inkonsistenz nachzuweisen, weil es keinen Condorcet-Gewinner in der ersten Teilwahl gibt. Dieser Nachweis kann aber leicht anhand anderer Gegenbeispiele erbracht werden – finden Sie eines?

Die Wahlsysteme von Condorcet, Black, Copeland und Young erfüllen alle das Condorcet-Kriterium, sind aber inkonsistent. Gibt es denn überhaupt Systeme, die den Condorcet-Gewinner respektieren und trotzdem konsistent sind?

Ja, aber nicht sehr viele! Das Kemeny-System ist das *einzige* Wahlsystem, das gleichzeitig neutral und konsistent ist und das Condorcet-Kriterium erfüllt.

Die Beispielwahl aus Tabelle 4.9 ist auch geeignet, die Inkonsistenz des Mehrheitswahlsystems mit Stichwahl (siehe Seite 137) und von STV (siehe Seite 138) nachzuweisen. Sehen Sie, wie? Eingeschränkt auf drei Kandidaten sind diese beiden Systeme übrigens identisch.

Übersicht: Welches Wahlsystem hat welche Eigenschaft?

Nun haben wir viele Wahlsysteme und eine lange Liste von Eigenschaften von Wahlsystemen kennen gelernt. Welches Wahlsystem hat welche Eigenschaft?

Tabelle 4.10 gibt eine Übersicht für einige ausgewählte Eigenschaften und einige Wahlsysteme, deren Wählerstimmen vollständige Präferenzlisten sind. Zu beachten ist dabei, dass die Gewinnerbestimmung von einer Vorzugsregel abhängen kann (wie z. B. bei STV). Ob eine Eigenschaft für ein solches System gilt oder nicht, soll aber kein Artefakt der Vorzugsregel sein, sondern ein typisches Merkmal des Wahlsystems widerspiegeln. Beispielsweise spielt bei vielen Eigenschaften (Monotonie, Homogenität usw.) die Veränderung einer Wahl eine Rolle. Dann soll die Verletzung einer solchen Eigenschaft aber nicht allein daher rühren, dass die Vorzugsregel in der geänderten Wahl andere Kandidaten als in der ursprünglichen Wahl begünstigt. Zum Beispiel könnte man leicht eine Wahl konstruieren, die die „Inhomogenität" von STV nachweist, wenn man die folgende Vorzugsregel verwenden würde: „*Bei höchstens zehn Wählern wird A gegenüber B begünstigt; bei mindestens elf Wählern jedoch B gegenüber A.*" Ohne dies weiter formalisieren zu wollen, schließen wir solche „irrationalen" Regeln aus.

Der Umgang mit Gleichständen in Wahlen ist nach wie vor ein herausforderndes offenes Problem, das in der Literatur ausführlich diskutiert wird. So werden die Eigenschaften von verschiedenen Vorzugsregeln im Zusammenhang mit Wahlsystemen und ihr Einfluss auf den Ausgang der Wahl untersucht. Unter Umständen kann es auch zweckmäßig sein, nicht eine spezielle Vorzugsregel zu implementie-

Tab. 4.10: Übersicht über einige Eigenschaften verschiedener Wahlsysteme

	Anonymität	Neutralität	Nicht-Diktatur	Pareto-Konsistenz	Souveränität der Bürger	Mehrheitskriterium	Condorcet-Kriterium	Monotonie	Homogenität	Unabh. v. irrel. Alternativen	Strategiesicherheit	Teilnahme-Kriterium	Konsistenz
Pluralität	✓	✓	✓	✓	✓	✓	✗	✓	✓	✗	✗	✓	✓
Borda	✓	✓	✓	✓	✓	✗	✗	✓	✓	✗	✗	✓	✓
Copeland^0	✓	✓	✓	✓	✓	✓	✓	✓	✓	✗	✗	✗	✗
Dodgson	✓	✓	✓	✓	✓	✓	✓	✗	✗	✗	✗	✗	✗
Young	✓	✓	✓	✓	✓	✓	✓	✓	✗[9]	✗	✗	✗	✗
Bucklin	✓	✓	✓	✓	✓	✓	✗	✓	✓	✗	✗	✗	✗
STV	✓	✓	✓	✓	✓	✓	✗	✗	✓	✗	✗	✗	✗

ren, sondern eine unter mehreren „sinnvollen" Vorzugsregeln zufällig auszuwählen. Oder aber man möchte eine *randomisierte Vorzugsregel* verwenden, die den Gewinner eines Gleichstands unter den beteiligten Kandidaten jeweils zufällig auswählt.

4.3 Komplexität von Wahlproblemen

In den bisherigen zwei Abschnitten dieses Kapitels haben wir uns mit den Grundlagen der klassischen Social-Choice-Theorie befasst, wir haben Wahlsysteme und ihre Eigenschaften sowie einige Unmöglichkeitstheoreme kennen gelernt. In diesem Abschnitt knüpfen wir daran an und behandeln die algorithmischen Aspekte von Wahlsystemen, wenden uns also der *Computational Social Choice* zu. Wie in Kapitel 1 schon erwähnt wurde, liegt dieses Gebiet an der Schnittstelle der Politik-, Sozial- und Wirtschaftswissenschaften einerseits und der Informatik andererseits.

Warum interessiert sich ein Informatiker überhaupt für Wahlverfahren? Geht es ihm nur darum, politische Wahlen auszuwerten? Ist das aus Sicht der Informatik denn eine anspruchsvolle Aufgabe? Politische Wahlen sind sicherlich für alle interessant und wichtig, die in einer demokratischen Gesellschaft leben, auch für

---

[9]Fishburn (1977) zeigte, dass das Wahlsystem von Young nicht homogen ist, allerdings definierte er dieses System, anders als hier, über das schwache Condorcet-Kriterium.

Informatiker. Aber die Ziele und die Motivation der *Computational Social Choice* gehen weit darüber hinaus. Indem sie zwei Gebiete verknüpft, die Social-Choice-Theorie und die Informatik, die sich bis vor kurzem ganz unabhängig voneinander entwickelt haben und die beide stark mathematisch geprägt sind (und somit „dieselbe Sprache" sprechen), ermöglicht sie einen Wissenstransfer in zwei Richtungen:

- **Von der Social-Choice-Theorie in die Informatik:** Mechanismen der Social-Choice-Theorie (wie Wahlsysteme, gerechte Aufteilungsverfahren usw.) können in der Informatik angewandt werden, z. B. beim Netzwerkentwurf oder bei der Entwicklung von Ranking-Algorithmen. So entwickelten Dwork *et al.* (2001) eine auf dem Kemeny-System basierende Methode zur Aggregation von Website-Rankings, die bei der Meta-Websuche durch mehrere Suchmaschinen eingesetzt werden kann. Vor allem aber lassen sich solche Social-Choice-Mechanismen in Systeme der Künstlichen Intelligenz integrieren:

  - etwa bei Multi-Agenten-Systemen, in denen unabhängige, „eigennützige" Software-Agenten individuell verschiedene Präferenzen bezüglich bestimmter Alternativen haben und mittels einer Wahl zu einem Konsens kommen,
  - beim Entwurf von so genannten *Recommender-Systemen*, die z. B. bei der Filmauswahl nach verschiedenen Kriterien helfen (siehe Ghosh *et al.*, 1999),
  - bei vielen anderen Aufgaben der Künstlichen Intelligenz (siehe z. B. Ephrati und Rosenschein, 1991, 1993, 1997).

- **Von der Informatik in die Social-Choice-Theorie:** Methoden der Informatik (wie Algorithmenentwurf, Komplexitätsanalyse usw.) können auf die o. g. Mechanismen der Social-Choice-Theorie angewandt werden. Dies ist vor allem deshalb nötig, weil solche Mechanismen nicht nur von Menschen bei politischen Wahlen, sondern auch in automatisierten Systemen eingesetzt werden:

  - Ranking-Algorithmen für die Meta-Websuche oder andere Anwendungen (siehe z. B. Betzler *et al.*, 2010b) sowie Recommender-Systeme (Ghosh *et al.*, 1999; Lu und Boutilier, 2010) sollen möglichst effizient arbeiten,
  - Software-Agenten in Multi-Agenten-Systemen könnten aus „Eigennutz" versuchen, den Wahlausgang strategisch zu beeinflussen, usw.

Im Mittelpunkt dieses Abschnitts werden die oben genannten algorithmischen und komplexitätstheoretischen Eigenschaften von Wahlsystemen stehen. Nach dem Gibbard–Satterthwaite-Theorem (siehe Satz 4.2 auf Seite 156) wissen wir, dass im Prinzip alle vernünftigen Wahlsysteme anfällig für Manipulation durch strategische Wähler sind. Kann man dieses desillusionierende Resultat irgendwie umgehen? Kann man verhindern, dass strategische Wähler bei ihren Versuchen, den Wahlausgang zu ihren Gunsten zu beeinflussen, erfolgreich sind?

Bartholdi *et al.* (1989a) (siehe auch Bartholdi und Orlin, 1991) hatten die bahnbrechende Einsicht, dass die Komplexität des Manipulationsproblems einen Schutz gegen Manipulationsversuche bieten kann. Auch wenn Manipulation prinzipiell möglich ist, ist möglicherweise der Aufwand zur Berechnung einer erfolgreichen

Manipulationsaktion zu groß, was verhindert, dass sie ausgeführt wird. Damit war der Grundstein für die Untersuchung der Komplexität von Problemen aus der Social-Choice-Theorie gelegt. Mit der Komplexität von Manipulationsproblemen setzen wir uns in Abschnitt 4.3.2 auseinander.

Auch andere Probleme wurden in algorithmischer und komplexitätstheoretischer Hinsicht untersucht. Bartholdi *et al.* (1989b) initiierten ebenfalls die Untersuchungen zur Komplexität der Gewinnerbestimmung, der wir uns in Abschnitt 4.3.1 zuwenden. Neben der Manipulation betrachteten Bartholdi *et al.* (1992) auch eine andere Art von Beeinflussung des Ausgangs einer Wahl, die so genannte Wahlkontrolle, der wir uns in Abschnitt 4.3.3 widmen werden. In Abschnitt 4.3.4 schließlich gehen wir auf Bestechung zum Zweck der Beeinflussung von Wahlergebnissen ein (siehe auch Faliszewski *et al.*, 2009a).

Auch andere Eigenschaften von Wahlsystemen wurden algorithmisch und komplexitätstheoretisch untersucht, wie beispielsweise die Unabhängigkeit von Klonen (Elkind *et al.*, 2010), auf die wir hier jedoch nicht näher eingehen werden.

4.3.1   Gewinnerbestimmung

Eine wünschenswerte Eigenschaft von Wahlsystemen ist, dass die Gewinnerbestimmung effizient möglich ist. Da es im Folgenden um die Berechnungskomplexität von Problemen geht, ist es zweckmäßig, sich mit den Grundlagen der Komplexitätstheorie in Abschnitt 1.5 auf Seite 9 vertraut zu machen. Wie dort erklärt wurde, werden in der Informatik effizient lösbare Probleme von solchen unterschieden, die vermutlich nicht effizient lösbar sind. Erstere sind in der Komplexitätsklasse P enthalten, da sie durch einen deterministischen Algorithmus in Polynomialzeit gelöst werden können. Zu den vermutlich nicht effizient lösbaren Problemen gehören insbesondere die NP-vollständigen Probleme (siehe Definition 1.2 auf Seite 19). Die meisten Probleme, denen wir im Rest dieses Kapitels begegnen werden, sind entweder in P oder aber NP-vollständig.

Damit ein Problem zu den Klassen P und NP gehören kann, muss es zunächst formal als ein Entscheidungsproblem definiert werden. Das Problem der Gewinnerbestimmung für ein beliebiges Wahlsystem $\mathcal{E}$ wurde erstmals von Bartholdi *et al.* (1989b) eingeführt.

$\mathcal{E}$-Winner

Gegeben:	Eine Wahl (C, V) und ein ausgezeichneter Kandidat $c \in C$.
Frage:	Ist c ein Gewinner der Wahl unter dem Wahlsystem $\mathcal{E}$?

Weder die Anzahl der Kandidaten noch die Anzahl der Wähler ist bei dieser Definition des Problems beschränkt. Das bedeutet, dass die im Folgenden erläuterten Resultate aus der Komplexitätstheorie auch nur für diesen unbeschränkten

Fall gelten. Wird die Anzahl der Kandidaten oder die der Wähler oder werden beide beschränkt, so ist das Problem in einigen Fällen effizient im Sinne der so genannten parametrisierten Komplexität lösbar, obwohl es für den unbeschränkten Fall NP-vollständig ist. Es kann allerdings auch sein, dass ein solches Problem auch für beschränkte Problemparameter schwer lösbar ist.

Die *parametrisierte Komplexitätstheorie* wurde von Downey und Fellows (1999) eingeführt (siehe auch Niedermeier, 2006; Flum und Grohe, 2006). Parametrisierte Komplexitätsresultate für Wahlprobleme, auf die wir hier jedoch nicht näher eingehen werden, findet man u. a. in den Originalarbeiten von Betzler und Uhlmann (2008); Betzler *et al.* (2008); Faliszewski *et al.* (2009b); Betzler *et al.* (2010a) und im Übersichtsartikel von Lindner und Rothe (2008).

Leichte Gewinnerbestimmung in Scoring-Protokollen, Copeland-Wahlen etc.

Für alle Scoring-Protokolle kann der Gewinner sehr leicht ermittelt werden. Es genügt, für jeden Kandidaten die seiner Position entsprechenden Punkte in jeder Stimme zu addieren und dann die Punktwerte aller Kandidaten miteinander zu vergleichen. Dies ist offensichtlich in einer Zeit polynomiell in der Eingabegröße möglich, genauer gesagt sogar in Linearzeit. Somit ist $\mathcal{E}$-Winner für alle Scoring-Protokolle in P.

Für die Familie der Copeland$^\alpha$-Wahlsysteme ist die Bestimmung der Gewinner schon etwas schwieriger. Die Punkte der Kandidaten ergeben sich aus den paarweisen Vergleichen: Jeder wird mit jedem verglichen. Offenbar ist das in quadratischer Zeit möglich, sodass sich auch hier ergibt, dass für jedes rationale α im Intervall $[0, 1]$ das Problem Copeland$^\alpha$-Winner in P liegt.

Ähnliche Argumente lassen sich für die meisten Wahlsysteme aus Abschnitt 4.1 angeben. In der Regel ist das Gewinnerproblem effizient lösbar, und das ist auch gut so. Es gibt jedoch Ausnahmen, auf die wir nun eingehen wollen.

Schwere Gewinnerbestimmung in Dodgson-, Young- und Kemeny-Wahlen

Für die Wahlsysteme von Dodgson (1876) (siehe Seite 130), Young (1977) (siehe Seite 133) und Kemeny (1959) (siehe Seite 133) wurde bereits in Abschnitt 4.1 erwähnt, rein intuitiv könne man vermuten, dass die Gewinnerbestimmung in ihnen schwieriger ist als z. B. für Scoring-Protokolle. Bartholdi *et al.* (1989b) fanden erstmals formale Argumente, die diese Vermutung stützen: Sie zeigten, dass Dodgson-Winner und Kemeny-Winner NP-harte Probleme sind. Folglich können sie nicht in P liegen, außer es würde P = NP gelten (was kaum jemand glaubt). Ihr Resultat zeigt, dass diese Probleme mindestens so schwer wie jedes andere NP-Problem sind. Die Frage, ob sie selbst auch in der Klasse NP liegen, konnten Bartholdi *et al.* (1989b) allerdings nicht beantworten.

Diese offene Frage wurde später für Dodgson-Wahlen von Hemaspaandra *et al.* (1997a) und für Kemeny-Wahlen von Hemaspaandra *et al.* (2005b) gelöst. Sie zeigten, dass sowohl Dodgson-WINNER als auch Kemeny-WINNER ein vollständiges Problem für die Komplexitätsklasse $P_{||}^{NP}$ ist. Rothe *et al.* (2003) zeigten das entsprechende Resultat für das Problem Young-WINNER, das ebenfalls vollständig für $P_{||}^{NP}$ ist. Um diese Resultate besser einordnen zu können, ist erneut ein kurzer Abstecher in die Komplexitätstheorie nötig.

Wie bereits in Abschnitt 1.5 erläutert wurde, gehören zur Klasse NP alle Entscheidungsprobleme, die von einem nichtdeterministischen Algorithmus (bzw. einer nichtdeterministischen Turingmaschine) in Polynomialzeit gelöst werden können. Die Probleme in der Klasse $P_{||}^{NP}$ können dagegen durch eine deterministische Turingmaschine in Polynomialzeit entschieden werden, allerdings nur mit der Hilfe eines NP-Algorithmus. Der P-Algorithmus darf nämlich im Laufe seiner Berechnung Fragen an ein so genanntes NP-*Orakel* stellen, an ein NP-Problem wie SAT etwa. In diesem Fall wären die Orakelfragen boolesche Formeln und das Orakel SAT würde in einem Schritt die Antwort geben, ob die jeweilige Formel erfüllbar ist oder nicht, ohne die Kosten für diese Antwort dem P-Algorithmus in Rechnung zu stellen. In einer durch ein Polynom beschränkten Rechenzeit können insgesamt höchstens polynomiell viele Fragen gestellt werden, deren Größe jeweils höchstens polynomiell in der Eingabegröße ist. In der Klasse $P_{||}^{NP}$ ist der Zugriff auf dieses NP-Orakel allerdings eingeschränkt: Alle Fragen müssen *parallel* an das Orakel gestellt werden, d. h., keine Frage darf von der Orakelantwort auf eine zuvor gestellte Frage abhängen. Stattdessen werden erst sämtliche Orakelfragen $q_1, q_2, \ldots, q_m$ berechnet und dann auf einmal gestellt; die Antwort des Orakels SAT wäre dann eine Liste der Länge m, sodass der i-te Eintrag „ja" ist, falls $q_i \in SAT$, und „nein", falls $q_i \notin SAT$. Offensichtlich ist NP in $P_{||}^{NP}$ enthalten, denn eine Frage an das Orakel genügt, um die Eingabe zu entscheiden. Ob aber $NP = P_{||}^{NP}$ oder $NP \neq P_{||}^{NP}$ gilt, ist wieder ein offenes Problem (siehe auch Hemaspaandra *et al.*, 1997b).

Wegen dieses eingeschränkten Orakelzugriffs bezeichnet man die Klasse $P_{||}^{NP}$ als *„parallelen Zugriff auf* NP". Verschiedene Charakterisierungen dieser Komplexitätsklasse und weiterführende Informationen sind in (Papadimitriou und Zachos, 1983; Köbler *et al.*, 1987; Wagner, 1987; Hemachandra, 1989; Wagner, 1990; Rothe, 2008) zu finden. Die Härte eines Problems für die Klasse $P_{||}^{NP}$ kann man wieder mit einer Reduktion von einem bereits als $P_{||}^{NP}$-vollständig bekannten Problem zeigen. Alternativ dazu kann jedoch auch eine Technik von Wagner (1987) angewandt werden, bei der eine Reduktion mit speziellen Eigenschaften von einem NP-vollständigen Problem benötigt wird. Diese Technik wird z. B. von Hemaspaandra *et al.* (1997a) für den Nachweis der $P_{||}^{NP}$-Härte von Dodgson-WINNER verwendet. Faliszewski *et al.* (2009c) geben die wesentlichen Ideen und eine grobe Übersicht über die Struktur dieses relativ komplizierten Beweises an.

Dodgson-WINNER kann als das erste *natürliche* Problem angesehen werden, das vollständig für $P_{||}^{NP}$ ist. Die zuvor bekannten $P_{||}^{NP}$-vollständigen Probleme (siehe z. B. Wagner, 1987) sind in der Regel relativ künstlich konstruiert.

Wie in Abschnitt 4.2 erwähnt wurde, können die Gewinner in bestimmten „homogenisierten" Varianten des Dodgson- und des Young-Systems effizient bestimmt werden (Young, 1977; Rothe *et al.*, 2003).

Leichte Gewinnerbestimmung in mehrstufigen Wahlsystemen

Auch für die mehrstufigen Wahlsysteme aus Abschnitt 4.1.4 ist das WINNER-Problem effizient lösbar, denn die Anzahl der Runden ist immer polynomiell in der Eingabegröße, und auch die in den einzelnen Runden auszuführenden Schritte benötigen nur Polynomialzeit. Allerdings gilt dies nur unter der Annahme, dass die Vorzugsregel zur Behandlung von Gleichständen (z. B. bei STV) ebenfalls nicht mehr als Polynomialzeit braucht.

Eindeutige versus nicht eindeutige Gewinner

Das hier formulierte WINNER-Problem fragt, ob der ausgezeichnete Kandidat *ein* (nicht notwendig eindeutiger) Gewinner ist. Dies wird oft auch als das *Co-Winner-Modell* bezeichnet. Analog kann das WINNER-Problem auch für den Fall eines eindeutigen Gewinners formuliert werden. Dazu muss dann bei der Problemdefinition auch angegeben werden, wie im Falle eines Gleichstands zwischen zwei Kandidaten zu verfahren ist. Man kann z. B. fragen, ob der ausgezeichnete Kandidat ein Sieger der Wahl ist, egal wie ein Gleichstand aufgelöst wird.

Eine andere Möglichkeit ist das *„parallel-universes tie-breaking"*-Modell von Conitzer *et al.* (2009). Hier wird gefragt, ob es mindestens eine Möglichkeit zur Auflösung aller auftretenden Gleichstände während einer gegebenen Wahl gibt, sodass der ausgezeichnete Kandidat gewinnt. Dies ist vor allem für mehrstufige Wahlverfahren wie STV sinnvoll, für das dieses Modell erstmals verwendet wurde.

Mögliche und notwendige Gewinner

Eng verwandt mit dem oben betrachteten WINNER-Problem für Wahlsysteme ist das Problem des möglichen Gewinners. Bisher sind wir, mit der Ausnahme des Approval- und des Fallback-Wahlsystems, immer davon ausgegangen, dass die Stimmen der Wähler als *vollständige* Präferenzlisten über alle Kandidaten vorliegen. Es gibt jedoch auch Situationen, in denen das nicht der Fall ist.

Anna, Belle und Chris möchten gemeinsam Urlaub machen. Zur Wahl stehen vier verschiedene Reisen: Sie können mit dem Schiff, mit dem Auto, mit dem Flugzeug oder mit dem Zug verreisen.

„Ich würde am liebsten fliegen", sagt Anna bestimmt, „und meine zweite Wahl ist das Schiff. Danach kommt erst das Auto, denn da steht man immer im Stau. Am wenigsten gern würde ich Zug fahren, der kommt immer zu spät."

Belle hat nicht so klare Vorlieben: „Ich finde Auto oder Zug auf jeden Fall besser als Schiff oder Flugzeug, denn das Schiff kann untergehen und das Flugzeug abstürzen. Zwischen Auto und Zug kann ich mich aber nicht entscheiden, und wenn es keins von beiden wird, ist mir auch egal, ob wir das Schiff oder das Flugzeug nehmen."

„Mein Favorit ist ganz klar die Schiffsreise", sagt Chris. „Und wenn die nicht geht, wäre mir eine Reise mit dem Flugzeug oder mit dem Auto recht. Auf eine Zugfahrt habe ich aber am wenigsten Lust. Wenn wieder die Klimaanlage ausfällt, dreh' ich durch!"

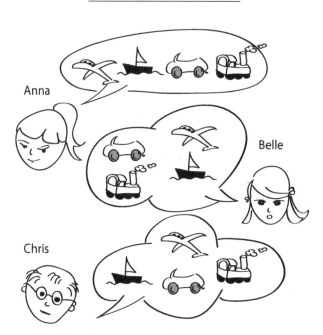

Abb. 4.14: Reisevorlieben von Anna, Belle und Chris

Abbildung 4.14 zeigt die Reisevorlieben von Anna, Belle und Chris. In einem solchen Fall können die Stimmen auch *partielle Ordnungen* auf der Kandidatenmenge C sein. Mathematisch verwendet man dafür eine *partielle Präferenzrelation* $\succ$, die transitiv und asymmetrisch aber im Gegensatz zur Präferenzrelation $>$ nicht total ist. In einer solchen *partiellen Präferenzliste* eines Wählers, die auf einer partiellen Ordnung $\succ$ beruht, sind Indifferenzen über Kandidaten erlaubt.

Auch in solchen Situationen möchte man feststellen, ob ein bestimmter Kandidat überhaupt noch die Chance hat, die Wahl zu gewinnen, ob er also ein *möglicher Gewinner* ist. Da die hier behandelten Wahlsysteme vollständige Ordnungen zur Gewinnerbestimmung voraussetzen, stellt man diese Frage so: Können die von den

Wählern angegebenen partiellen Präferenzen bezüglich der Kandidaten zu einer vollständigen Präferenzliste erweitert werden, sodass der gegebene Kandidat gewinnt? Eine lineare Präferenzliste v über C ist dabei eine *totale Erweiterung* einer partiellen Präferenzliste w über C, falls für alle $c, d \in C$ mit $c \succ d$ in w gilt, dass auch in v der Kandidat c den Vorzug vor dem Kandidaten d hat. Anders gesagt, alle Indifferenzen zwischen Kandidaten werden in einer solchen totalen Erweiterung zu echten Präferenzen, aber so, dass dies konsistent mit der ursprünglichen partiellen Präferenzliste ist.

Die drei Freunde haben sich darauf geeinigt, mit einer Borda-Wahl zu bestimmen, welche Reise sie gemeinsam unternehmen werden. Da Anna sehr gern fliegen möchte, fragt sie sich, ob es überhaupt eine Chance gibt, dass die Flugreise die Wahl gewinnt. Sie denkt kurz nach und macht dann den folgenden Vorschlag: „Belle, wenn es dir sowieso egal ist, ob wir das Flugzeug oder Schiff nehmen, dann könntest du das Flugzeug auf Position drei und das Schiff auf Position vier setzen. Und außerdem könntest du das Auto vor den Zug auf Platz eins setzen."

„Warum nicht?", sagt Belle, denn es ist ihr wirklich egal.

„Stimmt", ergänzt Chris. „Wenn wir mit dem Borda-System abstimmen wollen, muss ja jede Alternative auf genau einer Position stehen. Dann ist das Flugzeug meine zweite und das Auto meine dritte Wahl."

„Wunderbar!", sagt Anna zufrieden. „Dann zählen wir mal die Borda-Punkte zusammen."

Nach dieser totalen Erweiterung der partiellen Präferenzen zu linearen Präferenzen gewinnt die Flugreise mit sechs Punkten im Borda-System. Bezüglich der ursprünglichen partiellen Präferenzen der drei Wähler war sie also ein möglicher Gewinner. Die Zugfahrt dagegen war kein möglicher Gewinner, denn in jeder totalen Erweiterung der partiellen Präferenzen hat sie höchstens drei Borda-Punkte, die Flugreise jedoch mindestens vier. Die formale Definition des zugehörigen Entscheidungsproblems geht auf Konczak und Lang (2005) zurück.

$\mathcal{E}$-Possible Winner

Gegeben:	Eine Wahl $E = (C, V)$, wobei C eine Menge von Kandidaten und V eine Liste von Wählerstimmen ist, gegeben als partielle Ordnung über C, und ein ausgezeichneter Kandidat $c \in C$.
Frage:	Ist c ein möglicher Gewinner der Wahl E unter dem Wahlsystem $\mathcal{E}$, d. h., lässt sich jede Stimme in V total erweitern, sodass c ein $\mathcal{E}$-Gewinner der daraus resultierenden Wahl ist?

Für alle Wahlsysteme, deren Gewinner in Polynomialzeit bestimmt werden können, liegt dieses Problem in NP, denn in polynomieller Zeit kann man eine totale Erweiterung der gegebenen partiellen Präferenzlisten nichtdeterministisch raten und anschließend deterministisch testen, ob der gegebene Kandidat die daraus resultierende Wahl gewinnt. Dieses Problem verallgemeinert das Manipulationsproblem für Wahlsysteme, dem wir uns im folgenden Abschnitt zuwenden werden.

Die Komplexität des Problems POSSIBLE WINNER wurde für eine Reihe von Wahlsystemen untersucht (siehe Konczak und Lang, 2005; Walsh, 2007; Xia und Conitzer, 2011). Für die Klasse aller Scoring-Protokolle erzielten Betzler und Dorn (2010) (sowie Baumeister und Rothe, 2010, die den letzten noch fehlenden Fall lösten) sogar ein *Dichotomie-Resultat* (ein einfaches Kriterium also, das die leichten von den harten Fällen unterscheidet): POSSIBLE WINNER liegt für Pluralität und Veto in P und ist für alle anderen Scoring-Protokolle NP-vollständig.

Wenn man sich für mögliche Gewinner einer Wahl interessiert, liegt es nahe, sich ebenfalls die Frage zu stellen, ob ein Kandidat ein *notwendiger Gewinner* einer Wahl mit partiellen Präferenzlisten ist. Ein solcher Kandidat müsste in *jeder* totalen Erweiterung der gegebenen partiellen Präferenzlisten die Wahl gewinnen. Das entsprechende Entscheidungsproblem wird mit $\mathcal{E}$-NECESSARY WINNER bezeichnet. Im Gegensatz zum Problem des möglichen Gewinners ist das Problem des notwendigen Gewinners für alle Scoring-Protokolle in Polynomialzeit lösbar (siehe Xia und Conitzer, 2011). Aber nicht nur für die Scoring-Protokolle, auch für andere Wahlsysteme ist POSSIBLE WINNER in der Regel ein schwereres Problem als NECESSARY WINNER. Für beide Probleme kann man, wie schon beim WINNER-Problem, auch Varianten definieren, in denen gefragt wird, ob der ausgezeichnete Kandidat der *einzige* mögliche bzw. notwendige Gewinner ist.

4.3.2 Manipulation

Wie am Anfang dieses Abschnitts erwähnt wurde, ist die Frage nach der Komplexität des Manipulationsproblems durch das Gibbard–Satterthwaite-Theorem (siehe Satz 4.2 auf Seite 156) motiviert. Auch wenn jedes vernünftige Wahlsystem nach diesem Satz prinzipiell manipulierbar ist, kann die Berechnungshärte des Problems, eine erfolgreiche Manipulationsaktion zu berechnen (oder auch nur zu entscheiden, ob diese für ein gegebenes Präferenzprofil möglich ist), einen Schutz gegen strategische Wähler bieten. Für ein beliebiges Wahlsystem $\mathcal{E}$ definieren Bartholdi *et al.* (1989a) dieses Problem wie folgt.

$\mathcal{E}$-MANIPULATION

Gegeben:	Eine Menge C von Kandidaten und eine Liste V von (ehrlichen) Wählerstimmen, die als lineare Präferenzlisten über C gegeben sind, und ein ausgezeichneter Kandidat $c \in C$.
Frage:	Gibt es eine lineare Präferenzliste s, sodass c der Gewinner der Wahl $(C, V \cup \{s\})$ unter dem Wahlsystem $\mathcal{E}$ ist?

Allgemein ist wieder weder die Anzahl der Kandidaten noch die der Wähler beschränkt. Wie WINNER kann auch MANIPULATION analog für den Fall eines nicht eindeutigen Gewinners formuliert werden – die Komplexität beider Problemvarianten ist in der Regel dieselbe. Wünschenswert sind solche Wahlsysteme, deren Gewinner man leicht bestimmen kann, die aber schwer zu manipulieren sind. Kann man für ein System etwa zeigen, dass MANIPULATION NP-hart ist, aber WINNER in P, dann ist unter der Voraussetzung P $\neq$ NP die Entscheidung, ob eine Manipulation in der gegebenen Wahl überhaupt möglich ist, echt schwerer als die Gewinnerbestimmung. Eine weitere wichtige Beobachtung ist, dass der Manipulator, der eine strategische Stimme s sucht, vollständige Information über die abgegebenen Stimmen der anderen Wähler hat. Das ist in der Realität zwar nicht oft der Fall, außer vielleicht bei sehr kleinen Wahlen – bei großen Wahlen kann man sich in der Regel lediglich auf Näherungen durch demoskopische Umfrageergebnisse stützen. Aber wenn man zeigen kann, dass das Manipulationsproblem selbst mit vollständiger Information schwer zu lösen ist, dann kann dies mit weniger Information natürlich nicht einfacher werden.

Bartholdi *et al.* (1989a) zeigten, dass das Problem MANIPULATION für Copeland-Wahlen zweiter Ordnung NP-vollständig ist. Dieses Wahlsystem funktioniert wie das Copeland$^\alpha$-System, nur dass Gleichstände in den paarweisen Vergleichen anders entschieden werden: Es bekommen dann nicht beide Kandidaten α Punkte, sondern ein Punkt geht an den Kandidaten, für den die Summe der Copeland-Scores der ihm im paarweisen Vergleich unterlegenen Kontrahenten am größten ist. Nach dieser Vorzugsregel kann es natürlich auch weiterhin Gleichstände geben. Um eindeutige Sieger in paarweisen Vergleichen zu bestimmen, müsste eine zusätzliche Vorzugsregel angewandt werden. Dieses System (oder kleine Abwandlungen davon) werden u. a. bei den Turnieren der Fédération Internationale des Échecs und der United States Chess Federation verwendet. Andererseits zeigten Bartholdi *et al.* (1989a), dass MANIPULATION für viele Wahlsysteme mit einem polynomiellen WINNER-Problem leicht lösbar ist. Wenn man die Pluralitätsregel betrachtet, ist natürlich klar, dass die einzig sinnvolle strategische Stimme den ausgezeichneten Kandidaten, der zum Gewinner gemacht werden soll, an erster Stelle platzieren muss. Da alle anderen Kandidaten keine Punkte bekommen, ist die Reihenfolge der übrigen Kandidaten egal. Ob diese Aktion zum Erfolg führt oder nicht, kann dann leicht getestet werden. Diese Idee lässt sich auf eine viel größere Klasse von Wahlsystemen erweitern, nämlich auf alle die Systeme, die den Kandidaten mit einer Score-Funktion Punktwerte zuweisen, sodass (a) die Kandidaten mit dem größten Punktwert gewinnen und (b) die Score-Funktion monoton ist. Dazu gehören u. a. alle Scoring-Protokolle, das Simpson- und das Copeland-System. Ein einfacher Greedy-Algorithmus löst MANIPULATION für diese Systeme.

Da das Copeland-System effizient manipuliert werden kann, beruht die NP-Härte des Manipulationsproblems für Copeland-Wahlen zweiter Ordnung im Wesentlichen auf der o. g. Vorzugsregel des Wahlsystems. Im Gegensatz dazu spielen Gleichstände keine wesentliche Rolle in der Reduktion von Bartholdi und Orlin (1991), mit der sie zeigten, dass STV-MANIPULATION ebenfalls NP-vollständig ist.

Koalitionen von Manipulatoren

Conitzer *et al.* (2007) verallgemeinerten das Problem MANIPULATION zu dem Problem COALITIONAL MANIPULATION. Hier versucht eine ganze Gruppe von manipulativen Wählern, ihre strategischen Stimmen gemeinsam so auszuwählen, dass der gewünschte Kandidat die Wahl gewinnt. Durch eine solche Koordination der Strategien können die Manipulatoren im Allgemeinen mehr erreichen als ein einzelner strategischer Wähler. Das oben definierte Problem MANIPULATION ist der Spezialfall von COALITIONAL MANIPULATION, in dem diese Gruppe nur aus einem Wähler besteht. Interessant ist dabei natürlich, ab welcher Größe einer Koalition von Manipulatoren das Problem COALITIONAL MANIPULATION schwer wird.

Die Komplexität von COALITIONAL MANIPULATION ist für viele Wahlsysteme noch nicht bekannt, nicht einmal für alle Scoring-Protokolle (siehe Xia und Conitzer, 2008; Xia *et al.*, 2009, 2010). Erst kürzlich konnten Betzler *et al.* (2011) (siehe auch Davies *et al.*, 2011) zeigen, dass COALITIONAL MANIPULATION für das Borda-Wahlsystem NP-vollständig ist, selbst wenn es nur zwei Manipulatoren gibt. Da das Borda-System durch *einen* strategischen Wähler effizient manipulierbar ist, kennt man somit genau die Grenze, an der dieses Problem schwer wird. Das erste derartige Resultat geht auf Faliszewski *et al.* (2008b, 2010a) zurück, die zeigten, dass COALITIONAL MANIPULATION für Copeland$^\alpha$-Wahlen NP-vollständig ist, falls α eine rationale Zahl in $[0,1]$ mit $\alpha \neq 1/2$ ist und es mindestens zwei Manipulatoren gibt. Die Komplexität dieses Problems für $\alpha = 1/2$ ist noch immer unbekannt.

Manipulation für gewichtete Wähler durch Koalitionen von Manipulatoren

Conitzer *et al.* (2007) betrachten noch eine weitere Verallgemeinerung des Manipulationsproblems: *gewichtete Wähler*. Nicht bei jeder Wahl geht es frei, gleich und brüderlich zu – die Stimmen mancher Wähler sind unter Umständen gewichtiger als die Stimmen anderer. Man denke nur an Abstimmungen im Familienkreis, bei denen den Kindern nur selten dasselbe Gewicht wie den Eltern zugesprochen wird. Ein anderes Beispiel ist die Hauptversammlung einer Aktiengesellschaft, bei der zwar jeder Aktionär im Prinzip stimmberechtigt ist, seine Stimme aber gemäß dem Anteil an Stammaktien, die er hält, gewichtet ist (vgl. auch die „gewichteten Wahlspiele" auf Seite 104).

In einer gewichteten Wahl, in der die Kandidaten von den Wählern Punkte erhalten, wird jeder Stimme eine natürliche Zahl als ihr Gewicht zugeordnet. Die Punkte, die ein Wähler einem Kandidaten gibt, multipliziert man mit dem zugehörigen Gewicht. Der ungewichtete Fall (den wir bisher stets betrachtet haben) ist der Spezialfall einer gewichteten Wahl, in der alle Wähler das Gewicht eins haben.

Das Präferenzprofil $P^{(k)} = (C, V^{(k)})$, das bei der Eigenschaft der Homogenität eine Rolle spielt (siehe Seite 161), bedeutet im Grunde, dass jeder Wähler der Ausgangswahl (C, V) in $P^{(k)}$ das Gewicht k hat, nur dass dort von einer „Vervielfachung" statt einer Wichtung einer Wahl die Rede war. Anders als in $P^{(k)}$ ist nun aber auch erlaubt, dass verschiedene Wähler unterschiedliche Gewichte haben können. Zu beachten ist, dass ein Wähler mit z. B. dem Gewicht k etwas anderes ist als k Wähler mit Gewicht eins. Letztere sind flexibler: Wenn $k = 3$ ist, könnten diese drei Wähler drei verschiedene Präferenzlisten haben. Ein Wähler mit Gewicht drei hat dagegen immer nur eine Präferenzliste. Dieser Unterschied kann gerade beim strategischen Wählen eine entscheidende Rolle spielen.

Konstruktive versus destruktive Manipulation

Die bisher betrachteten Varianten des Manipulationsproblems haben alle zum Ziel, einen ausgezeichneten Kandidaten zum alleinigen Sieger der Wahl zu machen. Deshalb spricht man in diesem Fall auch von *konstruktiver Manipulation*. Conitzer *et al.* (2007) betrachten auch den analogen Fall der *destruktiven Manipulation*, bei der die strategischen Wähler versuchen, einen ausgezeichneten Kandidaten am Sieg zu hindern. Hier ist den Manipulatoren also egal, welcher Kandidat gewinnt, solange es nicht dieser eine ist. In dem Beispiel, mit dem gezeigt wurde, dass das Borda-System nicht strategiesicher ist (siehe Seite 155), wurde eine destruktive Manipulation beschrieben: Da der Manipulator nicht den Lieblingskandidaten D in seiner ehrlichen Stimme $D > C > B > A$ zum Gewinner machen konnte, wollte er wenigstens den Sieg des ihm am meisten verhassten Kandidaten A verhindern und wählte daher strategisch mit der Stimme $B > D > C > A$.

Allgemein gilt, dass eine destruktive Manipulation einer Wahl mit m Kandidaten höchstens um den Faktor $m - 1$ schwerer sein kann als die konstruktive Manipulation. Denn um das destruktive Manipulationsproblem für einen gegebenen Kandidaten zu lösen, genügt es zu testen, ob eine konstruktive Manipulation für einen der $m - 1$ anderen Kandidaten möglich ist.

Eine solche Reduktion eines Problems X auf ein Problem Y, bei der zur Lösung der Frage „$x \in X$?" mehrere Fragen $y_1, y_2, \ldots, y_k$ gestellt werden, die in Polynomialzeit für gegebenes x berechnet werden können (insbesondere ist k polynomiell in $|x|$ beschränkt), sodass $x \in X$ genau dann gilt, wenn es ein i, $1 \le i \le k$, mit $y_i \in Y$ gibt, nennt man eine *disjunktive Truth-table-Reduktion* und schreibt $X \le_{\text{d-tt}}^{\text{p}} Y$.

Die $\leq^{\mathrm{P}}_{\mathrm{d\text{-}tt}}$-Reduzierbarkeit verallgemeinert die $\leq^{\mathrm{P}}_{\mathrm{m}}$-Reduzierbarkeit, die in Definition 1.2 auf Seite 19 eingeführt wurde, denn $\leq^{\mathrm{P}}_{\mathrm{m}}$ ist nichts anderes als $\leq^{\mathrm{P}}_{\mathrm{d\text{-}tt}}$ mit einer Frage. Die zu Lemma 1.1 auf Seite 20 analogen Aussagen über die Eigenschaften von $\leq^{\mathrm{P}}_{\mathrm{m}}$ gelten auch für die $\leq^{\mathrm{P}}_{\mathrm{d\text{-}tt}}$-Reduzierbarkeit (siehe Ladner *et al.*, 1975; Rothe, 2008, zu weiteren Details). Insbesondere vererben sich obere Schranken auch bezüglich $\leq^{\mathrm{P}}_{\mathrm{d\text{-}tt}}$ nach unten (d. h., ist $X \leq^{\mathrm{P}}_{\mathrm{d\text{-}tt}} Y$ und Y in P, so ist auch X in P). Die oben beschriebene $\leq^{\mathrm{P}}_{\mathrm{d\text{-}tt}}$-Reduktion vom destruktiven auf das konstruktive Manipulationsproblem bedeutet also, dass das destruktive Manipulationsproblem in Polynomialzeit gelöst werden kann, wenn es einen Polynomialzeit-Algorithmus für das konstruktive Manipulationsproblem gibt.

Übersicht über die Komplexität von Manipulationsproblemen

Zusammenfassend beschreibt man durch die Probleme

- Constructive Coalitional Weighted Manipulation (kurz CCWM),
- Destructive Coalitional Weighted Manipulation (kurz DCWM)

die allgemeinsten Manipulationsszenarien. Bezeichnen wir, jeweils im konstruktiven und im destruktiven Fall, mit CCM bzw. DCM die ungewichteten Spezialfälle von CCWM bzw. DCWM und mit CM bzw. DM die Spezialfälle von CCM bzw. DCM, in denen es nur einen einzelnen strategischen Wähler statt einer Koalition von Manipulatoren gibt, so ergeben sich die folgenden Beziehungen zwischen diesen Problemen:

$$
\begin{array}{ccccc}
\mathrm{CM} & \leq^{\mathrm{P}}_{\mathrm{m}} & \mathrm{CCM} & \leq^{\mathrm{P}}_{\mathrm{m}} & \mathrm{CCWM} \\[2pt]
\text{\rotatebox{90}{$\leq^{\mathrm{P}}_{\mathrm{d\text{-}tt}}$}} & & \text{\rotatebox{90}{$\leq^{\mathrm{P}}_{\mathrm{d\text{-}tt}}$}} & & \text{\rotatebox{90}{$\leq^{\mathrm{P}}_{\mathrm{d\text{-}tt}}$}} \\[2pt]
\mathrm{DM} & \leq^{\mathrm{P}}_{\mathrm{m}} & \mathrm{DCM} & \leq^{\mathrm{P}}_{\mathrm{m}} & \mathrm{DCWM}
\end{array}
$$

Nach Lemma 1.1 auf Seite 20 vererben sich obere Schranken bezüglich $\leq^{\mathrm{P}}_{\mathrm{m}}$ nach unten (d. h., ist $A \leq^{\mathrm{P}}_{\mathrm{m}} B$ und B in P, so ist auch A in P) und untere Schranken bezüglich $\leq^{\mathrm{P}}_{\mathrm{m}}$ nach oben (d. h., ist $A \leq^{\mathrm{P}}_{\mathrm{m}} B$ und A NP-hart, so ist auch B NP-hart). Beispielsweise folgt so aus der oben erwähnten NP-Härte von STV-CM (siehe Bartholdi und Orlin, 1991), dass auch STV-CCM und STV-CCWM NP-hart sind. Weil umgekehrt das allgemeinste Problem, CCWM, für die Pluralitätsregel in P ist, liegen auch die anderen fünf Manipulationsprobleme für die Pluralitätsregel in P. Die Pluralitätsregel ist allerdings das einzige Scoring-Protokoll, für das CCWM in Polynomialzeit gelöst werden kann. Hemaspaandra und Hemaspaandra (2007) bewiesen das folgende Dichotomie-Resultat für Scoring-Protokolle: $\vec{\alpha}$-CCWM ist NP-vollständig für alle Scoring-Protokolle mit Vektor $\vec{\alpha} = (\alpha_1, \alpha_2, \ldots, \alpha_m)$, für die $\|\{\alpha_i \mid 2 \leq i \leq m\}\| \geq 2$ gilt, und ist anderenfalls in P.

Diese Bedingung für die NP-Vollständigkeit von $\vec{\alpha}$-CCWM wird auch als „*diversity of dislike*" bezeichnet, denn sie beschreibt alle Scoring-Protokolle, für die

Tab. 4.11: Manipulationskomplexität in einigen Wahlsystemen (Conitzer *et al.*, 2007)

Anzahl d. Kandidaten	CCWM			DCWM	
	2	3	≥ 4	2	≥ 3
Pluralität	P	P	P	P	P
Cup-Protokoll	P	P	P	P	P
Copeland	P	P	NP-vollständig	P	P
Simpson	P	P	NP-vollständig	P	P
Veto	P	NP-vollständig	NP-vollständig	P	P
Borda	P	NP-vollständig	NP-vollständig	P	P
STV	P	NP-vollständig	NP-vollständig	P	NP-vollständig

die Kandidaten nach dem Erstplatzierten mindestens zwei verschiedene Punktwerte erhalten. Die Pluralitätsregel ist aber das einzige Scoring-Protokoll, das diese Bedingung nicht erfüllt, denn jedes Scoring-Protokoll $\vec{\alpha} = (k, 0, \ldots, 0)$, $k > 1$, ist zu $\vec{\alpha} = (1, 0, \ldots, 0)$ äquivalent. Daher ist in der Klasse der Scoring-Protokolle nur für dieses Protokoll das Problem CCWM in Polynomialzeit lösbar.

Dieses Dichotomie-Resultat bewiesen auch Conitzer *et al.* (2007) etwa zur selben Zeit. Darüber hinaus untersuchten sie eine Vielzahl weiterer Wahlsysteme bezüglich der Härte der Manipulationsprobleme CCWM und DCWM. Sie bestimmten dabei nicht nur allgemein die Komplexität dieser Probleme für eine beliebige Anzahl von Kandidaten, sondern sie identifizierten auch jeweils die kleinstmögliche Anzahl von Kandidaten, ab der das Problem schwer wird.

Tabelle 4.11 fasst ihre Ergebnisse zusammen. Die Polynomialzeit-Algorithmen für die Pluralitätsregel und das Cup-Protokoll funktionieren für jede Anzahl von Kandidaten. Wie man an der Tabelle sieht, ist das destruktive Manipulationsproblem DCWM tatsächlich nie schwerer als das entsprechende konstruktive Manipulationsproblem CCWM. Umgekehrt ist CCWM jedoch manchmal sogar echt schwerer als DCWM (vorausgesetzt, dass $P \neq NP$ gilt). Zum Beispiel sind Veto-CCWM und Borda-CCWM für drei Kandidaten NP-vollständig, aber die Probleme Veto-DCWM und Borda-DCWM für drei Kandidaten sind in P.

Als Beispiel greifen wir nun das Copeland-Wahlsystem heraus, um zu zeigen, wie man die Komplexität des Manipulationsproblems beweist.

Manipulation in Copeland-Wahlen mit drei Kandidaten

Nach Tabelle 4.11 ist CCWM für Copeland-Wahlen mit drei Kandidaten in Polynomialzeit lösbar. Hier ist mit Copeland das System gemeint, das bei einem Gleichstand im paarweisen Vergleich beide Kandidaten mit einem halben Punkt belohnt – genau das System übrigens, über das die Resultate von Faliszewski *et al.* (2008b, 2010a) im ungewichteten Fall keine Aussage machen (und im Allgemeinen –

für mehr als drei Kandidaten – ist die Komplexität von Copeland-CCM nach wie vor offen). Gegeben sei nun eine Instanz des Problems Copeland-CCWM:

- eine Menge $C = \{a,b,c\}$ von Kandidaten, wobei c der Kandidat ist, den die Manipulatoren zum eindeutigen Gewinner machen wollen,
- eine Liste V mit den Präferenzlisten und Gewichten der ehrlichen Wähler und
- die Gewichte der strategischen Wähler in einer Liste S, aber keine Präferenzlisten dieser Wähler, denn diese sollen ja erst – strategisch – gesetzt werden.

Sei $w : V \cup S \to \mathbb{N}$ die Gewichtsfunktion, und sei $K = \sum_{s \in S} w(s)$ das Gewicht, das alle Manipulatoren zusammen auf die Waage bringen.

Für eine Teilliste $W \subseteq V \cup S$ und je zwei Kandidaten $x, y \in C$ definieren wir

$$N_W(x,y) = \sum_{v \in W \;:\; x > y \text{ in } v} w(v) \quad \text{und}$$

$$D_W(x,y) = N_W(x,y) - N_W(y,x).$$

$N_W(x,y)$ ist also die Summe der Gewichte der Wähler in W, die x gegenüber y bevorzugen. Die Differenz $D_W(x,y)$ ist positiv, wenn das Gesamtgewicht der Befürworter von x größer ist als das der Befürworter von y, $D_W(x,y)$ ist negativ im umgekehrten Fall, und $D_W(x,y) = 0$, wenn sich beide Gruppen gewichtsmäßig die Waage halten. Nun betrachten wir die folgenden vier Fälle.

Fall 1: $K > D_V(a,c)$ und $K > D_V(b,c)$. Stimmen in diesem Fall alle Manipulatoren mit $c > a > b$, so gewinnt c die Wahl $(C, V \cup S)$.

Fall 2: $K > D_V(a,c)$ und $K = D_V(b,c)$. Man darf davon ausgehen, dass alle Manipulatoren ihren Lieblingskandidaten an die erste Stelle ihrer Stimme setzen, aber wer von ihnen stimmt mit $c > a > b$ und wer mit $c > b > a$?

Wenn c in jeder Stimme aus S an erster Position steht, ergibt sich aus der Fallbedingung:

$$D_{V \cup S}(c,a) = K - D_V(a,c) > 0, \tag{4.1}$$

$$D_{V \cup S}(c,b) = K - D_V(b,c) = 0. \tag{4.2}$$

Wegen (4.1) erhält c einen Punkt aus dem paarweisen Vergleich mit a in $(C, V \cup S)$, und a erhält keinen Punkt aus diesem Vergleich. Wegen (4.2) endet der paarweise Vergleich von b und c in $(C, V \cup S)$ mit einem Gleichstand, also erhalten beide einen halben Punkt. Ohne den letzten paarweisen Vergleich, a versus b, hat c in $(C, V \cup S)$ bisher anderthalb Punkte gesammelt, b einen halben Punkt und a keinen Punkt. Damit c am Ende der alleinige Sieger in $(C, V \cup S)$ ist, darf b keinen ganzen Punkt aus dem Vergleich mit a holen, d. h., es muss $D_{V \cup S}(a,b) \geq 0$ gelten. Dies gilt aber genau dann, wenn $K \geq D_V(b,a)$ ist. Auch in diesem Fall stimmen folglich alle Manipulatoren mit $c > a > b$. Wenn dies nicht reicht, c zum alleinigen Sieger zu machen, ist in diesem Fall keine erfolgreiche Manipulation möglich.

Fall 3: $K = D_V(a,c)$ und $K > D_V(b,c)$. Dieser Fall kann analog zu Fall 2 behandelt werden, wobei a und b ihre Rollen tauschen.

Fall 4: $K < D_V(a,c)$ oder $K < D_V(b,c)$ oder ($K \leq D_V(a,c)$ und $K \leq D_V(b,c)$). In diesem Fall kann der Copeland-Score von c in $(C, V \cup S)$ nicht höher als 1 sein, egal, wie die Manipulatoren abstimmen. Ihr Vorhaben ist also aussichtslos, c kann kein eindeutiger Sieg garantiert werden.

In allen vier Fällen gilt, dass entweder überhaupt keine erfolgreiche Manipulation möglich ist oder aber alle Manipulatoren identisch abstimmen. Der Polynomialzeit-Algorithmus muss also lediglich überprüfen, welche der vier Fallbedingungen gilt und – je nachdem, welcher Fall vorliegt – die optimale Strategie der Manipulatoren testen; in Fall 3 z. B., ob c alleiniger Sieger in $(C, V \cup S)$ ist, wenn alle Manipulatoren die Stimme $c > a > b$ abgeben. Die Eingabe wird genau dann akzeptiert, wenn dieser Test erfolgreich ist.

Manipulation in Copeland-Wahlen mit vier Kandidaten

Nun zeigen wir, dass Copeland-CCWM NP-vollständig ist, wenn nur ein einziger weiterer Kandidat hinzukommt. Um die dritte Aussage von Lemma 1.1 aus Abschnitt 1.5 anwenden zu können, benötigen wir ein NP-vollständiges Problem, das sich auf Copeland-CCWM $\leq_m^P$-reduzieren lässt. Für alle gewichteten Manipulationsprobleme aus Tabelle 4.11, auch für Copeland-CCWM, ist das NP-vollständige Problem PARTITION besonders gut geeignet, das in Abschnitt 3.4 wie folgt definiert wurde:

PARTITION	
Gegeben:	Eine nicht leere Folge $(k_1, k_2, \ldots, k_n)$ positiver ganzer Zahlen, sodass $\sum_{i=1}^n k_i$ eine gerade Zahl ist.
Frage:	Gibt es eine Teilmenge $A \subseteq \{1, 2, \ldots, n\}$, sodass die Gleichheit $\sum_{i \in A} k_i = \sum_{i \in \{1,2,\ldots,n\}-A} k_i$ gilt?

Um die $\leq_m^P$-Reduktion von PARTITION auf Copeland-CCWM zu zeigen, konstruieren wir die folgende Instanz des Problems Copeland-CCWM aus einer gegebenen PARTITION-Instanz $(k_1, k_2, \ldots, k_n)$ mit $\sum_{i=1}^n k_i = 2K$:

- eine Menge $C = \{a, b, c, d\}$ von Kandidaten, wobei d der Kandidat ist, den die Manipulatoren zum eindeutigen Gewinner machen wollen,
- eine Liste V von vier ehrlichen Wählern mit den in Abbildung 4.15(a) dargestellten Gewichten und Präferenzlisten und
- die Gewichte der n strategischen Wähler in S: Der i-te Manipulator hat das Gewicht k_i. Gemeinsam haben die Manipulatoren also das Gewicht $2K$.

Gewicht	Präferenzliste		a	b	c	d	$C^{1/2}Score(\cdot)$
$2K+2$	$d>a>b>c$	a	0		$2K+2$	$-2K-2$	$3/2$
$2K+2$	$c>d>b>a$	b			$2K+2$	$-2K-2$	$3/2$
$K+1$	$a>b>c>d$	c				$2K+2$	1
$K+1$	$b>a>c>d$	d					2

(a) Ehrliche Wähler in V	(b) Paarweise Vergleiche in (C,V)

Abb. 4.15: Reduktion PARTITION $\leq_m^P$ Copeland-CCWM von Conitzer *et al.* (2007)

Abbildung 4.15(b) zeigt die Ergebnisse der paarweisen Vergleiche: Das Stimmengewicht zugunsten des Zeilen-Kandidaten abzüglich des Stimmengewichts zugunsten des Spalten-Kandidaten. Wie man sieht, sind in der auf die ehrlichen Wähler eingeschränkten Wahl (C,V) bereits alle paarweisen Vergleiche außer dem zwischen a und b entschieden. Das Gesamtgewicht der Manipulatoren, $2K$, ist zu klein, um diese paarweisen Vergleiche noch zu kippen; lediglich bei a versus b ist das möglich. Gewinnt a oder b diesen Vergleich in $(C,V\cup S)$, so hat dieser Kandidat denselben Copeland-Score wie d. Das wollen die Manipulatoren aber verhindern. Ihren Lieblingskandidaten d in $(C,V\cup S)$ zum alleinigen Sieger zu machen gelingt ihnen offenbar genau dann, wenn der paarweise Vergleich zwischen a und b mit einem Gleichstand endet. In der Wahl (C,V) ohne Manipulatoren gibt es bereits einen solchen Gleichstand (das ist der 0-Eintrag in Abbildung 4.15(b)). Dieser Gleichstand bleibt genau dann in $(C,V\cup S)$ erhalten, wenn

$$N_S(a,b) = \sum_{s\in \bar{S}\ :\ a>b \text{ in } s} w(s) = \sum_{s\in S\ :\ b>a \text{ in } s} w(s) = N_S(b,a)$$

gilt, was wiederum äquivalent zu der Gleichheit $\sum_{i\in A} k_i = \sum_{i\in\{1,2,\dots,n\}-A} k_i$ für eine Teilmenge $A \subseteq \{1,2,\dots,n\}$ ist, wobei $i\in A$ genau dann gilt, wenn der i-te Manipulator mit $a>b$ stimmt. Das drückt aber gerade aus, dass $(k_1,k_2,\dots,k_n)$ eine positive PARTITION-Instanz ist. Insgesamt haben wir also gezeigt, dass die Manipulatoren d in $(C,V\cup S)$ genau dann zum alleinigen Sieger machen können, wenn $(k_1,k_2,\dots,k_n)$ in PARTITION ist. Dies zeigt PARTITION $\leq_m^P$ Copeland-CCWM und somit die NP-Härte von Copeland-CCWM. Dass dieses Problem auch in NP liegt, also NP-vollständig ist, ist offensichtlich.

Manipulation und mögliche Gewinner

In Abschnitt 4.3.1 wurde das Problem POSSIBLE WINNER vorgestellt. Dieses Problem verallgemeinert das Problem CONSTRUCTIVE COALITIONAL MANIPULATION (CCM), denn CCM kann als der folgende Spezialfall von POSSIBLE WINNER aufgefasst werden: Die Stimmen der nichtmanipulativen Wähler sind vollständige lineare Präferenzlisten und die Stimmen der manipulativen Wähler sind die extremen partiellen Präferenzlisten, die leer sind. Gefragt ist weiterhin, ob die partiellen – und sogar leeren – Stimmen der Manipulatoren total erweitert werden können, sodass der gewünschte Kandidat gewinnt. Folglich gibt es eine (triviale) Reduktion von CCM auf POSSIBLE WINNER. Wegen dieser Reduktion folgt aus Lemma 1.1 auf Seite 20, dass falls CCM für ein Wahlsystem NP-hart ist, so ist auch POSSIBLE WINNER für dieses Wahlsystem NP-hart. Ist umgekehrt POSSIBLE WINNER für ein Wahlsystem in P, so ist auch CCM für dieses Wahlsystem in P.

Wie bei den Manipulationsproblemen kann man auch für POSSIBLE WINNER gewichtete Varianten betrachten (siehe Baumeister *et al.*, 2011a).

Wie können Manipulatoren mit NP-Härte umgehen?

Ein Manipulator, der einem NP-harten Problem gegenübersteht, muss nicht verzweifeln. NP-Härte drückt schließlich nur die Komplexität eines Problems im *worst case* aus, im schlimmsten Fall. Eine Reduktion zeigt die NP-Härte eines Manipulationsproblems oft dadurch, dass sehr spezielle Instanzen konstruiert werden, die sich nicht in vernünftiger Zeit lösen lassen. Das schließt aber nicht aus, dass das Problem für viele andere Instanzen – vielleicht sogar für die überwältigende Mehrheit der Instanzen – effizient lösbar sein kann. Deshalb wird die Manipulierbarkeit von Wahlsystemen in jüngster Zeit verstärkt auch hinsichtlich ihrer Härte für *typische* Instanzen analysiert, und man versucht, die NP-Härte solcher Probleme durch heuristische Algorithmen zu umgehen, die häufig – wenn auch natürlich nicht immer – eine korrekte Lösung liefern. Diese Versuche sollten jedoch nicht mit einer Analyse dieser Probleme im *Average-Case*-Komplexitätsmodell verwechselt werden, das auf Levin (1986) (siehe auch Goldreich, 1997; Wang, 1997a,b) zurückgeht, auch wenn dies in der Literatur gelegentlich – irrtümlich und irreführend – so dargestellt wird. Es gibt nicht sehr viele Probleme, deren NP-Härte sogar im *average case* bewiesen werden kann, und unter diesen ist kein einziges Manipulationsproblem. Umgekehrt ist für kein einziges Manipulationsproblem bekannt, dass es sich in „*average-case polynomial time*" (kurz AvgP) lösen ließe.

Ein Grund für die Schwierigkeit, zu beweisen, dass NP-harte Manipulationsprobleme in AvgP liegen, ist die Abhängigkeit der Probleminstanzen von den zugrunde liegenden Verteilungen. Was ist eine „typische" Verteilung von Präferenzprofilen in einer Wahl? Selbst für die relativ leicht handhabbare Gleichverteilung, die jedoch eine wirkliche Wahl nur sehr ungenügend widerspiegelt, sind hier kaum Resultate bekannt. Procaccia und Rosenschein (2007) untersuchen so genannte „Junta-Verteilungen", die auf bestimmte Probleminstanzen sehr viel Gewicht legen, nämlich so viel Gewicht, dass sich bestimmte NP-vollständige Manipulationsprobleme für Scoring-Protokolle in heuristischer Polynomialzeit lösen lassen. Erdélyi *et al.* (2009c) zeigen jedoch, dass sehr viele NP-harte Probleme mit hoher Wahrscheinlichkeit bezüglich (einer geeigneten Verallgemeinerung) der Junta-Verteilungen in heuristischer Polynomialzeit gelöst werden können, selbst solche Probleme wie SAT, die unter „natürlichen" Verteilungen nicht als leicht lösbar gelten. Daher liefert die heuristische Polynomialzeit für Junta-Verteilungen keine starken Argumente für die effiziente Lösbarkeit typischer Instanzen von NP-harten Problemen. Der interessante Ansatz von Procaccia und Rosenschein (2007) sollte dennoch weiter verfolgt werden, für geeignet eingeschränkte Varianten der Juntas.

Eine andere Idee geht auf Homan und Hemaspaandra (2009) zurück (siehe auch McCabe-Dansted *et al.*, 2008). Sie führten den Begriff des *„frequently self-knowingly correct algorithm"* ein und zeigten, dass ein solcher Algorithmus unter plausiblen Voraussetzungen mit einer hohen Erfolgswahrscheinlichkeit die Gewinner in Dodgson-Wahlen bestimmen kann. Das ist zwar kein Manipulationsproblem, sondern ein WINNER-Problem, aber es ist ebenfalls NP-hart und sogar $P_{||}^{NP}$-vollständig, wie wir in Abschnitt 4.3.1 gesehen haben. Erdélyi *et al.* (2009b) stellten einen Zusammenhang zur Theorie der *Average-Case*-Komplexität her, indem sie zeigten, dass *jedes* Problem der Komplexitätsklasse AvgP bezüglich der Gleichverteilung einen solchen *„frequently self-knowingly correct algorithm"* besitzt. Die Umkehrung gilt jedoch beweisbar nicht (siehe Erdélyi *et al.*, 2009b).

Approximationsalgorithmen sind ein weiterer Ansatz, mit der NP-Härte von Manipulationsproblemen umzugehen. Ein solcher Algorithmus findet zwar nicht immer die optimalen Lösungen eines Problems, kann diese aber immerhin in einem gewissen Faktor annähern. So definierten Zuckerman *et al.* (2009) eine Optimierungsvariante des Entscheidungsproblems CCM, die sie UNWEIGHTED COALITIONAL OPTIMIZATION (UCO) nennen und bei der die kleinste Anzahl von Manipulatoren bestimmt werden soll, mit der der Sieg eines ausgezeichneten Kandidaten garantiert werden kann. Für verschiedene Wahlsysteme entwarfen sie Greedy-Algorithmen, die UCO in einem bestimmten Faktor approximieren, z. B. eine Greedy-Heuristik, die UCO für das Simpson-System in einem Faktor von 2 approximiert. Zuckerman *et al.* (2011) verbesserten diesen Approximationsfaktor für Simpson-UCO einerseits auf $5/3$, andererseits zeigten sie, dass er für keinen Approximationsalgorithmus besser als $3/2$ sein kann (außer, es würde P = NP gelten).

Eine andere Forschungslinie beschäftigt sich mit der experimentellen Simulation und Auswertung von Heuristiken zur Lösung NP-harter Manipulationsprobleme. Initiiert wurden diese Untersuchungen von Walsh (2009, 2010), dessen empirische Resultate zeigen, dass NP-vollständige Manipulationsprobleme für Veto und STV für viele Eingaben schnell gelöst werden können (siehe auch Davies *et al.*, 2011, die solche Untersuchungen zum Borda-System durchführten).

Manipulation für „single-peaked" Präferenzprofile

Noch eine andere Möglichkeit, mit der NP-Härte von Manipulationsproblemen fertig zu werden, ist die Einschränkung der Probleme auf solche Eingaben, die bestimmte wichtige Eigenschaften erfüllen. Zum Beispiel betrachtet Walsh (2007) Präferenzprofile, die *„single-peaked"* sind. Dieses Modell wurde von Black (1948,

1958) eingeführt und ist in der Politikwissenschaft ein ganz zentrales Konzept (siehe z. B. Gailmard *et al.*, 2009; Ballester und Haeringer, 2011; Lepelley, 1996), das besonders dann relevant ist, wenn die Gesellschaft auf *ein* Thema fokussiert ist und darüber abstimmt, etwa, wie hoch die Steuern sein sollten oder ob ein Krieg zu führen ist usw. In solchen Fällen positionieren sich die Kandidaten linear – zum Beispiel in einem Links-Rechts-Spektrum – und relativ zu dieser linearen Ordnung der Kandidaten steigen die Präferenzen der Wähler entweder an oder sie fallen ab oder sie steigen an, bis sie einen Gipfel erreichen, und fallen dann ab. Entscheidend ist, dass es nur *einen* solchen Gipfel gibt – deshalb „*single-peaked*".

Es sei (C, V) ein Präferenzprofil, sodass jeder Stimme $v_i \in V$ eine lineare Ordnung $>_i$ auf C zugrunde liegt. (C, V) ist *single-peaked*, falls es eine lineare Ordnung L auf C gibt, sodass für je drei Kandidaten c, d und e in C gilt: Wenn $c\,L\,d\,L\,e$ oder $e\,L\,d\,L\,c$ gilt, dann gilt $c >_i d \Longrightarrow d >_i e$ für alle i. Dies drückt mathematisch die „Eingipfligkeit" von (C, V) aus. Die algorithmischen Eigenschaften solcher Präferenzprofile werden erst seit kurzem untersucht, u. a. von Escoffier *et al.* (2008) und Conitzer (2009). Walsh (2007) zeigte beispielsweise, dass das gewichtete Manipulationsproblem für STV bei mindestens drei Kandidaten auch dann noch NP-vollständig ist, wenn das gegebene Präferenzprofil *single-peaked* ist. Die zugrunde liegende lineare Ordnung L der Kandidaten, relativ zu der das gegebene Präferenzprofil der nichtmanipulativen Wähler *single-peaked* ist, ist dabei Teil der Eingabe, und die strategischen Stimmen der Manipulatoren müssen ebenfalls *single-peaked* bezüglich dieser Ordnung L sein.

Faliszewski *et al.* (2009d, 2011b) zeigten, dass die NP-Härte von CCWM-Problemen durch die Einschränkung auf *single-peaked* Präferenzprofile einerseits verschwinden, andererseits erhalten bleiben kann. Zum Beispiel ist Borda-CCWM mit drei Kandidaten in P, aber mit vier Kandidaten ist dieses Problem NP-vollständig (vgl. Tabelle 4.11). Für Scoring-Protokolle mit $m \geq 3$ Kandidaten und dem Scoring-Vektor $\vec{\alpha} = (1, \ldots, 1, 0, 0, 0)$ zeigten sie ein ungewöhnliches Verhalten: Für *single-peaked* Präferenzprofile ist $\vec{\alpha}$-CCWM in P, falls $m \leq 4$ oder $m \geq 6$, aber NP-vollständig, falls $m = 5$ ist. Außerdem zeigten sie das erste Dichotomie-Resultat für *single-peaked* Präferenzprofile: Für Scoring-Protokolle $\vec{\alpha} = (\alpha_1, \alpha_2, \alpha_3)$ mit drei Kandidaten ist $\vec{\alpha}$-CCWM NP-vollständig, falls $\alpha_1 - \alpha_3 > 2(\alpha_2 - \alpha_3) > 0$ gilt, und andernfalls in P. Dieses Dichotomie-Resultat verallgemeinerten Brandt *et al.* (2010) auf Scoring-Protokolle mit beliebig vielen Kandidaten. Faliszewski *et al.* (2009d, 2011b) zeigten auch, dass durch die Einschränkung auf *single-peaked* Präferenzprofile die Manipulationskomplexität sogar erhöht werden kann.

4.3.3 Wahlkontrolle

Manipulation ist eine Möglichkeit, Einfluss auf das Ergebnis einer Wahl zu nehmen. Dabei greifen strategische Wähler direkt in die Wahl ein, indem sie unehrliche Stimmen abgeben. Eine andere Möglichkeit, den Ausgang einer Wahl zu beeinflussen, ist die *Wahlkontrolle*. Im Gegensatz zur Manipulation wird hier nicht direkt durch die Wähler Einfluss genommen, sondern durch einen *Wahlleiter* (engl. *chair*), der die Möglichkeit oder die Macht hat, Strukturveränderungen an der Wahl selbst vorzunehmen. Das vereinbarte Wahlsystem wird zwar weiterhin verwendet, beeinflusst wird jedoch z. B., welche Alternativen zur Wahl stehen und wer an ihr teilnimmt (vgl. auch die Unabhängigkeit von Klonen auf Seite 157 und das Teilnahme-Kriterium auf Seite 163).

Einige Tage später treffen sich Anna, Belle und Chris wieder und überlegen, was sie heute gemeinsam unternehmen könnten. Anna schlägt wieder Fahrradfahren, Minigolf und Schwimmen vor, in dieser Reihenfolge (siehe Abbildung 4.1 auf Seite 122), denn an ihren Vorlieben hat sich nichts geändert. Der Besitzer der Minigolfanlage, Herr Schläger, der zufällig vorbeikommt und Annas Vorschlag hört, erkundigt sich: „Nach welcher Regel wollt ihr denn abstimmen, Kinder?"

„Heute nach einer ganz einfachen", antwortet Chris, „der Pluralitätsregel. Und ich habe immer noch dieselben Vorlieben wie Anna: Fahrradfahren am liebsten, sonst Minigolf, und wenn das auch nicht geht, Schwimmen."

„Ich finde ja eigentlich Minigolf am besten", sagt Belle, „und Fahrradfahren am schlechtesten. Ich habe immer noch Muskelkater von der letzten Tour. Aber da ihr zu zweit seid, hole ich eben mein Fahrrad."

„Einen Moment noch", wirft Herr Schläger hastig ein, „nicht so schnell! Da hinten sehe ich David und Edgar. Wollt ihr die denn nicht fragen, ob sie mitmachen wollen?" Herr Schläger weiß nämlich, wie gern die beiden Minigolf spielen, denn er sieht sie fast täglich auf seinem Platz.

„Gute Idee!", ruft Belle erfreut und winkt ihren Bruder Edgar und seinen Freund David herbei. Wie Herr Schläger erwartet hat, geben David und Edgar dem Minigolf ihre Stimme, und Minigolf gewinnt mit drei zu zwei Punkten vor dem Fahrradfahren. Also gehen alle fünf zusammen zur Minigolfbahn und Herr Schläger zufrieden hinterher.

Indem er noch zwei weitere Wähler zur Wahl hinzugefügt hat, hat Herr Schläger also erreicht, dass die von ihm gewünschte Alternative die Wahl gewinnt. Wie bei der Manipulation möchte man auch hier vermeiden, dass es möglich ist, den Ausgang einer Wahl durch derartige Strukturveränderungen zu beeinflussen. Gibt es Wahlsysteme, die immun gegen solche Kontrollversuche sind? Oder solche, die es dem Wahlleiter zumindest erschweren, seinen Einfluss erfolgreich auszuüben?

Bartholdi *et al.* (1992) führten verschiedene Typen der Wahlkontrolle ein und untersuchten die entsprechenden Kontrollprobleme für Pluralitäts- und Condorcet-Wahlen. Entweder wird dabei Einfluss auf die Kandidaten oder auf die Wähler einer Wahl genommen, und zwar durch die folgenden Kontrollaktionen:

■ Hinzufügen oder Entfernen von entweder Kandidaten oder Wählern und
■ Partitionieren entweder der Kandidatenmenge oder der Wählerliste.

Diese üblichen Kontrolltypen und die zugehörigen Probleme stellen wir nun im Einzelnen vor, wobei für manche Typen mehrere Varianten betrachtet werden. Wir definieren alle Kontrollprobleme im Modell der *eindeutigen* Gewinner; analog kann man sie auch für *nicht eindeutige* Gewinner definieren (siehe z. B. Faliszewski *et al.*, 2009b). Weiter kann man, wie bei Manipulation, auch hier die konstruktive und die destruktive Wahlkontrolle unterscheiden. Während Bartholdi *et al.* (1992) nur die *konstruktive* Wahlkontrolle untersuchten, bei der der Wahlleiter den Sieg eines bestimmten Kandidaten anstrebt, führten Hemaspaandra *et al.* (2007a) die *destruktiven* Kontrolltypen ein, in denen der Wahlleiter versucht, den Sieg eines bestimmten Kandidaten zu verhindern. Wir definieren diese Kontrolltypen unten nur für den konstruktiven Fall, denn der destruktive Fall ist analog. Wir beginnen mit den üblichen Typen der Einflussnahme auf die Kandidatenmenge.

Kontrolle durch Hinzufügen oder durch Entfernen von Kandidaten

Ein einfaches Beispiel dafür, dass der Wahlausgang durch das Hinzufügen von Kandidaten beeinflusst werden kann, wurde bereits bei der Eigenschaft der Unabhängigkeit von Klonen auf Seite 157 gegeben. Durch das Einführen eines neuen Kandidaten in die Wahl, eines „Spielverderbers" sozusagen, kann man versuchen, dem bisherigen Favoriten Stimmen wegzunehmen, die nun auf den neuen Kandidaten übergehen. Dieser selbst, aber auch ein Dritter könnte davon profitieren und statt des ursprünglichen Favoriten gewinnen.

Ein prominentes politisches Beispiel für diese Kontrollaktion ist die Präsidentschaftswahl in den USA im Jahr 2000. Als die drei aussichtsreichsten Kandidaten standen Ralph Nader (*Green Party*), Al Gore (*Democrats*) und George W. Bush (*Republicans*) zur Wahl. Entscheidend für die Gesamtwahl war das Ergebnis in Florida, und das war denkbar knapp:

1. Bush erzielte mit 2.912.790 die meisten Stimmen,
2. Gore folgte mit 2.912.253 Stimmen und
3. Nader stand weit abgeschlagen mit 97.488 Stimmen auf dem dritten Platz.

Viele Wähler, die für Nader gestimmt haben, hätten vermutlich eher Gore als Bush ihre Stimme gegeben, wenn sich Nader nicht zur Wahl gestellt hätte. (Da er sowieso keine realistische Chance auf einen Sieg hatte, wäre es von ihm nicht einmal unvernünftig gewesen, nicht anzutreten.) Weil Gore nur 537 Stimmen fehlten, um in Florida mit Bush gleichzuziehen, hat die Aufstellung Naders sehr wahrscheinlich dafür gesorgt, dass Bush seine zweite Amtszeit als US-Präsident gewann.

Für ein gegebenes Wahlsystem $\mathcal{E}$ definiert man die konstruktive Variante des Entscheidungsproblems für Kontrolle durch Hinzufügen von Kandidaten wie folgt.

$\mathcal{E}$-Constructive Control by Adding Candidates ($\mathcal{E}$-CCAC)

Gegeben: Eine Menge C und eine Menge D von Kandidaten, $C \cap D = \emptyset$, eine Liste V von Wählern über $C \cup D$, ein ausgezeichneter Kandidat $c \in C$ und eine positive ganze Zahl $k \leq \|D\|$.

Frage: Gibt es eine Teilmenge $D' \subseteq D$ mit $\|D'\| \leq k$, sodass c unter dem Wahlsystem $\mathcal{E}$ die Wahl $(C \cup D', V)$ eindeutig gewinnt?

Ist dabei $D' \neq D$, so werden in der Wahl $(C \cup D', V)$ die fehlenden Kandidaten aus $D - D'$ in den Präferenzlisten aus V, die ja über $C \cup D$ sind, gestrichen. Dies bezieht sich auch auf die entsprechenden Fälle in den anderen Kontrolltypen.

Dieser Kontrolltyp, CCAC, wurde in dieser Form erst von Faliszewski *et al.* (2007) eingeführt. In der ursprünglichen Definition des Problems von Bartholdi *et al.* (1992) ist der Parameter k, der die Größe von D' beschränkt, nicht gegeben, und es wird stattdessen nach *irgendeiner* Teilmenge D' von D gefragt, egal wie groß sie ist, deren Hinzunahme den Sieg des ausgezeichneten Kandidaten bewirkt. Dieses Problem bezeichnen wir mit $\mathcal{E}$-Constructive Control by Adding an Unlimited Number of Candidates ($\mathcal{E}$-CCAUC). Der Grund, aus dem Faliszewski *et al.* (2007) CCAC zusätzlich zu CCAUC einführten, ist, dass auch bei den anderen Kontrollproblemen (Entfernen von Kandidaten sowie Hinzufügen und Entfernen von Wählern) ein solcher Parameter k gegeben ist. Erstaunlicherweise gibt es natürliche Wahlsysteme, nämlich Copeland[0] und Copeland[1] (also Llull), für die sich die Komplexität der Probleme CCAC und CCAUC unterscheidet (siehe Faliszewski *et al.*, 2007, 2009b, und Tabelle 4.13 auf Seite 201).

Die Motivation für Kontrolle durch Entfernen von Kandidaten ist analog zu der durch Hinzufügen von Kandidaten, denn je nachdem, welches Ziel der Wahlleiter verfolgt, kann es für ihn gleichermaßen vorteilhaft sein, einen Kandidaten d zu einer Wahl (C, V) hinzuzufügen oder aber d von der Wahl $(C \cup \{d\}, V)$ zu entfernen. Im obigen Beispiel der amerikanischen Präsidentschaftswahl aus dem Jahr 2000 bedeutet das: Hätte man Nader überreden können, auf seine Kandidatur zu verzichten, so hätte vermutlich Gore die Wahl gewonnen und wäre der 44. Präsident der USA geworden. Formal ist dieses Problem für ein gegebenes Wahlsystem $\mathcal{E}$ wie folgt definiert.

$\mathcal{E}$-Constructive Control by Deleting Candidates ($\mathcal{E}$-CCDC)

Gegeben: Eine Wahl (C, V), ein ausgezeichneter Kandidat $c \in C$ und eine positive ganze Zahl $k \leq \|C\|$.

Frage: Gibt es eine Teilmenge $C' \subseteq C$ mit $\|C - C'\| \leq k$, sodass c unter dem Wahlsystem $\mathcal{E}$ die Wahl (C', V) eindeutig gewinnt?

Bei der destruktiven Variante des Problems ist zu beachten, dass der ausgezeichnete Kandidat c nicht entfernt werden darf, denn sonst wäre die Aufgabe des Wahlleiters bei der Ausübung dieses Kontrolltyps trivial.

Kontrolle durch Partitionieren der Kandidatenmenge

Hier unterschiedet man zwei Fälle: Partitionieren der Kandidatenmenge ohne und mit Stichwahl. In beiden Szenarien wird eine zweistufige Wahl ausgeführt und eine gegebene Wahl (C, V) wird dadurch kontrolliert, dass die Kandidatenmenge C in C_1 und C_2 partitioniert wird, d. h., $C = C_1 \cup C_2$ und $C_1 \cap C_2 = \emptyset$. Im ersten Fall (dem Szenario ohne Stichwahl) werden zuerst die Gewinner der Vorwahl (C_1, V) ermittelt, die dann in der Endrunde gegen sämtliche Kandidaten aus C_2 antreten. Im zweiten Fall hingegen (dem Szenario mit Stichwahl) werden die Gewinner beider Vorwahlen parallel ermittelt, also in (C_1, V) und in (C_2, V), die dann in der Endrunde gegeneinander antreten, um den Gesamtsieger zu bestimmen.

Beide Szenarien treten tatsächlich auf, nicht nur, aber auch bei Abstimmungen. Die einfache Partitionierung der Kandidatenmenge (ohne Stichwahl) entspricht einer Vorauswahl. Bei großen Sportereignissen, wie den Fußball-Weltmeisterschaften etwa, sind die Gastgeberländer oft automatisch für die Endrunde gesetzt und müssen sich nicht über die Vorrunde qualifizieren (außerdem waren bei den Fußball-WM-Endrunden von 1938 bis 2002 auch die jeweils amtierenden Weltmeister automatisch für die Endrunde qualifiziert). Erdélyi *et al.* (2011b) geben als ein ähnliches Beispiel den *Eurovision Song Contest* an, für den die aktiven Mitgliedsländer der *European Broadcasting Union* (EBU) startberechtigt sind und dessen Sieger durch Abstimmung ermittelt wird. Für die Endrunde müssen sich die meisten Teilnehmer erst über das Halbfinale qualifizieren, während die fünf größten Geldgeber der EBU (nämlich Deutschland, Frankreich, Großbritannien, Spanien und Italien) automatisch für die Endrunde qualifiziert sind.

Die Einteilung in Gruppenphase und Hauptrunde in einer Fußball-WM-Endrunde kann hingegen als eine (noch allgemeinere Form der) Partitionierung der Kandidatenmenge mit Stichwahl angesehen werden. In den einzelnen Gruppen werden in der Gruppenphase jeweils die zwei Erstplatzierten als Sieger ermittelt, die dann in der Hauptrunde gegeneinander antreten, um unter sich den Gesamtsieger, also den Weltmeister, auszumachen.

Da Kontrolle durch Partitionierung über eine zweistufige Wahl definiert ist, muss noch festgelegt werden, wie bei einem Gleichstand zwischen zwei oder mehr Kandidaten in einer Vorwahl auf der ersten Stufe zu verfahren ist. Hemaspaandra *et al.* (2007a) schlagen dafür zwei unterschiedliche Ansätze vor:

- *Ties eliminate* (TE) bedeutet, dass nur der eindeutige Sieger einer Vorwahl auf der ersten Stufe in die Endrunde einzieht. Bei mehreren Siegern nimmt keiner aus dieser Vorwahl an der Endrunde teil, sie werden alle eliminiert.

■ *Ties promote* (TP) bedeutet dagegen, dass alle Sieger einer Vorwahl auf der ersten Stufe in die Endrunde einziehen.

Diese beiden *Gleichstandsregeln* sind keine Vorzugsregeln, denn sie dienen nicht dem Aufbrechen von Gleichständen, sondern regeln die Teilnahmebedingungen für die Endrunde. Formal sind die Kontrollprobleme durch Partitionieren der Kandidatenmenge für ein gegebenes Wahlsystem $\mathcal{E}$ wie folgt definiert. Zunächst das Problem ohne Stichwahl:

$\mathcal{E}$-CONSTRUCTIVE CONTROL BY PARTITION OF CANDIDATES

Gegeben: Eine Wahl (C, V) und ein ausgezeichneter Kandidat $c \in C$.

Frage: Gibt es eine Partition von C in C_1 und C_2, sodass c der eindeutige $\mathcal{E}$-Gewinner der zweistufigen Wahl ist, in der (bezüglich der Stimmen aus V) die Gewinner der Vorwahl (C_1, V), die die Gleichstandsregel (TE bzw. TP) überstehen, gegen die Kandidaten aus C_2 antreten?

Nun das Problem mit Stichwahl:

$\mathcal{E}$-CONSTRUCTIVE CONTROL BY RUN-OFF PARTITION OF CANDIDATES

Gegeben: Eine Wahl (C, V) und ein ausgezeichneter Kandidat $c \in C$.

Frage: Gibt es eine Partition von C in C_1 und C_2, sodass c der eindeutige $\mathcal{E}$-Gewinner der zweistufigen Wahl ist, in der (bezüglich der Stimmen aus V) die Gewinner der Vorwahlen (C_1, V) und (C_2, V), die in ihrer Vorwahl jeweils die Gleichstandsregel (TE bzw. TP) überstehen, gegeneinander antreten?

Mit der Unterscheidung der TE- bzw. TP-Regel erhalten wir im konstruktiven Fall vier Probleme für ein gegebenes Wahlsystem $\mathcal{E}$, die wir wie folgt abkürzen: $\mathcal{E}$-CCPC-TE, $\mathcal{E}$-CCPC-TP, $\mathcal{E}$-CCRPC-TE und $\mathcal{E}$-CCRPC-TP.

Kontrolle durch Hinzufügen oder durch Entfernen von Wählern

Ebenso wie für die Kandidaten kann auch für die Wähler die Einflussnahme durch Hinzufügen und durch Entfernen definiert werden. Das Beispiel am Anfang des Kapitels hat schon gezeigt, dass das Hinzufügen von Wählern eine Auswirkung auf das Ergebnis einer Wahl haben kann. In politischen Wahlen gibt es viele solche Beispiele, in denen Gruppen von potenziellen Wählern die Wahlberechtigung teilweise oder ganz zu- oder aberkannt wurde oder man auf anderen Wegen versucht hat, sie zur Wahlteilnahme zu ermutigen oder sie davon abzuhalten. Ein ganz extremes Beispiel ist, dass Frauen in Deutschland erst seit 1919 das nationale Wahlrecht ausüben dürfen – und es gibt noch unglaublichere Beispiele: In Liechtenstein dürfen sie es erst seit 1984 ausüben, im Schweizer Kanton Appenzell Innerrhoden erst seit 1990, in Kasachstan erst seit 1994, in Kuweit erst seit 2005.[10]

Ein anderes Beispiel ist, dass das Wahlalter bei Kommunalwahlen in einigen Bundesländern auf 16 Jahre abgesenkt wurde. In den USA gibt es so genannte *„get out the votes"*-Fahrten, bei denen ältere Menschen am Wahltag zum Wahllokal gefahren werden, damit sie dort ihr Kreuz setzen, und zwar an der richtigen Stelle, denn organisiert werden solche Fahrten von Parteien, die auf die Unterstützung durch die Älteren hoffen. Oder es werden Gerüchte gestreut, dass Vorbestrafte nicht wahlberechtigt seien und verhaftet würden, sollten sie am Wahllokal auftauchen. Werbekampagnen, die auf bestimmte Zielgruppen zugeschnitten sind, versuchen ebenfalls, geeignete Wähler zur Urne zu bringen oder von ihr fernzuhalten.

Für ein gegebenes Wahlsystem $\mathcal{E}$ definiert man die konstruktive Variante des Entscheidungsproblems für Kontrolle durch Hinzufügen von Wählern wie folgt.

$\mathcal{E}$-CONSTRUCTIVE CONTROL BY ADDING VOTERS ($\mathcal{E}$-CCAV)

Gegeben:	Eine Menge C von Kandidaten, eine Liste V von registrierten Wählern über C und eine Liste U von (noch) unregistrierten Wählern über C, ein ausgezeichneter Kandidat $c \in C$ und eine positive ganze Zahl $k \leq \|U\|$.
Frage:	Gibt es eine Liste U' von höchstens k Wählern aus U, sodass c der eindeutige $\mathcal{E}$-Sieger der Wahl $(C, V \cup U')$ ist?

Je nachdem, welche Ziele eine Partei verfolgt, kann es also sowohl in konstruktiver als auch in destruktiver Absicht sinnvoll sein, eine weitere Gruppe von Wählern zur Wahl zuzulassen oder das vorhandene Wahlrecht einer Gruppe wieder ganz oder teilweise zu beschneiden. Unter dem Hinzufügen von Wählern versteht man neben der Gewährung des Wahlrechts ebenso Maßnahmen, die Wähler zur Stimmabgabe bewegen sollen. Dazu gehört auch, den Wählern die Abgabe ihrer Stimme so einfach wie möglich zu machen, z. B. durch Briefwahl und Online-Voting.

Das Problem der Kontrolle durch Entfernen von Wählern ist so definiert:

$\mathcal{E}$-CONSTRUCTIVE CONTROL BY DELETING VOTERS ($\mathcal{E}$-CCDV)

Gegeben:	Eine Wahl (C, V), ein ausgezeichneter Kandidat $c \in C$ und eine positive ganze Zahl $k \leq \|V\|$.
Frage:	Gibt es eine Teilliste V' von V mit $\|V - V'\| \leq k$, sodass c der eindeutige $\mathcal{E}$-Sieger der Wahl (C, V') ist?

---

[10]Quelle: `http://de.wikipedia.org/wiki/Zeittafel_Frauenwahlrecht`.

Kontrolle durch Partitionieren der Wählerliste

Dieser Kontrolltyp modelliert eine Praxis, die man bei politischen Wahlen gelegentlich beobachtet und die im Englischen als *„gerrymandering"* bezeichnet wird: die geschickte Aufteilung in Wahlkreise mit dem Ziel, einen bestimmten Kandidaten oder seine Partei zu begünstigen, indem die Wirkung der Stimmen seiner Unterstützer maximiert und die Wirkung der Stimmen seiner Gegner minimiert wird. Konkret versucht man dies durch zwei Strategien (oder ihre Kombination) zu erreichen, die man auf Englisch *„packing and cracking"* nennt.

Packing bedeutet, dass man versucht, die Wahlkreise so aufzuteilen, dass möglichst viele Gegner in nur einem Wahlkreis konzentriert sind, sodass ihr Einfluss in den anderen Wahlkreisen vermindert wird. Auf diese Weise sind die gegnerischen Wähler gezwungen, viele ihrer Stimmen in einem Wahlkreis zu verschenken, die ihnen in anderen Wahlkreisen fehlen. *Cracking* ist dagegen die Strategie, bei der man versucht, die Wahlkreise so aufzuteilen, dass die gegnerischen Wähler auf möglichst viele Wahlkreise verteilt werden, damit sie nirgends eine entscheidende Wirkung entfalten, zum Beispiel, weil sie dann überall die Mehrheit verfehlen. Auch bei dieser Strategie profitiert man von den verschenkten Stimmen des Gegners (*„wasted votes effect"*).

Gerrymandering ist aufgrund des hier herrschenden Wahlverfahrens in Deutschland nicht so sehr verbreitet, aber in den USA beispielsweise ist es eine gängige Praxis der Beeinflussung von Wahlergebnissen. Bartholdi *et al.* (1992) modellieren dies durch Partitionieren der Wählerliste, wobei sie sich einerseits auf die Aufteilung in nur zwei Wahlkreise einschränken, andererseits aber von räumlichen oder geographischen Gegebenheiten abstrahieren, die beim *Gerrymandering* natürlich eine Rolle spielen, da man u. a. das unterschiedliche Wahlverhalten der Einwohner von Städten und auf dem Lande ausnutzt.

Kontrolle durch Partitionieren der Kandidatenmenge wurde durch zwei Probleme modelliert, CCRPC und CCPC, mit und ohne Stichwahl. Beim Partitionieren der Wählerliste hingegen ist diese Unterscheidung nicht sinnvoll, ein Szenario reicht aus, nämlich das mit Stichwahl. Würde man versuchen, Kontrolle durch Partitionieren der Wählerliste *ohne Stichwahl* zu definieren, so müssten die Gewinner der einen Vorwahl, analog zu CCPC, gegen *alle Kandidaten* antreten (denn partitioniert wird hier die Wählerliste, nicht die Kandidatenmenge). Wenn an der Endrunde aber sowieso alle Kandidaten teilnehmen, dann kann man sich den einen Vorausscheid auch gleich sparen. Da wir hier also nur ein Szenario betrachten, verzichten wir im Problemnamen auf „BY RUN-OFF", auch wenn das Problem unten analog zu CCRPC definiert ist. Wieder wird die Wahl in zwei Stufen abgehalten, in denen ebenfalls eine der Gleichstandsregeln, TE bzw. TP, angewandt wird. Formal ist die konstruktive Variante des Problems wie folgt definiert.

$\mathcal{E}$-CONSTRUCTIVE CONTROL BY PARTITION OF VOTERS

Gegeben: Eine Wahl (C, V) und ein ausgezeichneter Kandidat $c \in C$.

Frage: Gibt es eine Partition von V in V_1 und V_2, sodass c der eindeutige $\mathcal{E}$-Gewinner der Wahl ist, in der die Gewinner der Vorwahlen (C, V_1) und (C, V_2), die in ihrer Vorwahl jeweils die Gleichstandsregel (TE bzw. TP) überstehen, gegeneinander antreten?

Je nachdem, welche Gleichstandsregel verwendet wird, erhalten wir so die beiden konstruktiven Kontrollprobleme $\mathcal{E}$-CCPV-TE und $\mathcal{E}$-CCPV-TP.

Übersicht über die üblichen Kontrollprobleme

Wie bereits erwähnt, können zu den bisher definierten elf konstruktiven Kontrollproblemen (inklusive des Problems CCAUC und der zwei Gleichstandsregeln, TE und TP, in den Partitionierungsfällen) die entsprechenden destruktiven Kontrollprobleme definiert werden. Damit gibt es insgesamt 22 Kontrollprobleme, die in Tabelle 4.12 noch einmal zusammengefasst sind. Acht davon beziehen sich auf Wählerkontrolle, die übrigen 14 auf Kandidatenkontrolle. Der Übersicht halber verwenden wir dabei das folgende einheitliche Bezeichnungsschema für die Abkürzungen dieser Kontrollprobleme:

- Die ersten beiden Buchstaben (CC bzw. DC) stehen für CONSTRUCTIVE CONTROL bzw. DESTRUCTIVE CONTROL,
- die darauf folgenden ein oder zwei Buchstaben weisen auf den verwendeten Kontrolltyp hin: A für Hinzufügen, AU für Hinzufügen einer unbeschränkten Anzahl, D für Entfernen, P für Partitionieren und RP für Partitionieren mit Stichwahl bei der Kandidatenkontrolle,
- der nächste Buchstabe, C bzw. V, zeigt an, auf wen die Kontrolle ausgeübt wird, auf die Kandidaten oder die Wähler, und
- bei der Kontrolle durch Partitionieren (mit oder ohne Stichwahl) steht TE bzw. TP für die verwendete Gleichstandsregel am Ende.

Jedes solche Kontrollproblem hängt von dem jeweils verwendeten Wahlsystem ab, das direkt vor dem Kontrolltyp steht. Wie bei Manipulation ist auch hier die Annahme sinnvoll, dass der Wahlleiter vollständige Information über die Stimmen der Wähler hat. Denn wenn es für den Wahlleiter schon schwierig ist, in vollständiger Kenntnis der Wählerstimmen zu entscheiden, ob eine Einflussnahme durch Wahlkontrolle möglich ist, so kann es ohne diese Information nicht leichter sein. Im Umkehrschluss heißt das auch, dass die effiziente Lösbarkeit solcher Probleme verloren gehen kann, wenn der Wahlleiter nur partielle Information der Wählerstimmen hat. Unsere Annahme der vollständigen Information führt also zu konservativen Abschätzungen der Komplexität von Kontrollproblemen.

Tab. 4.12: Übersicht über verschiedene Kontrollprobleme für ein Wahlsystem $\mathcal{E}$

$\mathcal{E}$-Kontrolle durch	konstruktiv	destruktiv
unbeschränkte Anzahl von Kandidaten hinzufügen	$\mathcal{E}$-CCAUC	$\mathcal{E}$-DCAUC
Kandidaten hinzufügen	$\mathcal{E}$-CCAC	$\mathcal{E}$-DCAC
Kandidaten entfernen	$\mathcal{E}$-CCDC	$\mathcal{E}$-DCDC
Kandidaten partitionieren	$\mathcal{E}$-CCPC-TE	$\mathcal{E}$-DCPC-TE
	$\mathcal{E}$-CCPC-TP	$\mathcal{E}$-DCPC-TP
Kandidaten mit Stichwahl partitionieren	$\mathcal{E}$-CCRPC-TE	$\mathcal{E}$-DCRPC-TE
	$\mathcal{E}$-CCRPC-TP	$\mathcal{E}$-DCRPC-TP
Wähler hinzufügen	$\mathcal{E}$-CCAV	$\mathcal{E}$-DCAV
Wähler entfernen	$\mathcal{E}$-CCDV	$\mathcal{E}$-DCDV
Wähler partitionieren	$\mathcal{E}$-CCPV-TE	$\mathcal{E}$-DCPV-TE
	$\mathcal{E}$-CCPV-TP	$\mathcal{E}$-DCPV-TP

Immunität, Anfälligkeit, Verletzbarkeit und Resistenz

Die komplexitätstheoretische Untersuchung des Manipulationsproblems ist durch das Gibbard–Satterthwaite-Theorem motiviert, nach dem im Prinzip jedes vernünftige Wahlsystem manipulierbar ist. Für die verschiedenen Typen von Wahlkontrolle gibt es kein solches Theorem. Folglich kann es auch Fälle geben, in denen ein Wahlsystem durch eine bestimmte Kontrollaktion nicht zu beeinflussen ist. Wenn dies der Fall ist, so nennen wir dieses Wahlsystem *immun* gegen diesen Typ von Kontrolle. Falls ein Wahlsystem jedoch durch einen bestimmten Kontrolltyp beeinflussbar ist, so heißt es *anfällig* für diesen Kontrolltyp. Nur in diesem Fall ist es sinnvoll, die Komplexität des entsprechenden Kontrollproblems weiter zu untersuchen. Angenommen, ein gegebenes Wahlsystem ist anfällig für einen bestimmten Kontrolltyp. Stellt sich dann heraus, dass das zugehörige Kontrollproblem in Polynomialzeit gelöst werden kann, so nennt man das Wahlsystem *verletzbar* durch diesen Kontrolltyp. Zeigt sich hingegen, dass das Kontrollproblem NP-hart ist, so ist das Wahlsystem *resistent* gegen diesen Kontrolltyp.

Ähnlich wie bei der Manipulation ist die Einflussnahme durch Kontrolle nicht erwünscht. Daher ist natürlich Immunität die Eigenschaft, die man sich am meisten wünschen würde. Leider sind die meisten Wahlsysteme gegen viele der hier definierten Kontrolltypen nicht immun, sondern für sie anfällig. In diesem Fall bietet die Resistenz, also die NP-Härte, des Kontrollproblems eine gewisse Sicherheit. Denn dann – $P \neq NP$ vorausgesetzt – ist es dem Angreifer nicht möglich, in Polynomialzeit zu berechnen, wie eine erfolgreiche Kontrollaktion durchzuführen ist, oder auch nur zu entscheiden, ob eine solche überhaupt möglich ist. Man sollte sich aber auch hier die Diskussion über die *Worst-Case*-Härte von NP-vollständigen Manipulationsproblemen in Erinnerung rufen (siehe Seite 187) und wie ein Wahlleiter sie für „typische" Probleminstanzen umgehen kann.

Jedes Wahlsystem ist gegen jeden der hier definierten Kontrolltypen entweder immun oder für ihn anfällig. Gilt Immunität, so muss man beweisen, dass der

Wahlleiter in dem vorliegenden Kontrollszenario sein Ziel nie durch Ausübung der entsprechenden Kontrollaktion erreichen kann. Die Anfälligkeit zeigt man dagegen durch ein Beispiel, d. h., man konstruiert eine geeignete Wahl, in der der Wahlleiter durch Ausübung der entsprechenden Kontrollaktion sein Ziel erreicht. Zum Glück muss man jedoch nicht 22 solche Beweise führen bzw. Beispiele konstruieren, nur um über die Immunitäten oder Anfälligkeiten *eines* Wahlsystems Bescheid zu wissen. Denn zwischen diesen gibt es Abhängigkeiten in den einzelnen Kontrollszenarien, die für jedes Wahlsystem gelten. Beispielsweise ist klar, dass ein Wahlsystem genau dann für konstruktive Kontrolle durch Hinzufügen von Kandidaten anfällig ist, wenn es anfällig für destruktive Kontrolle durch Entfernen von Kandidaten ist. Daher ist es nicht nötig, für jeden Kontrolltyp separat zu argumentieren.

Hemaspaandra *et al.* (2007a) geben die Zusammenhänge aus Abbildung 4.16 an. Ein Pfeil zwischen zwei Kontrolltypen, etwa CCPV-TE → CCDC, zeigt eine Implikation an: Wenn ein Wahlsystem für CCPV-TE anfällig ist, so auch für CCDC. Die Kontrolltypen CCAUC und DCAUC werden nicht dargestellt, da sie sich genau wie CCAC und DCAC verhalten, und zwar gemäß derselben Argumente. Ein Doppelpfeil, wie z. B. CCAC ↔ DCDC, zeigt eine Äquivalenz zwischen den entsprechenden Kontrolltypen an. Nicht alle Zusammenhänge in Abbildung 4.16 sind so offensichtlich wie diese Äquivalenz, aber man kann sie sich dennoch alle relativ leicht überlegen. In der Abbildung kommen noch zwei weitere Eigenschaften von Wahlsystemen vor, die für die Anfälligkeit bzw. Immunität der Systeme in bestimmten Kontrollszenarien relevant sind, *„voiced"* und *„Unique-WARP"*.

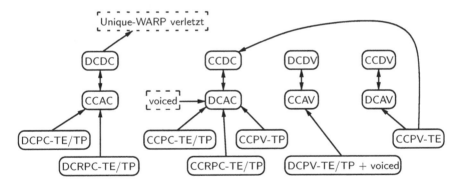

Abb. 4.16: Beziehungen zwischen Anfälligkeitsaussagen in den Kontrollszenarien

Hemaspaandra *et al.* (2007a) nennen ein Wahlsystem *voiced*, falls in jeder Wahl mit nur einem Kandidaten dieser auch gewinnt. Offensichtlich erfüllen die hier betrachteten Wahlsysteme alle diese Eigenschaft. Für ein solches System ist der Kandidat c der eindeutige Gewinner einer Wahl $(\{c\}, V)$. Ebenso ist d der eindeutige Gewinner einer Wahl $(\{d\}, V)$. Aber in der Wahl $(\{c, d\}, V)$ kann es höchstens einen *eindeutigen* Gewinner geben. Folglich ist jedes Wahlsystem, das *voiced* ist, anfällig für DCAC. Außerdem sind Wahlsysteme, die sowohl *voiced* als auch anfällig für DCPV-TE oder DCPV-TP sind, ebenso anfällig für CCAV.

Das *schwache Axiom der enthüllten Präferenz* (engl. *Weak Axiom of Revealed Preference*, kurz *WARP*) sagt, dass ein Gewinner w einer Wahl (C, V) auch in jeder Teilwahl (C', V) mit $C' \subseteq C$ und $w \in C'$ gewinnen muss. Da unsere Kontrollprobleme im Modell des eindeutigen Gewinners definiert sind, betrachten wir die *eindeutige* Variante dieses Axioms, auf Englisch mit *Unique Weak Axiom of Revealed Preference* bezeichnet, oder kurz *Unique-WARP*. Ein Wahlsystem erfüllt Unique-WARP, falls ein eindeutiger Gewinner einer Wahl stets eindeutiger Gewinner in jeder Teilwahl bleibt, zu der er selbst gehört. Bartholdi *et al.* (1992) (siehe auch Hemaspaandra *et al.*, 2007a) stellten fest, dass jedes Wahlsystem, dass diese Eigenschaft erfüllt, immun gegen CCAC (oder, äquivalent, gegen DCDC) ist. Anders gesagt, kann man Kontrolle gemäß CCAC (oder DCDC) ausüben, so ist die Eigenschaft Unique-WARP verletzt. Das Condorcet- und das Approval-System erfüllen Unique-WARP jedoch und sind somit immun gegen CCAC, CCAUC und DCDC sowie gegen die vier Fälle der destruktiven Kontrolle durch Partitionieren der Kandidatenmenge, denn die Pfeile in Abbildung 4.16 kehren sich um, wenn man die Aussagen negiert, also Immunität statt Anfälligkeit betrachtet.

Zusätzlich ist das Approval-System auch immun gegen *konstruktive* Kontrolle durch Partitionieren der Kandidatenmenge (mit oder ohne Stichwahl), sofern die TP-Gleichstandsregel verwendet wird (d. h. gegen CCPC-TP und CCRPC-TP). Das liegt einfach daran, dass ein Kandidat genau dann der eindeutige Approval-Gewinner ist, wenn er den maximalen Approval-Score hat. Wegen der TP-Regel kann ein Wahlleiter daher unmöglich einen anderen Kandidaten gemäß CCPC-TP oder CCRPC-TP zum eindeutigen Approval-Gewinner machen. Die genannten insgesamt 14 Immunitäten sind die einzigen unter den 192 Einträgen für die Wahlsysteme in Tabelle 4.13. In sämtlichen anderen $192 - 14 = 178$ Einträgen der Tabelle ist das jeweilige Wahlsystem für den entsprechenden Kontrolltyp anfällig. Zwei Beispiele dafür werden wir später genauer vorstellen.

Übersicht über die Ergebnisse zur Wahlkontrolle in einigen Wahlsystemen

Tabelle 4.13 gibt einen Überblick über die Resultate zur Wahlkontrolle in einigen Wahlsystemen. Dabei werden die folgenden Abkürzungen verwendet: I für Immunität, A für Anfälligkeit, R für Resistenz (d. h., dieses Wahlsystem ist anfällig für diesen Kontrolltyp und das entsprechende Kontrollproblem ist NP-hart) und V für Verletzbarkeit (d. h., dieses Wahlsystem ist anfällig für diesen Kontrolltyp und das entsprechende Kontrollproblem ist in P). Die Abkürzungen der Kontrollprobleme findet man in Tabelle 4.12. Pro Wahlsystem gibt es zwei Spalten, eine für den konstruktiven und eine für den destruktiven Fall. Das entsprechende Symbol, C bzw. D, ist dem jeweiligen Kontrolltyp in der linken Spalte voranzustellen; so ergeben sich z. B. die Probleme CCAUC und DCAUC in der Zeile CAUC.

Tab. 4.13: Übersicht über die Ergebnisse zur Wahlkontrolle in einigen Wahlsystemen

	Pluralität		Condorcet		Approval		Bucklin		Fallback		SP-AV		Copeland$^\alpha$ $\alpha = 0$		$0 < \alpha < 1$		$\alpha = 1$ Llull	
	C	D	C	D	C	D	C	D	C	D	C	D	C	D	C	D	C	D
CAUC	R	R	I	V	I	V	R	R	R	R	R	R	V	V	R	V	V	V
CAC	R	R	I	V	I	V	R	R	R	R	R	R	R	V	R	V	R	V
CDC	R	R	V	I	V	I	R	R	R	R	R	R	R	V	R	V	R	V
CPC-TE	R	R	V	I	V	I	R	R	R	R	R	R	R	V	R	V	R	V
CPC-TP	R	R			I	I	R	R	R	R	R	R	R	V	R	V	R	V
CRPC-TE	R	R	V	I	V	I	R	R	R	R	R	R	R	V	R	V	R	V
CRPC-TP	R	R			I	I	R	R	R	R	R	R	R	V	R	V	R	V
CAV	V	V	R	V	R	V	R	V	R	V	R	V	R	R	R	R	R	R
CDV	V	V	R	V	R	V	R	V	R	V	R	V	R	R	R	R	R	R
CPV-TE	V	V	R	V	R	V	R	R	R	R	R	V	R	R	R	R	R	R
CPV-TP	R	R			R	V	R	A	R	R	R	R	R	R	R	R	R	R

Die ersten Ergebnisse zur Wahlkontrolle wurden von Bartholdi *et al.* (1992) erzielt, die die wesentlichen konstruktiven Kontrollszenarien einführten und für die Pluralitätsregel und das Condorcet-System untersuchten. In ihrer Arbeit werden die Gleichstandsregeln TE und TP noch nicht betrachtet, die erst später von Hemaspaandra *et al.* (2007a) eingeführt wurden. Für das Condorcet-System ist es auch nicht sinnvoll, zwischen TE und TP zu unterscheiden, denn dieses System hat stets eindeutige Gewinner, wenn überhaupt. Deshalb steht in den entsprechenden TE-und TP-Zeilen von Tabelle 4.13 jeweils nur ein Resultat in den Condorcet-Spalten. Die Beweise von Bartholdi *et al.* (1992), mit denen sie zeigen, dass das Condorcet-System gegen CCDV und CCPV resistent ist, gehen implizit von der Annahme aus, dass Wähler gegenüber mehreren Kandidaten indifferent sein können (was in ihrem Modell eigentlich nicht erlaubt ist), und funktionieren daher nicht, wenn die Wählerpräferenzen lineare Ordnungen sind. Faliszewski *et al.* (2007, 2009b) zeigen jedoch, wie man diese Resultate auch für den Fall linearer Präferenzlisten der Wähler erhalten kann.

Hemaspaandra *et al.* (2005a, 2007a) führten die destruktiven Kontrollszenarien ein und untersuchten sie für die Pluralitätsregel und das Condorcet-System sowie das Approval-System, für das sie auch die in Tabelle 4.13 aufgeführten Resultate zur konstruktiven Kontrolle erzielten. Hemaspaandra *et al.* (2007b, 2009) untersuchten die Frage nach einem möglichen „Unmöglichkeitstheorem" (vgl. das Gibbard–Satterthwaite-Theorem, siehe Satz 4.2 auf Seite 156) der folgenden Art:

„Für kein Wahlsystem, dessen Gewinner in Polynomialzeit bestimmt werden können, sind alle Wahlprobleme aus Tabelle 4.12 NP-hart."

Die Einschränkung auf solche Wahlsysteme, deren Gewinner effizient bestimmt werden können, liegt darin begründet, dass das o. g. „Unmöglichkeitstheorem" keine trivialen Fälle einschließen soll. Denn das (eindeutige) Gewinnerproblem lässt sich in trivialer Weise auf die vier Kontrollprobleme CCAC, CCDC, CCAV und CCDV reduzieren. Deshalb sind diese Kontrollprobleme für jedes Wahlsystem algorithmisch mindestens so schwer wie das eindeutige Gewinnerproblem. Für die Systeme von Dodgson, Young und Kemeny, deren eindeutige und uneindeutige Gewinnerprobleme $P_{||}^{NP}$-vollständig sind (siehe Abschnitt 4.3.1 sowie Hemaspaandra et al. (2009) für die $P_{||}^{NP}$-Vollständigkeit des eindeutigen Gewinnerproblems), heißt das: Vier Kontrollprobleme sind bereits trivialerweise NP-hart.

Hemaspaandra et al. (2009) zeigten, dass ein solches „Unmöglichkeitstheorem" jedoch unmöglich gelten kann: Es gibt ein Wahlsystem, dessen Gewinner in Polynomialzeit bestimmt werden können, und dennoch sind sämtliche Wahlprobleme aus Tabelle 4.12 für dieses System NP-hart. Dies wird mittels einer Hybridisierungsmethode (vgl. Abschnitt 4.1.5) bewiesen, die mehrere gegebene Wahlsysteme zu einem neuen System kombiniert, sodass erstens die effiziente Gewinnerbestimmung von den gegebenen Systemen auf das neue vererbt wird und zweitens das neue System gegen einen Kontrolltyp resistent ist, sofern auch nur eines der gegebenen Systeme gegen diesen Kontrolltyp resistent ist. Durch Hybridisierung von z. B. Pluralität und Copeland erhält man ein *komplett kontrollresistentes* System, denn wenigstens eins dieser beiden Systeme hat für jeden Kontrolltyp einen „R"-Eintrag in Tabelle 4.12. Der Nachteil ist jedoch, dass dieses hybride System zwar vollständig kontrollresistent, aber ein sehr künstliches Wahlsystem ist.

Faliszewski et al. (2009b) (siehe auch die Vorläuferarbeiten von Faliszewski et al., 2007, 2008a) untersuchten die Familie der Copeland$^{\alpha}$-Systeme. Die in Tabelle 4.13 angegebenen Resultate zeigen, dass sich hier die Komplexität der Kontrollprobleme in einem Fall unterscheidet: Copeland$^{\alpha}$-CCAUC ist für $\alpha \in \{0, 1\}$ verletzbar, für α mit $0 < \alpha < 1$ jedoch resistent. Interessanterweise ist Copeland$^{\alpha}$-CCAC auch für $\alpha \in \{0, 1\}$ resistent: Copeland^0 und Copeland^1 (Llull) sind somit die einzigen bekannten Systeme, für die sich die Komplexität von CCAUC und CCAC unterscheidet. Insbesondere zeigt Tabelle 4.13 auch, dass das gewöhnliche Copeland-System, Copeland$^{1/2}$, das erste *natürliche* Wahlsystem mit einem effizient lösbaren Gewinnerproblem ist, das gegen alle Typen der *konstruktiven* Wahlkontrolle resistent ist. Allerdings ist auch Copeland immer noch in den sieben Fällen der destruktiven Kandidatenkontrolle verletzbar.

Dies motivierte Erdélyi et al. (2009d), nach einem natürlichen Wahlsystem mit einem effizient lösbaren Gewinnerproblem zu suchen, das in noch weniger Kontrollszenarien verletzbar ist als Copeland (mit seinen sieben) und Pluralität (mit seinen sechs „V"-Einträgen bei der Wählerkontrolle). Für das auf Seite 146 eingeführte hybride System SP-AV von Brams und Sanver (2006) konnten sie zeigen, dass es 19 Resistenzen und nur drei Verletzbarkeiten hat.

Allerdings gibt es auch hier einen Haken: Im ursprünglichen System von Brams und Sanver (2006) wird verlangt, dass die Wähler nur (ehrliche und) *erlaubte* Approval-Strategien haben dürfen, d. h., kein Wähler darf entweder allen Kandidaten oder keinem Kandidaten zustimmen. Wird nun aber eine Kontrollaktion ausgeführt, bei der Kandidaten entfernt werden (sei es in CCDC oder in DCDC, sei es bei der Kontrolle durch Partitionieren der Kandidatenmenge oder der Wählerliste, wo in den Vorwahlen oder der Endrunde manche Kandidaten eliminiert werden können), so kann in dem entsprechend eingeschränkten Präferenzprofil eine zuvor erlaubte Stimme zu einer nicht mehr erlaubten Stimme werden.

Erdélyi *et al.* (2009d) umgehen dieses Problem, indem sie eine Regel einführen, nach der in einem solchen Fall die Zustimmungslinie (wie sie in Abbildung 4.11(a) auf Seite 147 zu sehen ist) um eine Position nach rechts oder links verschoben wird, um die „Erlaubtheit" der Stimmen mit möglichst geringfügigen Änderungen wiederherzustellen. Diese Regel bewirkt, dass SP-AV sozusagen ein hybrides System ist, dass die Pluralitätsregel mit dem Approval-System kombiniert, und tatsächlich hat SP-AV genau die Resistenzen, die in Pluralität oder Approval vorkommen (siehe Tabelle 4.13). Dennoch ist diese Regel problematisch, da sie im Nachhinein die von den Wählern abgegebenen Stimmen verändert. Baumeister *et al.* (2010) diskutieren ausführlich dieses und andere Probleme mit SP-AV, in der modifizierten Variante von Erdélyi *et al.* (2009d).

Erdélyi und Rothe (2010) und Erdélyi *et al.* (2011a) (siehe auch die Arbeit von Erdélyi *et al.*, 2011b, die die früheren Arbeiten vereinigt und ergänzt) gelang es schließlich, mit dem Fallback-Wahlsystem ein natürliches Wahlsystem zu finden, dessen Gewinnerproblem effizient lösbar ist und das insgesamt über 20 Resistenzen und nur zwei Verletzbarkeiten verfügt (siehe Tabelle 4.13), nämlich für die Probleme DCAV und DCDV. Dies ist unter den natürlichen Wahlsystemen mit effizient lösbarem Gewinnerproblem das System, das nach heutigem Kenntnisstand die breiteste Kontrollresistenz besitzt. Der Spezialfall des Bucklin-Systems hat immerhin mindestens 19 Resistenzen und nicht mehr als drei Verletzbarkeiten; ein Fall ist für dieses System noch offen (siehe den „A"-Eintrag in Tabelle 4.13 bei DCPV-TP für Bucklin). Weil Bucklin ein Spezialfall des Fallback-Systems ist, folgt aus Lemma 1.1 auf Seite 20, dass jede Resistenz für Bucklin eine solche im Fallback-System impliziert. Insofern verstärken die Resistenzresultate für Bucklin die für Fallback. Umgekehrt vererben sich die oberen Schranken für Fallback-Kontrolle durch DCAV und DCDV unmittelbar auf das Bucklin-System.

Auf Seite 181 wurde festgestellt, dass die destruktiven Manipulationsprobleme stets höchstens so schwer zu lösen sind wie die entsprechenden konstruktiven Manipulationsprobleme. Dies gilt auch bei der Wahlkontrolle, und ein Blick auf Tabelle 4.13 zeigt, dass dies für jedes der dort betrachteten Kontrollprobleme tatsächlich der Fall ist: Es gibt nie einen „V"-Eintrag für ein konstruktives Kontrollproblem, aber einen „R"-Eintrag für das zugehörige destruktive Kontrollproblem. Zwar kommt es für das Condorcet- und das Approval-System vor, dass zu einem „V" im konstruktiven Fall ein „I" im destruktiven Fall gehört, doch das ist kein

Widerspruch, denn wenn ein Wahlsystem immun gegen einen Kontrolltyp ist, so heißt dies ja nur, dass diese Kontrollaktion immer vergeblich sein muss. Das entsprechende Kontrollproblem hat demnach ausschließlich „Nein"-Instanzen, ist also trivial. Ein solches triviales Problem ist aber – genau wie im „V"-Fall – in P.

Die 14 Immunitäten der Wahlsysteme gegen diverse Kontrolltypen in Tabelle 4.13 wurden bereits begründet. Für die 178 anderen Resultate in dieser Tabelle geben wir nun je ein Beispiel dafür, wie man Verletzbarkeit und Resistenz beweist. Übrigens werden diese 178 Komplexitätsresultate in der Regel nicht einzeln bewiesen, denn oft können Zusammenhänge zwischen verschiedenen Kontrolltypen ausgenutzt werden, die auf einen Schlag (d. h. durch eine Konstruktion) die Komplexität von mehreren Kontrollproblemen für ein Wahlsystem bestimmen.

Das Condorcet-System ist verletzbar durch DCPV

Wir beweisen das Resultat von Hemaspaandra *et al.* (2005a, 2007a), dass das Condorcet-Wahlsystem (siehe Seite 127) durch destruktive Kontrolle durch Partionieren von Wählern verletzbar ist. (Zur Erinnerung: Die Gleichstandsregeln TE und TP werden für dieses System nicht betrachtet, da Condorcet-Gewinner stets eindeutig sind, sofern es sie gibt, und Gleichstände daher nicht zum Sieg führen.)

Zunächst müssen wir dazu ein Beispiel angeben, das die Anfälligkeit des Condorcet-Systems für diesen Kontrolltyp zeigt. Betrachten wir noch einmal die Wahl aus Tabelle 4.2 auf Seite 127, in der die Alternative E („Eisessen") jeden paarweisen Vergleich gewinnt und somit der (eindeutige) Condorcet-Gewinner ist. Teilt man nun die Wähler in zwei Gruppen auf, Anna und Belle in der einen und Chris, David und Edgar in der anderen, so gibt es in der ersten Vorwahl keinen Condorcet-Sieger, denn keine Alternative kann alle anderen im paarweisen Vergleich schlagen. In der zweiten Vorwahl ist jedoch G („Grillen") der Condorcet-Gewinner. Da die erste Vorwahl keinen Sieger hatte, nimmt nur G an der Endrunde teil und gewinnt somit auch die gesamte Wahl. Die Alternative E konnte also durch eine Partitionierung der Wähler am Sieg gehindert werden.

Nun zeigen wir, dass das Problem Condorcet-DCPV in P ist, d. h., dass man in Polynomialzeit entscheiden kann, ob der Sieg eines gegebenen Kandidaten $c \in C$ in einer gegebenen Condorcet-Wahl (C, V) durch eine geeignete Partitionierung der Wähler verhindert werden kann. Man kann dabei natürlich nicht der Reihe nach alle möglichen Partitionierungen von V überprüfen, denn davon gibt es exponentiell in $\|V\|$ viele. Stattdessen führt der Polynomialzeit-Algorithmus für Condorcet-DCPV die folgenden drei Schritte aus (bzw. er stoppt, sobald eine Ausgabe gemacht wurde, ohne die späteren Schritte auszuführen):

1. **Triviale Fälle überprüfen.**

    a) **Falls $C = \{c\}$:** Wenn nur der Kandidat c an der Wahl teilnimmt, muss er natürlich die Wahl gewinnen. Ausgabe: ✗ *Kontrolle ist nicht möglich.*

b) **Sonst, falls c bereits kein Condorcet-Gewinner ist:** Die triviale Partitionierung ist also erfolgreich. Ausgabe: ✓ *Kontrolle ist möglich mit* $(V, \emptyset)$.

c) **Sonst, falls $\|C\| = 2$:** Da c der Condorcet-Gewinner ist (sonst hätte der Algorithmus im Fall 1b gestoppt), bevorzugt eine echte Mehrheit der Wähler c gegenüber seinem Rivalen. Also gewinnt c mindestens eine Vorwahl und somit auch die Gesamtwahl. Ausgabe: ✗ *Kontrolle ist nicht möglich.*

2. **Schleifendurchlauf (falls keiner der trivialen Fälle zutrifft).**
Für je zwei verschiedene Kandidaten $a, b \in C$ mit $a \neq c \neq b$ wird überprüft, ob es möglich ist, V so in (V_1, V_2) aufzuteilen, dass

a) in der Vorwahl (C, V_1) beim paarweisen Vergleich von a und c sich entweder ein Gleichstand ergibt oder a gegen c gewinnt und

b) in der Vorwahl (C, V_2) beim paarweisen Vergleich von b und c sich entweder ein Gleichstand ergibt oder b gegen c gewinnt.

Betrachte in den Stimmen dabei nur das Verhältnis der Kandidaten a, b und c zueinander und ignoriere die übrigen Kandidaten. Dabei bezeichne

W_c die Anzahl der Wähler mit $c > a > b$ oder $c > b > a$,

L_c die Anzahl der Wähler mit $a > b > c$ oder $b > a > c$,

S_a die Anzahl der Wähler mit $a > c > b$ und

S_b die Anzahl der Wähler mit $b > c > a$.

Nun sind zwei Fälle zu unterscheiden.

Fall 1: $W_c - L_c > S_a + S_b$. Diese Kandidaten a und b sind hoffnungslos (d. h. ✗ für dieses Paar), und das nächste Paar von Kandidaten wird überprüft.

Fall 2: $W_c - L_c \leq S_a + S_b$. Partitioniere V wie folgt in (V_1, V_2):

a) V_1 enthält alle S_a Wähler mit der Stimme $a > c > b$ und $\min(W_c, S_a)$ der Wähler, die c vor a und b positioniert haben. Weil a dann in S_a Stimmen vor c und in $\min(W_c, S_a) \leq S_a$ Stimmen hinter c steht, kann c diese Vorwahl nicht gewinnen.

b) V_2 enthält die restlichen Stimmen. Dann steht b in $S_b + L_c$ Stimmen vor c und in $W_c - \min(W_c, S_a)$ Stimmen hinter c. Damit sich c in der Vorwahl (C, V_2) nicht gegen b durchsetzen kann, muss folglich $S_b + L_c \geq W_c - \min(W_c, S_a)$ gezeigt werden, oder äquivalent dazu:

$$S_b + \min(W_c, S_a) \geq W_c - L_c. \tag{4.3}$$

Falls $S_a \leq W_c$ gilt, ist $\min(W_c, S_a) = S_a$ und die Ungleichung (4.3) wegen der Fallannahme $W_c - L_c \leq S_a + S_b$ erfüllt, und falls $S_a > W_c$ gilt, so folgt die Ungleichung (4.3) sofort aus der offensichtlichen Tatsache, dass $S_b + L_c \geq 0$ gilt. Also kann c auch diese Vorwahl nicht gewinnen.

Da c keine Vorwahl gewinnt, steht c nicht in der Endrunde und gewinnt auch die Gesamtwahl nicht. Wir haben also eine erfolgreiche Partitionierung von V gefunden. Ausgabe: ✓ *Kontrolle ist möglich mit* (V_1, V_2).

3. **Terminierung.** Findet man in keinem Schleifendurchlauf ein Paar von Kandidaten, a und b, mit deren Hilfe eine Partition von V möglich ist, die c entthront, so hält der Algorithmus mit der Ausgabe: ✗ *Kontrolle ist nicht möglich.*

Da die einzelnen Schritte offensichtlich in Polynomialzeit ausgeführt werden können (insbesondere ist die Zahl der Schleifendurchläufe höchstens quadratisch in der Zahl der Kandidaten), kann dieser Algorithmus in Polynomialzeit entscheiden, ob der Sieg von c durch eine Partitionierung der Wähler verhindert werden kann. In diesem Fall trifft der Algorithmus nicht nur die „Ja"-Entscheidung (✓), sondern bestimmt auch explizit eine erfolgreiche Kontrollaktion, also eine geeignete Partitionierung von V, die c am Sieg hindert. Diesen Umstand bezeichnen Hemaspaandra et al. (2005a, 2007a) als *zertifizierbare Verletzbarkeit*, und sie gilt für jeden „V"-Eintrag in Tabelle 4.13.

Das Bucklin-System ist resistent gegen CCPV-TE und CCPV-TP

In diesem Abschnitt beweisen wir das Resultat von Erdélyi et al. (2011a), dass das Bucklin-Wahlsystem (siehe Seite 140) resistent gegenüber konstruktiver Kontrolle durch Partitionieren von Wählern ist, sowohl für TE als auch für TP.

Dafür ist die NP-Härte der Probleme Bucklin-CCPV-TE bzw. Bucklin-CCPV-TP durch eine Reduktion von einem NP-vollständigen Problem zu zeigen. Diesmal wählen wir dafür das folgende Problem (siehe Garey und Johnson, 1979):

EXACT COVER BY THREE-SETS (X3C)

| **Gegeben:** | Eine Menge $B = \{b_1, \ldots, b_{3m}\}$, $m \geq 1$, und eine Familie $\mathcal{S} = \{S_1, \ldots, S_n\}$ von Teilmengen $S_i \subseteq B$, mit $\|S_i\| = 3$, $1 \leq i \leq n$. |
| **Frage:** | Gibt es eine exakte Überdeckung $\mathcal{S}' \subseteq \mathcal{S}$ für B (d. h., kommt jedes Element von B in genau einer Teilmenge $S_i \in \mathcal{S}'$ vor)? |

Um nun die Reduktion von X3C auf unsere Kontrollprobleme zu zeigen, konstruieren wir für eine gegebene X3C-Instanz $(B, \mathcal{S})$ eine Wahl (C, V) und spezifizieren einen bestimmten Kandidaten $w \in C$, sodass gilt:

$$(B, \mathcal{S}) \in \text{X3C} \iff (C, V, w) \in \text{Bucklin-CCPV-TE/TP}. \qquad (4.4)$$

Im Gegensatz zum Condorcet-System kann es in den Vorwahlen mehrere Bucklin-Sieger geben. Allerdings wird unsere Konstruktion sicherstellen, dass dies nicht passiert. Daher gilt die Resistenz sowohl für TE als auch für TP.

Gegeben sei also eine X3C-Instanz $(B, \mathcal{S})$ mit $B = \{b_1, \ldots, b_{3m}\}$, $m \geq 1$, und einer Familie $\mathcal{S} = \{S_1, \ldots, S_n\}$ von drei-elementigen Mengen $S_i \subseteq B$, $1 \leq i \leq n$. Für jedes Element $b_j \in B$ bezeichne $\ell_j = \|\{S_i \in S \mid b_j \in S_i\}\|$ die Anzahl der Mengen aus $\mathcal{S}$, in denen b_j vorkommt. Die Wahl (C, V) besteht dann aus der Kandidatenmenge

$$C = B \cup \{c, w, x\} \cup D \cup E \cup F \cup G,$$

wobei w der ausgezeichnete Kandidat ist, der die Wahl durch Partitionierung der Wähler gewinnen soll. Die Kandidaten in den Mengen D, E, F und G dienen lediglich zum Auffüllen der Stimmen, damit c, w und x nicht auf zu frühen Stufen Bucklin-Punkte sammeln können. Diese Füll-Kandidaten werden daher nicht näher bezeichnet. Damit die Reduktion auch in Polynomialzeit durchgeführt werden kann, darf es aber insgesamt nur polynomiell viele von ihnen geben. Wir benötigen die folgenden Anzahlen solcher Füll-Kandidaten: $\|D\| = 3nm$, $\|E\| = (3m-1)(m+1)$, $\|F\| = (3m+1)(m-1)$ und $\|G\| = n(3m-3)$. Folglich ist $\|C\| = 3m(2n+2m+1) - 3n + 1$ polynomiell in der Größe der Eingabe.

Definiere n möglicherweise überlappende Teilmengen der Menge B aus der X3C-Instanz und unterteile die Mengen der Füll-Kandidaten jeweils in disjunkte Blöcke:

- $B_i = \{b_j \in B \mid i \leq n - \ell_j\}$ für $1 \leq i \leq n$. Kommt ein $b_j \in B$ z. B. in allen $S_i \in \mathcal{S}$ vor, so ist es in keinem B_i, denn dann ist $n - \ell_j = 0$. Kommt es dagegen in keinem $S_i \in \mathcal{S}$ vor, so ist es in jedem B_i, denn dann ist $n - \ell_j = n$. Allgemein taucht jedes $b_j \in B$ in genau $n - \ell_j$ der Teilmengen B_i auf.
- $D = \bigcup_{i=1}^{n} D_i$ mit $\|D_i\| = 3m - \|B_i\|$ für $1 \leq i \leq n$. Diese Mengen haben den Zweck, dass $\|B_i \cup D_i\| = 3m$ gilt, für jedes i, $1 \leq i \leq n$.
- $E = \bigcup_{j=1}^{m+1} E_j$ mit $\|E_j\| = 3m - 1$ für $1 \leq j \leq m+1$.
- $F = \bigcup_{k=1}^{m-1} F_k$ mit $\|F_k\| = 3m + 1$ für $1 \leq k \leq m-1$.
- $G = \bigcup_{i=1}^{n} G_i$ mit $\|G_i\| = 3m - 3$ für $1 \leq i \leq n$.

Tab. 4.14: Reduktion X3C $\leq_m^p$ Bucklin-CCPV von Erdélyi *et al.* (2011a)

Gruppe	Für jedes ...	Präferenzliste
1	$i \in \{1, \ldots, n\}$	c S_i G_i $(G - G_i)$ F D E $(B - S_i)$ w x
2	$i \in \{1, \ldots, n\}$	B_i D_i w G E $(D - D_i)$ F $(B - B_i)$ c x
3	$j \in \{1, \ldots, m+1\}$	x c E_j F $(E - E_j)$ G D B w
4	$k \in \{1, \ldots, m-1\}$	F_k c $(F - F_k)$ G D E B w x

Die Wählerliste V besteht aus insgesamt $2n + 2m$ Wählern, deren Stimmen in Tabelle 4.14 angegeben sind. V ist in vier Gruppen unterteilt. Die ersten beiden Gruppen bestehen aus je n Wählern, wobei der i-te Wähler in der ersten Gruppe von S_i und G_i abhängt und der i-te Wähler in der zweiten Gruppe von B_i und D_i. In der dritten Gruppe mit $m + 1$ Wählern hängt der j-te Wähler von E_j ab, und in der vierten Gruppe mit $m - 1$ Wählern hängt der k-te Wähler von F_k ab.

Die Kandidaten sind in den Präferenzlisten der Wähler in Tabelle 4.14 von links nach rechts geordnet, wobei links der am meisten bevorzugte Kandidat steht und wir aus Platzgründen auf die explizite Angabe der Präferenzrelation $>$ verzichten. Kommt dabei eine Menge von Kandidaten in einer Stimme vor (z. B. S_i oder G_i oder $(G - G_i)$ usw.), so bedeutet das, dass die Kandidaten innerhalb dieser Mengen in einer fest vorgegebenen Reihenfolge geordnet sind. Welche Ordnung das genau ist, spielt für die Konstruktion keine Rolle. Zu beachten ist, dass die Füll-Kandidaten aus jeder der Mengen D_i, E_j, F_k und G_i bis zur Stufe $3m+1$ jeweils höchstens einen Bucklin-Punkt erhalten. Außerdem folgt aus der Definition der Mengen B_i, dass jeder Kandidat $b_j \in B$ aus den Stimmen der ersten und zweiten Wählergruppe bis zur Stufe $3m$ genau n Punkte bekommt. In der so konstruierten Wahl (C, V) ist c der eindeutige Bucklin-Gewinner, denn c erreicht auf der zweiten Stufe $maj(V) = n+m+1$ Punkte, was keinem anderen Kandidaten so früh gelingt.

Nun beweisen wir die Äquivalenz (4.4), zunächst von links nach rechts. Sei also $\mathcal{S}' \subseteq \mathcal{S}$ eine exakte Überdeckung für B. Partitioniere V in (V_1, V_2) wie folgt:

1. V_1 enthält die m Wähler aus der ersten Gruppe, die der exakten Überdeckung entsprechen, also die m Wähler mit der Stimme:

$$c \quad S_i \quad G_i \quad (G - G_i) \quad F \quad D \quad E \quad (B - S_i) \quad w \quad x$$

für $S_i \in \mathcal{S}'$, sowie alle $m+1$ Wähler aus der dritten Gruppe mit der Stimme:

$$x \quad c \quad E_j \quad F \quad (E - E_j) \quad G \quad D \quad B \quad w.$$

2. V_2 enthält die restlichen $n-m$ Wähler aus der ersten Gruppe, alle n Wähler aus der zweiten und alle $m-1$ Wähler aus der vierten Gruppe.

V_1 enthält insgesamt $2m+1$ Wähler, also benötigt ein Kandidat mindestens $maj(V_1) = m+1$ Punkte, um zu gewinnen. Der Kandidat x hat schon auf der ersten Stufe $m+1$ Punkte von den Wählern der dritten Gruppe und ist somit eindeutiger Bucklin-Sieger dieser Vorwahl.

In der zweiten Vorwahl, (C, V_2), gibt es $2n-1$ Wähler, also werden $maj(V_2) = n$ Punkte für eine absolute Mehrheit benötigt. Diese Schwelle erreicht zuerst der Kandidat w durch die Stimmen aus der zweiten Gruppe auf der Stufe $3m+1$, denn $\|B_i \cup D_i\| = 3m$ für $1 \leq i \leq n$. Bis zu dieser Stufe hat x gar keine Punkte und c hat nur m Punkte von den Wählern der ersten Gruppe erhalten. Nach Definition der Mengen B_i kann ein Kandidat $b_j \in B$ insgesamt aus den Stimmen der ersten und zweiten Wählergruppe bis zur Stufe $3m+1$ maximal n Punkte bekommen. Da aber die Stimmen aus der ersten Gruppe in V_1 einer exakten Überdeckung für B entsprechen, bekommen alle Kandidaten aus B bis zur Stufe $3m+1$ höchstens $n-1$ Punkte. Somit ist w der eindeutige Sieger der zweiten Vorwahl.

In der Endrunde treten also w und x gegeneinander an. Weil w aber nur in den $m+1$ Stimmen der dritten Wählergruppe hinter x steht, gewinnt w auch die finale Stichwahl. Somit ist wie gewünscht w durch Partitionierung von V zum eindeutigen Bucklin-Sieger der Wahl gemacht worden.

Nun zeigen wir, dass auch die umgekehrte Implikation der Äquivalenz (4.4) gilt, die von rechts nach links. Angenommen, es gibt eine Partitionierung der Wählerliste V in V_1 und V_2, sodass w zum eindeutigen Bucklin-Sieger gemacht werden kann. Zu zeigen ist, dass dann auch eine exakte Überdeckung für die Menge B aus der X3C-Instanz $(B, \mathcal{S})$ existiert. Damit w die Wahl eindeutig gewinnen kann, muss er sich in mindestens einer Vorwahl als alleiniger Sieger durchsetzen, etwa in (C, V_1). Außerdem darf c kein Gewinner einer Vorwahl sein, denn sonst würde c die Endrunde gewinnen. Damit w in V_1 gewinnen kann, müssen Stimmen aus der zweiten Gruppe in V_1 enthalten sein, denn nur in diesen Stimmen bekommt w nicht erst auf der letzten oder vorletzten Stufe seine Punkte. Also kann w nur auf der Stufe $3m + 1$ durch Stimmen der zweiten Wählergruppe in (C, V_1) gewinnen.

Da c in den Wählern der ersten und dritten Gruppe aber schon auf den ersten beiden Stufen Punkte erhält, kann der Sieg von c in (C, V_2) nur durch x oder einen der Kandidaten aus B verhindert werden. Andererseits müssen Wähler aus der zweiten Gruppe in V_1 sein, um dort das Weiterkommen von w zu sichern – das schwächt die Kandidaten aus B in (C, V_2). Folglich kann nur x den Sieg von c in (C, V_2) verhindern, und zwar bereits auf der ersten Stufe mit den Stimmen aus der dritten Wählergruppe, denn in allen anderen Gruppen steht c vor x.

Alle Stimmen für w in der ersten Vorwahl, (C, V_1), erhält er auf der Stufe $3m + 1$. Aber alle anderen Kandidaten, die bis zu dieser Stufe mehr als einen Punkt erhalten, punkten auf anderen Stufen als dieser. Deshalb kann kein Kandidat einen Gleichstand mit w in (C, V_1) erreichen, und w ist der eindeutige Bucklin-Gewinner dieser Vorwahl. Da beide Vorwahlen eindeutige Gewinner haben müssen, macht es keinen Unterschied, ob die TE- oder die TP-Regel verwendet wird.

Es bleibt noch zu zeigen, dass $\mathcal{S}$ eine exakte Überdeckung für B enthält. Da w in (C, V_1) durch die Stimmen aus der zweiten Wählergruppe gewinnen muss, können nicht alle n Wähler der ersten Gruppe zu V_1 gehören, denn sonst könnte w, der bis zur Stufe $3m + 1$ höchstens n Punkte bekommen kann, kein eindeutiger Sieger in (C, V_1) sein – entweder verfehlt w die absolute Mehrheit oder c gewinnt schon auf der ersten Stufe. Außerdem dürfen zu V_2 höchstens m Wähler der ersten Gruppe gehören, denn sonst könnte x in (C, V_2) nicht mehr auf der ersten Stufe gegen c gewinnen. Damit nun kein Kandidat aus B auf einer früheren Stufe als w die zum Gewinnen nötige Punktzahl n in (C, V_1) erreicht, müssen *genau m* Stimmen der ersten Wählergruppe in V_2 enthalten sein, sodass jeder Kandidat aus B in genau einer dieser Stimmen vorkommt. Diese m Stimmen entsprechen somit einer exakten Überdeckung für B. Damit ist der Beweis vollständig.

Wie kann ein Wahlleiter mit NP-Härte umgehen?

Auf Seite 187 wurden die Möglichkeiten von Manipulatoren erörtert, mit NP-harten Manipulationsproblemen umzugehen. Prinzipiell treffen die Argumente dieser Diskussion auch auf NP-harte Kontrollprobleme zu. Daher muss auch ein Wahlleiter angesichts einer solchen Herausforderung nicht verzweifeln. Allerdings gibt es bezüglich der Wahlkontrolle bisher nicht allzu viele Ergebnisse. Auch sind manche Ansätze, wie z. B. die Approximationsalgorithmen von Zuckerman *et al.* (2009, 2011), zwar für die Behandlung schwerer Manipulationsprobleme, nicht aber für den Umgang mit schweren Kontrollproblemen geeignet. Experimentelle Untersuchungen, wie sie Walsh (2009, 2010) für Manipulationsprobleme durchgeführt hat, werden zur Wahlkontrolle im Bucklin- und Fallback-System derzeit von Piras und Rothe (2011) durchgeführt.

Hinsichtlich der Einschränkung auf *single-peaked* Präferenzprofile (siehe Seite 188) zeigten Faliszewski *et al.* (2009d, 2011b) Verletzbarkeit in allen Fällen, in denen die Pluralitätsregel und das Approval-System im allgemeinen Fall (siehe Tabelle 4.13) resistent gegen Kontrolle durch Hinzufügen oder Entfernen von Wählern oder Kandidaten sind. Brandt *et al.* (2010) erzielten solche Resultate für Wahlsysteme, die *schwache* Condorcet-Gewinner respektieren, und außerdem für konstruktive Kontrolle durch Partitionieren von Wählern.

Die künftige Forschung zur Wahlkontrolle könnte sich z. B. mit neuen Modellen für Kontrollszenarien beschäftigen. Ein interessanter Ansatz wurde von Puppe und Tasnádi (2009) vorgeschlagen, die *Gerrymandering* anders als hier unter Berücksichtigung der geographischen Gegebenheiten modellieren und zeigen, dass ein entsprechend definiertes Problem für *„packing and cracking"* (siehe Seite 196) NP-vollständig ist. Ebenfalls sehr interessant ist ein erweitertes Kontrollmodell, das Faliszewski *et al.* (2011a) vorschlagen: Bisher wurde stets angenommen, dass sich ein Wahlleiter auf den Angriff gemäß *einem* Kontrollszenario beschränkt. Plausibel ist es jedoch auch, dass er simultan verschiedene Angriffe ausführt, zum Beispiel gleichzeitig Kandidaten entfernt und Wähler partitioniert.

4.3.4 Bestechung

Neben der bereits vorgestellten Manipulation und Wahlkontrolle ist die Bestechung eine dritte Möglichkeit der Einflußnahme auf eine Wahl. Erstmals definiert wurden Bestechungsprobleme für Wahlen von Faliszewski *et al.* (2006, 2009a), und später wurden sie u. a. von Faliszewski *et al.* (2007, 2009b), Faliszewski (2008) und Elkind *et al.* (2009b) weiter untersucht.

Bestechung teilt mit Manipulation das Merkmal, dass Präferenzlisten der Wähler verändert werden, und mit Wahlkontrolle das Merkmal, dass es ein externer Akteur ist, der Bestecher, der die Änderungen vornimmt. In den verschiedenen Bestechungsszenarien gibt es unterschiedliche Möglichkeiten, welche Art von Änderungen der Bestecher an den Stimmen der Wähler ausführen darf. Wir beschränken uns hier auf den konstruktiven Fall. Ziel des Bestechers ist es dann immer, einen ausgezeichneten Kandidaten zum Sieger einer Wahl zu machen. Bei der einfachsten Variante von Bestechung fragt man, ob es möglich ist, die Stimmen von höchstens k Wählern so zu verändern, dass ein gewünschter Kandidat die Wahl gewinnt. Für ein Wahlsystem $\mathcal{E}$ wird dieses Problem wie folgt formalisiert.

$\mathcal{E}$-Bribery

Gegeben:	Eine Wahl (C, V), ein ausgezeichneter Kandidat $c \in C$ und eine natürliche Zahl $k \leq \|V\|$.
Frage:	Ist es möglich, höchstens k Stimmen in V so zu ändern, dass c ein $\mathcal{E}$-Gewinner der daraus resultierenden Wahl ist?

Genau wie Manipulation ist Bestechung prinzipiell immer möglich, eine Immunität wie bei der Wahlkontrolle ist hier nicht vorhanden. Um Wahlen gegen die Beeinflussbarkeit durch Bestechung zu schützen, kann man also wieder versuchen, die NP-Härte des Problems Bribery für bestimmte Wahlsysteme zu zeigen. Die einfachste Variante von Bestechung ist eng verwandt mit dem Manipulationsproblem. Ein Unterschied ist, dass die zu ändernden Stimmen zu Beginn nicht feststehen, sondern erst gefunden werden müssen.

In einer natürlichen Erweiterung des ursprünglichen Problems Bribery nimmt man an, dass dem Bestecher ein gewisses Budget zur Verfügung steht und jeder Wähler seine Stimme nur für eine gewisse Gegenleistung ändert. Das Beispiel, das eingangs des Abschnitts 4.3.3 zur Wahlkontrolle gegeben wurde, hätte auch folgendermaßen ablaufen können, wenn sich Herr Schläger als Bestecher statt als Wahlleiter in die Wahl eingemischt hätte.

Einige Tage später treffen sich Anna, Belle und Chris wieder und überlegen, was sie heute gemeinsam unternehmen könnten. Anna schlägt wieder Fahrradfahren, Minigolf und Schwimmen vor, in dieser Reihenfolge (siehe Abbildung 4.1 auf Seite 122), denn an ihren Vorlieben hat sich nichts geändert. Der Besitzer der Minigolfanlage, Herr Schläger, der zufällig vorbeikommt und Annas Vorschlag hört, erkundigt sich: „Nach welcher Regel wollt ihr denn abstimmen, Kinder?"

„Heute nach einer ganz einfachen", antwortet Chris, „der Pluralitätsregel. Und ich habe immer noch dieselben Vorlieben wie Anna: Fahrradfahren am liebsten, sonst Minigolf, und wenn das nicht geht, Schwimmen."

„Ich finde ja eigentlich Minigolf am besten", sagt Belle, „und Fahrradfahren am schlechtesten. Ich habe immer noch Muskelkater von der letzten Tour. Aber da ihr zu zweit seid, hole ich eben mein Fahrrad."

„Einen Moment noch", wirft Herr Schläger hastig ein, „nicht so schnell!" Er sieht sich um, ob er vielleicht David und Edgar sieht, um sie als neue Wähler mit Vorliebe für Minigolf zur Wahl hinzuzufügen, aber leider lassen sie sich diesmal nicht blicken.

„Chris, komm doch mal bitte", winkt er deshalb Chris zur Seite. „Wenn du für Minigolf stimmst", raunt er ihm vertraulich zu, „schenke ich dir einen nagelneuen Schläger!"

Chris überlegt. „Zwei!", sagt er schließlich. „Ich will zwei Schläger haben, sonst stimme ich nicht anders ab. Und noch einen Ball dazu!"

„Das ist zu teuer!", erwidert Herr Schläger enttäuscht. „Das gibt mein Budget nicht her!" Chris geht zurück zu den Mädchen und bricht mit ihnen zur Fahrradtour auf, während Herr Schläger überlegt, ob er vielleicht bei Anna mit seinem Angebot mehr Glück gehabt hätte.

Herr Schläger hat sein Ziel, die Kinder durch Bestechung auf seine Minigolf-anlage zu locken, also deshalb nicht erreicht, weil der Preis, den Chris verlangte, Herrn Schlägers Budget überstieg. Beim *Bestechungsproblem mit Preisfunktion* gibt jeder Wähler zusätzlich zu seiner Stimme noch an, zu welchem Preis er bereit wäre, seine Stimme zu ändern, und die Frage ist, ob der Bestecher mit seinem ge-gebenen Budget erreichen kann, dass der von ihm gewünschte Kandidat gewinnt. BRIBERY ist der Spezialfall dieses Problems, in dem alle Wähler einen Einheitspreis (sagen wir, 1 €) verlangen und der Bestecher ein Budget von k € hat. Tabelle 4.15 gibt eine Übersicht über die Komplexität des Bestechungsproblems in verschie-denen Varianten für Scoring-Protokolle, Approval- und Copeland$^\alpha$-Wahlen. Dabei steht € für die Variante, in der die Wähler einen Preis haben, und 🗳 für den Fall, dass die Wähler gewichtet sind. Auch die gewichtete Variante mit Preisfunktion ist von Faliszewski *et al.* (2006, 2009a,b) untersucht worden. Nach Lemma 1.1 auf Seite 20 überträgt sich die NP-Härte wieder unmittelbar von den speziellen Problemvarianten auf die allgemeineren, und umgekehrt werden obere Schranken (wie die Zugehörigkeit zur Klasse P) von den allgemeineren Problemen auf ihre Spezialfälle vererbt.

Tab. 4.15: Bestechungskomplexität in einigen Wahlsystemen

| | BRIBERY | | |
	€	🗳	🗳 €
Scoring-Protokolle			
$\alpha_1 = \cdots = \alpha_m$	P	P	P	P
$\alpha_1 > \alpha_2 \neq \alpha_m$	P	P	P	NP-vollständig
$\alpha_2 \neq \alpha_m$	P	P	NP-vollständig	NP-vollständig
Approval	NP-vollständig	NP-vollständig	NP-vollständig	NP-vollständig
Copeland$^\alpha$, $0 \leq \alpha \leq 1$	NP-vollständig	NP-vollständig	NP-vollständig	NP-vollständig

Beim BRIBERY-Problem ist es egal, wie die Stimme eines Wählers abgeändert wird. Der Bestecher hat die gesamte Präferenzliste dieses Wählers gekauft und kann damit nun machen, was er möchte. In vielen Fällen ist es jedoch so, dass ein

Wähler einer kleinen Änderung – wenn z. B. nur die letzten beiden Kandidaten in seiner Stimme ihre Plätze tauschen sollen – schon für einen niedrigeren Preis zustimmen würde. Eine andere Änderung an seiner Stimme – wenn z. B. der erste und der letzte Kandidat in seiner Stimme die Plätze tauschen sollen – wäre ihm hingegen mehr wert und müsste zu einem höheren Betrag gekauft werden. Diese Variante der Bestechung wurde von Elkind *et al.* (2009b) durch das Problem SWAP-BRIBERY modelliert, das für ein Wahlsystem $\mathcal{E}$ wie folgt formalisiert wird.

$\mathcal{E}$-SWAP-BRIBERY

Gegeben: Eine Wahl (C, V), eine Swap-Bribery-Preisfunktion π_i für jeden Wähler $v_i \in V$, ein ausgezeichneter Kandidat $c \in C$ und ein nichtnegatives ganzzahliges Budget B.

Frage: Ist es möglich, durch eine Folge von erlaubten Vertauschungen von Kandidaten in den Stimmen der Wähler, deren Preise in der Summe das Budget B nicht überschreiten, c zu einem $\mathcal{E}$-Gewinner der daraus resultierenden Wahl zu machen?

Eine *Swap-Bribery-Preisfunktion* π ist dabei eine Abbildung $\pi : C \times C \to \mathbb{N}$, die jedem Paar (c, d) von Kandidaten einen Preis zuordnet, der gezahlt werden muss, um in der entsprechenden Stimme die Präferenz von $c > d$ auf $d > c$ zu ändern. In den Stimmen werden allerdings nur Vertauschungen von je zwei benachbarten Kandidaten zugelassen. Damit zwei weiter entfernte Kandidaten ihre Plätze tauschen, ist eine Folge von Vertauschungen benachbarter Kandidaten nötig. Durch solche Folgen kann eine Stimme in jede beliebige andere Stimme verändert werden, und bei einer gegebenen Swap-Bribery-Preisfunktion ist es auch in Polynomialzeit möglich, die entsprechende Folge von Vertauschungen mit minimalen Kosten zu bestimmen. Diese Vertauschungen benachbarter Kandidaten in den Wählerstimmen erinnern an das Wahlsystem von Dodgson, bei dem der Gewinner durch solche Vertauschungen bestimmt wird.

Die SWAP-BRIBERY-Variante der Bestechung ist eng mit den Problemen MANIPULATION und POSSIBLE WINNER verwandt. Wie wir in Abschnitt 4.3.2 auf Seite 186 gesehen haben, ist MANIPULATION ein Spezialfall von POSSIBLE WINNER. Dieses Problem ist wiederum der Spezialfall von SWAP-BRIBERY, in dem die bereits linear geordneten Kandidatenpaare so teuer sind, dass ihr Tausch das Budget des Bestechers übersteigen würde, aber der Tausch von zwei noch nicht linear geordneten Kandidaten umsonst zu haben ist. Das bedeutet, dass sich nach Lemma 1.1 auf Seite 20 für jedes Wahlsystem die NP-Härte von MANIPULATION auf POSSIBLE WINNER und von POSSIBLE WINNER auf SWAP-BRIBERY übertragen lässt. Ist umgekehrt SWAP-BRIBERY für ein Wahlsystem in P, so sind auch MANIPULATION und POSSIBLE WINNER für dieses Wahlsystem in P.

Ein ähnliches Problem wurde unter dem Namen MICROBRIBERY von Faliszewski *et al.* (2009b) eingeführt und für Copeland$^{\alpha}$-Wahlen mit „irrationalen" Wählern untersucht. Die Stimme eines *irrationalen* Wählers ist keine lineare Präferenzliste, sondern sie kann Zyklen enthalten, ist also nicht mehr unbedingt transitiv. Irrationale Präferenzen treten oft auf, wenn die Vorlieben von Wählern auf mehreren Kriterien beruhen. Zum Beispiel mag Anna Fahrradfahren (F) mehr als Minigolf, weil ihr Bewegung beim Sport wichtig ist. Minigolf (M) findet sie besser als Schwimmen (S), weil ihr Technik und Geschick bei einer Sportart ebenfalls wichtig sind. Soweit ist ihr Präferenz völlig rational und transitiv (siehe Abbildung 4.1 auf Seite 122). Aber aus dem zweiten Grund – weil sie Wert auf Technik und Geschick bei einer Sportart legt – findet sie eigentlich Schwimmen besser als Fahrradfahren. Insgesamt hätte sie also die irrationale (oder zyklische) Präferenz: $F > M > S > F$. So eine irrationale Stimme gibt man deshalb als eine Präferenztabelle an, in der der Wähler je zwei Kandidaten miteinander vergleicht und seine Präferenz setzt.

Bei MICROBRIBERY für irrationale Wähler fragt man, ob man den gewünschten Kandidaten zum Gewinner machen kann, indem man maximal k Einträge in den Präferenztabellen der Wähler ändert. Genau wie BRIBERY kann auch MICROBRIBERY mit einer Preisfunktion bzw. mit gewichteten Wählern untersucht werden.

Um zu zeigen, dass Copeland$^\alpha$-MICROBRIBERY für $\alpha \in \{0,1\}$ in P liegt, verwendeten Faliszewski *et al.* (2007, 2009b) erstmals auf diesem Gebiet so genannte Flussnetzwerke, die in der Informatik weit verbreitet sind. Ein *Flussnetzwerk* besteht aus einem gerichteten Graphen mit ausgezeichnetem Startknoten (ohne einlaufende Kanten) und Zielknoten (ohne auslaufende Kanten). Die Kanten dieses Graphen sind jeweils mit einem ganzzahligen Kostenwert und einem ganzzahligen Kapazitätswert versehen. Ein Fluss in solch einem Netzwerk ist eine Anzahl von Einheiten, die vom Startknoten zum Zielknoten geschickt werden. Dabei darf der Fluss auf keiner Kante die angegebene Kapazität überschreiten und die Summe der eingehenden Flüsse an jedem Knoten, außer dem Start- und Zielknoten, muss gleich der Summe der ausgehenden Flüsse dieses Knotens sein. Die Kosten eines Flusses sind die Summe der Kostenwerte der verwendeten Kanten, jeweils multipliziert mit der Anzahl der durchfließenden Einheiten. Nach dem *Min-Cost-Flow*-Theorem kann man für ein Flussnetzwerk in Polynomialzeit die minimalen Kosten für einen Fluss einer vorgegebenen Kapazität bestimmen. Solche Flussnetzwerke wurden später auch von Betzler und Dorn (2010) verwendet, um zu zeigen, dass bestimmte Varianten von POSSIBLE WINNER in Polynomialzeit lösbar sind.

Faliszewski (2008) untersuchte noch eine weitere Art von Bestechung, NONUNIFORM BRIBERY, für einige Wahlsysteme. Entfernt mit Bestechung verwandt sind die Probleme OPTIMAL LOBBYING von Christian *et al.* (2007) und PROBABILISTIC LOBBYING von Erdélyi *et al.* (2009a) und Binkele-Raible *et al.* (2011).

5 Judgment Aggregation: Gemeinsame Urteilsfindung

In Kapitel 4 haben wir uns mit der gemeinsamen Entscheidungsfindung durch Wählen beschäftigt, also damit, wie man aus den individuellen Präferenzen verschiedener Wähler über eine Menge von Kandidaten einen gemeinsamen (oder mehrere gemeinsame) Gewinner bestimmen kann. In diesem Kapitel geht es nun darum, wie man aus den individuellen Beurteilungen einer Gruppe ein gemeinsames Urteil fällen kann.

Es gibt aber einen wesentlichen Unterschied zwischen den Präferenzen, die bei Wahlen von den Wählern abgegeben werden, und den Beurteilungen, die bei einer Judgment-Aggregation-Prozedur abgegeben werden. Eine Präferenzliste spiegelt die *persönlichen Vorlieben* eines Wählers wider. Zum Beispiel spielt Anna lieber Schach als Poker (siehe Abbildung 1.1 auf Seite 5). Das ist eine persönliche Vorliebe, die Belle akzeptieren kann (oder jedenfalls sollte), auch wenn sie selbst das anders sieht und lieber Poker als Schach spielt. Bei einer Beurteilung jedoch ist dies im Allgemeinen nicht der Fall, denn wenn Anna und Belle unterschiedliche, konträre Beurteilungen abgeben, finden beide, dass die jeweils andere falsch liegt, und in manchen Fällen kann man sogar objektiv sagen, wer von beiden im Recht und wer im Unrecht ist. Wenn zum Beispiel Anna findet, dass Schach ein Brettspiel ist, während Belle die Ansicht vertritt, dass es sich dabei um ein recht ödes Kartenspiel handelt, ist eine Einigung erst einmal nicht zu erwarten.

Während sich in einer Wahl einzelne Kandidaten zur Wahl stellen, aus denen mit Hilfe eines Wahlsystems und anhand der abgegebenen Stimmen ein oder mehrere Gewinner ermittelt werden, stehen bei der gemeinsamen Urteilsfindung verschiedene Aussagen zur Disposition, die mit wahr oder falsch bewertet werden, und häufig sind diese Aussagen auch logisch miteinander verknüpft. Dadurch kann sich ein Problem ergeben, das bei Wahlen gar keine Rolle spielt, denn das gemeinsame Urteil soll logisch widerspruchsfrei (also *konsistent*) sein.

Eine Situation, in der ein Urteil im wörtlichen Sinne zu fällen ist, ist z. B. ein Gerichtsprozess. Nehmen wir an, dass drei Richter darüber zu befinden haben, ob ein Angeklagter schuldig ist oder nicht. Nach dem Gesetz ist der Angeklagte schuldig, wenn er eine Straftat begangen hat, da stimmen alle Richter zu. Allerdings sind sie womöglich unterschiedlicher Meinung darüber, ob der Angeklagte erstens die Tat wirklich begangen hat und ob die Tat zweitens auch eine Straftat war.

Auf der Minigolfanlage von Herrn Schläger sind nachts mehrere Schüsse gehört worden. Vom Täter und der Tatwaffe keine Spur, auch Leichen oder Zeugen gibt es keine! Lediglich einige der abgeschossenen Projektile vom Kaliber 9 Millimeter konnte die Polizei sicherstellen. Durch eine Verkettung von Umständen, deren detaillierte Beschreibung hier zu weit führen würde, ist Chris ins Visier der Fahnder geraten und steht nun als Angeklagter vor Gericht.

„Bitte erheben Sie sich von Ihren Plätzen!", ruft David, der Gerichtsdiener. „Das Hohe Gericht betritt den Saal!"

Anna, Belle und Edgar kommen herein, nehmen Platz und alle anderen, auch Chris, setzen sich wieder hin. Nach zäher Verhandlung haben sich die Richterinnen Anna und Belle und der Richter Edgar ihr individuelles Urteil über die folgenden zentralen Fragen gebildet:

1. „Hat der Angeklagte die Tat begangen?"
2. „Ist die Tat eine Straftat?"
3. „Ist der Angeklagte schuldig?"

„Die ersten beiden Fragen sind klar zu bejahen", beginnt Anna. „Denn Chris hatte ein Motiv. Man weiß ja, dass er was gegen Minigolf hat! Also hat er die Tat begangen. Und natürlich ist die Tat eine Straftat, denn Randale mit Feuerwaffen zu machen ist in diesem Land kein Kavaliersdelikt! Daraus schließe ich, dass der Angeklagte schuldig ist."

„Da bin ich anderer Meinung", widerspricht Belle. „Ich stimme zwar zu, dass Chris ein Motiv hat, Herrn Schläger zu schädigen, und daher in höchstem Maße tatverdächtig ist, aber ich finde nicht, dass es sich hier um eine Straftat handelt. Schließlich ist, soweit wir wissen, lediglich ein weiteres Loch neben das normale Loch der Minigolfbahn geschossen worden. Im Grunde macht das die Bahn nur attraktiver, da man nun leichter einlochen kann. Daraus schließe ich, dass der Angeklagte unschuldig ist und nicht hinter Gitter gehört."

„Dem stimme ich in der Schlussfolgerung zu", meldet sich nun Edgar zu Wort. „Allerdings komme ich aus anderen Gründen zu diesem Schluss. Ich bin erstens nicht der Meinung, dass das Schießen auf eine Freizeitanlage bagatellisiert werden darf. Das ist Sachbeschädigung und muss strafrechtlich geahndet werden! Zweitens glaube ich aber nicht, dass Chris die Tat begangen hat. Das Motiv, dass er Minigolf nicht mag, überzeugt mich doppelt nicht: (a) ist ihm Minigolf immerhin lieber als Schwimmen (auch wenn er noch lieber Fahrrad fährt), und (b) ist auch Anna Fahrradfahren lieber als Minigolfspielen – demnach wäre sie ebenso verdächtig wie Chris! Deshalb plädiere ich für *nicht schuldig*! Und auch wenn das nicht in *diese* Verhandlung gehört, in der Chris unter Anklage steht: Hat eigentlich jemand überprüft, ob Herr Schläger vielleicht eine ungewöhnlich hohe Versicherung seiner Anlage gegen Sachbeschädigung abgeschlossen hat?"

Die individuellen Beurteilungen der Richter zu den einzelnen Aussagen sind in Abbildung 5.1 schematisch dargestellt.

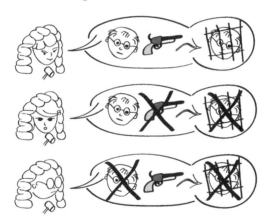

Abb. 5.1: Individuelle Richterurteile

Jeder Richter gibt eine in sich logische Beurteilung über die drei Aussagen ab. Eine Gruppenentscheidung soll nun mit der Mehrheitsmethode erfolgen. Zwei der drei Richter sind der Meinung, dass der Angeklagte die Tat begangen hat, also ist das Ergebnis der Mehrheitsauswertung hier auch „Ja". Dasselbe gilt für die Frage, ob die Tat eine Straftat ist: Zwei „Ja" und nur ein „Nein" ergeben insgesamt „Ja". Aber bei der in Abbildung 5.2 (und auch in Tabelle 5.1) dargestellten Schlussfolgerung tritt eine paradoxe Situation zu Tage: Da zwei der drei Richter der Meinung sind, dass der Angeklagte nicht schuldig ist, liefert die Mehrheitsauswertung ein „Nein" bei der Frage nach der Schuld des Angeklagten. Aus *„Ja, die Tat wurde vom Angeklagten begangen!"* und *„Ja, die Tat ist eine Straftat!"* ergibt sich somit die Schlussfolgerung: *„Nein, der Angeklagte ist nicht schuldig!"*

Anders gesagt, das Ergebnis der Mehrheitsauswertung bei der Urteilsfindung ist nicht mehr konsistent, obwohl alle individuellen Urteile konsistent waren.

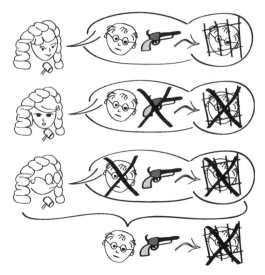

Abb. 5.2: Diskursives Dilemma

Diese Situation wurde erstmals von Kornhauser und Sager (1986) unter dem Namen „*doctrinal paradox*" beschrieben. Später führte Pettit (2001) eine allgemeinere Form als das „*diskursive Dilemma*" ein, das ebenfalls unter dem Namen „*doctrinal paradox*" bekannt ist. Dieses Paradoxon ist dem Condorcet-Paradoxon (siehe Abschnitt 1.2) sehr ähnlich, nach dem bei der Mehrheitsauswertung in der auf paarweisen Vergleichen beruhenden Präferenzaggregation eine intransitive gemeinsame Präferenzordnung entstehen kann, obwohl die individuellen Präferenzordnungen alle transitiv waren.

Ziel der *Judgment Aggregation* ist es, ein gemeinsames Urteil zu einzelnen Behauptungen zu finden, die wahr oder falsch sowie logisch miteinander verknüpft sein können. Wie die kollektive Entscheidungsfindung durch Wahlen spielen in demokratischen Gesellschaften auch solche Prozesse der kollektiven Urteilsbildung eine zentrale Rolle. Durch sie können die möglicherweise unterschiedlichen Meinungen individueller Experten zu wichtigen Fragen aus verschiedenen Gebieten zusammengeführt werden. Deshalb wird die Judgment Aggregation in vielen Disziplinen

Tab. 5.1: Diskursives Dilemma

Richter	Tat begangen?	Straftat?	Straftat begangen, also schuldig?
Anna	Ja	Ja	Ja
Belle	Ja	Nein	Nein
Edgar	Nein	Ja	Nein
Mehrheit	Ja	Ja	Nein

untersucht, u. a. in der Rechtswissenschaft, der Wirtschafts- und Politikwissenschaft, aber seit einiger Zeit auch in der Informatik und Mathematik, speziell im Zusammenhang mit Logik und *Computational Social Choice*.

In Abschnitt 5.1 werden zunächst die nötigen Grundlagen der Judgment Aggregation erläutert. In Abschnitt 5.2 werden bestimmte Eigenschaften von Judgment-Aggregation-Prozeduren und der Agenda (d. h. der Menge der Aussagen, über die geurteilt werden soll) erläutert. Wie bei Wahlen (siehe Abschnitt 4.2) gibt es auch hier Unmöglichkeitstheoreme, d. h., manche Eigenschaften können unmöglich gleichzeitig erfüllt werden. Einige wichtige Judgment-Aggregation-Prozeduren und ihre Eigenschaften werden dann in Abschnitt 5.3 vorgestellt, bevor in Abschnitt 5.4 bestimmte algorithmische und komplexitätstheoretische Aspekte der Judgment Aggregation untersucht werden.

5.1 Formale Grundlagen

List und Pettit (2002) führten die formalen Grundlagen der Judgment Aggregation ein. Wir beschränken uns hier auf Judgment Aggregation für die Aussagenlogik und verwenden die in Abschnitt 1.5.2 beschriebenen Standardverknüpfungen (oder booleschen Operationen). Es ist jedoch auch möglich, Judgment Aggregation für allgemeinere Logiken zu definieren (siehe Dietrich, 2007).

Die Personen, die ihr individuelles Urteil abgeben sollen, bezeichnen wir als *Sachverständige* (engl. *judges*). Die Menge der Sachverständigen bezeichnen wir mit $N = \{1, 2, \ldots, n\}$, d. h., die Sachverständigen werden von 1 bis n durchnummeriert. Weiterhin seien P eine Menge von atomaren Aussagen und $\mathcal{L}_P$ die Menge aller aussagenlogischen Formeln, die aus den atomaren Aussagen aus P mit den üblichen logischen Verknüpfungen gebildet werden können (siehe Abschnitt 1.5.2 auf Seite 14). Genauer enthält $\mathcal{L}_P$ alle atomaren Aussagen aus P, die booleschen Konstanten 1 und 0, und für alle $p, q \in \mathcal{L}_P$ sind $\neg p$, $(p \wedge q)$, $(p \vee q)$, $(p \implies q)$ und $(p \iff q)$ ebenfalls in $\mathcal{L}_P$ enthalten. Zur Erinnerung: Dabei steht die Konstante 1 für *wahr* und die Konstante 0 für *falsch*, die Verknüpfung $\neg$ für die Negation, $\wedge$ für das logische *und* (Konjunktion), $\vee$ für das logische *oder* (Disjunktion), $\implies$ für die logische Implikation und $\iff$ für die logische Äquivalenz. Außerdem wird vorausgesetzt, dass $\mathcal{L}_P$ unter Negation abgeschlossen ist, dass also für jedes $p \in \mathcal{L}_P$ auch $\neg p$ in $\mathcal{L}_P$ enthalten ist. Um doppelte Negationen zu vermeiden, bezeichnen wir mit $\sim\alpha$ das *Komplement* einer aussagenlogischen Formel α. Dabei gilt $\sim\alpha = \neg\alpha$, falls α nicht negiert ist; anderenfalls ist $\sim\alpha = \beta$ mit $\alpha = \neg\beta$.

Die Menge der Aussagen, über die die Sachverständigen ihr Urteil abgeben sollen, heißt die *Agenda* und wird mit Φ bezeichnet, und es gilt $\Phi \subseteq \mathcal{L}_P$. Die Agenda ist endlich, nicht leer, enthält keine doppelte Negation und ist unter Komplement abgeschlossen, d. h., es gilt für alle $p \in \Phi$ auch $\sim p \in \Phi$. Des Weiteren wird ausgeschlossen, dass die Agenda *Tautologien* (Formeln, die für jede Belegung *wahr* sind, wie z. B. $(p \vee \neg p)$) oder einen *Widerspruch* (Formeln, die für jede Belegung *falsch* sind, wie z. B. $(p \wedge \neg p)$) enthält. Die Formel $(p \vee \neg p)$ steht übrigens für das *Prinzip vom ausgeschlossenen Dritten* und die Formel $(p \wedge \neg p)$ für das *Prinzip vom ausgeschlossenen Widerspruch.*

Das Urteil eines jeden einzelnen Sachverständigen zu den Aussagen und Formeln in der Agenda wird als seine *(individuelle) Urteilsmenge* (engl. *judgment set*) bezeichnet und beinhaltet alle Formeln der Agenda, denen er zustimmt, die er persönlich also für wahr hält. Durch Anwendung einer *Judgment-Aggregation-Prozedur* (kurz *JA-Prozedur*) ergibt sich aus den individuellen Urteilsmengen der Sachverständigen die gemeinsame oder *kollektive Urteilsmenge* (engl. *collective judgment set*) der Gruppe. Diese enthält die Elemente der Agenda, denen nach dieser Prozedur die Gruppe der Sachverständigen gemeinsam zustimmt.

Formal ist eine Urteilsmenge eine Teilmenge der Agenda. Üblicherweise verlangt man von den individuellen und kollektiven Urteilsmengen, dass sie vollständig, komplementfrei und konsistent sind. *Vollständig* heißt eine Urteilsmenge, falls sie für jedes $p \in \Phi$ mindestens eines von p und $\sim p$ enthält, und *komplementfrei* ist sie, falls sie für jedes $p \in \Phi$ höchstens eines von p und $\sim p$ enthält. In einer vollständigen und komplementfreien Urteilsmenge ist also zu jeder Formel aus Φ entweder die Formel selbst oder ihr Komplement enthalten. Die Eigenschaft der *Konsistenz* schließlich bedeutet, dass die Formeln einer Urteilsmenge widerspruchsfrei sind, es also eine Belegung gibt, sodass alle Formeln unter dieser Belegung zugleich wahr sind. Im Folgenden wird mit $\mathcal{J}(\Phi)$ die Menge aller vollständigen und konsistenten Teilmengen von Φ bezeichnet. Ähnlich wie bei Präferenzprofilen in Abschnitt 4.1 stellen wir die n individuellen Urteilsmengen der Sachverständigen, deren Urteil gefragt ist, als ein Profil $\mathbf{J} = (J_1, \ldots, J_n)$ dar, wobei J_i die Urteilsmenge des i-ten Sachverständigen ist.

Eine formale Beschreibung des Beispiels zum diskursiven Dilemma aus Abbildung 5.2 bzw. Tabelle 5.1 sieht dann folgendermaßen aus: $N = \{1, 2, 3\}$ ist die Menge der drei Sachverständigen, $\Phi = \{p, \neg p, q, \neg q, (p \wedge q), \neg(p \wedge q)\}$ die Agenda, wobei die Formeln die folgende Bedeutung haben:

$p \quad \widehat{=} \quad$ „Der Angeklagte hat die Tat begangen."

$q \quad \widehat{=} \quad$ „Die Tat ist eine Straftat."

$p \wedge q \quad \widehat{=} \quad$ „Der Angeklagte hat eine Straftat begangen (und ist somit schuldig)."

Die Bedeutung der negierten Aussagen, $\neg p$, $\neg q$ und $\neg(p \wedge q)$, ist klar. Das Profil der drei individuellen Urteilsmengen ist dann $\mathbf{J} = (J_1, J_2, J_3)$ mit

$$
\begin{aligned}
J_1 &= \{p, q, (p \wedge q)\}, \\
J_2 &= \{p, \neg q, \neg(p \wedge q)\} \text{ und} \\
J_3 &= \{\neg p, q, \neg(p \wedge q)\}.
\end{aligned}
$$

Diese drei Urteilsmengen sind vollständig, komplementfrei und konsistent.

Zur vollständigen formalen Definition gehört jetzt noch eine JA-Prozedur

$$\mathcal{F} : \mathcal{J}(\Phi)^n \rightarrow \mathfrak{P}(\Phi),$$

dargestellt als eine Funktion, die jedem Profil von n individuellen Urteilsmengen eine Teilmenge der Agenda Φ als die kollektive Urteilsmenge zuordnet.

In dem oben angegebenen Beispiel des diskursiven Dilemmas wird die Mehrheitsregel als JA-Prozedur verwendet – die entsprechende Funktion $\mathcal{F}$ wird in Abschnitt 5.3 genauer beschrieben. Als Ergebnis liefert diese Regel die kollektive Urteilsmenge $\mathcal{F}(J_1, J_2, J_3) = \{p, q, \neg(p \wedge q)\}$. Genau wie die individuellen Urteilsmengen ist diese kollektive Urteilsmenge vollständig und komplementfrei, aber anders als diese ist sie nicht mehr konsistent, da es keine Belegung gibt, die alle enthaltenen Formeln erfüllt. In diesem Verlust der Widerspruchsfreiheit durch die Mehrheitsregel besteht das diskursive Dilemma.

Eine JA-Prozedur $\mathcal{F}$ erfüllt die Eigenschaft der Vollständigkeit, Komplementfreiheit bzw. Konsistenz, falls $\mathcal{F}(\mathbf{J})$ die entsprechende Eigenschaft für jedes Profil $\mathbf{J} \in \mathcal{J}(\Phi)^n$ erfüllt. Wenn eine JA-Prozedur vollständig und konsistent ist, so wird sie auch *kollektiv rational* genannt. Wir beschränken uns dabei auf solche JA-Prozeduren, die einen so genannten *universellen Definitionsbereich* haben, d. h. den Definitionsbereich $\mathcal{J}(\Phi)^n$, die Menge aller konsistenten und vollständigen Urteilsprofile bezüglich Φ.

Wie wir gesehen haben, tritt das diskursive Dilemma bereits in sehr einfachen Beispielen auf. Deshalb sucht man natürlich nach Wegen, dieses Problem zu umgehen. Bisher haben wir nur die Mehrheitsregel betrachtet und festgestellt, dass dabei inkonsistente kollektive Urteile auftreten können. Gilt das vielleicht nur für die Mehrheitsregel? Und gibt es eine andere Prozedur, die komplementfrei und kollektiv rational ist? Welchen Einfluss hat die Agenda auf die mögliche Inkonsistenz einer kollektiven Urteilsmenge? Die folgenden Abschnitte dieses Kapitels sollen etwas mehr Klarheit in diese Fragen bringen.

5.2 Eigenschaften von JA-Prozeduren

Ähnlich den in Kapitel 4.2 beschriebenen Eigenschaften von Wahlsystemen werden nun wünschenswerte Eigenschaften von JA-Prozeduren vorgestellt. Diese können zur Bewertung verschiedener JA-Prozeduren verwendet werden. Bisher haben wir bereits die Eigenschaften der Vollständigkeit, Komplementfreiheit und Konsistenz für Urteilsmengen und JA-Prozeduren kennen gelernt. Es gibt jedoch noch weitere natürliche Eigenschaften, die eine JA-Prozedur erfüllen sollte.

Einstimmigkeit

Falls alle Sachverständigen über einen Punkt auf der Agenda dasselbe Urteil fällen, so sollte das Urteil in der kollektiven Gruppenentscheidung damit übereinstimmen.

Eine JA-Prozedur $\mathcal{F}$ ist *einstimmig*, falls für jedes Profil $\mathbf{J} = (J_1, \ldots, J_n)$ mit $\varphi \in J_i$, $1 \leq i \leq n$, gilt: $\varphi \in \mathcal{F}(\mathbf{J})$. Diese Eigenschaft entspricht einer schwachen Form der Pareto-Konsistenz bei Wahlsystemen (siehe Seite 153).

Anonymität

Anonymität besagt, dass die kollektive Gruppenentscheidung nicht von der Reihenfolge abhängen darf, in der die Sachverständigen ihr Urteil abgeben. Formal bedeutet das, dass $\mathcal{F}(J_1, \ldots, J_n) = \mathcal{F}(J_{\sigma(1)}, \ldots, J_{\sigma(n)})$ für jedes Profil $\mathbf{J} = (J_1, \ldots, J_n)$ und jede Permutation $\sigma : N \to N$ gilt.

Neutralität

Falls zwei Aussagen von jedem Sachverständigen in gleicher Weise beurteilt werden, also jeder Sachverständige sie entweder beide für wahr oder beide für falsch hält, dann sind diese Aussagen entweder beide in der kollektiven Urteilsmenge einer neutralen JA-Prozedur enthalten, oder sie sind beide nicht enthalten. Also ist eine JA-Prozedur $\mathcal{F}$ *neutral*, falls für alle $\varphi, \psi \in \Phi$ und jedes Profil $\mathbf{J} \in \mathcal{J}(\Phi)^n$ mit $\varphi \in J_i \iff \psi \in J_i$ für alle i, $1 \leq i \leq n$, gilt: $\varphi \in \mathcal{F}(\mathbf{J}) \iff \psi \in \mathcal{F}(\mathbf{J})$.

Unabhängigkeit

Das Kriterium der Unabhängigkeit besagt, dass falls zwei unterschiedliche Profile mit derselben Anzahl von Sachverständigen in den individuellen Urteilen über eine bestimmte Aussage übereinstimmen, auch das kollektive Urteil zu beiden Profilen in dieser Aussage übereinstimmen soll. Eine JA-Prozedur $\mathcal{F}$ heißt demnach *unabhängig*, falls für jede Formel $\varphi \in \Phi$ und je zwei Profile $\mathbf{J} = (J_1, \ldots, J_n)$ und $\mathbf{J}' = (J_1', \ldots, J_n')$ aus $\mathcal{J}(\Phi)^n$ mit $\varphi \in J_i \iff \varphi \in J_i'$ für alle i, $1 \leq i \leq n$, gilt: $\varphi \in \mathcal{F}(\mathbf{J}) \iff \varphi \in \mathcal{F}(\mathbf{J}')$.

Systematizität

Das Kriterium der Systematizität (engl. *systematicity*) erfüllen genau die JA-Prozeduren, die Neutralität und Unabhängigkeit erfüllen. Eine Judgment Aggregation Prozedur $\mathcal{F}$ ist also *systematisch*, falls für alle Formeln $\varphi, \psi \in \Phi$ und alle Profile $\mathbf{J} = (J_1, \ldots, J_n)$ und $\mathbf{J}' = (J_1', \ldots, J_n')$ aus $\mathcal{J}(\Phi)^n$ mit $\varphi \in J_i \iff \psi \in J_i'$ für alle i, $1 \leq i \leq n$, gilt: $\varphi \in \mathcal{F}(\mathbf{J}) \iff \psi \in \mathcal{F}(\mathbf{J}')$.

Nicht-Diktatur

Das kollektive Urteil einer nicht-diktatorischen JA-Prozedur darf nicht ausschließlich vom individuellen Urteil nur eines Sachverständigen abhängen (sofern es mindestens zwei Sachverständige gibt). Eine JA-Prozedur $\mathcal{F}$ ist *nicht-diktatorisch*, falls es für $\|N\| \geq 2$ kein $i \in N$ gibt, sodass $\mathcal{F}(\mathbf{J}) = J_i$ für jedes Profil $\mathbf{J} \in \mathcal{J}(\Phi)^n$ gilt.

Monotonie

Diese Eigenschaft besagt: Wenn

1. ein Sachverständiger sein Urteil zu einer Aussage von *falsch* zu *wahr* ändert,
2. die anderen Sachverständigen bei ihrem Urteil zu dieser Aussage bleiben und
3. diese Aussage vor der Änderung in der kollektiven Urteilsmenge enthalten war,

dann ist diese Aussage auch nach dieser Änderung in der kollektiven Urteilsmenge enthalten. Anders gesagt, eine Aussage soll nicht dadurch, dass sie mehr Zuspruch erfährt, kollektiv schlechter beurteilt werden. Formal ausgedrückt ist eine JA-Prozedur $\mathcal{F}$ *monoton*, falls für alle $\varphi \in \Phi$ und je zwei Profile $\mathbf{J} = (J_1, \ldots, J_i, \ldots, J_n)$ und $\mathbf{J}' = (J_1, \ldots, J_i', \ldots, J_n)$ mit $\varphi \notin J_i$ und $\varphi \in J_i'$ gilt: Aus $\varphi \in \mathcal{F}(\mathbf{J})$ folgt $\varphi \in \mathcal{F}(\mathbf{J}')$. Die entsprechende Eigenschaft wurde auf Seite 158 für Wahlsysteme betrachtet.

Zwischen den einzelnen Eigenschaften gibt es natürlich auch Verbindungen. Wie schon erwähnt wurde, ist eine JA-Prozedur genau dann systematisch, wenn sie neutral und unabhängig ist. Des Weiteren folgt aus der Anonymität einer JA-Prozedur immer, dass sie keine Diktatur ist.

Intuitiv sind alle diese Eigenschaften, einschließlich der Vollständigkeit, Konsistenz und Komplementfreiheit, wünschenswert, und daher hätte man gern solche JA-Prozeduren, die sie erfüllen. Ähnlich dem Unmöglichkeitstheorem von Arrow (1963) für Wahlsysteme (siehe Theorem 4.1 auf Seite 154) haben List und Pettit (2002) jedoch ein erstes Unmöglichkeitstheorem für JA-Prozeduren bewiesen, das zeigt, dass nicht alle Eigenschaften gleichzeitig erfüllt werden können, man also gezwungen ist, Kompromisse zu machen.

Satz 5.1 (List und Pettit (2002))

Falls die Agenda mindestens zwei unterschiedliche atomare Behauptungen (zum Beispiel p und q) und deren Konjunktion $(p \wedge q)$, Disjunktion $(p \vee q)$ oder Implikation $(p \Longrightarrow q)$ enthält, gibt es keine JA-Prozedur, die einen universellen Definitionsbereich hat und systematisch, anonym und kollektiv rational ist.

Dieses Unmöglichkeitstheorem zeigt, dass das diskursive Dilemma nicht einfach nur ein Makel des in unserem Beispiel verwendeten Mehrheitsprinzips ist. Die in der kollektiven Rationalität enthaltene Konsistenz wäre auch durch keine andere JA-Prozedur zu retten gewesen, jedenfalls nicht, ohne auf andere der in Satz 5.1 genannten Voraussetzungen bzw. Eigenschaften zu verzichten. Die Wahl einer anderen JA-Prozedur reicht also nicht aus, um das Paradoxon zu umgehen.

Mittlerweile gibt es noch einige weitere Unmöglichkeitstheoreme für JA-Prozeduren. Zum Beispiel verschärften Pauly und van Hees (2006) das ursprüngliche Resultat, indem sie die Forderung der Anonymität in Satz 5.1 durch die schwächere Forderung der Nicht-Diktatur ersetzten.

Die im diskursiven Dilemma aufgetretene Inkonsistenz der kollektiven Urteils-menge kann allerdings nicht bei jeder Agenda auftreten, zum Beispiel dann nicht, wenn die Agenda nur so genannte Voraussetzungen (siehe Seite 225) enthält. List und Puppe (2009) geben verschiedene Eigenschaften der Agenda im Zusammen-hang mit inkonsistenten kollektiven Urteilsmengen an.

5.3   Einige spezifische JA-Prozeduren

Nach Satz 5.1 kann es keine JA-Prozedur geben, die die dort genannten wün-schenswerten Eigenschaften gleichzeitig erfüllt. In diesem Abschnitt werden wir nun einige konkrete JA-Prozeduren kennen lernen.

Mehrheitsregel

Eine intuitive Beschreibung der *Mehrheitsregel* haben wir bereits im vorherigen Abschnitt gesehen. Formal ist sie bei n Sachverständigen so definiert, dass ein Element der Agenda genau dann in der kollektiven Urteilsmenge enthalten ist, wenn echt mehr als die Hälfte, also mindestens $\lceil (n+1)/2 \rceil$ aller Sachverständigen diesem Element zustimmen,[1] d. h. diese Formel für *wahr* halten. Wie wir bereits am Beispiel des diskursiven Dilemmas gesehen haben, ist diese JA-Prozedur für ei-ne ungerade Anzahl von Sachverständigen vollständig und komplementfrei, jedoch nicht konsistent.

Quotenregeln

Dietrich und List (2007a) führten die *Quotenregeln* als eine natürliche Erweiterung des Mehrheitsprinzips ein. Bei n Sachverständigen gehört hier zu jedem Element φ aus der Agenda noch eine *Quote* – eine rationale Zahl q_φ zwischen 1 und n, die angibt, wie viele Sachverständige mindestens zustimmen müssen, damit φ in der kollektiven Urteilsmenge enthalten ist. Falls für alle Elemente der Agenda dieselbe Quote q gilt, wird diese JA-Prozedur auch *einheitliche Quotenregel* genannt. Die einheitliche Quotenregel mit der Quote $q = \lceil (n+1)/2 \rceil$ ist nichts anderes als die Mehrheitsregel. Damit eine Quotenregel vollständig ist, muss $q_\varphi + q_{\sim\varphi} = n+1$ für jedes $\varphi \in \Phi$ gelten. Damit auch die Eigenschaft der Konsistenz erfüllt ist, muss

$$\sum_{\varphi \in \Phi} q_\varphi > n(\|Z\| - 1)$$

---

[1]Für eine reelle Zahl x bezeichne $\lceil x \rceil$ die kleinste ganze Zahl, die x nicht unterschreitet.

für jede minimal inkonsistente Teilmenge $Z \subseteq \Phi$ gelten. Eine Teilmenge von Φ ist *minimal inkonsistent*, falls sie inkonsistent, aber jede ihrer echten Teilmengen konsistent ist.

Voraussetzungsbasierte JA-Prozeduren

Um dem diskursiven Dilemma trotz der Unmöglichkeitstheoreme aus dem Weg zu gehen, sind so genannte voraussetzungsbasierte oder folgerungsbasierte Methoden vorgeschlagen worden. Dabei wird die Agenda in Voraussetzungen und Folgerungen aufgeteilt, und es wird entweder nur über die Voraussetzungen oder nur über die Folgerungen abgestimmt. In der Literatur wird manchmal angenommen, dass für die voraussetzungsbasierten Methoden immer das Mehrheitsprinzip verwendet wird. Man kann jedoch auch andere JA-Prozeduren verwenden, eingeschränkt auf die Voraussetzungen. Die Ergebnisse der kollektiven Urteilsmenge für die Folgerungen können dann logisch aus den Ergebnissen der kollektiven Urteilsmenge für die Voraussetzungen hergeleitet werden, wodurch die Konsistenz erhalten bleibt.

Zur Definition einer voraussetzungsbasierten JA-Prozedur wird die Agenda $\Phi = \Phi_V \cup \Phi_F$ in zwei disjunkte Teilmengen aufgeteilt, die *Menge Φ_V der Voraussetzungen* und die *Menge Φ_F der Folgerungen*, sodass beide Teilmengen jeweils *unter Komplement abgeschlossen* sind (d. h., aus $\varphi \in \Phi_V$ folgt $\sim\varphi \in \Phi_V$ und aus $\varphi \in \Phi_F$ folgt $\sim\varphi \in \Phi_F$). Die zu einer gegebenen JA-Prozedur $\mathcal{F}$ gehörende *voraussetzungsbasierte JA-Prozedur* ist dann eine Funktion $\mathcal{V}_{\mathcal{F}} : \mathcal{J}(\Phi)^n \to \mathfrak{P}(\Phi)$ mit

$$\mathcal{V}_{\mathcal{F}}(\mathbf{J}) = F \cup \{\varphi \in \Phi_F \mid F \text{ erfüllt } \varphi\},$$

wobei $F = \mathcal{F}(\mathbf{J}_{|\Phi_V})$ das Ergebnis der JA-Prozedur $\mathcal{F}$ ist, angewandt auf die Einschränkung $\mathbf{J}_{|\Phi_V}$ der Urteile zu den Voraussetzungen des Profils $\mathbf{J}$. So erhält man bei Anwendung einer voraussetzungsbasierten JA-Prozedur immer ein vollständiges kollektives Urteil. Bei einer *folgerungsbasierten JA-Prozedur*, man analog zu den voraussetzungsbasierten JA-Prozeduren definieren kann, ist es jedoch nicht immer möglich, eine Entscheidung für alle Voraussetzungen herzuleiten. Deshalb kann eine solche JA-Prozedur zu unvollständigen kollektiven Urteilen führen. Da dies in der Regel unerwünscht ist, werden folgerungsbasierte JA-Prozeduren hier nicht weiter betrachtet.

Tabelle 5.2 zeigt die Auswertung des Beispiels zum diskursiven Dilemma unter Verwendung der voraussetzungsbasierten JA-Prozedur für die Mehrheitsregel.

Für die Mehrheitsregel erhält man eine vollständige und konsistente voraussetzungsbasierte JA-Prozedur, wenn erstens die Agenda *unter Aussagenvariablen abgeschlossen* ist (wenn also jede Variable, die in einer Formel von Φ vorkommt, auch selbst in Φ enthalten ist) und zweitens die Menge der Voraussetzungen genau mit der Menge der Literale in der Agenda übereinstimmt. Zusätzlich muss die Anzahl der Sachverständigen ungerade sein. Es ist auch möglich, vollständige und konsistente voraussetzungsbasierte JA-Prozeduren für die Mehrheitsregel bei

Tab. 5.2: Auswertungsbeispiel für eine voraussetzungsbasierte JA-Prozedur

Richter	Voraussetzungen		Folgerung
	p	q	$p \wedge q$
Anna	1	1	1
Belle	1	0	0
Edgar	0	1	0
Mehrheit	1	1	$\Rightarrow$ 1

einer geraden Anzahl von Wählern zu definieren. Dafür muss lediglich festgelegt werden, welches der Elemente φ und $\sim\varphi$ bei einem Gleichstand bevorzugt wird.

Distanzbasierte JA-Prozedur

Endriss *et al.* (2010b) stellten eine JA-Prozedur vor, die Ähnlichkeiten mit dem auf Seite 133 in Abschnitt 4.1.2 vorgestellten Wahlsystem von Kemeny hat. Für eine gegebene Agenda Φ und ein Profil $\mathbf{J} = (J_1, \ldots, J_n)$ in $\mathcal{J}(\Phi)^n$ wählt die *distanzbasierte Prozedur* $\mathcal{D}_H : \mathcal{J}(\Phi)^n \rightarrow \mathcal{J}(\Phi)$ die folgenden kollektiven Urteilsmengen:

$$\mathcal{D}_H(\mathbf{J}) \quad = \quad \operatorname*{argmin}_{J \in \mathcal{J}(\Phi)} \sum_{i=1}^{n} H(J, J_i), \tag{5.1}$$

wobei $H(J, J_i)$ die Hamming-Distanz zwischen den zwei Urteilsmengen J und J_i ist. Allgemein ist die *Hamming-Distanz* zweier 0-1-Vektoren gleicher Länge definiert als die Anzahl der Stellen, an denen sie sich unterscheiden. Eine Urteilsmenge J kann man als den 0-1-Vektor auffassen, der den Eintrag 1 für die in J enthaltenen Elemente der Agenda und den Eintrag 0 für die nicht in J enthaltenen Elemente der Agenda hat. Unter der *Hamming-Distanz zwischen zwei vollständigen Urteilsmengen* über derselben Agenda Φ versteht man die Anzahl nur der *positiven* Formeln aus Φ, in denen sich die beiden Urteilsmengen unterscheiden.

In (5.1) werden also die vollständigen und konsistenten kollektiven Urteilsmengen aus $\mathcal{J}(\Phi)$ ausgewählt, deren aufsummierte Hamming-Distanz zu allen individuellen Urteilsmengen minimal ist. Das bedeutet, dass der Grad der Unstimmigkeit zwischen den Sachverständigen minimiert wird. Weil das Ergebnis einer solchen JA-Prozedur aus der Menge aller vollständigen und konsistenten Urteilsmengen stammt, ist die distanzbasierte JA-Prozedur stets vollständig und konsistent. Da sie allerdings im Allgemeinen nicht nur eine einzelne kollektive Urteilsmenge liefert (denn mehrere Urteilsmengen können die Unstimmigkeiten zwischen den Sachverständigen gleichermaßen minimieren), muss noch eine Vorzugsregel angewendet werden, um ein eindeutiges Ergebnis zu erhalten.

5.4 Die Komplexität von JA-Problemen

Genau wie bei Wahlen gibt es auch bei der kollektiven Urteilsfindung verschiedene Probleme, deren Komplexität von Bedeutung ist. Initiiert wurden solche Untersuchungen erst kürzlich durch die Arbeiten von Endriss *et al.* (2010a,b). In Zukunft sind noch weitere Ergebnisse in diesem Bereich zu erwarten.

Bevor wir die Komplexität genauer betrachten können, ist jedoch eine technische Voraussetzung wichtig. Im Unterschied zu den zuvor angegebenen Annahmen bei der formalen Definition von JA-Prozeduren erlauben wir für die Betrachtung der Komplexität von JA-Problemen, dass in der Agenda Tautologien und Widersprüche enthalten sein dürfen. Der Grund dafür ist, dass das Erkennen einer Tautologie oder eines Widerspruchs aus komplexitätstheoretischer Sicht selbst schon schwierig ist. Beispielsweise ist das Problem TAUTOLOGY („Ist eine gegebene Formel eine Tautologie?") coNP-vollständig (siehe z. B. Garey und Johnson, 1979; Papadimitriou, 1995; Rothe, 2008). Wenn diese Voraussetzung aber nicht in Polynomialzeit überprüft werden kann (außer wenn P = coNP gilt, was äquivalent zu P = NP ist und daher für sehr unwahrscheinlich gehalten wird), dann sind die Ergebnisse nicht aussagekräftig, sodass diese leichte Abänderung der Annahmen sinnvoll ist.

Das Gewinnerproblem für JA-Prozeduren

Wie beim WINNER-Problem in Wahlen ist es für eine JA-Prozedur $\mathcal{F}$ wünschenswert, dass der Gewinner, also die kollektive Urteilsmenge, in Polynomialzeit bestimmt werden kann. Beim entsprechenden Entscheidungsproblem wird gefragt, ob eine bestimmte Formel aus der gegebenen Agenda für ein gegebenes Profil von individuellen Urteilsmengen in der von $\mathcal{F}$ erzeugten kollektiven Urteilsmenge enthalten ist.

$\mathcal{F}$-JA-WINNER

Gegeben: Eine Agenda Φ, ein Profil $\mathbf{J} \in \mathcal{J}(\Phi)^n$ und eine Formel $\varphi \in \Phi$.

Frage: Ist φ in der kollektiven Urteilsmenge $\mathcal{F}(\mathbf{J})$ enthalten?

Ist JA-WINNER für eine JA-Prozedur in Polynomialzeit lösbar, so kann auch die kollektive Urteilsmenge in Polynomialzeit bestimmt werden, indem der Reihe nach für jedes $\varphi \in \Phi$ überprüft wird, ob es zur kollektiven Urteilsmenge gehört.

Endriss *et al.* (2010b) zeigten, dass für die voraussetzungsbasierte Mehrheitsregel das JA-WINNER-Problem in Polynomialzeit lösbar ist. Für jede Voraussetzung in der Agenda kann nämlich in Polynomialzeit überprüft werden, ob genügend Sachverständige ihre Zustimmung gegeben haben, und die Entscheidung für die Folgerungen kann ebenfalls in Polynomialzeit aus der Entscheidung für die Voraussetzungen hergeleitet werden. Auch für die voraussetzungsbasierten Quotenregeln ist das Problem JA-WINNER in Polynomialzeit lösbar.

Da die distanzbasierte JA-Prozedur (ohne Vorzugsregel) keine einzelne kollektive Urteilsmenge liefert, wird hier nicht gefragt, ob eine bestimmte Formel $\varphi \in \Phi$ in der kollektiven Urteilsmenge enthalten ist, sondern ob es eine kollektive Urteilsmenge J gibt, die die gegebene Formel enthält, sodass die Hamming-Distanz von J zu den gegebenen individuellen Urteilsmengen einen bestimmten gegebenen Wert nicht überschreitet. Endriss *et al.* (2010b) konnten mit einer Reduktion von einem mit dem NP-harten Problem Kemeny-WINNER (siehe Seite 173) verwandten Entscheidungsproblem zeigen, dass das so abgeänderte JA-WINNER-Problem für die distanzbasierte JA-Prozedur NP-hart ist. Mit einem nicht ganz einfachen Beweis konnten sie außerdem zeigen, dass dieses Problem in NP liegt und somit sogar NP-vollständig ist. Wie beim JA-WINNER-Problem kann man auch hier eine kollektive Urteilsmenge gemäß $\mathcal{D}_H$ erzeugen, indem man polynomiell oft das so abgeänderte JA-WINNER-Problem für die distanzbasierte JA-Prozedur $\mathcal{D}_H$ löst. Da dieses allerdings NP-vollständig ist, liefert dies keinen Polynomialzeit-Algorithmus zum Erzeugen kollektiver Urteilsmengen gemäß $\mathcal{D}_H$.

Das Manipulationsproblem für JA-Prozeduren

Neben dem Gewinnerproblem wurde auch das Manipulationsproblem für JA-Prozeduren untersucht. Genau wie bei einer Wahl ist es nicht erwünscht, wenn eine JA-Prozedur manipuliert werden kann. Deshalb ist die NP-Härte des Manipulationsproblems eine gute Eigenschaft: Wenn es einem manipulativen Sachverständigen, der in strategischer Absicht eine unehrliche Beurteilung äußern möchte, schwerfällt, diese zu bestimmen (oder auch nur zu entscheiden, ob es eine solche gibt), dann bietet dies einen gewissen Schutz gegen strategisches Urteilen.

Bei Wahlen ist das Ziel einer Manipulation, dass ein ausgezeichneter Kandidat die Wahl gewinnt. Aber wie modelliert man ein solches Szenario für die gemeinsame Urteilsfindung, wo es keine „Gewinner" gibt? Strategisches Urteilen wurde erstmals von List (2006) und Dietrich und List (2007b) untersucht, wenn auch nicht aus komplexitätstheoretischer Sicht. Die erste komplexitätstheoretische Arbeit zu Manipulation in Judgment Aggregation geht auf Endriss *et al.* (2010b) zurück. Für die Definition des Manipulationsproblems nehmen sie an, dass die ehrliche individuelle Urteilsmenge eines manipulativen Sachverständigen auch das von ihm gewünschte Ergebnis einer JA-Prozedur ist. Aus seiner Sicht sollte die kollektive Urteilsmenge seiner ehrlichen Urteilsmenge also möglichst ähnlich sein. Erfolgreich wäre eine Manipulation demnach, wenn dieser Manipulator durch die Abgabe einer unehrlichen Urteilsmenge erreichen könnte, dass die kollektive Urteilsmenge seiner ehrlichen Urteilsmenge ähnlicher ist, als wenn er diese selbst abgegeben hätte. Die Ähnlichkeit zweier vollständiger Urteilsmengen wird wieder durch die Hamming-Distanz definiert, also durch die Anzahl der positiven Formeln, in denen sich die beiden Urteilsmengen unterscheiden.

Formal ist das Manipulationsproblem für eine JA-Prozedur $\mathcal{F}$ wie folgt definiert.

$\mathcal{F}$-JA-Manipulation

Gegeben:	Eine Agenda Φ, ein Profil $\mathbf{J} \in \mathcal{J}(\Phi)^{n-1}$ und ein $J \in \mathcal{J}(\Phi)$.
Frage:	Gibt es eine Urteilsmenge $J' \in \mathcal{J}(\Phi)$, sodass $H(J, \mathcal{F}(\mathbf{J}, J')) < H(J, \mathcal{F}(\mathbf{J}, J))$ gilt?

In der obigen Problemdefinition entspricht J der ehrlichen Urteilsmenge des manipulativen Sachverständigen und J' entspricht einer von ihm abgegebenen unehrlichen Urteilsmenge, mit der er ein Ergebnis $\mathcal{F}(\mathbf{J}, J')$ anstrebt, das J ähnlicher ist, als wenn er die ehrliche Urteilsmenge J verkündet hätte.

Endriss *et al.* (2010b) zeigten, dass JA-Manipulation für die voraussetzungsbasierte Mehrheitsregel NP-vollständig ist. Baumeister *et al.* (2011b) erweiterten dieses Ergebnis, indem sie zeigten, dass JA-Manipulation für jede einheitliche Quotenregel mit einer rationalen Quote NP-hart ist. Außerdem untersuchten sie auch die parametrisierte Komplexität dieses Problems: Es bleibt auch dann schwer, wenn entweder die Anzahl der Sachverständigen oder die Anzahl der Änderungen in den Voraussetzungen der Urteilsmenge des manipulativen Sachverständigen durch eine feste Konstante beschränkt ist.

Die Komplexität von JA-Manipulation für die distanzbasierte JA-Prozedur mit einer festgelegten Vorzugsregel konnte bisher noch nicht genau bestimmt werden. Es ist lediglich bekannt, dass das Problem in Σ_2^p liegt. Diese Klasse ist ähnlich definiert wie $P_{||}^{NP}$ (siehe Seite 173). Jedes Problem in Σ_2^p wird durch eine nichtdeterministische Polynomialzeit-Turingmaschine akzeptiert, die Zugriff auf ein NP-Orakel (z. B. SAT) hat. Eine solche Turingmaschine nennt man auch NP-Orakelmaschine und schreibt $\Sigma_2^p = NP^{NP}$. Anders als bei der Klasse $P_{||}^{NP}$ müssen die Zugriffe auf dieses Orakel aber nicht parallel erfolgen: Welche Frage als Nächstes gestellt wird, darf von den Antworten auf die vorherigen Fragen abhängen. Allerdings kann die Anzahl und die Größe der Fragen auf jedem Pfad im Berechnungsbaum der NP-Orakelmaschine höchstens polynomiell in der Eingabegröße sein, da sie ja in polynomieller Zeit gestellt werden müssen. Im gesamten Berechnungsbaum kann es dagegen eine exponentielle Anzahl von polynomiell längenbeschränkten Fragen geben. Entscheidend für die Akzeptierung einer Eingabe ist, dass es mindestens einen erfolgreichen Pfad in diesem Berechnungsbaum der NP-Orakelmaschine gibt. Offensichtlich ist $P_{||}^{NP}$ in $NP^{NP} = \Sigma_2^p$ enthalten, und somit ist natürlich auch NP in Σ_2^p enthalten. Σ_2^p ist die zweite Stufe der so genannten Polynomialzeit-Hierarchie (siehe z. B. Stockmeyer, 1977; Papadimitriou, 1995; Rothe, 2008). Man vermutet, dass die Klassen NP und Σ_2^p voneinander verschieden sind, doch auch dies ist noch ein offenes Problem.

Das Bestechungsproblem für JA-Prozeduren

Inspiriert von den Bestechungsproblemen für Wahlsysteme (siehe Abschnitt 4.3.4 auf Seite 210), führten Baumeister *et al.* (2011b) verschiedene Bestechungspro-

bleme für JA-Prozeduren ein und untersuchten ihre Komplexität. Eine Variante
dieser Probleme ist für eine JA-Prozedur $\mathcal{F}$ wie folgt definiert.

$\mathcal{F}$-JA-BRIBERY

Gegeben:	Eine Agenda Φ, ein Profil $\mathbf{J} \in \mathcal{J}(\Phi)^n$, eine konsistente, komplementfreie Urteilsmenge J (nicht unbedingt vollständig), die der Bestecher anstrebt, und eine positive ganze Zahl k.
Frage:	Ist es möglich, bis zu k individuelle Urteilsmengen in $\mathbf{J}$ zu ändern, sodass für das resultierende neue Profil $\mathbf{J}'$ gilt: $H(\mathcal{F}(\mathbf{J}'), J) < H(\mathcal{F}(\mathbf{J}), J)$?

Hier versucht ein Bestecher, von außen Einfluss auf nicht mehr als k Sachverständige zu nehmen, indem er ihre Urteilsmengen „kauft", die k bestochenen Sachverständigen also nach seinem Willen urteilen. Erfolgreich ist er dabei, wenn es ihm gelingt, das Profil der individuellen Urteilsmengen so zu ändern, dass die daraus resultierende kollektive Urteilsmenge seiner Ziel-Urteilsmenge ähnlicher ist, als wenn die tatsächlichen individuellen Urteilsmengen der Sachverständigen verwendet worden wären. Wieder wird die Ähnlichkeit zweier Urteilsmengen über deren Hamming-Distanz definiert – die hier angegebene Definition kann auch auf *unvollständige* Urteilsmengen erweitert werden (siehe Baumeister *et al.*, 2011b).

Baumeister *et al.* (2011b) zeigten u. a., dass JA-BRIBERY für die voraussetzungsbasierte Mehrheitsregel NP-vollständig ist, und erzielten auch schärfere parametrisierte Komplexitätsresultate für dieses Problem: Es bleibt auch dann schwer, wenn entweder die Anzahl n der Sachverständigen oder die Anzahl k der bestochenen Sachverständigen durch eine feste Konstante beschränkt ist.

Außerdem untersuchten Baumeister *et al.* (2011b) noch weitere Bestechungsszenarien und -probleme hinsichtlich ihrer (parametrisierten) Komplexität:

- $\mathcal{F}$-JA-MICROBRIBERY modelliert in Anlehnung an das auf Seite 214 erwähnte Problem MICROBRIBERY bei Wahlen eine Situation, in der der Bestecher versucht, das kollektive Ergebnis der JA-Prozedur $\mathcal{F}$ seiner Ziel-Urteilsmenge ähnlicher zu machen, indem er bis zu k einzelne Urteile über die Voraussetzungen in den individuellen Urteilsmengen der Sachverständigen kauft.

- Bei $\mathcal{F}$-EXACT-JA-BRIBERY geht es dem Bestecher nicht darum, die Ähnlichkeit der kollektiven zu seiner (nicht unbedingt vollständigen) Ziel-Urteilsmenge zu erhöhen (also deren Hamming-Distanz zu verringern), sondern er versucht, durch den Kauf von bis zu k Urteilsmengen zu erreichen, dass *genau* seine Ziel-Urteilsmenge Teil des kollektiven Ergebnisses der JA-Prozedur $\mathcal{F}$ ist.

Für diese Probleme erzielten Baumeister *et al.* (2011b) NP-Vollständigkeits- und parametrisierte Komplexitätsresultate für die voraussetzungsbasierte Mehrheitsregel sowie Polynomialzeit-Algorithmen für bestimmte Einschränkungen des kombinierten Problems $\mathcal{F}$-EXACT-JA-MICROBRIBERY.

Teil III

Gerechtes Teilen

6 Cake-cutting: Aufteilung teilbarer Ressourcen

6.1 Das Haus voller Gäste, aber nur eine Torte: Was nun?

Jeder kennt die Situation: Es wurde zu einer Feier geladen, aber jeder Gast hat so seinen eigenen Geschmack. Aus diesem Grund hält der um das Wohl seiner Gäste besorgte Gastgeber stets mehrere Köstlichkeiten bereit. Was aber, wenn es doch nun einmal nur die eine Hochzeitstorte gibt und der Gastgeber keinen Streit unter den Gästen aufkommen lassen möchte? Natürlich bietet auch die *eine* Torte etwas für jeden Geschmack. Da hätten wir den luftig-lockeren Biskuitboden zum einen und die frischen Erdbeeren zum anderen. Und wer es noch süßer mag, findet reichlich Sahne und Schokostreusel. Die Herausforderung für den Gastgeber besteht nun darin, die Torte so zu zerschneiden, dass jeder Gast ein Tortenstück erhält, mit dem er zufrieden ist. Die große Frage dabei ist: *Wie* kann man sicherstellen, dass jeder Gast mit seinem Stück zufrieden ist und nicht doch lieber das Stück des Tischnachbarn auf seinem Teller sehen würde?

Die Aufteilung eines Kuchens (*cake-cutting*) steht hier metaphorisch für die Aufteilung einer beliebigen teilbaren Ressource. Es gibt ja nicht nur verschiedene Geschmäcker bezüglich einer Torte, sondern generell verschiedene Vorlieben in Bezug auf alle möglichen Sachen. So findet das Problem der gerechten Aufteilung unter anderem auch seine Anwendung in so unterschiedlichen Disziplinen wie Wirtschaft & Recht (z. B. bei der Aufteilung von Grundstücken in Scheidungs- oder Erbschaftsfällen), Wissenschaft & Technik (z. B. bei der Aufteilung der Rechenzeit eines von mehreren Personen genutzten Computers oder der Bandbreite eines Netzwerks) oder aber in der Politik.

Ein recht geschichtsträchtiges Beispiel ist die Aufteilung Deutschlands unter den Siegermächten des zweiten Weltkriegs – den USA, Großbritannien, Frankreich und der Sowjetunion – in vier Besatzungszonen. Da Berlin als Hauptstadt des Landes eine besondere Bedeutung zugemessen wurde, galt es nicht nur, das vormalige Deutsche Reich an sich (von 1945 bis 1949 als „Deutschland als Ganzes" – „*Germany as a whole*" – bezeichnet und dem Alliierten Kontrollrat unterstellt) in vier Zonen aufzuteilen, sondern auch, jeder der vier Siegermächte einen Sektor Berlins zuzuweisen. Es scheint, als wäre es kein Zufall, dass die ersten Forschungsergebnisse im Bereich Cake-cutting Ende der 1940er Jahre veröffentlicht wurden. Als Pionierarbeit gilt der Artikel „*The Problem of Fair Division*" von Steinhaus (1948).

Beim Cake-cutting geht es also darum, eine einzelne, beliebig oft teilbare Ressource möglichst fair aufzuteilen. Doch was bedeutet „fair" in diesem Zusammenhang eigentlich? Wann ist eine Aufteilung denn wirklich fair? Wie bereits angesprochen geht es dabei nicht um die Größe eines Anteils, sondern um die Vorlieben der beteiligten Spieler, darum also, welchen Wert jeder Spieler seiner Portion bzw. den Portionen seiner Mitspieler beimisst. Aber gibt es vielleicht noch weitere Aspekte, die die Qualität einer Aufteilung mit beeinflussen? Nach einer etwas genaueren Beschreibung des formalen Rahmens in Abschnitt 6.2 versuchen wir, diese und ähnliche Fragen bezüglich der Bewertung von Aufteilungen in Abschnitt 6.3 zu beantworten. Unmittelbar an die Klärung dieser Bewertungskriterien schließt sich die Frage nach dem *Wie* an: Wie kann man eine solche gerechte Aufteilung erreichen? Dieser Frage wenden wir uns in Abschnitt 6.4 zu, in dem sowohl altbewährte als auch erst jüngst entwickelte Cake-cutting-Protokolle vorgestellt und hinsichtlich der o. g. Bewertungskriterien diskutiert werden.

6.2 Grundlagen

Beginnen wir mit der Definition von grundlegenden Begriffen und Konzepten beim Cake-cutting. Im Folgenden verwenden wir symbolisch für eine beliebige unendlich teilbare Ressource den Kuchen $X = [0,1]$, repräsentiert durch das reelle Einheitsintervall $[0,1] \subset \mathbb{R}$. Die Einschränkung auf das reelle Einheitsintervall $[0,1]$ mag auf den ersten Blick willkürlich und übermäßig restriktiv erscheinen. Da jedoch die reellen Zahlen auch in $[0,1]$ überabzählbar sind, würden größere Intervalle wie $[0,117]$ oder höherdimensionale Intervalle wie $[0,1]^2$ keinen wirklichen Gewinn für die Formulierung des Problems bedeuten. Natürlich muss es sich bei X nicht immer um einen Kuchen handeln – das Intervall X steht allgemein also für *irgendeine* Ressource, die unter den n beteiligten Spielern $p_1, p_2, \ldots, p_n$ aufgeteilt werden soll.

Das Ziel ist es, den Kuchen X durch Schnitte in n Portionen $X_j = [x_j, y_j]$, $1 \leq j \leq n$, zu teilen. Der Spieler p_j erhält dabei die Portion $X_j \subseteq X$, und es gilt $X = \bigcup_{j=1}^n X_j$ und $X_i \cap X_j = \emptyset$ für $1 \leq i < j \leq n$. Eine solche Zerlegung des Kuchens X in n Portionen, die den n Spielern auf *injektive* Weise zugeordnet werden, heißt *Aufteilung von* X. Jede Portion kann ihrerseits aus mehreren Stücken bestehen, d.h., es kann sein, dass mehr als $n-1$ Schnitte gemacht und somit mehr als n Stücke erzeugt werden, von denen manche zu einer Portion zusammengefasst werden. Die zu einer Portion gehörenden Teilstücke müssen im Kuchen nicht nebeneinander liegen.

Die Vorlieben der Spieler für sämtliche Stücke der Ressource X sind jeweils durch ein privates (d.h. durch ein nur dem betreffenden Spieler bekanntes) Maß gegeben. Das *Maß* bzw. die *Bewertungsfunktion des Spielers* p_i, $1 \leq i \leq n$, bezeichnen wir mit

$$v_i : \{X' \mid X' \subseteq X\} \to [0,1],$$

d.h., p_i ordnet jedem Kuchenstück (also jedem reellen Teilintervall $X' \subseteq X$) einen reellen Wert zwischen 0 und 1 zu.

Die Vorlieben verschiedener Spieler müssen sich keinesfalls gleichen, und auch ein und derselbe Spieler kann verschiedene Stücke des Kuchens ganz unterschiedlich bewerten. Anna zum Beispiel mag sehr gern Erdbeeren, Sahne jedoch überhaupt nicht. Wenn es auf dem Geburtstag der Großmutter dann einmal wieder Erdbeer-Sahne-Kuchen gibt, versucht sie immer, ein Stück mit möglichst vielen Erdbeeren und möglichst wenig Sahne zu bekommen. Der Erdbeer-Sahne-Kuchen ist aus Annas Sicht also *heterogen*, denn sie bewertet verschiedene Stücke gleicher Größe unterschiedlich. Die Größe eines Stücks ist demnach nicht entscheidend – ein größeres Stück muss nicht höher bewertet werden.

Der Aufteilung von *homogenen* Kuchen wird im Folgenden keine weitere Beachtung geschenkt, da in diesem einfachen Fall das Aufteilungsproblem trivialerweise lösbar ist: Jeder Spieler bewertet alle Kuchenstücke gleicher Größe gleich; folglich hat jedes Stück eines homogenen Kuchens für jeden Spieler genau denselben Wert. Gibt man also jedem der n Spieler ein Stück der Größe $1/n$, so ist jeder gleichermaßen zufrieden. Außerdem kann eine Aufteilung eines heterogenen Kuchens stets unmittelbar auf den Spezialfall eines homogenen Kuchens übertragen werden.

Jede Bewertungsfunktion v_i weist die folgenden Eigenschaften auf:

1. *Normalisierung:* $v_i(X) = 1$ und $v_i(\emptyset) = 0$.
2. *Positivität:*[1] Für alle Stücke $A \subseteq X$, $A \neq \emptyset$, gilt:

$$v_i(A) > 0.$$

---

[1] Neben der hier angenommenen Positivität der Bewertungsfunktionen (siehe auch Brams und Taylor, 1996) wird in der Literatur auch manchmal *Nichtnegativität* (d.h. $v_i(A) \geq 0$ für alle Stücke $A \subseteq X$ mit $A \neq \emptyset$) verlangt (siehe auch Robertson und Webb, 1998).

3. *Additivität:* Für alle Stücke $A, B \subseteq X$, $A \cap B = \emptyset$, gilt:

$$v_i(A \cup B) = v_i(A) + v_i(B).$$

4. *Teilbarkeit:* Für alle Stücke $A \subseteq X$ und alle reellen Zahlen α, $0 \leq \alpha \leq 1$, existiert ein Stück $B \subseteq A$, sodass gilt:

$$v_i(B) = \alpha \cdot v_i(A).$$

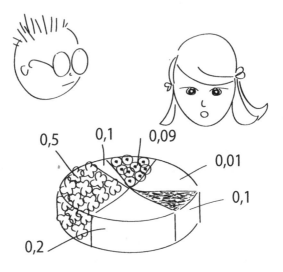

Abb. 6.1: Normalisierung eines Kuchens

Gelegentlich werden noch weitere Eigenschaften der Bewertungsfunktionen verlangt, die wir ggf. dann angeben, wenn sie gebraucht werden.

„Es ist ja sehr nett von dir, dass du mir diese Eigenschaften so schön aufgeschrieben hast, aber was bedeuten sie denn nur?", fragt Edgar, etwas skeptisch, seine Schwester Belle.

„Das kannst du dir so vorstellen. Normalisierung besagt, dass du deine Bewertung des ganzen Kuchens auf einen bestimmten Wertebereich, hier $[0, 1]$, überträgst. Wenn du also zum Beispiel meinst, dass der Kuchen insgesamt den Wert 10 hat, dann hat er nach der Normalisierung für dich nur noch den Wert 1, und jedes Stück, das dir vorher 2 wert war, ist dir danach nur noch $0,2$ wert. Durch eine solche Normalisierung kann man Aufteilungen verschiedener Kuchen besser miteinander vergleichen. Außerdem soll dir ein Stück der Größe null – man nennt das auch das *leere* Stück – natürlich nichts wert sein."

Edgar gibt sich verständig: „Ahh, und was bedeuten die anderen drei Eigenschaften?"

Da Belle noch mit Anna verabredet ist, fasst sie sich nun etwas kürzer: „Also, Positivität besagt, dass dir jedes echte – also nicht leere – Stück des Kuchens wirklich etwas – also mehr als nichts – wert ist, auch wenn das Stück noch so klein ist. Nur das leere Stück hat nach wie vor den Wert null. Additivität heißt, dass der gemeinsame Wert zweier beliebiger Stücke genau so groß ist wie die Summe der Werte dieser Stücke. Und Teilbarkeit bedeutet ... warte mal ... ach ja: Angenommen, du hast ein Stück, von dem du etwas abgeben willst."

„Warum sollte ich denn so was tun wollen?"

„Gut, dann nehmen wir eben an, *ich* hätte ein Stück, von dem ich *dir* etwas abgeben möchte. Teilbarkeit heißt, dass ich mein Stück auf jeden Fall genau so teilen kann, dass ein Teil den Wert hat, den ich dir geben möchte – ganz egal, welcher das ist. Übrigens folgt aus Teilbarkeit und Additivität, dass man ein Stück beliebig oft teilen kann, ohne dass insgesamt irgendetwas an Wert verloren ginge. Alles klar, Edgar? Tschüss ... "

Abrupt dreht sich Belle um und geht. Edgar ruft ihr noch hinterher: „Aber, warte mal, was passiert denn mit den ganzen Krümeln? Da geht doch Wert verloren, oder?" Aber da ist Belle schon längst aus der Tür.

In Abschnitt 6.3 werden verschiedene Fairness- und andere Aspekte ausführlich besprochen, unter denen man Aufteilungen bewerten kann. Die erste Frage, die sich dabei stellt, ist die nach der *Existenz* einer solchen Lösung: *Gibt es eine Aufteilung des Kuchens, die ein bestimmtes Bewertungskriterium erfüllt (z. B. eine, die in einem noch zu spezifizierenden Sinn „fair" ist)?* Viele Existenzfragen dieser Art sind von Ökonomen und Mathematikern beantwortet worden. In diesem Buch jedoch, in dem es um *Computational* Social Choice geht, gehen wir noch einen Schritt weiter und stellen gleich die zweite Frage, die offenbar eng mit der ersten zusammenhängt: *Wie kann man eine Kuchenaufteilung erreichen, die ein bestimmtes Bewertungskriterium erfüllt (z. B. eine, die in einem noch zu spezifizierenden Sinn „fair" ist)?* Dies ist die Frage nach der algorithmischen Umsetzung einer Lösung des Problems, die durch so genannte Cake-cutting-Protokolle geleistet wird.

Ein *Cake-cutting-Protokoll* ist eine Abfolge von Handlungen, deren Ausführung empfohlen wird, um einen gegebenen Kuchen X unter n Spielern aufzuteilen. Dabei besitzt das Protokoll keinerlei Information über die Bewertungsfunktionen der einzelnen Spieler. Es kann jedoch Spieler auffordern, bestimmte Stücke zu bewerten (man spricht dann von einer *Bewertungsanfrage*), und abhängig von der

Antwort des Spielers weitere Aktionen vorschlagen, z. B. sich das bewertete Stück zu nehmen oder es zu schneiden, falls der Wert des Stücks einen bestimmten Betrag übersteigt. Eine Auswahl von Cake-cutting-Protokollen wird in Abschnitt 6.4 vorgestellt.

Jedes Cake-cutting-Protokoll besteht aus einer Menge von Regeln und einer Menge von Strategien. Eine *Regel* stellt eine überprüfbare und von den Bewertungsfunktionen der Spieler unabhängige Anweisung dar, wie zum Beispiel: „Schneide den Kuchen in zwei Teile!" Wie in Abschnitt 2.1 erläutert wurde, ist eine *Strategie* aus rein spieltheoretischer Sicht eine vollständige und exakte Handlungsvorschrift für jede mögliche Situation, in die ein Spieler kommen kann. Bei einem Cake-cutting-Protokoll gibt eine Strategie jedoch nicht die Gesamtheit aller möglichen Verhaltensweisen an, sondern beschränkt sich für jeden Spieler lediglich auf die Handlungsvorschriften, die zur Erreichung eines *fairen* und/oder *effizienten* Ergebnisses notwendig sind (siehe auch Brams und Taylor, 1996). Das Befolgen einer vom Protokoll vorgeschlagenen Strategie garantiert demnach jedem Spieler ein gewisses Ergebnis, zum Beispiel, dass sich für ihn in jedem Fall eine proportionale Portion ergibt. Im Regelfall (d. h., wenn alle Spieler die Regeln und Strategien des Protokolls befolgen) ist das garantierte Ergebnis eines Spielers unabhängig von den Bewertungen und Verhaltensweisen der anderen Spieler. Um dies auch im Fall von betrügerischen Spielern zu gewährleisten, können Cake-cutting-Protokolle strategiesicher konzipiert sein (siehe Abschnitt 6.3.3).

Zu Edgars Geburtstagsfeier hat die Großmutter wieder einen ihrer leckeren Erdbeer-Sahne-Kuchen mitgebracht. Da Edgar schon vom Naschen vieler Süßigkeiten satt ist, ist er bereit, den Kuchen mit seiner Schwester Belle zu teilen, und zwar nach den Regeln der Großmutter:

„Edgar, schneide du zuerst den Kuchen in zwei Teile, und du, Belle, suchst dir dann eines der beiden Stücke aus."

Gerade als Edgar das Messer ansetzt, hält er plötzlich inne und ruft aufgebracht: „Das ist nicht fair! Nur weil ich den Kuchen mit Belle teilen möchte, heißt das noch lange nicht, dass ich nicht zumindest die Hälfte davon haben möchte. Warum darf sich denn Belle ein Stück aussuchen?"

„Aber das *ist* doch fair", versucht die Großmutter Edgar zu beruhigen. „Ihr müsst nur die folgende Strategie befolgen: Edgar, schneide du zuerst den Kuchen in zwei Teile *von für dich gleichem Wert*, und du, Belle, suchst dir dann *ein Stück aus, das du am besten findest*."

„Ahh, tolle Idee, Großmutter!", sagt Edgar und setzt das Messer an.

Dieses Beispiel verdeutlicht den Unterschied zwischen Regeln und Strategien bei Cake-cutting-Protokollen und zeigt, dass die alleinige Angabe von Regeln nicht genügt, um Fairness zu garantieren. Wie wir in Abschnitt 6.4 sehen werden, handelt es sich bei der in diesem Beispiel angesprochenen Vorgehensweise um das altbewährte *„Cut-and-Choose"*-Protokoll für zwei Spieler – einer halbiert und der andere wählt. Bei der Angabe von Cake-cutting-Protokollen werden wir im Allgemeinen nicht zwischen Regeln und Strategien unterscheiden, sondern wir werden wie in diesem Beispiel stets ein Protokoll in seiner Gesamtheit angeben.

6.3 Bewertungskriterien

Die Literatur bietet eine Vielzahl verschiedener Cake-cutting-Protokolle (siehe z. B. Brams und Taylor, 1996; Robertson und Webb, 1998), und man kann sich sicherlich problemlos selbst eins ausdenken. Doch ist jedes dieser Protokolle auch wirklich gleich gut? Oder gibt es Unterschiede? Um diese und andere Fragen bezüglich der Qualität von Cake-cutting-Protokollen zu beantworten, stehen verschiedene Bewertungskriterien zur Verfügung. So beschäftigen wir uns im Folgenden mit der Fairness (Abschnitt 6.3.1), der Effizienz (Abschnitt 6.3.2), den Manipulationsmöglichkeiten (Abschnitt 6.3.3) und der Komplexität (Abschnitt 6.3.4) von Cake-cutting-Protokollen.

Wie so oft im Leben gilt auch hier, dass das Beste von allem gerade gut genug ist. Wünschenswert wäre also ein Cake-cutting-Protokoll, das möglichst viele dieser Kriterien gleichzeitig erfüllt.

6.3.1 Fairness

Das wohl meistdiskutierte Bewertungskriterium für Cake-cutting-Protokolle ist Fairness. Auch wenn sicherlich jeder eine Vorstellung davon hat, was sich hinter dem Begriff „Fairness" bzw. „Gerechtigkeit" verbirgt, sind dies oft sehr subjektive Ansichten. Was für den einen fair ist, muss es für den anderen noch lange nicht sein. Das gilt in allen Bereichen des Lebens, nicht nur bei der Kuchenaufteilung. Zum Beispiel kann ein Richterspruch für den verurteilten Täter ganz anders wirken als für das klagende Opfer. Schwellenländer wie China, Indien oder Brasilien werden global verbindliche Vorgaben zur Beschränkung des CO_2-Ausstoßes ganz anders empfinden als entwickelte Industrienationen wie die USA oder Deutschland. Ein Schiedsrichterpfiff in einem Fußballspiel kann zu lange anhaltenden Diskussionen um die Korrektheit und Angemessenheit der Regelauslegung führen – denken wir nur an das berühmte Wembley-Tor im Spiel zwischen England und Deutschland bei der Fußball-Weltmeisterschaft 1966.[2]

Um eine faire Aufteilung eines Kuchens zu gewährleisten, kommt man wahrscheinlich als Erstes auf die Idee, jedem der Spieler ein gleich großes Stück zu geben. Leider funktioniert dies jedoch nur bei einem homogenen Kuchen, bei dem – wie bereits erwähnt – gleich große Stücke von allen Spieler auch identisch bewertet werden. Bei einem heterogenen Kuchen jedoch müssen auch die Vorlieben der einzelnen Spieler berücksichtigt werden, ihre Bewertungsfunktionen, die sich sowohl untereinander als auch für jeden Spieler hinsichtlich verschiedener Stücke gleicher Größe unterscheiden können. Zum Erreichen einer fairen Aufteilung kann man beim Cake-cutting also nicht einfach von der Größe ausgehen, sondern vielmehr muss man sich an den Bewertungsfunktionen der Spieler orientieren.

Dennoch deutet der obige Ansatz auf ein erstes Kriterium zur Bewertung der Fairness einer Aufteilung hin, die Proportionalität. Dieses Kriterium und zwei weitere, eng verwandte Kriterien sind wie folgt definiert und werden anschließend genauer erläutert.

Definition 6.1 (Proportionalität, Überproportionalität und Exaktheit)
Seien die Bewertungsfunktionen der n Spieler gegeben durch $v_1, v_1, \ldots, v_n$. Eine Aufteilung eines Kuchens $X = \bigcup_{i=1}^{n} X_i$ (wobei X_i die Portion des Spielers p_i ist) heißt

1. *proportional* (oder *einfach fair*), falls $v_i(X_i) \geq 1/n$ für jedes i, $1 \leq i \leq n$, gilt;
2. *überproportional*, falls $v_i(X_i) > 1/n$ für jedes i, $1 \leq i \leq n$, gilt;
3. *exakt*, falls $v_i(X_i) = 1/n$ für jedes i, $1 \leq i \leq n$, gilt.

Wir sagen, ein Spieler p_i, $1 \leq i \leq n$, erhält einen

1. *proportionalen Anteil*, falls $v_i(X_i) \geq 1/n$ gilt;
2. *überproportionalen Anteil*, falls $v_i(X_i) > 1/n$ gilt;
3. *exakten Anteil*, falls $v_i(X_i) = 1/n$ gilt.

♦

Eine Aufteilung ist also nur dann proportional (überproportional bzw. exakt), wenn sie *jedem* Spieler einen proportionalen (überproportionalen bzw. exakten) Anteil zuweist.

Proportionalität

Proportionalität ist ein ausgesprochen natürliches, naheliegendes Bewertungskriterium für die Fairness einer Aufteilung. Jeder Spieler soll aus seiner Sicht einen

---

[2]Der Ball war *nicht* hinter der Linie! Aber das ist nur die persönliche Ansicht der Autoren.

mindestens proportionalen Anteil bekommen, bei zwei Spielern also mindestens die Hälfte, bei drei Spielern mindestens ein Drittel usw.

Überproportionalität

Der Begriff der Überproportionalität ist an den der Proportionalität angelehnt, stellt aber ein etwas strengeres Kriterium dar, d. h., jede überproportionale Aufteilung ist nach Definition auch proportional, aber eine proportionale Aufteilung ist nicht unbedingt überproportional.

Überproportionalität ist durch Cake-cutting-Protokolle nicht nur schwieriger zu erreichen, sie ist zudem an eine zusätzliche Voraussetzung gebunden. Damit eine überproportionale Aufteilung existieren kann, dürfen die Spieler keine identischen Bewertungsfunktionen haben. Dies bedeutet nicht, dass ihre Bewertungsfunktionen ganz und gar unterschiedlich sein müssen; jedoch muss zumindest auf bestimmten Teilen des Kuchens Unstimmigkeit zwischen den Bewertungen der Spieler bestehen. Gibt es aber eine solche Unstimmigkeit, so kann jeder Spieler sogar mehr als nur seinen proportionalen Anteil erhalten, bei zwei Spielern also mehr als die Hälfte, bei drei Spielern mehr als ein Drittel usw. (siehe auch Abschnitt 6.4.3). Dies ist lediglich eine allgemeine Aussage über die Voraussetzungen, die für die Existenz einer überproportionalen Aufteilung nötig sind. Bei der algorithmischen Umsetzung müssen diese Voraussetzungen gegebenenfalls genauer spezifiziert werden, d. h., je nach Cake-cutting-Protokoll sind möglicherweise unterschiedliche Unstimmigkeiten zwischen den Bewertungen der Spieler erforderlich, damit eine überproportionale Aufteilung erzielt werden kann.

Exaktheit

Der Begriff der Exaktheit stellt ebenfalls ein etwas strengeres Kriterium als Proportionalität dar, d. h., jede exakte Aufteilung ist nach Definition auch proportional, aber eine proportionale Aufteilung ist nicht unbedingt exakt, zum Beispiel dann nicht, wenn sie überproportional ist. Jedoch ist für proportionale Aufteilungen die Exaktheit der Überproportionalität nicht komplementär (d. h., es gilt nicht, dass eine proportionale Aufteilung genau dann exakt ist, wenn sie nicht überproportional ist), sondern sie stellt eine noch stärkere Forderung als das Komplement von Überproportionalität dar. Bei einer proportionalen Aufteilung, die nicht überproportional ist, erhält nämlich *mindestens ein* Spieler nicht mehr als, sondern genau seinen proportionalen Anteil (gemäß seiner Bewertung). Eine exakte Aufteilung hingegen verlangt, dass *jeder* Spieler nicht mehr als, sondern genau seinen proportionalen Anteil (gemäß seiner Bewertung) erhält. Somit gibt es proportionale Aufteilungen, die weder überproportional noch exakt sind.

Exaktheit ist ein wenig untersuchtes Kriterium, das daher hier nur der Vollständigkeit halber aufgeführt werden soll. Die Vernachlässigung dieses Fairnesskriteriums liegt sicherlich nicht zuletzt auch daran, dass Robertson und Webb (1997) gezeigt haben, dass kein „endliches" Cake-cutting-Protokoll eine exakte Aufteilung garantieren kann. (In Abschnitt 6.3.4 wird erklärt, was man unter endlichen – im Gegensatz zu so genannten kontinuierlichen – Cake-cutting-Protokollen versteht.)

Auch wenn Proportionalität, Überproportionalität und Exaktheit bereits eine gewisse Fairness garantieren, stellt sich die Frage, ob man nicht noch stärkere Kriterien formulieren kann. Für die in Definition 6.1 vorgestellten Fairnesskriterien genügt es, dass jeder Spieler nur seine eigene Portion bewertet; was die anderen bekommen, ist jedem Spieler egal. Nun wollen wir die Spieler jedoch auch über ihren eigenen Tellerrand hinaus und auf die Teller der Mitspieler sehen lassen.

Abb. 6.2: Belle und Edgar teilen einen Kuchen

Gerade als Edgar und Belle Großmutters leckeren Erdbeer-Sahne-Kuchen fair (d. h. proportional) unter sich aufgeteilt haben, klingelt es an der Tür. Es ist Belles Freundin Anna. Von dem Besuch relativ unbeeindruckt will Edgar einen riesigen Bissen von seinem Stück nehmen, da ruft die Großmutter: „Edgar, schau doch mal, da ist Anna. Du möchtest ihr doch sicherlich auch ein Stück von deinem Geburtstagskuchen abgeben, oder?"

Edgar ist sichtlich überrascht, und langsam legt er sein Stück unberührt zurück auf den Teller. Er wirft der Großmutter erst einen vorwurfsvollen Blick zu, antwortet dann aber mit breitem Lächeln: „Aber natürlich möchte ich das. Sag du uns doch, liebe Großmutter, wie wir das am besten so machen können, dass jeder von uns mit seiner Portion zufrieden ist." Und er fügt mit anklagender Stimme hinzu: „Wenn wir zu dritt sind, möchte ich nämlich von *meinem* Geburtstagskuchen auch ein Drittel abbekommen!"

Die Großmutter überlegt kurz und sagt dann: „Also gut, ich habe eine Idee, wie jeder von euch mindestens ein Drittel bekommt. Du ..."

Da unterbricht Edgar sie: „Was heißt denn hier *mindestens*? Nach Adam Ries hat der Kuchen doch nur genau drei Drittel. Jedenfalls haben wir das letzte Woche so in der Schule gelernt."

„Schön, dass du so gut in der Schule aufgepasst hast, Edgar", erwidert die Großmutter, „und das ist auch richtig – aus deiner Sicht hat der Kuchen genau drei Drittel. Aber ein Stück, das für dich genau ein Drittel wert ist, ist für Anna vielleicht viel weniger oder aber viel mehr wert. Es könnte also durchaus sein, dass ihr drei jeder aus eurer eigenen Sicht mehr – oder aber weniger – als ein Drittel bekommt."

Edgar gibt sich verständig, um vor den großen Mädchen nicht dumm dazustehen, beschließt aber, darüber später noch einmal in Ruhe nachzudenken.

„Jedenfalls", setzt die Großmutter fort, „schlage ich vor, dass ihr beide, du und Belle, euren jetzigen Anteil in drei Stücke teilt, die euch jeweils gleich viel wert sind – also ein Drittel ihres jetzigen Wertes haben –, und Anna sucht sich dann von jedem von euch ein Stück aus, das sie am besten findet." Und bevor irgendein Einwand kommen kann, fügt sie schnell hinzu: „Eure Stücke sind sowieso viel zu groß, um sie auf einmal in den Mund zu schieben."

Abb. 6.3: Anna, Belle und Edgar teilen einen Kuchen

Gesagt, getan! Edgar und Belle schneiden ihr Stück in drei Teile und Anna sucht sich von jedem ein Stück aus, das für sie das beste ist.

Da platzt Anna plötzlich heraus: „Also ich will mich als Gast ja nicht beschweren, aber das ist schon ein bisschen unfair. Kann ich mir nicht zwei Stücke von Belle und dafür keines von Edgar aussuchen?"

Auch Edgar ist nicht so ganz zufrieden. Mit Blick auf Annas Portion erwidert er: „Ich weiß gar nicht, was du hast! Du hast dir doch von Belle schon das beste Stück genommen und damit viel mehr als ich!" Und er verschränkt die Arme mit beleidigtem Blick vor seiner Brust.

„Also ich bin zufrieden und lasse mir meinen Teil jetzt schmecken. Bevor der nächste Gast zur Tür hereinkommt ... Guten Appetit!", sagt Belle gelassen.

In dem oben dargestellten Szenario wird auf das Lone-Chooser-Protokoll angespielt, das wir in Abschnitt 6.4 kennen lernen werden. Auch wenn wir sehen werden, dass dieses Protokoll allen Spielern stets einen proportionalen Anteil garantiert, sind offenbar nicht alle mit dem Ergebnis zufrieden: Es ist Neid entstanden! Anna beneidet Belle, und Edgar beneidet Anna, nur Belle ist auf niemanden neidisch. Neidfreiheit ist ein weiteres wichtiges Fairnesskriterium. Außerdem definieren wir noch zwei verwandte Kriterien und diskutieren diese drei Begriffe anschließend.

Definition 6.2 (Neidfreiheit, Super-Neidfreiheit und Gleichverteilung)
Seien die Bewertungsfunktionen der n Spieler gegeben durch $v_1, v_1, \ldots, v_n$. Eine Aufteilung eines Kuchens $X = \bigcup_{i=1}^{n} X_i$ (wobei X_i die Portion des Spielers p_i ist) heißt

1. *neidfrei*, falls $v_i(X_i) \geq v_i(X_j)$ für alle i und j mit $1 \leq i, j \leq n$ gilt;
2. *super-neidfrei*, falls $v_i(X_j) < 1/n$ für alle i und j mit $1 \leq i, j \leq n$ und $i \neq j$ gilt;
3. *gleichverteilt*, falls $v_i(X_i) = v_i(X_j)$ für alle i und j mit $1 \leq i, j \leq n$ gilt.

Wir sagen, ein Spieler p_i, $1 \leq i \leq n$, erhält einen

1. *neidfreien Anteil*, falls $v_i(X_i) \geq v_i(X_j)$ für alle j mit $1 \leq j \leq n$ gilt;
2. *super-neidfreien Anteil*, falls $v_i(X_j) < 1/n$ für alle j mit $1 \leq j \leq n$ und $i \neq j$ gilt;
3. *gleichverteilten Anteil*, falls $v_i(X_i) = v_i(X_j)$ für alle j mit $1 \leq j \leq n$ gilt.

◆

Neidfrei (super-neidfrei bzw. gleichverteilt) ist eine Aufteilung also nur dann, wenn sie *jedem* Spieler einen neidfreien (super-neidfreien bzw. gleichverteilten) Anteil zuweist.

Neidfreiheit

Eine neidfreie Aufteilung ist demnach eine Aufteilung, bei der kein Spieler irgendeinen anderen Spieler um seinen Anteil beneidet. Cake-cutting-Protokolle, die eine neidfreie Aufteilung des Kuchens garantieren, werden in Abschnitt 6.4.5 vorgestellt.

Es ist leicht einzusehen, dass Neidfreiheit Proportionalität impliziert – die umgekehrte Implikation gilt jedoch im Allgemeinen nicht. Dass jede neidfreie Aufteilung proportional ist, kann man durch Kontraposition zeigen: Ist eine Aufteilung nämlich *nicht* proportional, gilt also $v_i(X_i) < 1/n$ für einen Spieler p_i, so muss es eine Portion X_j mit $v_i(X_j) > 1/n$ geben, denn nach der Additivitäts- und der Normalisierungsbedingung ist ja

$$\sum_{k=1}^{n} v_i(X_k) = v_i\left(\bigcup_{k=1}^{n} X_k\right) = v_i(X) = 1.$$

Folglich beneidet der Spieler p_i den Spieler p_j.

Einfacher wird es im Fall von $n = 2$ Spielern, denn in diesem Fall – und nur in diesem – ist eine Aufteilung genau dann neidfrei, wenn sie proportional ist (siehe Satz 6.1 auf Seite 254).

Wie in Abschnitt 6.4.5 deutlich wird, stellt das Erzeugen einer neidfreien Aufteilung für mehr als drei Spieler bereits eine sehr große Herausforderung dar, und selbst für drei Spieler sind überaus clevere Ideen nötig, um eine neidfreie Aufteilung zu garantieren (siehe das Selfridge-Conway-Protokoll in Abschnitt 6.4.5).

Super-Neidfreiheit

Dieses Kriterium wurde von Barbanel (1996) als eine Verstärkung der Neidfreiheit eingeführt. In einer super-neidfreien Aufteilung hat jeder Spieler das Gefühl, selbst mehr als jeder andere Spieler zu erhalten,[3] was ihn – sofern er nur eigennützig denkt – überglücklich machen dürfte. Es ist leicht zu sehen, dass Super-Neidfreiheit Neidfreiheit und somit auch Proportionalität impliziert. Umgekehrt gibt es jedoch neidfreie Aufteilungen, die nicht super-neidfrei sind.

Auch zu diesem Kriterium gibt es bisher nur wenige Ergebnisse, was neben der Schwierigkeit, eine super-neidfreie Aufteilung durch ein Cake-cutting-Protokoll zu garantieren, sicherlich auch daran liegt, dass dieses Fairnesskriterium noch relativ jung ist. Einen Hinweis auf die Schwierigkeiten beim Entwurf eines solchen

---

[3]Insbesondere ergibt sich aus der Additivitäts- und der Normalisierungsbedingung, dass wenn ein Spieler p_i die Portionen aller anderen Spieler für unterproportional hält (d. h., $v_i(X_j) < 1/n$ für $j \neq i$, siehe Definition 6.2), dann muss er seine eigene Portion als überproportional betrachten (d. h., $v_i(X_i) > 1/n$). Also ergibt sich aus der Super-Neidfreiheit einer Aufteilung, dass $v_i(X_i) > v_i(X_j)$ für alle i und j mit $1 \leq i, j \leq n$ und $i \neq j$ gilt. Diese Eigenschaft wird als „stark neidfrei" bezeichnet, im Folgenden aber nicht weiter betrachtet.

Protokolls gibt ein Resultat von Barbanel (1996), nach dem eine super-neidfreie Aufteilung dann und nur dann existiert, wenn die Bewertungsfunktionen aller Spieler „linear unabhängig" sind. Webb (1999) hat das erste super-neidfreie Cake-cutting-Protokoll entworfen.

Gleichverteilung

Das Kriterium der Gleichverteilung kann man als einen Spezialfall sowohl der Exaktheit als auch der Neidfreiheit betrachten. Denn bei einer gleichverteilten Aufteilung hat für jeden Spieler die eigene Portion genau denselben Wert wie die Portion eines jeden anderen Spielers; dies erzwingt einerseits, dass jeder Spieler die eigene Portion mit $1/n$ bewertet (also eine exakte Aufteilung vorliegt), und andererseits kann es keinen Neid unter den Spielern geben. Umgekehrt gibt es neidfreie bzw. exakte Aufteilungen, die nicht gleichverteilt sind. Beispielsweise ist ja eine super-neidfreie Aufteilung zwar neidfrei, aber nicht gleichverteilt. Wie beim Verhältnis der exakten zu den überproportionalen unter allen proportionalen Aufteilungen gilt allerdings auch hier, dass es unter allen neidfreien Aufteilungen solche gibt, die weder gleichverteilt noch super-neidfrei sind, d. h., Super-Neidfreiheit ist der Gleichverteilung nicht komplementär. Denn damit eine neidfreie Aufteilung nicht super-neidfrei ist, verlangt man ja lediglich, dass mindestens ein Spieler mindestens einer anderen Portion denselben Wert wie seiner eigenen Portion zuweist. Gleichverteilung ist jedoch eine stärkere Forderung: Alle Spieler bewerten sämtliche anderen Portionen genauso wie ihre eigenen.

Übrigens ist bei der obigen Diskussion der verschiedenen Bewertungskriterien unsere Annahme entscheidend, dass der Kuchen in jedem Fall restlos aufzuteilen ist – nur dann sprechen wir von einer *Aufteilung*, symbolisch: $X = \bigcup_{i=1}^{n} X_i$. Darf hingegen auch etwas vom Kuchen übrig bleiben (ein Stück R, das keinem Spieler zugeteilt wird; d. h., $X \supset \bigcup_{i=1}^{n} X_i$ lässt den Rest $R = X - \bigcup_{i=1}^{n} X_i \neq \emptyset$), so muss eine gleichverteilte „Aufteilung" nicht einmal proportional sein.

Abbildung 6.4 zeigt übersichtlich die Beziehungen zwischen den einzelnen Bewertungskriterien. Dabei bedeutet ein Pfeil $(A \to B)$ eine Implikation: Wenn eine Aufteilung das Kriterium A erfüllt, dann erfüllt sie auch das Kriterium B.

Da aus Abbildung 6.4 nicht ersichtlich wird, dass es zum Beispiel neidfreie Aufteilungen gibt, die weder super-neidfrei noch gleichverteilt sind, stellen wir in Abbildung 6.5 dieselben Beziehungen zwischen den Bewertungskriterien für proportionale Kuchenaufteilungen zusätzlich als Venn-Diagramm dar. Ein Venn-Diagramm veranschaulicht mengentheoretische Inklusionen, in diesem Fall also die Inklusionen zwischen Mengen von Aufteilungen mit bestimmten Eigenschaften. Das größte Feld in Abbildung 6.5 stellt die Menge der proportionalen Aufteilungen dar, und die kleineren Felder sind jeweils Teilmengen dieser Menge. Dabei stellt das kleinste Feld, das ein Adjektiv vollständig einschließt, die Teilmenge der proportionalen Aufteilungen dar, die durch dieses Adjektiv beschrieben werden. Zum Beispiel veranschaulicht das kleine Feld links unten die Menge der super-

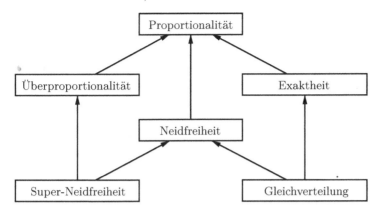

Abb. 6.4: Beziehungen zwischen den Bewertungskriterien für Aufteilungen (Implikationen)

neidfreien Aufteilungen, die ja in der Menge der überproportionalen Aufteilungen einerseits und in der Menge der neidfreien Aufteilungen andererseits enthalten ist. Eine Teilmengenbeziehung $A \subseteq B$ wird in Abbildung 6.5 dadurch ausgedrückt, dass das Feld A vollständig im Feld B enthalten ist. So sieht man beispielsweise, dass alle gleichverteilten Aufteilungen neidfrei sind und alle super-neidfreien Aufteilungen ebenfalls, aber man sieht auch, dass es neidfreie Aufteilungen gibt, die weder super-neidfrei noch gleichverteilt sind.

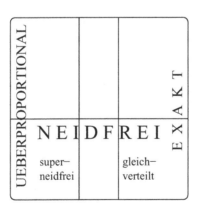

Abb. 6.5: Beziehungen zwischen den Bewertungskriterien für proportionale Aufteilungen (Venn-Diagramm)

Nun wurde bisher nur darüber gesprochen, wann eine Aufteilung proportional, neidfrei etc. ist, aber wie ist eigentlich der Zusammenhang zwischen einer Aufteilung mit einer solchen Eigenschaft und einem Cake-cutting-Protokoll, das diese erzeugen soll? Die folgende Definition beantwortet die Frage, wann wir ein Cake-cutting-Protokoll proportional, neidfrei etc. nennen.

Definition 6.3

Ein Cake-cutting-Protokoll heißt *proportional* (*überproportional, exakt, neidfrei, super-neidfrei* bzw. *gleichverteilt*), falls jedem Spieler, der sich an die Regeln und Strategien des Protokolls hält, ein proportionaler (überproportionaler, exakter, neidfreier, super-neidfreier bzw. gleichverteilter) Anteil garantiert ist, unabhängig von den Bewertungsfunktionen der Spieler und unabhängig davon, ob die anderen Spieler der ihnen empfohlenen Strategie folgen. (Natürlich müssen sich alle Spieler an die Regeln des Protokolls halten, siehe Abschnitt 6.2.)   ◆

6.3.2 Effizienz

Ein weiteres wichtiges Bewertungskriterium für Cake-cutting-Protokolle ist die Effizienz. Doch was ist hier mit „Effizienz" gemeint? Effektivität? Performanz? Leistung? Laufzeit? Wirksamkeit? Oft ist etwas in einer Hinsicht effizient, in einer anderen hingegen nicht. Nehmen wir zum Beispiel ein Elektro-Auto. Unter ökologischen Gesichtspunkten mag man dieses wohl für effizient halten, jedoch im Hinblick auf Höchstgeschwindigkeit, Reichweite, Lade- bzw. Tankzeit usw. ist ein herkömmliches Auto, das mit Benzin oder Diesel fährt, sicherlich derzeit noch effizienter.

Effizienz beim Cake-cutting bedeutet, eine „bestmögliche" Aufteilung zu finden. Bestmöglich in dem Sinn, dass keine andere Aufteilung gefunden werden kann, die mindestens einen Spieler besserstellen würde, ohne dabei auch nur einen anderen Spieler schlechterzustellen. Wir sagen, ein Spieler ist (in einer Aufteilung bezüglich einer anderen Aufteilung) *bessergestellt*, wenn er aus eigener Sicht einen höherwertigen Anteil erhält.

Definition 6.4 (Pareto-Optimalität bzw. Pareto-Effizienz)

1. Seien die Bewertungsfunktionen der n Spieler gegeben durch $v_1, v_1, \ldots, v_n$. Eine Aufteilung eines Kuchens $X = \bigcup_{i=1}^{n} X_i$ (wobei X_i die Portion des Spielers p_i ist) heißt *Pareto-optimal* (oder *Pareto-effizient*), falls es keine andere Aufteilung $Y = \bigcup_{i=1}^{n} Y_i$ gibt (wobei Y_i die Portion des Spielers p_i ist), sodass

   a) $v_i(Y_i) \geq v_i(X_i)$ für alle Spieler p_i gilt und
   b) es mindestens einen Spieler p_j mit $v_j(Y_j) > v_j(X_j)$ gibt.

2. Ein Cake-cutting-Protokoll ist *Pareto-optimal* (oder *Pareto-effizient*), falls jede durch dieses Protokoll erzielte Aufteilung eines Kuchens X (unabhängig von den Bewertungsfunktionen der Spieler) Pareto-optimal ist.

                                                                          ◆

Diese Definition der Pareto-Optimalität ist an die entsprechende Definition dieses Begriffes in der Spieltheorie (siehe Definition 2.3 in Abschnitt 2.1) angelehnt, hier jedoch auf das Cake-cutting-Spiel zugeschnitten. Offensichtlich sagt die (Pareto-)Effizienz eines Cake-cutting-Protokolls nichts über dessen Fairness aus. Eine Pareto-optimale Aufteilung muss weder proportional noch neidfrei sein.

Die Pareto-Optimalität ist generell an kein Fairnesskriterium gebunden. Um ein einfaches Beispiel zu geben, betrachten wir den Fall, dass bei nur zwei Spielern und einem Kuchen der eine Spieler den gesamten Kuchen erhält und der andere Spieler leer ausgeht. Diese Handlungsvorschrift ist offensichtlich Pareto-optimal, denn sobald der Spieler, der den Kuchen erhalten hat, etwas von seiner Portion – dem ganzen Kuchen also – abgeben würde, stünde er schlechter da. Es ist demnach nicht möglich, auch nur einen der Spieler besserzustellen, ohne dass der andere dadurch schlechter dastünde. Fair kann eine derartige Aufteilung des Kuchen unter zwei Spielern jedoch offenbar nicht sein.

Es scheint, als müsste man sich entscheiden, was einem bei der Aufteilung eines Kuchens wichtiger ist: Fairness oder Effizienz. Oder kann man vielleicht doch beides zugleich haben? Darauf besteht berechtigte Hoffnung, denn Weller (1985) bewies die Existenz von Aufteilungen eines Kuchens, die gleichzeitig effizient und neidfrei (also auch proportional) sind. Allerdings ist derzeit noch kein konkretes derartiges Cake-cutting-Protokoll für eine beliebige Anzahl von Spielern bekannt.

6.3.3 Manipulation

Es ist Sommer. Die Sonne lacht und Belle ist mit ihrer Freundin Anna in der Stadt shoppen. Um sich von dem Einkaufsstress etwas zu erholen, nehmen die beiden in einer der vielen Eisdielen der Stadt Platz. Nach einem kurzen Blick in die Karte sind sie sich einig. Sie bestellen sich eine der leckeren Waffeln mit heißen Kirschen, Vanilleeis und Sahne. Natürlich bestellen sie sich zusammen nur eine Waffel, denn sie müssen ja schließlich auf ihre Linie achten – Teenager eben. Es dauert nicht lange und der bestellte Waffel-Teller wird an ihren Tisch gebracht.

„Da läuft einem ja schon beim Anblick das Wasser im Mund zusammen", entfährt es Belle.

„Du darfst die Waffel gerne teilen", antwortet Anna großzügig. – Das heißt, so großzügig ist das von ihr eigentlich nicht gedacht. Anna weiß einfach, dass diejenige, die sich ein Stück aussuchen kann, die besseren Karten hat und nach eigenem Ermessen meist mehr als die Hälfte bekommt. Soweit also der Plan. Allerdings hat sie eines nicht bedacht...

Als Belle das Messer ansetzt und zügig schneidet, sieht man die Wut in Annas Gesicht steigen: „Belle, du weißt ganz genau, dass ich Kirschen doch überhaupt nicht mag!"

„Nun ja, du kannst dir ja das Stück ohne Kirschen nehmen", sagt Belle siegessicher.

„Aber dann bekommst du ja neben deinen heißgeliebten Kirschen auch noch fast das gesamte Vanilleeis", antwortet Anna betrübt.

„Es war doch *dein* Vorschlag, dass *ich* teilen soll", stellt Belle klar. Woraufhin Anna ihre typische bockige Körperhaltung einnimmt und nur noch stammelt: „Das ist unfair!"

„Ach so, *das* ist also unfair!", erwidert Belle schnippisch. „Du wolltest mich doch auch nur teilen lassen, damit du dir dann das größere Stück aussuchen kannst!"

Dann schauen sich beide an, fangen an zu lachen und bestellen sich einen zweiten Waffel-Teller – diesen darf diesmal Anna teilen.

Wenn das Cut-and-Choose-Protokoll angeblich ein neidfreies Protokoll ist, wie kommt es dann, dass Anna in dem obigen Beispiel mit der Aufteilung überhaupt nicht zufrieden ist? Ganz einfach: Ein neidfreies Cake-cutting-Protokoll garantiert eben nur dann Neidfreiheit, wenn sich alle Spieler an die Regeln und Strategien des Protokolls halten. Im oben beschriebenen Szenario jedoch nutzt Belle ihr Wissen aus, dass Anna keine Kirschen mag. Belle teilt den Waffel-Teller demnach nicht einfach nach *eigenem Ermessen* im Verhältnis 1:1 (wie es das neidfreie Cut-and-Choose-Protokoll verlangen würde), sondern sie teilt den Waffel-Teller so, dass Anna garantiert die Hälfte wählen wird, die für Belle deutlich weniger als 50% wert ist. Auf diese Weise sichert Belle sich selbst ein Stück, das aus ihrer Sicht deutlich mehr als 50% des gesamten Waffel-Tellers wert ist. Zumindest dann, wenn Anna die Regeln und Strategien des Protokolls befolgt und sich die für sie wertvollere Hälfte nimmt.

Obwohl Belle in diesem Beispiel unehrlich gespielt hat, erhalten sowohl Belle als auch Anna eine Portion, um die sie sich gegenseitig nicht beneiden. Die Aufteilung ist also dennoch neidfrei. Allerdings ist Anna sauer, weil Belle sie ausgespielt hat und sich selbst mehr als die Hälfte (aus Belles Sicht) erschummelt hat.

Das Erzielen einer neidfreien (also insbesondere proportionalen und in diesem Sinn fairen) Aufteilung, auch wenn einer der Spieler schummelt, wird dadurch garantiert, dass das Cut-and-Choose-Protokoll *strategiesicher* ist. Jedoch hätte dieses Szenario auch anders ausgehen können, d. h., Belle hätte sogar die Verliererin ihrer Schummelei sein können. Dies wäre zum Beispiel dann der Fall gewesen, wenn sich Annas Präferenzen inzwischen verändert hätten und sie nun Kirschen lieben würde. In diesem Fall hätte Belle Annas Präferenzen falsch eingeschätzt und Belle würde die Hälfte erhalten, die sie selbst mit weniger als 50% bewertet. Um mehr zu bekommen, als ihr eigentlich zusteht, ist Belle also das Risiko eingegangen, am Ende sogar weniger zu haben, als wenn sie ehrlich gewesen wäre.

Die folgende Definition führt den Begriff der Strategiesicherheit am Beispiel des Fairnesskriteriums „Proportionalität" ein. Diese Definition kann analog auch auf alle weiteren Fairnesskriterien für Cake-cutting-Protokolle (siehe Abschnitt 6.3.1) übertragen werden.

Definition 6.5 (Strategiesicherheit)
Ein proportionales Cake-cutting-Protokoll ist *strategiesicher für risikoscheue Spieler*, falls als Konsequenz eines Betrugs ausschließlich dem betrügerischen Spieler kein proportionaler Anteil mehr garantiert ist. Ein Spieler ist *betrügerisch*, falls er von den Regeln und Strategien des Protokolls mit dem Ziel abweicht, einen für sich selbst noch wertvolleren Anteil zu erhalten, als ihm eigentlich zustünde.   ♦

Ist ein Cake-cutting-Protokoll für risikoscheue Spieler strategiesicher, so kann der Betrugsversuch für einen betrügerischen Spieler (der das Risiko nicht scheut) demzufolge vorteilhaft sein – oder aber auch nachteilig – und allen ehrlichen Spielern ist immer ein proportionaler Anteil garantiert. In diesem Sinn ist die Strategiesicherheit eines Cake-cutting-Protokolls an die Definition des entsprechenden spieltheoretischen Begriffs aus Kapitel 2 angelehnt: Für risikoscheue Spieler ist ehrlich zu spielen eine dominante Strategie.

Auch wenn dies durchaus sehr wünschenswert wäre, kann Strategiesicherheit leider nicht immer erzielt werden. Um dennoch ein gewisses Maß an Fairness zu gewährleisten, bietet sich oft eine etwas abgeschwächte Form der Strategiesicherheit als ein Kriterium der Manipulierbarkeit an.

Definition 6.6 (schwache Strategiesicherheit)
Ein proportionales Cake-cutting-Protokoll ist *schwach strategiesicher für risikoscheue Spieler*, falls einem betrügerischen Spieler stets weniger als ein proportionaler Anteil droht und der Erfolg eines Betrugsversuch nicht garantiert ist.   ♦

Bei der Anwendung eines schwach strategiesicheren Cake-cutting-Protokolls sind risikoscheue Spieler daher zumindest motiviert, ehrlich zu spielen. Auch diese Definition kann analog auf alle weiteren Fairnesskriterien für Cake-cutting-Protokolle (siehe Abschnitt 6.3.1) übertragen werden.

6.3.4 Laufzeit

Ein gängiges Maß, um die Laufzeit eines Cake-cutting-Protokolls abzuschätzen, ist die Anzahl der vorgenommenen Entscheidungen in Abhängigkeit von der Zahl der Spieler. Hierbei gilt es genau zu klären, was als eine Entscheidung zählt. Generell zählen nicht nur tatsächlich durchgeführte Schnitte als Entscheidungen, sondern auch vorgenommene Bewertungen und Markierungen. Das Ziel ist es, ein Maß anzugeben, mit dem man die Laufzeit verschiedener Cake-cutting-Protokolle verlässlich vergleichen kann. Gerade bei der praktischen Durchführung von Protokollen ist die Laufzeitanalyse wichtig. Es kommt nicht nur darauf an, zu wissen, *dass* ein Protokoll eine bestimmte Lösung liefern wird, sondern man möchte auch wissen, *wann* – also nach wie vielen Entscheidungen der Spieler – mit einer solchen Lösung zu rechnen ist.

Das Laufzeitverhalten von Protokollen kann im Wesentlichen durch die Eigenschaften *endlich* oder *kontinuierlich* beschrieben werden. Bei einem endlichen Protokoll sind lediglich endlich viele Entscheidungen erforderlich, um eine gewünschte Lösung zu finden. Im Gegensatz dazu benötigt ein kontinuierliches Protokoll möglicherweise unendlich viele Entscheidungen. Im schlimmsten Fall erzielt ein kontinuierliches Protokoll also nie die gewünschte Aufteilung.

Definition 6.7 (Endlichkeit)
Ein Cake-cutting-Protokoll ist *endlich*, falls es immer (d. h. unabhängig von den Bewertungsfunktionen der Spieler) nach endlich vielen Entscheidungen mit einer Lösung terminiert. Ist ein Cake-cutting-Protokoll nicht endlich, so heißt es *kontinuierlich*.   ◆

Endliche Protokolle können weiter untergliedert werden in *endlich beschränkte* und *endlich unbeschränkte* Protokolle.

Definition 6.8 (endliche Beschränktheit)
Ein Cake-cutting-Protokoll ist *endlich beschränkt*, falls es endlich ist und die Anzahl der zur Lösung benötigten Entscheidungen stets vorab (in Abhängigkeit von der Anzahl der Spieler) angegeben werden kann. Ist ein endliches Cake-cutting-Protokoll nicht beschränkt, so heißt es *endlich unbeschränkt*.   ◆

Im Bereich Cake-cutting versteht man unter einem kontinuierlichen Protokoll in der Regel ein so genanntes Moving-Knife-Protokoll. Dies kann man sich so vorstellen, dass über dem rechteckig dargestellten Kuchen ein Messer schwebt und kontinuierlich über den Kuchen hinweg bewegt wird, und zwar parallel zum rechten und linken Rand des Kuchens und entlang seiner horizontalen Achse; dies ist schematisch in Abbildung 6.6 dargestellt. Soweit nicht anders angegeben, geht man stets davon aus, dass die Startposition des Messers am linken Rand des Kuchens ist. Zur Durchführung von Schnitten können die Spieler im Allgemeinen an jeder möglichen Position des Messers „Stopp!" rufen. Jeder Spieler muss demnach kontinuierlich Entscheidungen treffen – zu jedem möglichen Zeitpunkt, unendliche viele also –, um zu entscheiden, an welcher Position „Stopp!" gerufen werden soll.

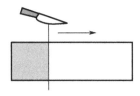

Abb. 6.6: Schematische Darstellung der Messerbewegung bei Moving-Knife-Protokollen

6.4   Cake-cutting-Protokolle

Nun stellen wir eine Auswahl konkreter Cake-cutting-Protokolle vor. Dabei wird auch deutlich werden, dass es hinsichtlich bestimmter Bewertungskriterien äußerst schwierig sein kann, auch nur ein einziges Cake-cutting-Protokoll anzugeben, das dieses Kriterium erfüllt. Tabelle 6.11 auf Seite 320 gibt eine Übersicht über alle hier vorgestellten Cake-cutting-Protokolle und ihre Eigenschaften. Für eine weiterführende Lektüre sei der Leser auch auf die Werke von Brams und Taylor (1996) und Robertson und Webb (1998) verwiesen.

Gegeben: Kuchen $X = [0,1]$, Spieler p_1, p_2 und p_3 mit den Maßen v_1, v_2 und v_3.

Schritt 1: p_1 teilt X in drei für sich gleichwertige Stücke, S_1, S_2 und S_3, d. h.,

$$v_1(S_1) = v_1(S_2) = v_1(S_3) = \frac{1}{3}.$$

Schritt 2: p_3 wählt aus den drei Stücken ein für sich wertvollstes Stück.

Schritt 3: p_2 wählt von den zwei übrigen Stücken ein für sich wertvollstes Stück.

Schritt 4: p_1 erhält das letzte Stück.

Abb. 6.7: Ein nicht proportionales Cake-cutting-Protokoll für drei Spieler

Wie sieht ein Cake-cutting-Protokoll aus? Abbildung 6.7 zeigt ein sehr kurzes, einfaches Beispiel eines Protokolls für drei Spieler. Zugegeben, die offensichtliche Schlichtheit des Protokolls führt auch dazu, dass es qualitativ nicht sehr hochwertig ist. So sieht man auf den ersten Blick, dass das Protokoll nicht neidfrei sein kann, denn der Spieler p_2 könnte die Portion von p_3 für wertvoller als seine eigene halten. Ebenso sieht man sofort, dass dieses Protokoll nicht einmal proportional ist: Zwar erhalten p_1 und p_3 jeweils proportionale Anteile (p_1, weil er den Kuchen in drei für sich gleichwertige Stücke geteilt hat, und p_3, weil er zuerst wählen darf), aber p_2 kann kein proportionaler Anteil garantiert werden. Gilt nämlich beispielsweise $v_2(S_1) = 1/2$ und $v_2(S_2) = v_2(S_3) = 1/4$ und wählt p_3 im zweiten Schritt das Stück S_1, weil es ihm ebenfalls am wertvollsten ist, so stehen p_2 nur noch zwei Stücke zur Auswahl, die ihm beide weniger als ein Drittel wert sind.

6.4.1   Zwei neidfreie Protokolle für zwei Spieler

Wir beginnen mit dem einfachsten Fall: zwei Spieler. Diese können den Kuchen mit dem bereits in den Abschnitten 6.2 und 6.3 erwähnten Cut-and-Choose-Protokoll aufteilen.

Das Cut-and-Choose-Protokoll

Der Name des Protokolls sagt schon alles: „Ein Spieler schneidet, der andere wählt eines der beiden Stücke." Diese Prozedur dürfte jedem vertraut sein, der sich als

Kind einen Kuchen mit einem Bruder oder einer Schwester teilen wollte, ohne dass eines der beiden Geschwister dabei zu kurz kommen sollte. Etwas formaler ist das Cut-and-Choose-Protokoll in Abbildung 6.8 angegeben.

Gegeben: Kuchen $X = [0,1]$, Spieler p_1 und p_2 mit den Maßen v_1 und v_1.

Schritt 1: p_1 schneidet den Kuchen in zwei Stücke, S_1 und S_2, die nach eigenem Maß gleich wertvoll sind: $v_1(S_1) = v_1(S_2) = 1/2$. Es gilt: $X = S_1 \cup S_2$.

Schritt 2: p_2 wählt ein für sich bestes Stück aus.

Schritt 3: p_1 erhält das andere Stück.

Abb. 6.8: Cut-and-Choose-Protokoll für zwei Spieler

Wie man sieht, ist auch dieses Protokoll sehr einfach und kurz, aber dennoch fair. Es ist nämlich nicht nur proportional, sondern sogar neidfrei. Dies folgt aus der in Satz 6.1 angegebenen Besonderheit, dass im Fall von $n = 2$ Spielern aus Proportionalität auch Neidfreiheit folgt. Denn für jeden der beiden Spieler gilt: Ist ihm die eigene Portion mindestens die Hälfte des Kuchens wert, so kann ihm die andere Portion (die der einzige Gegenspieler erhält) höchstens die Hälfte wert sein. Kein Spieler, der einen proportionalen Anteil erhält, beneidet also den anderen. Wie in Abschnitt 6.3 bereits erwähnt wurde, gilt diese Aussage für $n \geq 3$ Spieler jedoch nicht.

Satz 6.1
Jedes proportionale Cake-cutting-Protokoll für zwei Spieler ist neidfrei.

Wie im Eingangsbeispiel von Abschnitt 6.3.3 bereits angedeutet wurde, erhält beim Cut-and-Choose-Protokoll der schneidende Spieler immer *genau* die Hälfte des Kuchens (nach seinem Maß), während dem anderen Spieler (nach dessen Maß) sogar stets *mindestens* die Hälfte zugesprochen wird. Das kann dem letzteren Spieler einen Vorteil verschaffen, und zwar ganz ohne Manipulation, d. h., selbst dann, wenn sich beide Spieler an die Regeln und Strategien des Protokolls halten. Jedoch ist dieser potenzielle Vorteil des auswählenden Spielers eher eine zufällige Angelegenheit, kein zwangsläufiger Vorteil, da dieser Spieler selbst keinen Einfluss darauf hat, ob dieser Vorteil tatsächlich zustande kommt. Andererseits haben wir auch gesehen, dass der schneidende Spieler einen eindeutigen Vorteil hat, wenn er die Bewertungsfunktion des aussuchenden Spielers kennt. Obwohl das Cut-and-Choose-Protokoll also proportional und sogar neidfrei – und damit eigentlich *sehr* fair – ist, behandelt es die Spieler ungleich. Ist das Cut-and-Choose-Protokoll also wirklich so fair, wie zu sein scheint?

Diese Frage stellt weniger eine Kritik am Cut-and-Choose-Protokoll im Speziellen als vielmehr an den Fairnesskriterien im Allgemeinen dar. Ist denn ein Cake-cutting-Protokoll wirklich fair, nur weil es am Ende immer eine faire Aufteilung erzielt? Oder sollte nicht vielmehr auch der Art und Weise, *wie* diese Aufteilung erreicht wird, Aufmerksamkeit geschenkt werden? Sollte ein Cake-cutting-Protokoll nicht nur dann als fair deklariert werden, wenn sowohl die Vorgehensweise als auch die erhaltene Aufteilung als fair klassifiziert werden können? Für eine ausführliche Diskussion hierzu sei der Leser auf Holcombe (1997) verwiesen. In Anlehnung an diesen allgemeineren Fairness-Ansatz präsentieren Nicolo und Yu (2008) eine iterierte Variante des Cut-and-Choose-Protokolls, die sowohl auf eine faire Vorgehensweise als auch auf ein faires Ergebnis abzielt.

In der Literatur des gerechten Teilens liegt der Fokus allerdings generell auf den in Abschnitt 6.3.1 vorgestellten Fairnesskriterien. Daher werden diese im Folgenden auch hier im Vordergrund stehen. Wie bei jeder theoretischen Modellbildung sollte man sich jedoch stets der Grenzen der Modelle bewusst sein und diese hinterfragen und zu erweitern versuchen, anstatt ihnen blind zu vertrauen.

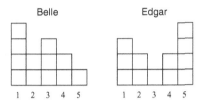

Abb. 6.9: Beispiel einer Boxendarstellung von Bewertungsfunktionen

In diesem Kapitel verwenden wir oft die so genannte Boxendarstellung, um spezifische Bewertungsfunktionen von Spielern anzugeben. Abbildung 6.9 zeigt ein Beispiel, in dem links die Bewertungsfunktion von Belle und rechts die von Edgar dargestellt ist. Der Kuchen ist in diesem Beispiel in insgesamt 12 Boxen unterteilt. Die Anzahl der Boxen pro Spalte gibt schematisch die Bewertung des entsprechenden Abschnitts des Kuchens an. So bewertet Belle hier den rechten Rand des Kuchens deutlich geringer als Edgar, und Edgar kann mit dem Mittelstück des Kuchens am wenigsten anfangen. Konkret kann man aus Abbildung 6.9 zum Beispiel ablesen, dass das linke Fünftel des Kuchens von Belle mit $4/12 = 1/3$ und von Edgar mit $3/12 = 1/4$ bewertet wird.

Dabei muss man sich darüber im Klaren sein, dass die Boxendarstellung von Bewertungsfunktionen sehr grob ist und stark vereinfacht: Es gibt Bewertungsfunktionen, die sich so nicht gut darstellen lassen. Dennoch ist diese Darstellung sehr gut geeignet, um Beispiele zu veranschaulichen und den Verlauf eines Protokolls für konkrete Bewertungsfunktionen zu illustrieren. Markierungen und Schnitte (zur Unterscheidung sind letztere mit einem Messer gekennzeichnet) werden dabei schematisch stets senkrecht gemacht. Die Beispiele in diesem Kapitel, die die Boxendarstellung verwenden, sind zur besseren Übersichtlichkeit so entworfen worden, dass Schnitte stets zwischen den Boxen verlaufen. Es ist aber natürlich auch legitim, Boxen zu zerschneiden, wenn nötig.

Abbildung 6.10 veranschaulicht die Durchführung des Cut-and-Choose-Protokolls für die Bewertungsfunktionen aus Abbildung 6.9. In Abbildung 6.10(a) schneidet Belle und Edgar wählt, während in Abbildung 6.10(b) Edgar schneidet und Belle wählt. Grau sind diejenigen Boxen dargestellt, die der jeweilige Spieler erhält. Es ist unschwer erkennbar, dass es bei diesen Bewertungsfunktionen für Belle und

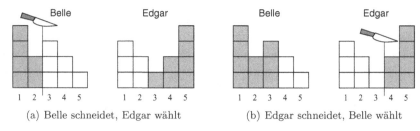

(a) Belle schneidet, Edgar wählt   (b) Edgar schneidet, Belle wählt

Abb. 6.10: Cut-and-Choose-Protokoll: Zwei Beispiele

Edgar einen Unterschied macht, wer von beiden schneidet und wer wählt. Wenn Belle schneidet, erhält sie selbst 6 Boxen (also die Hälfte des Kuchens) und Edgar erhält 7 Boxen (also $7/12$ des Kuchens, mehr als die Hälfte). Schneidet hingegen Edgar, so erhält er ebenfalls 6 Boxen (also die Hälfte des Kuchens), Belle aber sogar 9 Boxen (also $9/12 = 3/4$ des Kuchens). Neben dieser Abhängigkeit von der Spielerreihenfolge stellt man leicht fest, dass das Cut-and-Choose-Protokoll nicht Pareto-optimal ist. Abbildung 6.11 zeigt beispielsweise eine alternative Aufteilung des Kuchens, bei der Belle im Vergleich zu Abbildung 6.10(a) mehr erhält, ohne dass Edgar dadurch benachteiligt würde.

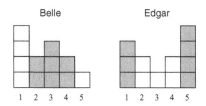

Abb. 6.11: Alternative Aufteilung des Kuchens: Cut-and-Choose ist nicht Pareto-optimal

Das Moving-Knife-Protokoll von Austin

Es gibt ein direktes Moving-Knife-Äquivalent zum Cut-and-Choose-Protokoll, auf das wir an dieser Stelle jedoch nicht weiter eingehen wollen. In Abbildung 6.12 ist eine erweiterte Version dieses Moving-Knife-Äquivalents zum Cut-and-Choose-Protokoll dargestellt, die ebenfalls für zwei Spieler funktioniert und bei der zwei Messer verwendet werden. Diese Version wurde von Austin (1982) vorgestellt und ist in dem Sinn erweitert, dass jedem der beiden Spieler ein Stück im Wert von *genau* der Hälfte des Kuchens (nach ihrem jeweiligen Maß) garantiert ist. Diese Version ist also nicht nur neidfrei, sondern sogar exakt (bzw. gleichverteilt – diese beiden Eigenschaften sind bei nur zwei Spielern offensichtlich äquivalent). Es ist leicht einzusehen, dass auch diese Version des Cut-and-Choose-Protokolls nicht Pareto-optimal ist.

Hier verlangen wir von den Bewertungsfunktionen der Spieler zusätzlich, dass sie stetig seien. Intuitiv bedeutet dies, dass solche Bewertungsfunktionen keine „wilden Sprünge" machen, sondern sich „gleichmäßig und gesittet" verhalten.

Definition 6.9 (Stetigkeit)
Die Bewertungsfunktion v_i eines Spielers heißt *stetig*, falls gilt: Sind α und β reelle Zahlen mit $v_i([0,a]) = \alpha$ und $v_i([0,b]) = \beta$ für a und b mit $0 < a < b \le 1$, so existiert für jede reelle Zahl $\gamma \in [\alpha,\beta]$ ein $c \in [a,b]$ mit $v_i([0,c]) = \gamma$.   ◆

Satz 6.2
Austins Moving-Knife-Protokoll für zwei Spieler in Abbildung 6.12 ist exakt.

Gegeben: Kuchen $X = [0,1]$, Spieler p_1 und p_2 mit stetigen Maßen v_1 und v_2.

Schritt 1: Ein Messer wird langsam von links nach rechts über den Kuchen geschwenkt, bis einer der Spieler, z.B. p_1, „Stopp!" ruft, weil das Messer den Kuchen dann in zwei Stücke S_1 und S_2 mit $X = S_1 \cup S_2$ teilt, sodass $v_1(S_1) = v_1(S_2) = 1/2$ gilt. Diesen Spieler nennen wir den *Schritt-1-Rufer*. Rufen beide Spieler gleichzeitig „Stopp!", so wird dieses Remis durch eine *Tie-breaking*-Regel beliebig (sagen wir, zu Gunsten von p_1) gebrochen.

Schritt 2: Der Schritt-1-Rufer, etwa p_1, nimmt nun ein zweites Messer und platziert es über dem linken Rand des Kuchens. Dann schwenkt p_1 beide Messer parallel und kontinuierlich von links nach rechts über den Kuchen, und zwar so, dass zwischen den Messern nach seinem Maß stets genau die Hälfte des Kuchens liegt. Das (sich stetig mit der Zeit t verändernde) Stück zwischen den beiden Messern heiße S_1^t.

Schritt 3: p_2 ruft genau dann (sagen wir, zum Zeitpunkt t_0) „Stopp!", wenn $v_2(S_1^{t_0}) = 1/2$ gilt, und beide Messer schneiden an ihren Positionen. Dann wählt p_2 entweder das Stück $S_1^{t_0}$ oder die beiden Stücke daneben, die $X - S_1^{t_0}$ ausmachen, und p_1 erhält die jeweils andere Portion.

Abb. 6.12: Austins Moving-Knife-Protokoll für zwei Spieler

Welche Garantie gibt es dafür, dass bei der Durchführung des Protokolls in Abbildung 6.12 zu irgendeinem Zeitpunkt t_0 tatsächlich $v_2(S_1^{t_0}) = 1/2$ gilt und p_2 „Stopp!" ruft? (Wie in Abbildung 6.12 nehmen wir dabei an, dass p_1 der Schritt-1-Rufer ist.) In dem Moment, wenn sich die beiden Messer in Schritt 2 nach rechts zu bewegen beginnen (also zum Zeitpunkt $t = 0$), gilt offenbar $v_2(S_1^0) \le 1/2$, denn sonst hätte p_2 in Schritt 1 eher als p_1 „Stopp!" gerufen. Sollte sogar $v_2(S_1^0) = 1/2$ in diesem Moment gelten,[4] so ruft p_2 unmittelbar zu Beginn von Schritt 2 „Stopp!",

---

[4]In diesem Fall hätten beide Spieler in Schritt 1 gleichzeitig „Stopp!" gerufen, p_1 aber – durch Anwendung der *Tie-breaking*-Regel – den Zuschlag erhalten.

noch bevor p_1 die beiden Messer in Bewegung gesetzt hat. Offenbar gilt $S_1^0 = S_1$ und somit $v_1(S_1^0) = v_2(S_1^0) = 1/2$.

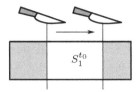

Abb. 6.13: Austins Moving-Knife-Protokoll: p_2 ruft „Stopp!" zum Zeitpunkt t_0

Andernfalls gilt $v_2(S_1^0) < 1/2$ zum Zeitpunkt $t = 0$. Nehmen wir an, dass das rechte Messer den rechten Rand des Kuchens zum Zeitpunkt $t = 1$ erreicht, dann ist das Stück S_1^1 zwischen den Messern zu diesem Zeitpunkt gerade das Komplement von S_1^0, d. h., $S_1^1 = X - S_1^0$. Folglich gilt $v_2(S_1^1) > 1/2$. Wegen $v_2(S_1^0) < 1/2 < v_2(S_1^1)$ (und unter Annahme der Stetigkeit der Bewertungsfunktionen) muss es aber einen Zeitpunkt t_0 geben, $0 < t_0 < 1$, sodass $v_2(S_1^{t_0}) = 1/2$ gilt.

Im Protokoll aus Abbildung 6.12 kann man zusätzlich noch verlangen, dass (falls p_2 in Schritt 3 nicht „Stopp!" ruft) zu dem Zeitpunkt, an dem das rechte Messer den rechten Rand erreicht, das linke Messer genau in der Position sein muss, in der das rechte Messer zu Beginn der Bewegung in Schritt 2 war. Diese Regel ist jedoch überflüssig, sofern sich beide Spieler an die Protokoll-Strategie halten.

Eine kleine Übung für den Leser: Was würde passieren, wenn wir Schritt 3 im Protokoll aus Abbildung 6.12 so abändern, dass der Schritt-1-Rufer, hier p_1, wählen dürfte, ob er $S_1^{t_0}$ oder $X - S_1^{t_0}$ haben möchte? Wie würden die beiden Spieler von der Protokoll-Strategie abweichen, um sich womöglich einen Vorteil zu verschaffen?

6.4.2 Proportionale Protokolle für beliebig viele Spieler

Wie kann man die Idee des Cut-and-Choose-Protokolls auf drei oder mehr Spieler übertragen? Dafür gibt es viele Möglichkeiten, von denen wir im Folgenden einige vorstellen wollen. Die in diesem Abschnitt angegebenen Protokolle, die die Idee des Cut-and-Choose-Protokolls in unterschiedlicher Weise auf eine beliebige Anzahl von Spielern verallgemeinern, sind alle proportional, keines ist jedoch neidfrei.

Das Last-Diminisher-Protokoll

In Abbildung 6.14 ist das Last-Diminisher-Protokoll angegeben, das von Banach und Knaster entwickelt und in (Steinhaus, 1948) erstmals veröffentlicht wurde. Dieses Protokoll funktioniert im Wesentlichen so, dass sich einer der Spieler ein genau proportionales Stück nach eigenem Maß abschneidet und alle anderen (noch) im Spiel befindlichen Spieler dieses Stück nach ihrem Maß bewerten. Sobald einer der anderen Spieler das Stück für überproportional hält, d. h., es mit mehr als $1/n$

bewertet, beschneidet dieser Spieler das Stück auf ein nach eigenem Maß genau proportionales Stück. Haben alle übrigen Spieler das (womöglich beschnittene) Stück reihum ebenfalls bewertet und möglicherweise noch weiter beschnitten, so scheidet der Spieler, der es zuletzt verkleinert hat, mit diesem Stück als seiner Portion aus und das Spiel beginnt mit den verbliebenen Spielern und dem restlichen Kuchen von vorn. Sind irgendwann nur noch zwei Spieler übrig, so wenden diese beiden das oben beschriebene Cut-and-Choose-Protokoll an.

Gegeben: Kuchen $X = [0,1]$, Spieler $p_1, p_2, \ldots, p_n$, wobei v_i, $1 \leq i \leq n$, das Maß von p_i sei. Setze $N := n$.

Schritt 1: p_1 schneidet vom Kuchen ein Stück S_1 mit $v_1(S_1) = 1/N$.

Schritt 2: $p_2, p_3, \ldots, p_n$ geben dieses Stück von einem zum nächsten, wobei sie es ggf. beschneiden. Sei S_{i-1}, $2 \leq i \leq n$, das Stück, das p_i von p_{i-1} bekommt.

- Ist $v_i(S_{i-1}) > 1/N$, so beschneidet p_i das Stück S_{i-1} und gibt das beschnittene Stück S_i mit $v_i(S_i) = 1/N$ weiter.

- Ist $v_i(S_{i-1}) \leq 1/N$, so gibt p_i das Stück $S_i = S_{i-1}$ weiter.

Der letzte Spieler, der dieses Stück ge- oder beschnitten hat, erhält S_n und scheidet aus.

Schritt 3: Setze die Reste zusammen zum neuen Kuchen $X := X - S_n$, benenne die im Spiel verbliebenen Spieler um in $p_1, p_2, \ldots, p_{n-1}$ und setze $n := n - 1$.

Schritt 4: Wiederhole die Schritte 1 bis 3, bis $n = 2$ gilt. Diese beiden, p_1 und p_2, wenden das Cut-and-Choose-Protokoll aus Abbildung 6.8 an.

Abb. 6.14: Last-Diminisher-Protokoll für n Spieler

Sehen wir uns ein konkretes Beispiel an. Belle und Edgar haben Chris und David zu einer Pizza eingeladen. Die Maße der vier Spieler, die die verschiedenen Teile der Pizza unterschiedlich bewerten, sind in Boxendarstellung gegeben und die Spielerreihenfolge ist alphabetisch. Die Pizza ist für jeden Spieler in insgesamt 20 Boxen unterteilt. In der ersten Runde beginnt Belle und schneidet ein Stück im Wert von $1/4$ der Pizza ab, nämlich die fünf hellgrauen Boxen der ersten beiden Spalten (siehe Abbildung 6.15). Dieses Stück gibt sie weiter an Chris, für den es jedoch $7/20 > 1/4$ wert ist. Also beschneidet Chris dieses Stück und gibt das beschnittene Stück im Wert von $1/4$ (die fünf dunkelgrauen Boxen der ersten Spalte) weiter an David. Für David hat dieses Stück einen Wert von $3/20 < 1/4$. Er gibt es unverändert weiter an Edgar, dem es nur $2/20 < 1/4$ wert ist. Also erhält Chris, der als Letzter geschnitten hatte, dieses Stück und scheidet aus. Die einem Spieler zugewiesene Portion ist dunkelgrau dargestellt.

In der zweiten Runde (siehe Abbildung 6.16) sind noch die Spalten 2 bis 7 der Pizza zu verteilen. Die hellgrau schraffierten Boxen in dieser Abbildung kennzeichnen, welcher Teil der Pizza für welchen Spieler nicht mehr zu haben ist: Die erste Spalte wurde bereits an Chris gegeben, weshalb Belle, David und Edgar sie nicht

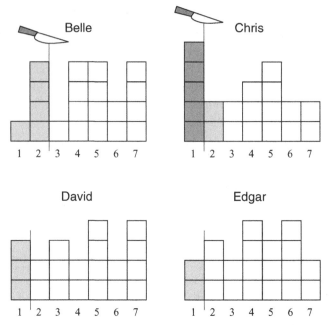

Abb. 6.15: Last-Diminisher-Protokoll mit vier Spielern: 1. Runde

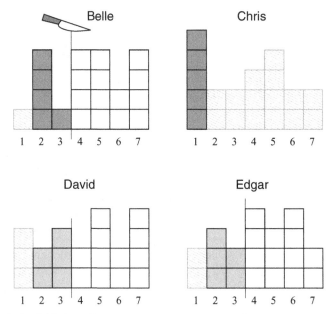

Abb. 6.16: Last-Diminisher-Protokoll mit vier Spielern: 2. Runde

mehr bekommen können, und Chris ist bereits ausgeschieden, weshalb er nichts von den Spalten 2 bis 7 erhalten kann. Für jeden der noch im Spiel befindlichen Spieler (Belle, David und Edgar) haben diese sechs Spalten einen Gesamtwert von *mindestens* (in diesem Beispiel sogar mehr als) drei Viertel der Pizza, denn Chris'

Portion haben sie alle mit *höchstens* (in diesem Beispiel sogar weniger als) einem
Viertel bewertet. Wieder beginnt Belle und schneidet ein Stück im Wert von 1/4
der Pizza ab, nämlich die fünf Boxen der Spalten 2 und 3. Dieses Stück gibt sie
weiter an David, für den es auch den Wert 1/4 hat. Er gibt es unverändert weiter
an Edgar, der dieses Stück ebenfalls mit 1/4 bewertet. Also scheidet in dieser Runde Belle, die zuletzt geschnitten hatte, mit den dunkelgrauen Spalten 2 und 3 der
Pizza als ihrer Portion aus.

In der letzten Runde sind noch David und Edgar im Spiel und teilen die Restpizza, die Spalten 4 bis 7, mit dem Cut-and-Choose-Protokoll untereinander auf
(siehe Abbildung 6.17). Da keiner von beiden eines der schon verteilten Stücke
beschnitten hat, ist klar, dass für beide die Restpizza noch mindestens (in diesem
Beispiel sogar mehr als) die Hälfte wert ist. Diesmal beginnt David und halbiert
die Restpizza nach seinem Maß. Nun kann Edgar aussuchen; natürlich wählt er
die Spalten 4 und 5, die nach seinem Maß mit sieben Boxen wertvoller als die
sechs Boxen in den Spalten 6 und 7 sind. Letztere gehen an David. Die Pizza ist
vollständig aufgeteilt und jeder Spieler hat einen proportionalen Anteil (Belle und
Chris) oder mehr (David und Edgar) erhalten.

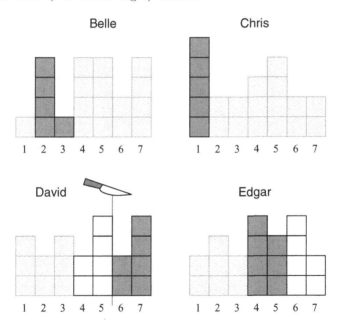

Abb. 6.17: Last-Diminisher-Protokoll mit vier Spielern: 3. Runde

Allgemein folgt die Proportionalität des Last-Diminisher-Protokolls daraus,
dass in jeder Runde (bis auf die letzte) ein Spieler mit einem nach eigenem Maß
proportionalen Stück ausscheidet und die beiden Spieler in der letzten Runde das
proportionale Cut-and-Choose-Protokoll anwenden. Dabei ist jedem Spieler tatsächlich ein proportionaler Anteil garantiert, weil jedes Stück, das einem Spieler

zugewiesen wird, von keinem noch im Spiel befindlichen Spieler mit mehr als $1/n$ des Kuchens bewertet wird.

Ganz offensichtlich ist das Last-Diminisher-Protokoll jedoch nicht neidfrei, denn einmal ausgeschiedene Spieler haben bezüglich der zukünftig zu verteilenden Stücke nichts mehr zu sagen. Sie können somit auch keinen „Einspruch erheben", wenn eines dieser Stücke nach ihrem Maß mehr als $1/n$ wert sein sollte. In unserem Beispiel etwa beneidet Belle David, da sie dessen Portion (die Spalten 6 und 7) mit $6/20 = 3/10$ höher als die eigene bewertet, diese ist ihr nämlich nur $5/20 = 1/4$ der Pizza wert. Ebenso wird Edgar von Chris beneidet, denn Chris bewertet Edgars Anteil mit $7/20$ ebenfalls höher als seinen eigenen ($5/20 = 1/4$). Gibt es noch weitere Neidbeziehungen zwischen Spielern in diesem Beispiel?

Auch das Last-Diminisher-Protokoll ist nicht Pareto-optimal – schon allein deshalb nicht, weil das in ihm enthaltene Cut-and-Choose-Protokoll nicht Pareto-optimal ist.

Das Moving-Knife-Protokoll von Dubins und Spanier

In Anlehnung an das soeben vorgestellte endlich beschränkte Last-Diminisher-Protokoll haben Dubins und Spanier (1961) eine proportionale Moving-Knife-Variante vorgestellt. Das Moving-Knife-Protokoll von Dubins und Spanier ist in Abbildung 6.18 angegeben und stellt im Prinzip ein direktes Äquivalent des Last-Diminisher-Protokolls dar. Der einzige Unterschied neben der Übertragung ins Kontinuierliche ist die Vorgehensweise, wenn sich nur (noch) zwei Spieler im Spiel befinden. Das Cut-and-Choose-Protokoll (in seiner Moving-Knife-Variante) findet in diesem Fall beim Dubins–Spanier-Protokoll keine Anwendung, stattdessen werden die ersten $n-1$ Stücke in genau identischer Weise zugeordnet und der letzte Spieler erhält den restlichen Kuchen. Natürlich könnte man auch das herkömmliche Last-Diminisher-Protokoll in dieser Weise sehr einfach anpassen. An der Proportionalität des Last-Diminisher-Protokolls würde dies nichts ändern, jedoch hätte in diesem Fall ausschließlich der letzte verbleibende Spieler einen Vorteil, weil er als einziger Spieler eventuell mehr als einen proportionalen Anteil erhalten könnte. Bei der herkömmlichen Variante des Last-Diminisher-Protokolls hingegen könnten die *beiden* letzten verbleibenden Spieler in den Genuss dieses Vorteils kommen.

Dass das Dubins–Spanier-Protokoll proportional ist, ist offensichtlich: Jedem Spieler, der nach der Protokoll-Strategie spielt, ist ein proportionaler Anteil sicher. Das Protokoll ist jedoch nicht neidfrei. Nehmen wir an, drei Spieler wenden das Dubins–Spanier-Protokoll an, Anna, Belle und Chris. Angenommen, Belle ruft zuerst „Stopp!". Dann wird sie zwar nicht von Anna oder Chris beneidet (denn sonst hätten diese eher „Stopp!" gerufen), aber umgekehrt ist es durchaus möglich, dass Belle entweder Anna oder Chris beneidet – allerdings wird Belle nicht beide zugleich beneiden. Und zwar beneidet Belle genau dann Anna oder Chris, wenn diese den restlichen Kuchen, den Belle mit $2/3$ bewertet, nicht zufällig genau

---

Gegeben: Kuchen $X = [0,1]$, Spieler $p_1, p_2, \ldots, p_n$ mit stetigen Maßen.

Schritt 1: Ein Messer wird langsam von links nach rechts über den Kuchen geschwenkt, bis einer der Spieler „Stopp!" ruft, weil dieser das Stück links vom Messer mit $1/n$ bewertet. Rufen mehrere Spieler gleichzeitig „Stopp!", so wird dieses Remis durch eine *Tie-breaking*-Regel beliebig (sagen wir, zu Gunsten des Spielers p_i, der unter den Rufern den kleinsten Index i hat) gebrochen. Das Messer schneidet an dieser Position. Das linke Stück geht an den Rufer (bzw. an den Spieler, dem unter den Rufern der Zuschlag gegeben wurde) und dieser scheidet damit aus.

Schritt 2, 3, $\ldots$, $n-1$: Wiederhole Schritt 1 mit den übrigen Spielern und dem restlichen Kuchen.

Schritt n: Der letzte noch übrige Spieler erhält das restliche Stück Kuchen.

Abb. 6.18: Das Moving-Knife-Protokoll von Dubins und Spanier für n Spieler

halbe-halbe nach Belles Maß untereinander aufteilen. Ebenso ist Neid zwischen Anna und Chris möglich: Wer immer als letzter Spieler übrig bleibt, wird von dem vorletzten Spieler beneidet, außer dieser hätte den restlichen Kuchen (nachdem Belle mit ihrer Portion ausgeschieden ist) nach seinem Maß genau halbiert. Dies legt eine Strategie nahe, wie man den Neid in diesem Protokoll zumindest verringern kann: Nachdem der vorvorletzte Spieler mit seiner Portion ausgeschieden ist, rufen die letzten beiden im Spiel befindlichen Spieler erst dann „Stopp!", wenn der restliche Kuchen nach ihrem Maß jeweils genau halbiert wird. Dann beneidet keiner der letzten beiden Spieler den anderen (und natürlich auch keinen der früher ausgeschiedenen Spieler). Dies ändert aber nichts daran, dass diese letzten beiden Spieler von früher ausgeschiedenen Spielern beneidet werden können.

Das Lone-Chooser-Protokoll

Ein weiteres proportionales Protokoll für eine beliebige Anzahl von Spielern, das Lone-Chooser-Protokoll, geht auf Fink (1964) zurück und ist in Abbildung 6.19 zu sehen. Auch dieses Cake-cutting-Protokoll verallgemeinert das Cut-and-Choose-Prinzip, jedoch in einer anderen Art und Weise als das Last-Diminisher-Protokoll. Wie dieses ist auch das Lone-Chooser-Protokoll endlich beschränkt. Der Name dieses Protokolls rührt daher, dass in jeder Runde alle bis auf einen Spieler schneiden; der eine Spieler, der nicht schneidet, wählt dann aus diesen geschnittenen Stücken geeignete aus und wird deshalb als der „einsame Wähler" (*lone chooser*") bezeichnet. Anders als beim Last-Diminisher-Protokoll nimmt hier jedoch die Anzahl der aktiven Spieler sukzessive über die Runden zu und nicht ab. Zudem werden beim Lone-Chooser-Protokoll alle endgültigen Stückzuordnungen erst in der letzten Runde vorgenommen. Es gibt keinen Spieler, der bereits vorher mit seinem Anteil ausscheidet. Die Möglichkeit, pro Runde einen weiteren Spieler hinzuzufügen, sowie die Stückzuweisung ganz am Ende des Protokolls haben den

Vorteil, dass nicht von vornherein bekannt sein muss, wie viele Spieler insgesamt teilnehmen werden.

Gegeben: Kuchen $X = [0,1]$, Spieler $p_1, p_2, \ldots, p_n$, wobei v_i, $1 \leq i \leq n$, das Maß von p_i sei.

Runde 1: p_1 und p_2 wenden das Cut-and-Choose-Protokoll an, wobei p_1 beginnt und den Kuchen teilt. Seien S_1 das Stück, das p_1 erhält, und S_2 das Stück, das p_2 sich aussucht. Es gilt: $X = S_1 \cup S_2$, $v_1(S_1) = 1/2$ und $v_2(S_2) \geq 1/2$.

Runde 2: p_3 teilt S_1 mit p_1 und S_2 mit p_2 so:

- p_1 schneidet S_1 in S_{11}, S_{12} und S_{13}, sodass gilt:

$$v_1(S_{11}) = v_1(S_{12}) = v_1(S_{13}) = \frac{1}{6}.$$

- p_2 schneidet S_2 in S_{21}, S_{22} und S_{23}, sodass gilt:

$$v_2(S_{21}) = v_2(S_{22}) = v_2(S_{23}) \geq \frac{1}{6}.$$

- p_3 wählt ein für sich wertvollstes Stück aus $\{S_{11}, S_{12}, S_{13}\}$ und ein für sich wertvollstes Stück aus $\{S_{21}, S_{22}, S_{23}\}$.

⋮

Runde $n - 1$: Für i, $1 \leq i \leq n-1$, hat p_i ein Stück T_i mit $v_i(T_i) \geq 1/(n-1)$ und schneidet T_i in n Stücke $T_{i1}, T_{i2}, \ldots, T_{in}$ mit $v_i(T_{ij}) \geq 1/n(n-1)$. Der Spieler p_n wählt für jedes i, $1 \leq i \leq n-1$, eines der Stücke $T_{i1}, T_{i2}, \ldots, T_{in}$ von größtem Wert nach seinem Maß v_n.

Abb. 6.19: Lone-Chooser-Protokoll für n Spieler

Während beim Last-Diminisher-Protokoll die beiden letzten im Spiel verbleibenden Spieler (die am Schluss das Cut-and-Choose-Protokoll anwenden) nie einen der $n-2$ anderen Spieler beneiden, kann eine solche Aussage beim Lone-Chooser-Protokoll nicht getroffen werden. Hier ist es vielmehr so, dass *keinem* der Spieler garantiert werden kann, dass er am Ende keinen der $n-1$ anderen Spieler beneidet. Der in der Spielerreihenfolge erste Spieler, p_1, ist allerdings potenziell etwas benachteiligt, da er in jedem Fall nur einen exakt proportionalen Anteil erhält, alle anderen Spieler jedoch (in Abhängigkeit von ihren Bewertungsfunktionen) sogar mehr als einen proportionalen Anteil erhalten können.

Ein weiterer Unterschied zu den bisherigen proportionalen Protokollen (einschließlich der Moving-Knife-Protokolle) besteht darin, dass die Spieler beim Lone-Chooser-Protokoll nicht unbedingt ein zusammenhängendes Stück erhalten. Dabei vernachlässigen wir, dass innerhalb eines zusammenhängenden Stücks eventuell Schnitte vorgenommen wurden – der zusammenhängende Anteil eines Spielers kann also auch aus mehreren benachbarten Stücken bestehen. Dies ist gerechtfertigt, da aufgrund des in Abschnitt 6.2 eingeführten Teilbarkeitskriteriums Schnitte nicht zu einem Wertverlust bzw. nicht zu einer „Lücke" in einem Stück führen.

Auch vernachlässigen wir hier, dass in jeder außer der letzten Runde des Last-Diminisher-Protokolls Reste entstehen können, wenn Spieler das herumgereichte Stück beschneiden, die anschließend wieder zum „neuen" Kuchen der nächsten Runde zusammengesetzt werden. Die in jeder dieser Runden einem Spieler zugewiesene Portion ist bezüglich dieses „neuen" Kuchens dennoch zusammengesetzt.

Definition 6.10 (zusammenhängende Portion)
Es sei eine Aufteilung des Kuchens $X = \bigcup_{i=1}^{n} X_i$ gegeben, wobei X_i die Portion des i-ten Spielers ist. Eine Portion X_i heißt *zusammenhängend*, falls es $x_1, x_2 \in \mathbb{R}$ mit $0 \leq x_1 < x_2 \leq 1$ gibt, sodass gilt: $X_i = [x_1, x_2] = \{x \in \mathbb{R} \mid x_1 \leq x \leq x_2\}$. ◆

Das Lone-Chooser-Protokoll zeigt also erstmals die Möglichkeit auf, dass die Spieler Anteile erhalten können, die aus nicht zusammenhängenden Stücken bestehen. Dies ist ein wichtiger Aspekt, denn wie Stromquist (2008) gezeigt hat, gibt es für mehr als zwei Spieler kein *endliches* neidfreies Cake-cutting-Protokoll, wenn nur zusammenhängende Stücke als Portionen der Spieler zugelassen sind. Daraus folgt auch, dass es kein endliches neidfreies Cake-cutting-Protokoll für $n \geq 3$ Spieler geben kann, welches lediglich $n-1$ Schnitte benötigt (siehe auch Abschnitt 6.4.7).

Austin (1982) stellte fest, dass man sein in Abschnitt 6.4.1 beschriebenes Moving-Knife-Protokoll so mit dem Lone-Chooser-Protokoll für beliebig viele Spieler kombinieren kann, dass nicht nur eine proportionale, sondern sogar eine exakte Aufteilung garantiert ist. Natürlich ist diese kombinierte Variante der beiden Protokolle dann auch ein Moving-Knife-Protokoll.

Das Lone-Divider-Protokoll

Kuhn (1967) schlug ein proportionales und endlich beschränktes Protokoll vor, das Lone-Divider-Protokoll, das eine Methode von Steinhaus für drei Spieler auf beliebig viele Spieler verallgemeinert. Während der Fall von drei Spielern noch recht einfach ist, beruht der allgemeine Fall auf mathematisch sehr anspruchsvollen Argumenten.[5] Deshalb soll das Steinhaus–Kuhn-Protokoll hier nicht für eine beliebige Anzahl von Spielern, also nicht ganz allgemein präsentiert werden. Dawson (2001) gibt eine schöne und etwas leichter verständliche – wenn auch durch viele Fallunterscheidungen recht umfangreiche – rekursive Darstellung des Protokolls an. Um dennoch die Idee des Lone-Divider-Protokolls wiederzugeben, beschränken wir uns hier auf den Fall von drei bzw. vier Spielern.

Beginnen wir mit der Beschreibung des Protokolls für drei Spieler, sagen wir, Belle, Chris und David. Beim Lone-Divider-Protokoll gibt es, anders als beim Last-

---

[5]Das ursprüngliche Argument in (Kuhn, 1967) macht Gebrauch vom Frobenius–König-Theorem über die Permanenten von 0-1-Matrizen. Andere Quellen, die das Kuhn-Protokoll vorstellen, z. B. (Robertson und Webb, 1998), verwenden graph-theoretische Aussagen wie den auch als Heiratssatz bekannten Satz von Hall über perfekte Matchings in Graphen.

Diminisher- oder beim Lone-Chooser-Protokoll, nur einen Spieler, der den Kuchen teilt, den „einsamen Teiler" (*„lone divider"*). Wer das ist, kann unter den Spielern ausgewürfelt werden; nehmen wir an, Belle. Sie teilt den Kuchen in so viele Stücke von gleichem Wert nach ihrem Maß auf, wie es Spieler gibt, hier also in drei Stücke: A, B und C. Nun bewerten die anderen Spieler diese Stücke. Dabei ist ein Stück für einen Spieler *akzeptabel*, falls es für ihn einen mindestens proportionalen Wert hat, hier also mindestens ein Drittel des Kuchens. Für Belle sind natürlich alle Stücke akzeptabel und für die anderen beiden Spieler muss jeweils mindestens ein Stück akzeptabel sein. Wir unterscheiden die folgenden beiden Fälle.

Fall 1: Für Chris oder David (sagen wir, für Chris) sind mindestens zwei Stücke akzeptabel. In diesem Fall wählt David ein Stück, das für ihn akzeptabel ist. Da Chris mindestens zwei Stücke für akzeptabel hält, muss danach noch mindestens ein für ihn akzeptables Stück vorhanden sein, und er nimmt sich ein solches Stück. Weil alle Stücke für Belle akzeptabel sind, ist sie auch mit dem noch übrigen Stück zufrieden.

Fall 2: Für Chris und David ist jeweils nur ein Stück akzeptabel. Nehmen wir an, A ist für Chris akzeptabel und B für David. (Wenn beide Spieler dasselbe Stück akzeptabel finden, funktioniert dieses Argument analog.) In diesem Fall gibt es ein Stück (oder sogar zwei Stücke, wenn beide Spieler dasselbe Stück akzeptabel finden), nämlich C, das für Chris und David inakzeptabel, also weniger als ein Drittel des Kuchens wert ist. C geht also an Belle, die es ja akzeptabel findet. Der Rest des Kuchens, $A \cup B$, muss also sowohl für Chris als auch für David einen größeren Wert als zwei Drittel des Kuchens haben. Teilen Chris und David $A \cup B$ nun mit dem Cut-and-Choose-Protokoll, ist beiden folglich ein Anteil von mehr als $(1/2) \cdot (2/3) = 1/3$ des Kuchens sicher.

In beiden Fällen ist allen drei Spielern ein proportionaler Anteil garantiert. Jedoch ist das Protokoll nicht neidfrei. Neid könnte in Fall 1 zum Beispiel entstehen, wenn Chris eines der beiden für ihn akzeptablen Stücke für wertvoller als das andere hält und David gerade dieses für Chris wertvollere Stück wählt. In Fall 2 könnte es passieren, dass Belle einen der beiden anderen Spieler beneidet, wenn nämlich das Stück $A \cup B$ (das Belle mit $2/3$ bewertet) mit dem Cut-and-Choose-Protokoll in Belles Augen nicht genau halbiert wird. Nur David, der in Fall 1 zuerst wählt und in Fall 2 am Cut-and-Choose-Protokoll beteiligt ist, wird garantiert niemanden beneiden.

Komplizierter wird die Argumentation, wie bereits erwähnt, wenn mehr als drei Spieler mitmachen. Für vier und fünf Spieler gibt es jedoch eine zwar raffinierte, aber dennoch einfache Begründung dafür, wie man allen Spielern nur jeweils akzeptable Stücke zuweisen kann. Diese Begründung geht auf Custer (1994) zurück (siehe auch Brams und Taylor, 1996). Wir präsentieren hier den Fall mit vier Spielern: Zu Belle, Chris und David kommt also noch Edgar hinzu. Wieder schneidet Belle den Kuchen, diesmal in vier Stücke von gleichem Wert nach ihrem Maß: A,

B, C und D. Wieder bewerten die anderen Spieler diese Stücke und stellen fest, welche für sie jeweils akzeptabel, also mindestens ein Viertel des Kuchens wert sind. Für Belle sind natürlich wieder alle Stücke akzeptabel und für die anderen drei Spieler muss jeweils mindestens ein Stück akzeptabel sein. Wir unterscheiden die folgenden drei Fälle.

Fall 1: Es gibt mindestens ein Stück (sagen wir, A), das nur für Belle akzeptabel ist. Für alle anderen Spieler ist A also inakzeptabel. Geben wir Belle das Stück A, dann hat der Rest des Kuchens, $B \cup C \cup D$, für jeden anderen Spieler einen größeren Wert als drei Viertel. Chris, David und Edgar können nun also das oben beschriebene Steinhaus-Verfahren für drei Spieler anwenden und erhalten so jeweils eine Portion im Wert von mehr als $(1/3) \cdot (3/4) = 1/4$ des Kuchens.

Fall 2: Es gibt mindestens ein Stück (sagen wir, A), das nur für Belle und einen weiteren Spieler (sagen wir, Chris) akzeptabel ist. Geben wir Chris das Stück A, dann hat der Rest des Kuchens, $B \cup C \cup D$, für jeden anderen Spieler einen Wert von mindestens drei Viertel des Kuchens (für Belle genau drei Viertel; für David und Edgar hat $B \cup C \cup D$ sogar einen größeren Wert, da A für sie inakzeptabel ist). Belle, David und Edgar können nun also das oben beschriebene Steinhaus-Verfahren für drei Spieler anwenden und erhalten so jeweils eine Portion im Wert von mindestens $(1/3) \cdot (3/4) = 1/4$ des Kuchens.

Fall 3: Jedes der Stücke A, B, C und D ist für Belle und mindestens zwei weitere Spieler akzeptabel.

Tab. 6.1: Fall 3 im Verfahren von Custer (1994)

A	B	C	D
Belle	Belle	Belle	Belle
?	?	?	?
?	?	?	?

Tabelle 6.1 zeigt die vier Stücke und unter jedem Stück die drei Spieler, die dieses Stück akzeptabel finden. (Dass auch für sämtliche vier Spieler ein Stück akzeptabel sein kann, dürfen wir vernachlässigen.) Zunächst wissen wir nur, dass für Belle alle vier Stücke akzeptabel sind. Mindestens einer der anderen Spieler (sagen wir, Chris) muss jedoch mindestens drei dieser Stücke für akzeptabel halten, denn sonst könnten höchstens $2 + 2 + 2 = 6$ der acht Fragezeichen in Tabelle 6.1 durch Namen ersetzt werden. Aber selbst wenn Chris alle vier Stücke akzeptabel fände, muss David oder Edgar (sagen wir, David) mindestens zwei dieser Stücke für akzeptabel halten, denn sonst könnten höchstens $4 + 1 + 1 = 6$ der acht Fragezeichen in Tabelle 6.1 durch

Namen ersetzt werden. Somit sind also für Belle alle vier Stücke akzeptabel, für Chris mindestens drei Stücke, für David mindestens zwei Stücke und für Edgar mindestens ein Stück. Folglich kann auch in diesem Fall eine proportionale Aufteilung garantiert werden, wenn wir die Spieler in der umgekehrten Reihenfolge wählen lassen: erst Edgar, dann David, dann Chris und schließlich Belle.

Man kann sich leicht überlegen, dass auch für vier Spieler in diesem Protokoll keine Neidfreiheit garantiert werden kann. Als eine kleine Übung kann sich der Leser überlegen, zwischen welchen Spielern in welchen der drei Fälle Neidbeziehungen möglich oder nicht möglich sind.

Das Cut-your-own-Piece-Protokoll

Ein Cake-cutting-Protokoll, das man sehr schön anhand der Aufteilung von Grundstücken erläutern kann, ist das von Steinhaus (1969) vorgeschlagene Cut-your-own-Piece-Protokoll. Nehmen wir also an, ein reicher Onkel ist gestorben und hinterlässt ein wunderschönes, idyllisch gelegenes Seegrundstück, das unter den drei Erben – Felix, Georg und Helena – aufgeteilt werden soll. Wie bei einem Kuchen werden verschiedene Teile des Grundstücks von den drei Spielern unterschiedlich bewertet. Zum Beispiel würde sich Felix besonders über den Wald freuen, der am linken Rand des Grundstücks wächst. Georg dagegen ist ein begeisterter Segler und legt besonders großen Wert auf die Bootsanlegestelle am Seeufer in der Mitte des Grundstücks. Helena schließlich lassen Wald und Boote relativ kalt; sie möchte am liebsten einen hübschen Kräuter- und Blumengarten anlegen und vor allem einen schönen Badestrand haben, am besten in der windgeschützten Bucht auf der rechten Seite des Grundstücks.

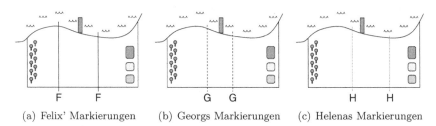

F F	G G	H H
(a) Felix' Markierungen	(b) Georgs Markierungen	(c) Helenas Markierungen

Abb. 6.20: Cut-your-own-Piece-Protokoll: Die Markierungen

Dem Cut-your-own-Piece-Protokoll gemäß macht jeder der drei Erben auf einem separaten Transparentpapier, das jeweils eine maßstabsgetreue Skizze des Grundstücks zeigt, zwei zu den seitlichen Grundstücksgrenzen parallele und zur angrenzenden Straße senkrechte Markierungen, die das Grundstück in drei Teile unterteilen (siehe Abbildung 6.20). Für jeden von ihnen haben die so markierten drei Stücke jeweils den gleichen Wert. Je wertvoller ein Stück des Grundstücks dabei für einen Spieler ist, desto kleiner ist es flächenmäßig, denn wenn zum Beispiel Georg (siehe Abbildung 6.20(b)) nicht den für ihn wertvollsten Mittelteil mit der Anlegestelle bekommen sollte, dann möchte er wenigstens ein flächenmäßig größeres Stück links oder rechts davon erhalten. Keiner der drei Spieler sieht die Markierungen der anderen beiden Spieler – deshalb machen sie ihre Markierungen auf drei verschiedenen Skizzen.

Die Idee ist es nun, jedem der drei eines der selbst abgesteckten Stücke zuzuweisen, und zwar so, dass die zugewiesenen Stücke disjunkt zueinander sind. Steinhaus (1969) zeigte, dass es immer möglich ist, diese markierten Stücke in einer proportionalen Weise unter den Spielern aufzuteilen. Er selbst gab allerdings keine konkrete Strategie an, wie dies gewährleistet werden kann. Wenn man sich etwas näher damit beschäftigt, fällt jedoch schnell auf, dass es dafür mehrere Möglichkeiten gibt. Eine davon ist in Abbildung 6.23 angegeben (siehe auch Lindner und Rothe, 2009): Man beginnt am linken Grundstücksrand und arbeitet sich nach rechts vor.

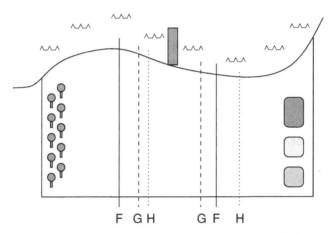

Abb. 6.21: Cut-your-own-Piece-Protokoll: Vergleich der Markierungen

Felix, Georg und Helena legen nun also die drei durchsichtigen Skizzen mit ihre Markierungen übereinander. Es ergibt sich das in Abbildung 6.21 dargestellte Bild. Das am weitesten links liegende Stück wird Felix gegeben, weil er diese Markierung gemacht hat. (Hätten mehrere Spieler an derselben Stelle markiert, wäre irgendeiner dieser Spieler mittels einer *Tie-breaking*-Regel ausgewählt worden.) Felix hat seinen proportionalen Anteil und scheidet damit aus (siehe Abbildung 6.22(a)).

Anschließend werden alle Markierungen von Felix sowie die am weitesten links liegenden Markierungen der anderen Spieler entfernt und derselbe Vorgang wird mit den noch vorhandenen Spielern, Georg und Helena, und dem restlichen Grundstück wiederholt. Da Felix am weitesten links markiert hatte, ist sowohl Georg als auch Helena das restliche Grundstück mindestens (in diesem Fall sogar mehr als) zwei Drittel des gesamten Grundstücks wert. Als nächster erhält Georg seinen (über)proportionalen Anteil (siehe Abbildung 6.22(b)). Helena bekommt, was übrig bleibt, und ist damit ebenfalls mehr als zufrieden (siehe Abbildung 6.22(c)).

Während Felix genau seinen proportionalen Anteil am Grundstück bekommen hat, genießen Georg und Helena hier den Vorteil, sogar mehr als ihre proportionalen Anteile zu erhalten. Abbildung 6.23 gibt das Cut-your-own-Piece-Protokoll im allgemeinen Fall für eine beliebige Anzahl von Spielern an.

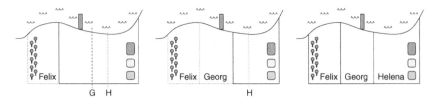

  (a) Felix erhält sein Stück   (b) Georg erhält sein Stück   (c) Helena erhält ihr Stück

Abb. 6.22: Cut-your-own-Piece-Protokoll: Die Zuweisung der Stücke

---

Gegeben: Kuchen $X = [0,1]$, Spieler $p_1, p_2, \ldots, p_n$.

Schritt 1: Jeder Spieler macht $n-1$ Markierungen, um den Kuchen in n Stücke vom Wert jeweils $1/n$ nach seinem Maß aufzuteilen. Alle $n(n-1)$ Markierungen seien parallel zueinander. Kein Spieler kennt die Markierungen der anderen Spieler.

Schritt 2: Bestimme die am weitesten links liegende Markierung.

- Das Stück zwischen dem linken Rand und dieser Markierung geht an einen (beliebigen) Spieler, der dort markiert hat. Dieser Spieler scheidet damit aus.

- Entferne alle Markierungen dieses Spielers sowie die am weitesten links liegenden Markierungen der anderen Spieler.

Schritt 3: Wiederhole Schritt 2 mit dem Rest des Kuchens und den übrigen Spielern, bis alle Markierungen entfernt sind.

Schritt 4: Der letzte noch übrige Spieler erhält das verbleibende Stück.

Abb. 6.23: Cut-your-own-Piece-Protokoll für n Spieler

Von der Strategiesicherheit des Cut-your-own-Piece-Protokolls kann man sich sehr einfach überzeugen. Da bei diesem Protokoll jedem Spieler ein Stück *garantiert* ist, das er selbst markiert hat (und das deshalb für ihn akzeptabel sein sollte, denn sonst würde er sich ja ins eigene Fleisch schneiden), beeinflussen mögliche betrügerische Absichten eines Spielers nie die Anteile der anderen Spieler. Jedem ehrlichen Spieler ist somit in jedem Fall ein proportionaler Anteil sicher. Versucht ein Spieler jedoch zu schummeln, um sich mehr als den ihm zustehenden Anteil zu verschaffen, so riskiert er damit nur seinen eigenen proportionalen Anteil, nicht aber den der anderen Spieler. Markiert ein solcher Betrüger etwa ein Stück, das für ihn wertvoller als $1/n$ ist, in der Hoffnung, gerade dieses Stück zu bekommen, so bedeutet dies auch, dass er mindestens ein anderes Stück markiert haben muss, das weniger Wert als $1/n$ für ihn hat. Da die Spieler keinen direkten Einfluss darauf haben, welches Stück ihnen am Ende zugewiesen wird – das hängt immer auch von den ihnen unbekannten Markierungen der anderen Spieler ab –, kann ein betrügerischer Spieler am Ende auch mit weniger als einem proportionalen Anteil dastehen.

Das Divide-and-Conquer-Protokoll

Even und Paz (1984) stellten ein Cake-cutting-Protokoll vor, das einem Prinzip aus römischer Zeit folgt: *„Divide et impera!"* – „Teile und herrsche!" Das Protokoll beruht demnach auf der Idee, das Problem der fairen Aufteilung des gesamten Kuchens X unter n Spieler darauf zu reduzieren, dass X in disjunkte Teile A und B mit $X = A \cup B$ zerlegt wird und sowohl A als auch B unter disjunkten Gruppen von jeweils (ungefähr) $n/2$ Spielern fair aufgeteilt werden. Zu berücksichtigen ist, dass eine faire Aufteilung der Teilstücke A und B nur dann zum Erfolg führen kann, wenn diese erstens in einer fairen Art und Weise bestimmt wurden und zweitens in sinnvoller Weise festgelegt wurde, welcher Spieler zu der Gruppe gehört, die A aufteilt, und welcher zu der Gruppe, die B aufteilt.

Dabei ist es beim Divide-and-Conquer-Protokoll nötig, zwischen einer geraden Anzahl und einer ungeraden Anzahl von Spielern zu unterscheiden. Bei einer geraden Spieleranzahl wird die Menge der Spieler genau halbiert, sodass zwei Gruppen mit jeweils wieder einer geraden Anzahl von Spielern entstehen. Bei einer ungeraden Spieleranzahl dagegen wird die Menge der Spieler in fast gleich große Gruppen geteilt, von denen eine eine gerade und die andere eine ungerade Anzahl von Spielern hat. Je nach Spieleranzahl wird der Kuchen rekursiv in immer kleinere disjunkte Teilstücke und immer kleinere disjunkte Spielergruppen zerlegt, bis am Ende für jeden Spieler genau ein aus eigener Sicht proportionales Stück übrig bleibt. Abbildung 6.24 zeigt die weiteren Details des Protokolls für eine beliebige Anzahl n von Spielern.

Für $n = 2$ Spieler entspricht das Divide-and-Conquer-Protokoll gerade dem Cut-and-Choose-Protokoll (siehe Abbildung 6.8 auf Seite 254).

Für $n = 3$ Spieler (sagen wir, Belle, Chris und David) geht das Divide-and-Conquer-Protokoll folgendermaßen vor. Belle und Chris teilen den Kuchen jeweils nach ihrem Maß im Verhältnis $1 : 2$, indem sie beide parallele Markierungen bei einem Drittel des Kuchens (jeweils aus ihrer Sicht) machen. David bewertet nun den Teil des Kuchens (nennen wir ihn A), der zwischen dem linken Rand und der am weitesten links liegenden Markierung liegt. Ist ihm dieser Teil A mindestens ein Drittel des Kuchens (aus seiner Sicht) wert, so nimmt er ihn und scheidet damit aus. Dann ist der Rest des Kuchens, $X - A$, sowohl für Belle als auch für Chris mindestens zwei Drittel des Kuchens wert. Wenn sie ihn also mit dem Cut-and-Choose-Protokoll aufteilen, ist beiden ebenfalls mindestens ein Drittel des Kuchens garantiert. Bewertet David das Stück A jedoch mit weniger als einem Drittel, dann teilt er – wieder mit dem Cut-and-Choose-Protokoll – das Stück

Gegeben: Kuchen $X = [0,1]$, Spieler $p_1, p_2, \ldots, p_n$, wobei v_i, $1 \leq i \leq n$, das Maß von p_i sei.

Fall 1: Ist $n = 1$, so erhält p_1 den ganzen Kuchen X.

Fall 2: Ist $n = 2k$ für ein $k \geq 1$, so werden die folgenden Schritte ausgeführt.

> **Schritt 2.1:** $p_1, p_2, \ldots, p_{n-1}$ teilen den Kuchen mit parallelen Markierungen im Verhältnis $k : k$ nach ihrem Maß. Sei A das Stück links der k-ten Markierung. Für $n = 8 = 2 \cdot 4$ ergibt sich z. B.:

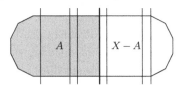

> **Schritt 2.2:** p_n wählt entweder das Stück A, falls $v_n(A) \geq k/n = 1/2$ gilt, oder andernfalls das Stück $X - A$.
>
> **Schritt 2.3:** Mit Divide-and-Conquer für k Spieler:
> - teilt p_n das gewählte Stück mit den $k - 1$ Spielern, deren Markierung in dieses Stück fällt und nicht die k-te Markierung ist;
> - teilen die k übrigen Spieler das andere Stück.

Fall 3: Ist $n = 2k + 1$ für ein $k \geq 1$, so werden die folgenden Schritte ausgeführt.

> **Schritt 3.1:** $p_1, p_2, \ldots, p_{n-1}$ teilen den Kuchen mit parallelen Markierungen im Verhältnis $k : k + 1$ nach ihrem Maß. Sei A das Stück links der k-ten Markierung. Für $n = 9 = 2 \cdot 4 + 1$ ergibt sich z. B.:

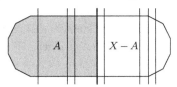

> **Schritt 3.2:** p_n wählt entweder das Stück A, falls $v_n(A) \geq k/n = k/(2k+1)$ gilt, oder andernfalls das Stück $X - A$.
>
> **Schritt 3.3:**
> - Hat p_n das Stück A gewählt, so teilt er es mit Divide-and-Conquer für k Spieler mit den $k - 1$ Spielern, deren Markierung in A fällt und nicht die k-te Markierung ist.
> - Hat p_n das Stück $X - A$ gewählt, so teilt er es mit Divide-and-Conquer für $k + 1$ Spieler mit den k Spielern, deren Markierung in $X - A$ fällt und nicht die k-te Markierung ist.
>
> In beiden Fällen teilen die $k + 1$ bzw. k übrigen Spieler das jeweils andere Stück mit Divide-and-Conquer für $k + 1$ bzw. k Spieler.

Abb. 6.24: Divide-and-Conquer-Protokoll für n Spieler

$X - A$ mit dem Spieler, dessen Markierung am weitesten rechts liegt.[6] In diesem Fall erhält der Spieler, dessen Markierung A vom Kuchen abtrennt, das Stück A und somit eine proportionale Portion. Aber auch den anderen beiden Spielern ist ein proportionaler Anteil garantiert, weil sie beide das Reststück $X - A$ mit mindestens zwei Dritteln des Kuchens bewerten und darauf das Cut-and-Choose-Protokoll anwenden.

Betrachten wir nun, als Beispiel für eine gerade Spieleranzahl, die Situation mit $n = 4$ Spielern (sagen wir, Belle, Chris, David und Edgar), so stellen wir schnell fest, dass das Divide-and-Conquer-Prinzip beibehalten werden kann und die Proportionalität rekursiv „vererbt" wird. Zunächst wird der Kuchen in zwei Hälften aufgeteilt, indem Belle, Chris und David ihn im Verhältnis 1 : 1 teilen, also mit parallelen Markierungen halbieren (jeweils aus ihrer Sicht). Diesmal ist die mittlere Markierung entscheidend, um den Kuchen in A und $X - A$ zu zerlegen (siehe auch Fußnote 6 bezüglich des Umgangs mit identischen Markierungen).

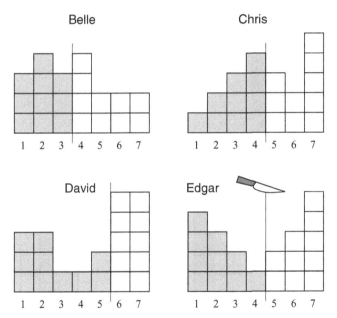

Abb. 6.25: Divide-and-Conquer-Protokoll mit vier Spielern: 1. Runde

Abbildung 6.25 zeigt ein konkretes Beispiel. Die Bewertungsfunktionen der vier Spieler sind in der Boxendarstellung angegeben, wobei der Kuchen für jeden Spieler in insgesamt 20 Boxen unterteilt ist. In diesem Beispiel markiert Belle nach der

---

[6]Haben beide Spieler, Belle und Chris, an derselben Stelle markiert, so kann dieses Remis beliebig mit einer *Tie-breaking*-Regel aufgebrochen werden. Diese Bemerkung bezieht sich auch auf das allgemeine Protokoll in Abbildung 6.24, wenn mehrere Markierungen aufeinander fallen, die „k-te Markierung" aber eindeutig festzulegen ist.

dritten Spalte, Chris nach der vierten und David nach der fünften – die linke
Hälfte enthält jeweils 10 Boxen und ist hellgrau dargestellt. Also teilt Edgar den
Kuchen bei der mittleren Markierung (der von Chris) in das Stück A, das aus den
Spalten 1 bis 4 besteht, und den Rest $X - A$, zu dem die Spalten 5 bis 7 gehören.
Weil A für Edgar so viel wie der halbe Kuchen wert ist, wählt er das Stück A
und teilt es – mit dem Cut-and-Choose-Protokoll – in der nächsten Runde mit
Belle (siehe Abbildung 6.26(a)). Für Belle ist das Stück A mindestens (in diesem
Beispiel sogar mehr als) die Hälfte des Kuchens wert, da ihre Markierung in A
liegt. Der restliche Kuchen, $X - A$, wird gleichzeitig – ebenfalls mit dem Cut-and-
Choose-Protokoll – zwischen Chris und David aufgeteilt (siehe Abbildung 6.26(b)).
Da ihre Markierungen auf bzw. rechts von Edgars Schnitt liegen, hat $X - A$ für
sie den Wert von mindestens der Hälfte des Kuchens. Folglich erhält jeder der vier
Spieler am Schluss mindestens ein Viertel des Kuchens nach seinem Maß.

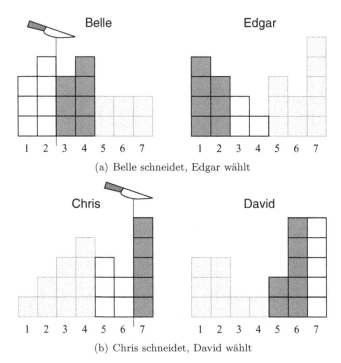

(a) Belle schneidet, Edgar wählt

(b) Chris schneidet, David wählt

Abb. 6.26: Divide-and-Conquer-Protokoll mit vier Spielern: 2. Runde

Dieselbe Argumentation, die hier für drei bzw. vier Spieler gegeben wurde, kann
auf eine beliebige Anzahl von $n \geq 3$ Spielern übertragen werden. Das Divide-and-
Conquer-Protokoll ist also ebenfalls ein proportionales Cake-cutting-Protokoll. Leider ist es jedoch nicht neidfrei: Im oben angegebenen Beispiel für vier Spieler wird
Belle von Chris beneidet, da er seine eigene Portion mit genau einem Viertel (nämlich mit 5 von 20 Boxen), ihre jedoch höher (nämlich mit 7 Boxen) bewertet. Gibt
es noch weitere Neidbeziehungen in diesem Beispiel?

Brams *et al.* (2007) präsentierten eine interessante Variante des Divide-and-Conquer-Protokolls, die es in dem Sinn verbessert, dass die Anzahl der Spieler, die der neidischste Spielers beneidet, minimiert wird. Die kleine, aber feine Änderung bei dieser Variante des Protokolls besteht im Wesentlichen darin, dass wenn die n Spieler ihre Markierungen gemacht haben, um den Kuchen im Verhältnis $k : k$ (bei einer geraden Spieleranzahl) bzw. $k : k+1$ (bei einer ungeraden Spieleranzahl) zu teilen, der Spieler p_n nicht genau auf der k-ten Markierung, sondern zwischen zwei benachbarten Markierungen schneidet. Der „Zwischenraum" zwischen zwei benachbarten Markierungen wird somit ausgenutzt, um unnötigen Neid zu vermeiden. Darüber hinaus betrachten Brams *et al.* (2007) als letzten Protokollschritt die Möglichkeit, dass Spieler ihre Stücke (bevor sie ihnen endgültig als Portionen zugewiesen werden) reihum tauschen können, falls sie zu einem „Ring von Neidern" gehören.[7] Die Anzahl von Neidbeziehungen bzw. von (garantierten) Neidfrei-Relationen in verschiedenen Cake-cutting-Protokollen wird genauer in Abschnitt 6.4.8 diskutiert.

6.4.3 Überproportionale Protokolle für beliebig viele Spieler

In den proportionalen Protokollen aus Abschnitt 6.4.2 konnte man oft beobachten, dass Spieler mehr als den ihnen zustehenden proportionalen Anteil erhielten. Beispielsweise bekommen Belle, David und Edgar bei der Anwendung des Divide-and-Conquer-Protokolls (siehe Abbildung 6.26) jeweils 7/20, nur Chris muss sich mit genau einem Viertel des Kuchens zufrieden geben. Ist es möglich, allen Spielern einen überproportionalen Anteil zu verschaffen? Kann man ihnen – möglicherweise unter bestimmten Bedingungen – einen solchen Anteil sogar garantieren? Eine (informale) Antwort auf diese Frage nach einem überproportionalen Protokoll wurde bereits in (Steinhaus, 1948, pp. 102–103) gegeben:

> *„It may be stated incidentally that if there are two (or more) partners with different estimations, there exists a division giving to everybody more than his due part (Knaster); this fact disproves the common opinion that differences in estimations make fair division difficult."*

Diese „Knaster-Eigenschaft" weist auch auf die Bedingung hin, die erfüllt sein muss, damit eine überproportionale Aufteilung des Kuchens überhaupt möglich ist: Uneinigkeit der Spieler bezüglich der Bewertung des Kuchens. Offensichtlich wäre eine überproportionale Aufteilung nicht möglich, wenn alle Spieler identi-

---

[7]Wenn zum Beispiel gilt: Belle beneidet Chris, Chris beneidet David, David beneidet Edgar und Edgar beneidet Belle, dann kann die Anzahl der Neidbeziehungen reduziert werden, indem jeder beneidete Spieler in diesem Ring sein Stück an den jeweiligen Neider gibt.

sche Bewertungsfunktionen hätten. Dubins und Spanier (1961) formulierten diese Erkenntnis wie folgt.

Satz 6.3 (Dubins und Spanier (1961))
Wenn sich die Bewertungsfunktionen der Spieler auf mindestens einem Teilstück des Kuchens unterscheiden, so gibt es immer eine überproportionale Aufteilung.

Im Grunde kann für jedes proportionale Cake-cutting-Protokoll eine überproportionale Variante angegeben werden, sofern sich die Bewertungsfunktionen der Spieler auf mindestens einem Teilstück des Kuchens unterscheiden. Jedoch sind die erforderlichen Anpassungen je nach Protokoll mehr oder weniger schwierig. Welches Teilstück des Kuchens die in Satz 6.3 angesprochene Uneinigkeit der Spieler betrifft bzw. betreffen muss, um eine überproportionale Aufteilung zu erzielen, hängt von dem anzuwendenden Protokoll ab. Beispielsweise kann das Divide-and-Conquer-Protokoll aus Abbildung 6.24 so angepasst werden, dass es eine überproportionale Aufteilung liefert, falls die k-te und die $(k+1)$-te Markierung der Spieler nicht aufeinander fallen und somit ein echt dazwischenliegender Schnitt möglich ist. Abbildung 6.27 zeigt diese modifizierte Variante des Protokolls, die sich auch darin von dem Protokoll in Abbildung 6.24 unterscheidet, dass hier sämtliche Spieler eine Markierung setzen, die den Kuchen im Verhältnis $k : k$ (bei einer geraden Spieleranzahl) bzw. im Verhältnis $k : k+1$ (bei einer ungeraden Spieleranzahl) teilt.

Die Uneinigkeit der beiden Spieler, die die k-te bzw. die $(k+1)$-te Markierung machen, über das entsprechende Teilstück des Kuchens nutzt man dann dadurch aus, dass der Kuchen nicht auf der k-ten Markierung (wie beim Protokoll in Abbildung 6.24), sondern genau in der Mitte zwischen der k-ten und der $(k+1)$-ten Markierung geteilt wird, um das Stück A vom Kuchen abzutrennen.[8] Somit ist dieses Stück A etwas wertvoller, als die k Spieler, deren Markierungen in A fallen, für eine proportionale Aufteilung von A brauchen (d. h., für jeden dieser Spieler ist A mehr wert als k/n). Ebenso ist das Reststück $X - A$ etwas wertvoller, als die k bzw. $k+1$ übrigen Spieler für eine proportionale Aufteilung dieses Reststücks brauchen (d. h., für jeden dieser Spieler ist $X - A$ mehr wert als k/n bzw. $(k+1)/n$).

Dabei genügt es, dass diese Uneinigkeit zwischen den beiden Spielern, die die k-te bzw. die $(k+1)$-te Markierung machen, lediglich im ersten Durchlauf für n Spieler auftritt. Durch den rekursiven Charakter des modifizierten Divide-and-Conquer-Protokolls hat dies zur Folge, dass in den folgenden Durchläufen ein proportionales Protokoll für k bzw. $k+1$ Spieler auf ein Stück Kuchen angewandt wird, das jeder dieser Spieler mit mehr als k/n bzw. $(k+1)/n$ bewertet. Somit ist jedem Spieler ein überproportionales Stück auch dann garantiert, wenn in den

---

[8]Dieselbe Anpassung findet sich übrigens auch in der oben angesprochenen Variante von Brams *et al.* (2007).

Gegeben: Kuchen $X = [0,1]$, Spieler $p_1, p_2, \ldots, p_n$, wobei v_i, $1 \leq i \leq n$, das Maß von p_i sei.

Fall 1: Ist $n = 1$, so erhält p_1 den ganzen Kuchen X.

Fall 2: Ist $n = 2k$ für ein $k \geq 1$, so werden die folgenden Schritte ausgeführt.

    Schritt 2.1: $p_1, p_2, \ldots, p_n$ teilen den Kuchen mit parallelen Markierungen im Verhältnis $k : k$ nach ihrem Maß. Sei A das Stück vom linken Rand bis zur Mitte zwischen der k-ten und der $(k+1)$-ten Markierung (diese seien verschieden). Für $n = 6 = 2 \cdot 3$ ergibt sich z. B.:

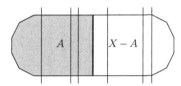

    Schritt 2.2: Mit dem modifizierten Divide-and-Conquer für k Spieler:
- wird A von den k Spielern geteilt, deren Markierung in dieses Stück fällt;
- teilen die k übrigen Spieler das andere Stück, $X - A$.

Fall 3: Ist $n = 2k + 1$ für ein $k \geq 1$, so werden die folgenden Schritte ausgeführt.

    Schritt 3.1: $p_1, p_2, \ldots, p_n$ teilen den Kuchen mit parallelen Markierungen im Verhältnis $k : k+1$ nach ihrem Maß. Sei A das Stück vom linken Rand bis zur Mitte zwischen der k-ten und der $(k+1)$-ten Markierung (diese seien verschieden). Für $n = 7 = 2 \cdot 3 + 1$ ergibt sich z. B.:

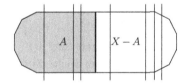

    Schritt 3.2:
- Mit dem modifizierten Divide-and-Conquer für k Spieler wird A von den k Spielern geteilt, deren Markierung in dieses Stück fällt.
- Mit dem modifizierten Divide-and-Conquer für $k+1$ Spieler teilen die $k+1$ übrigen Spieler das andere Stück, $X - A$.

Abb. 6.27: Modifiziertes Divide-and-Conquer-Protokoll für n Spieler: Sind die k-te und die $(k+1)$-te Markierung verschieden, so liefert es eine überproportionale Aufteilung.

folgenden Runden keine weiteren Unstimmigkeiten auftreten und die Schnitte sich mit den Spielermarkierungen überlagern würden. Sollte die Bedingung, dass die k-te und die $(k+1)$-te Markierung verschieden sind, auch im ersten Durchlauf des Protokolls aus Abbildung 6.27 nicht erfüllt sein, dann liefert dieses Protokoll immerhin noch eine proportionale, wenn auch keine überproportionale Aufteilung des Kuchens.

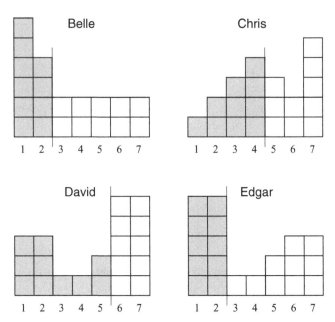

Abb. 6.28: Modifiziertes Divide-and-Conquer-Protokoll mit vier Spielern: 1. Runde

Würden wir das Protokoll aus Abbildung 6.27 auf die Bewertungen der vier Spieler in Abbildung 6.25 anwenden, so wäre die für eine überproportionale Aufteilung nötige Bedingung nicht erfüllt: In diesem Beispiel ist $k = 2$ und die zweite und dritte Markierung von links (nämlich die von Chris und Edgar) sind identisch (nämlich beide zwischen der vierten und fünften Spalte). Deshalb ändern wir die Bewertungen von Belle und Edgar in diesem Beispiel etwas ab und erhalten die in Abbildung 6.28 angegebene Boxendarstellung der Maße dieser vier Spieler. Nun ist die zweite Markierung von links (nach Spalte 2) verschieden von der dritten Markierung von links (nach Spalte 4). Gemäß dem modifizierten Divide-and-Conquer-Protokoll in Abbildung 6.27 wird der Kuchen in der Mitte zwischen diesen beiden Markierungen (also nach Spalte 3) in die Stücke A und $X - A$ geteilt. Belle und Edgar, deren Markierungen in das Stück A fallen, teilen sich dieses Stück mit dem Cut-and-Choose-Protokoll (siehe Abbildung 6.29(a)). Gleichzeitig teilen sich Chris und David, deren Markierungen in $X - A$ fallen, dieses Reststück mit dem Cut-and-Choose-Protokoll (siehe Abbildung 6.29(b)). Anders als bei der Aufteilung in Abbildung 6.26 erhält hier jeder Spieler mehr als ihm zusteht: Belle bekommt $6/20 = 3/10 > 1/4$, Chris bekommt $7/20 > 1/4$, David bekommt $10/20 = 1/2 > 1/4$ und Edgar bekommt $6/20 = 3/10 > 1/4$ vom Kuchen.

Ähnlich lassen sich auch die anderen proportionalen Protokolle so anpassen, dass unter der Voraussetzung von Satz 6.3 eine überproportionale Aufteilung des Kuchens gelingt. Beispielsweise zeigte Woodall (1986), dass mit einer modifizierten Variante des Lone-Chooser-Protokolls eine überproportionale Aufteilung garantiert werden kann, falls es erstens ein Stück gibt, das zwei Spieler unter-

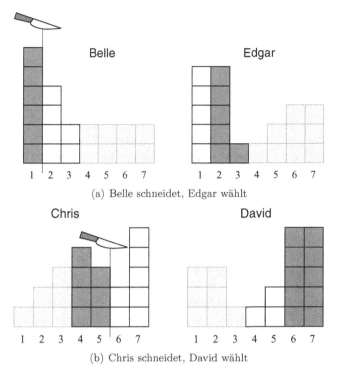

(a) Belle schneidet, Edgar wählt

(b) Chris schneidet, David wählt

Abb. 6.29: Modifiziertes Divide-and-Conquer-Protokoll mit vier Spielern: 2. Runde

schiedlich bewerten, und zweitens der Wert bekannt ist, den jeder andere Spieler diesem Stück beimisst. Brams und Taylor (1996) schlugen eine Vereinfachung der ursprünglichen Methode von Woodall (1986) vor, die ebenfalls auf dem Lone-Chooser-Protokoll beruht.

Es bleibt dem Leser als Übung überlassen, weitere proportionale Protokolle so zu modifizieren, dass sie unter der angesprochenen Voraussetzung stets eine überproportionale Aufteilung erzielen. In der Regel genügt es dabei, ein einziges (noch so kleines) Stück zu finden, über dessen Bewertung sich lediglich zwei der Spieler uneinig sind, und dieses kleine Stück dann als Zugabe zur eigentlichen Portion der Spieler proportional unter diesen aufzuteilen.

6.4.4 Eine Hochzeitsfeier im Königshaus: Aufteilung in ungleiche Anteile

Bisher haben wir nur den Fall betrachtet, dass jedem der Spieler der gleiche Anteil des Kuchens zusteht. Das muss jedoch nicht immer so sein. Man könnte es unter Umständen auch als fair betrachten, wenn einzelnen Spielern mehr oder weniger als ein proportionaler Anteil zustünde. Dass bei einer Aufteilung in ungleiche Anteile manchmal nicht der Aspekt der Fairness im Mittelpunkt steht, zeigt die folgende Geschichte, die auf eine Fabel von Aesop zurückgeht.

„Großmutter, bitte erzähl mir eine Geschichte!", bettelt Edgar.

„Worum soll es darin denn gehen?", fragt die Großmutter. „Ums Kuchenteilen?"

„Nein, um Tiere", wünscht sich Edgar, „um *wilde* Tiere, einen Löwen!"

„Oder um Tiere, die sich einen Kuchen teilen?", schlägt die Großmutter vor.

„Seit wann fressen Löwen Kuchen?"

„Das stimmt natürlich", sagt die Großmutter, legt ihr Strickzeug beiseite und beginnt zu erzählen.

„Ein Löwe, ein Fuchs und ein Esel waren gemeinsam auf die Jagd gegangen. Auf Wunsch des Löwen teilt der Esel nun die Beute in drei gleiche Teile. Wutentbrannt zerreißt ihn daraufhin der Löwe, frisst ihn auf und bittet den Fuchs darum, die Beute neu aufzuteilen. Dieser wirft alles auf einen großen Haufen, bis auf einen winzigen Bissen. Über diese Teilung erfreut, fragt der Löwe: 'Wer hat dich, mein allerbester Freund, die Kunst des Teilens gelehrt?', worauf der Fuchs erwidert: 'Das habe ich vom Esel gelernt, indem ich sein Schicksal bezeugte.'"

Abb. 6.30: Ungleiche Anteile: Der Löwenanteil

Nicht um den Löwenanteil,[9] den der Stärkere von den Schwächeren einfordert und durch Einschüchterung erhält, soll es hier gehen, sondern uns interessiert nur eine *gerechte* – wenn auch nicht proportionale – Aufteilung in ungleiche Anteile. Auch dann muss aber gewährleistet sein, dass die Verteilung der Portionen an die Spieler gemäß ihrem Mehr- oder Minderanspruch *garantiert* ist, also von ihren jeweiligen Bewertungsfunktionen und von den möglicherweise vom Protokoll abweichenden Strategien anderer Spieler unabhängig ist.

Es gibt viele Situationen, in denen ein über- bzw. unterproportionaler Anspruch der Spieler gerechtfertigt ist. Zum Beispiel könnte man sich eine Hochzeitsfeier mit 30 Gästen vorstellen, bei der sowohl der Braut als auch dem Bräutigam ein besseres Stück der Hochzeitstorte zugesprochen werden soll als jedem Gast. Es könnte also sein, dass jeder Gast lediglich einen einfachen Anteil, die Braut und der Bräutigam aber einen dreifachen Anteil erhalten sollen (jeweils gemäß der eigenen Bewertungsfunktion). Demnach würde jeder Gast ein Stück im Wert von $1/36$ der Torte erhalten, aber die Braut und der Bräutigam bekämen beide ein Stück im Wert von $3/36 = 1/12$ der Torte.

Die Situation kann noch viel komplizierter sein. Bei einer königlichen Hochzeit zum Beispiel könnte es noch weitere Differenzierungen in verschiedenwertige Anteile geben. Nach wie vor sollen die Braut und der Bräutigam natürlich mehr als irgendein Gast erhalten. Aber auch bei den Gästen könnten noch Unterschiede gemacht werden, zum Beispiel je nachdem, ob der Gast ein Fürst, eine Herzogin oder ein Graf ist, ob er zur königlichen Familie gehört oder nicht usw. Wie soll man in diesem Fall vorgehen? Wie kann man sicherstellen, dass jedem Spieler der ihm zustehende (nicht notwendig proportionale) Anteil garantiert ist?

Es gibt eine sehr einfache Möglichkeit, ein beliebiges proportionales Cake-cutting-Protokoll so abzuändern, dass es auch zur Verteilung von ungleichen Anteilen angewandt werden kann, nämlich durch die Einführung von Pseudo-Spielern (bzw. Klonen). Das funktioniert allerdings nur, wenn die den Spielern zustehenden Anteile rationale Zahlen sind, sich also als Brüche a/b für natürliche Zahlen a und b mit $1 \leq a \leq b$ darstellen lassen.[10] Zunächst bringt man alle (möglicherweise ungleichen) Anteile auf einen gemeinsamen Nenner, b, um sie einfacher vergleichen zu können. Der i-te Spieler, p_i, soll dann einen Anteil von a_i/b erhalten. Zu diesem

---

[9]Dieselbe Fabel wird auch von Brams und Taylor (1996) auf Seite vii erzählt. In einer ähnlichen Fabel von Aesop geht der Löwe ebenfalls mit anderen Tieren auf die Jagd, teilt selbst die Beute in vier gleiche Teile und weist diese mit den folgenden Worten zu: „Das erste Viertel gehört mir, weil ich der König der Tiere bin; das zweite, weil ich der Schiedsrichter bin; ein weiterer Anteil steht mir zu für meinen Einsatz bei der Jagd; und was das vierte Viertel betrifft, so möchte ich den von euch sehen, der sich traut, eine Pfote darauf zu legen."

[10]Es ist natürlich vorstellbar, dass einem Spieler ein irrationaler Anteil vom Kuchen zusteht, etwa $1/\pi$, wobei π die bekannte irrationale Zahl $3,14159\cdots$ ist. Dieser Fall ist komplizierter zu behandeln (siehe z. B. Robertson und Webb, 1998), weshalb wir hier nicht auf ihn eingehen wollen.

Zweck werden für p_i zusätzlich $a_i - 1$ Klone $p_i^1, \ldots, p_i^{a_i - 1}$ eingeführt, deren Bewertungsfunktionen mit der von p_i identisch sind. Den Spielern, denen lediglich ein einfacher Anteil (also ein Anteil von $1/b$) zusteht, werden demgemäß keine Klone zur Seite gestellt. Bei n originalen Spielern gilt

$$\frac{a_1}{b} + \frac{a_2}{b} + \cdots + \frac{a_n}{b} = 1,$$

da der ganze Kuchen nach der Normalisierungsbedingung den Wert 1 hat. Daraus ergibt sich $a_1 + a_2 + \cdots + a_n = b$, was gleich der Gesamtanzahl der originalen Spieler und ihrer Klone ist. Ein proportionaler Anteil von Spielern und Klonen ist also $1/b$. Schließlich wendet man das gewählte proportionale Cake-cutting-Protokoll so auf den Kuchen und alle Spieler und ihre Klone an, dass jedem Spieler und jedem Klon ein Anteil von $1/b$ am Kuchen garantiert wird. Am Schluss weist man jedem originalen Spieler seine eigene Portion sowie die Portionen seiner Klone zu. Somit ist jedem originalen Spieler der gewünschte Anteil von a_i/b garantiert. Die Klone gehen leer aus und werden nach Gebrauch vernichtet.

6.4.5 Neidfreie Protokolle für drei und vier Spieler

Alle in Abschnitt 6.4.2 vorgestellten proportionalen Protokolle weisen einen störenden Nachteil auf – sie lassen Neid zwischen den Spielern zu, sobald es mehr als zwei sind. Zwar zeigte schon Steinhaus (1949), dass es für beliebig viele Spieler stets eine neidfreie Aufteilung des Kuchens gibt. Das ist jedoch lediglich eine Existenzaussage. Wie kann man eine solche Aufteilung erzielen? Trotz jahrzehntelanger intensiver Bemühungen ist es bis heute nicht gelungen, ein *endlich beschränktes* Cake-cutting-Protokoll zu finden, das einer beliebigen Anzahl von Spielern Neidfreiheit garantiert. Selbst für vier Spieler ist dies immer noch ein offenes Problem – vielleicht *das* zentrale offene Problem des Gebiets Cake-cutting. Lediglich für drei Spieler ist ein solches Protokoll bekannt. Dieses Protokoll, das wir nun vorstellen, beruht auf einer zwar einfachen, aber überaus raffinierten Idee.

Das Selfridge–Conway-Protokoll

Das älteste bekannte neidfreie Cake-cutting-Protokoll für mehr als zwei Spieler ist das Selfridge–Conway-Protokoll – ein endlich beschränktes Protokoll für drei Spieler. Das um 1960 entstandene Protokoll wird John L. Selfridge und John H. Conway zugeschrieben: Beide hatten wohl unabhängig voneinander dieselbe Idee, beide haben diese jedoch nicht an die Öffentlichkeit gebracht. Es ist wahrscheinlich nicht zuletzt auch der Einfachheit und Eleganz dieses neidfreien Protokolls zu verdanken, dass es dennoch seinen Weg an die Öffentlichkeit und eine weite Verbreitung fand – vor allem durch Richard K. Guy, siehe u. a. (Gardner, 1978; Stromquist, 1980; Woodall, 1980; Austin, 1982) und später auch (Brams und Taylor, 1996; Robertson und Webb, 1998). Das Selfridge–Conway-Protokoll ist in Abbildung 6.31 angegeben.

Gegeben: Kuchen $X = [0,1]$, Spieler p_1, p_2 und p_3 mit den Maßen v_1, v_2 und v_3.

Schritt 1: p_1 schneidet den Kuchen X in drei nach seinem Maß gleichwertige Stücke und p_2 sortiert diese als S_1, S_2 und S_3 nach ihrem Wert in seinem Maß. Es gilt also:

$$v_1(S_1) = v_1(S_2) = v_1(S_3) = \frac{1}{3},$$
$$v_2(S_1) \geq v_2(S_2) \geq v_2(S_3).$$

Schritt 2: Ist $v_2(S_1) > v_2(S_2)$, so schneidet p_2 von S_1 etwas ab, sodass er das Stück $S_1' = S_1 - R$ mit $v_2(S_1') = v_2(S_2)$ und den Rest $R \neq \emptyset$ erhält.

Ist $v_2(S_1) = v_2(S_2)$, so setze $S_1' = S_1$ und $R = \emptyset$.

Schritt 3: Aus $\{S_1', S_2, S_3\}$ wählen p_3, p_2 und p_1 (in dieser Reihenfolge) je ein Stück, das für sie am wertvollsten ist. Wenn $R \neq \emptyset$ gilt und p_3 nicht S_1' genommen hat, muss p_2 das Stück S_1' nehmen.

Schritt 4 (falls R nicht leer ist): Entweder p_2 oder p_3 hat das Stück S_1'. Nenne diesen Spieler p_A und den anderen der beiden p_B. Nun schneidet p_B den Rest R in drei gleichwertige Stücke, R_1, R_2 und R_3 mit

$$v_B(R_1) = v_B(R_2) = v_B(R_3) = (1/3) \cdot v_B(R),$$

von denen die Spieler p_A, p_1 und p_B (in dieser Reihenfolge) je ein Stück auswählen, das für sie am wertvollsten ist.

Abb. 6.31: Selfridge–Conway-Protokoll für drei Spieler

Dass das Selfridge–Conway-Protokoll endlich beschränkt ist, ist offensichtlich: Es werden insgesamt höchstens 16 Bewertungen und höchstens 5 Schnitte durchgeführt.[11] Doch warum ist es neidfrei?

---

[11] Diese Schnittanzahl ist unmittelbar aus dem Protokoll in Abbildung 6.31 ersichtlich. Zur detaillierten Analyse der Anzahl von Bewertungen überlegt man sich, dass p_1 und p_2 in Schritt 1 jeweils zwei Bewertungen machen; p_1 z. B. misst zwei Stücke im Wert von $1/3$ ab, das dritte muss dann denselben Wert haben. In Schritt 2 macht p_2 eine Bewertung, wenn er ein Teilstück von S_1 im Wert von $v_2(S_2)$ bestimmt (falls $v_2(S_1) > v_2(S_2)$ gilt). In Schritt 3 macht p_3 drei Bewertungen, um festzustellen, welches der Stücke S_1', S_2 und S_3 für ihn am meisten Wert hat – hier genügen zwei Bewertungen nicht, falls $R \neq \emptyset$ gilt. Die Spieler p_1 und p_2 müssen in diesem Schritt keine Bewertungen vornehmen, da sie aus den früheren Schritten ihren Wert für die verbleibenden Stücke noch kennen. In Schritt 4 macht p_B drei Bewertungen, um den Rest R in drei gleichwertige Anteile zu zerlegen – zwei Bewertungen genügen hier nicht, da p_B zunächst $v_B(R)$ in Erfahrung bringen, also R bewerten muss, ehe er zwei Stücke im Wert von $(1/3) \cdot v_B(R)$ abmessen kann. Nur wenn $p_B = p_2$ gilt, kennt p_B den Wert $v_B(R) = v_2(R)$ bereits aus Schritt 2 und kann sich diese Bewertung hier sparen; nicht aber, wenn $p_B = p_3$ gilt. Schließlich nehmen p_A drei und p_1 zwei Bewertungen vor, um ein für sie jeweils wertvollstes unter den Stücken R_1, R_2 und R_3 auszuwählen. In der Summe ergeben sich somit 16 Bewertungen.

Betrachten wir zunächst den Teil des Kuchens, den die Spieler in Schritt 3 aufteilen, also $X - R$. Es gilt:

1. p_1 erhält eines der Stücke S_2 oder S_3, die er selbst geschnitten hat und die für ihn beide den Wert $1/3$ haben. Wesentlich ist dabei, dass p_2 das beschnittene Stück S_1' wählen muss, sofern es noch verfügbar ist – dieses muss also entweder an p_2 oder an p_3 gehen. Folglich beneidet p_1 bezüglich $X - R$ keinen der beiden anderen Spieler.

2. Für p_2 sind S_1' und S_2 von gleichem Wert und beide mindestens so wertvoll wie S_3. Da vor p_2 nur p_3 gewählt hat, steht entweder S_1' oder S_2 für p_2 noch zur Verfügung, wenn er mit Wählen dran ist. Folglich beneidet auch p_2 bezüglich $X - R$ keinen der beiden anderen Spieler.

3. p_3 schließlich darf als erster Spieler eines der Stücke S_1', S_2 und S_3 wählen und beneidet daher bezüglich $X - R$ ebenfalls keinen der beiden anderen Spieler.

Bezüglich $X - R$ ist kein Neid entstanden, und wenn R leer ist, ist die Neidfreiheit der Aufteilung an dieser Stelle bewiesen. Aber wenn R nicht leer ist, ist der Kuchen noch nicht vollständig aufgeteilt. Würden wir die Schritte 1 bis 3 nun auf R statt X anwenden, könnte möglicherweise wieder ein Rest bleiben, und so weiter. Vielleicht würde in dieser Weise immer wieder ein nicht leeres Reststück entstehen, sodass der Kuchen nie (jedenfalls nicht durch ein endlich beschränktes Protokoll) garantiert neidfrei aufgeteilt werden könnte.

Schritt 4 im Protokoll ist jedoch anders, er wiederholt nicht einfach die ersten drei Schritte. Es hat sich nämlich durch die Aufteilung von $X - R$ etwas geändert, wodurch sich R entscheidend von X unterscheidet, jedenfalls aus Sicht eines der drei Spieler: p_1 hat einen *„unaufhebbaren Vorteil"* bezüglich des Reststücks R, einen Vorteil, der ihm nicht mehr zu nehmen ist und den er bezüglich des ganzen Kuchens X noch nicht hatte. Dieser Vorteil besteht darin, dass R aus Sicht von p_1 vollständig in S_1 enthalten ist, einem Stück, das p_1 mit einem Drittel bewertet. Und p_1 hat bereits ein Stück des Kuchens erhalten, S_2 oder S_3, das er mit einem Drittel bewertet. Daraus folgt, dass selbst wenn ganz R an den Spieler ginge, der S_1' bekommen hat (also an p_A), p_1 diesen Spieler nicht beneiden würde. Das ist die geniale Einsicht von Selfridge und Conway, durch die eine neidfreie Aufteilung garantiert werden kann.

Im Detail kann man sich wie folgt davon überzeugen, dass auch bezüglich des ganzen Kuchens X kein Neid aufkommen kann, selbst dann nicht, wenn nach den ersten drei Schritten ein nicht leerer Rest bleibt und Schritt 4 auszuführen ist:

1. Nach Verteilung der Restteile R_1, R_2 und R_3 beneidet p_1 keinen der beiden anderen Spieler bezüglich X. Er beneidet p_A nicht, weil er p_A bezüglich $X - R$ nicht beneidet und – wie wir eben gesehen haben – einen unaufhebbaren Vorteil bezüglich R hat. Er beneidet p_B nicht, weil er in Schritt 4 vor p_B wählen darf. Da er p_B somit weder um dessen Anteil aus R noch um dessen Anteil aus $X - R$ beneidet, folgt aus der Additivität der Bewertungsfunktionen, dass er p_B auch bezüglich X nicht beneidet.

2. p_A beneidet weder p_1 noch p_B um ihre jeweiligen Anteile an R, da p_A in Schritt 4 zuerst wählen darf. Da p_A auch bezüglich $X - R$ weder p_1 noch p_B beneidet, folgt wieder aus der Additivität der Bewertungsfunktionen, dass er weder p_1 noch p_B bezüglich X beneidet.

3. p_B schließlich beneidet weder p_A noch p_1 um ihre jeweiligen Anteile an R, da p_B den Rest R in aus seiner Sicht gleichwertige Teile zerlegt hat. Da p_B auch bezüglich $X - R$ weder p_A noch p_1 beneidet, folgt wieder aus der Additivität der Bewertungsfunktionen, dass er weder p_A noch p_1 bezüglich X beneidet.

Somit haben wir das folgende Resultat bewiesen.

Satz 6.4 (Selfridge und Conway)
Das Selfridge–Conway-Protokoll aus Abbildung 6.31 ist endlich beschränkt und neidfrei.

Zur Illustration betrachten wir in Abbildung 6.32 ein Beispiel. Felix, Georg und Helena, deren Maße in der Boxendarstellung (mit jeweils 18 Boxen für den Kuchen) angegeben sind, wenden das Selfridge–Conway-Protokoll an. Abbildung 6.32(a) zeigt den ersten Schritt des Protokolls: Felix teilt den Kuchen in drei gleichwertige Stücke nach seinem Maß und Georg ordnet sie als

- S_1 (die Spalten 1 bis 4),
- S_2 (die Spalten 5 und 6) und
- S_3 (die Spalten 7 und 8)

nach ihrem Wert in seinem Maß. Die verschiedenen Grautöne deuten diese Zerlegung des Kuchens an. Der zweite Schritt des Protokolls ist in Abbildung 6.32(b) dargestellt: Georg teilt S_1 in S_1' (die Spalte 1) und den Rest R (die Spalten 2 bis 4), sodass S_1' und S_2 nach seinem Maß gleichwertig sind, nämlich beide je vier Boxen beinhalten.

Wie in Abbildung 6.33 zu sehen ist, erfolgt in Schritt 3 die Zuordnung der Stücke S_1', S_2 und S_3:

1. Helena wählt zuerst, und zwar das Stück S_3, das ihr mit sieben Boxen am wertvollsten ist.
2. Georg muss anschließend das (mit S_2 für ihn gleichwertige) Stück S_1' wählen, weil Helena es nicht genommen hat.
3. Felix bekommt das Stück, S_2, das noch übrig ist.

Die jeweils gewählten Stücke sind in Abbildung 6.33 dunkelgrau dargestellt.

Nun bleibt noch der in Abbildung 6.33 weiß dargestellte Rest R aufzuteilen. Die für die einzelnen Spieler jeweils nicht mehr verfügbaren Stücke des Kuchens sind in Abbildung 6.34 hellgrau schraffiert. Gemäß Schritt 4 im Protokoll teilt Helena R in drei nach ihrem Maß gleichwertige Stücke:

- R_1 (die Spalte 2),

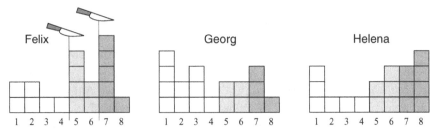

(a) Schritt 1: Felix teilt in drei gleichwertige Stücke und Georg ordnet sie nach ihrem Wert.

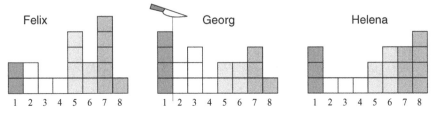

(b) Schritt 2: Georg schneidet etwas von S_1 ab, um es gleichwertig zu S_2 zu machen.

Abb. 6.32: Selfridge–Conway-Protokoll: Schritte 1 und 2

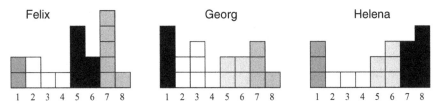

Abb. 6.33: Selfridge–Conway-Protokoll: Schritt 3

- R_2 (die Spalte 3) und
- R_3 (die Spalte 4).

Anschließend wählen die Spieler ihren Teil des Rests in der Reihenfolge, die in Schritt 4 des Protokolls angegeben ist:

1. Weil er im Besitz des Stücks S_1' ist, wählt Georg zuerst, und zwar das Reststück R_2, das ihm mit drei Boxen am wertvollsten ist.
2. Anschließend wählt Felix das Reststück R_1, das er mit zwei Boxen höher als das andere noch verfügbare Reststück R_3 bewertet.
3. Helena bekommt das Stück, R_3, das noch übrig ist.

Die endgültige Zuweisung der Portionen an die Spieler ist in Abbildung 6.34 durch die dunkelgrau gekennzeichneten Stücke dargestellt.

Tabelle 6.2 zeigt, wie jeder der Spieler im obigen Beispiel die Portionen aller Spieler bewertet (siehe Abbildung 6.34). Beispielsweise ist Felix Helenas Portion (die Spalten 4, 7 und 8) insgesamt sieben Boxen wert, also 7/18 des Kuchens. Die jeweils eigene Portion eines jeden Spielers ist in Tabelle 6.2 fettgedruckt, und man sieht, dass kein Neid unter Felix, Georg und Helena entstanden ist.

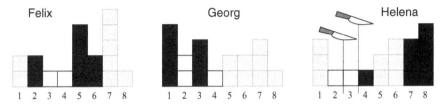

Abb. 6.34: Selfridge–Conway-Protokoll: Schritt 4

Tab. 6.2: Neidfreiheit im Selfridge–Conway-Protokoll

	... den Anteil von		
	Felix	Georg	Helena
Felix bewertet ...	**8**/18	3/18	7/18
Georg bewertet ...	6/18	**7**/18	5/18
Helena bewertet ...	6/18	4/18	**8**/18

Das Moving-Knife-Protokoll von Stromquist

Ein weiteres neidfreies Cake-cutting-Protokoll für drei Spieler ist das Moving-Knife-Protokoll von Stromquist (1980), das in Abbildung 6.35 beschrieben wird (siehe auch Abbildung 6.36). Es beruht auf einer anderen Idee als das Selfridge–Conway-Protokoll, die ebenfalls sehr elegant ist. Natürlich ist es als Moving-Knife-Protokoll dem Selfridge–Conway-Protokoll unterlegen, da es nicht endlich beschränkt (und nicht einmal endlich) ist. Auch muss, wer das Stromquist-Protokoll anwenden möchte, gut bewaffnet an die Aufteilung des Kuchens gehen: Ein Schwert und drei Messer werden gebraucht. Weitere neidfreie Moving-Knife-Protokolle für drei Spieler findet man z. B. in (Brams und Taylor, 1996) und (Robertson und Webb, 1998).

Warum ist Stromquists Moving-Knife-Protokoll aus Abbildung 6.35 neidfrei? Nehmen wir an, Felix, Georg und Helena haben es angewandt, um einen Kuchen aufzuteilen. Sagen wir, Felix ist der Spieler, der in Schritt 2 zuerst „Stopp!" gerufen hat und mit dem Stück L ausgeschieden ist.[12] Nehmen wir weiter an, Georg hat S erhalten (weil sein Messer zum Zeitpunkt des Rufens – wenn also die Teile L, S und T geschnitten werden – dem Schwert am nächsten war) und Helena wurde das Stück T rechts vom mittleren Messer zugeteilt, das noch übrig war.

---

[12]Ein Unentschieden (das auftritt, wenn zwei oder drei Spieler gleichzeitig rufen oder wenn sich mehrere Messer an ein und derselben Position befinden, wenn gerufen wird) kann mittels einer *Tie-breaking*-Regel wieder beliebig gebrochen werden.

Gegeben: Kuchen $X = [0,1]$, Spieler p_1, p_2 und p_3 mit stetigen Maßen v_1, v_2 und v_3.

Schritt 1:

- Ein Schwert wird kontinuierlich von links nach rechts über den Kuchen geschwenkt und teilt ihn so (hypothetisch) in ein linkes Stück L und ein rechtes Stück R (siehe Abbildung 6.36(a)). Es gilt $X = L \cup R$.

- Jeder der drei Spieler hält sein eigenes Messer parallel zum Schwert und bewegt es (während das Schwert geschwenkt wird) so, dass er das Stück R nach seinem Maß stets genau halbiert.

- Das mittlere der drei Messer teilt R (hypothetisch) in zwei Stücke (siehe Abbildung 6.36(b)). Es gilt also $R = S \cup T$.

Schritt 2:

- Sobald ein Spieler denkt, L sei mindestens so viel wert wie sowohl S als auch T, ruft er: „Stopp!"

- Das Schwert und das mittlere Messer schneiden an ihren Positionen.

- Der Spieler, der „Stopp!" gerufen hat, scheidet mit dem Stück L aus.

- Der Spieler, dessen Messer dem Schwert am nächsten und der noch im Spiel ist, erhält S und scheidet damit aus.

- Der letzte noch übrige Spieler erhält T.

Abb. 6.35: Stromquists neidfreies Moving-Knife-Protokoll für drei Spieler

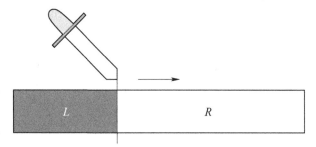

(a) Ein Schwert wird von links nach rechts über den Kuchen geschwenkt und teilt ihn in ein linkes und ein rechtes Stück.

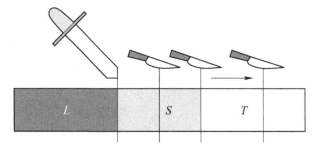

(b) Die Spieler bewegen ihre Messer parallel zum Schwert, sodass sie R halbieren. Das mittlere Messer teilt R in S und T.

Abb. 6.36: Stromquists Moving-Knife-Protokoll

Dass kein Spieler einen anderen Spieler beneidet, sieht man folgendermaßen (zur Vereinfachung der Argumentation nehmen wir an, dass kein Unentschieden im Sinne der Fußnote 12 aufgetreten ist):

1. Felix beneidet weder Georg noch Helena, denn weil er „Stopp!" rief, ist ihm sein Stück L mindestens so viel wert wie sowohl Georgs Stück S als auch Helenas Stück T.
2. Weil Georg S erhalten hat, muss er das linke oder das mittlere Messer geführt haben. Hat er das linke Messer geführt, ist S nach seinem Maß wertvoller als Helenas Portion T. Hat er das mittlere Messer geführt, sind S und T für Georg gleichwertig. In beiden Fällen empfindet Georg keinen Neid gegenüber Helena. Georg beneidet auch Felix nicht, denn sonst hätte er vor ihm „Stopp!" gerufen. Da er das nicht getan hat, hat L für Georg weniger Wert als seine Portion S oder als Helenas Portion T. Aber wie wir bereits gesehen haben, ist S in Georgs Augen mindestens so wertvoll wie T; folglich hat für ihn L weniger Wert als S.
3. Weil Helena T erhalten hat, muss sie das mittlere oder das rechte Messer geführt haben. Hat sie das mittlere Messer geführt, sind S und T für Helena gleichwertig. Hat sie jedoch das rechte Messer geführt, ist in ihren Augen T wertvoller als S. In beiden Fällen beneidet Helena Georg nicht.
   Helena beneidet Felix aus demselben Grund nicht, aus dem Georg Felix nicht beneidet: Andernfalls hätte sie eher als Felix „Stopp!" gerufen. Da sie das nicht getan hat, ist L für sie weniger wert als S oder T, und da sie T mindestens so viel Wert wie S beimisst, ist L ihr weniger wert als T.

Damit haben wir das folgende Resultat gezeigt.

Satz 6.5 (Stromquist (1980))
Stromquists Moving-Knife-Protokoll aus Abbildung 6.35 ist neidfrei.

Das Moving-Knife-Protokoll von Brams, Taylor und Zwicker

Wie zu Beginn dieses Abschnitts bereits erwähnt wurde, ist bis heute kein endlich beschränktes neidfreies Cake-cutting-Protokoll für eine beliebige Anzahl von Spielern gefunden worden, und selbst für vier Spieler ist dieses Problem noch immer offen. Kann man die Idee des Selfridge–Conway-Protokolls vielleicht auf vier Spieler übertragen, sodass seine Neidfreiheit erhalten bleibt?

Eine Lösung dieses Problems geht auf Brams *et al.* (1997) zurück und ist in Abbildung 6.37 zu sehen. Der Preis, den dieses Protokoll dafür bezahlt, dass auch bei vier Spielern Neidfreiheit garantiert werden kann, ist der Verzicht auf endliche Beschränktheit – und sogar auf Endlichkeit. Das Protokoll von Brams, Taylor und Zwicker kombiniert in raffinierter Weise das neidfreie Selfridge–Conway-Protokoll für drei Spieler (siehe Abbildung 6.31 auf Seite 283) mit Austins exaktem Moving-Knife-Protokoll für zwei Spieler (siehe Abbildung 6.12 auf Seite 257).

Die Analyse der Neidfreiheit des Brams–Taylor–Zwicker-Protokolls erfolgt – unter Ausnutzung der Exaktheit des Austin-Protokolls – ähnlich der des Selfridge–Conway-Protokolls (siehe Satz 6.4), weshalb wir hier darauf verzichten und die detaillierte Argumentation dem Leser überlassen.

Gegeben: Kuchen $X = [0,1]$, Spieler p_1, p_2, p_3 und p_4 mit stetigen Maßen v_1, v_2, v_3 und v_4.

Schritt 1: p_1 und p_2 erzeugen mit einer zweimaligen Anwendung von Austins exaktem Moving-Knife-Protokoll aus Abbildung 6.12 vier nach ihren jeweiligen Maßen gleichwertige Stücke, die p_3 als S_1, S_2, S_3 und S_4 nach ihrem Wert in seinem Maß sortiert. Es gilt also:

$$v_1(S_i) = v_2(S_i) = \frac{1}{4} \quad \text{für } 1 \le i \le 4,$$
$$v_3(S_1) \ge v_3(S_2) \ge v_3(S_3) \ge v_3(S_4).$$

Schritt 2: Ist $v_3(S_1) > v_3(S_2)$, so schneidet p_3 von S_1 etwas ab, sodass er das Stück $S_1' = S_1 - R$ mit $v_3(S_1') = v_3(S_2)$ und den Rest $R \ne \emptyset$ erhält.

Ist $v_3(S_1) = v_3(S_2)$, so setze $S_1' = S_1$ und $R = \emptyset$.

Schritt 3: Aus $\{S_1', S_2, S_3, S_4\}$ wählen p_4, p_3, p_2 und p_1 (in dieser Reihenfolge) je ein Stück, das für sie am wertvollsten ist. Wenn $R \ne \emptyset$ gilt und p_4 es nicht schon genommen hat, so muss p_3 das Stück S_1' nehmen.

Schritt 4 (falls R nicht leer ist): Entweder p_3 oder p_4 hat das Stück S_1'. Nenne diesen Spieler p_A und den anderen der beiden p_B. Wieder mit einer zweimaligen Anwendung von Austins exaktem Moving-Knife-Protokoll teilen p_2 und p_B den Rest R in vier gleichwertige Stücke, R_1, R_2, R_3 und R_4 mit

$$v_2(R_1) = v_2(R_2) = v_2(R_3) = v_2(R_4) = (1/4) \cdot v_2(R),$$
$$v_B(R_1) = v_B(R_2) = v_B(R_3) = v_B(R_4) = (1/4) \cdot v_B(R),$$

von denen die Spieler p_A, p_1, p_B und p_2 (in dieser Reihenfolge) je ein Stück auswählen, das für sie am wertvollsten ist.

Abb. 6.37: Das Moving-Knife-Protokoll von Brams, Taylor und Zwicker für vier Spieler

So, wie das Selfridge–Conway-Protokoll bisher nicht auf ein endlich beschränktes neidfreies Cake-cutting-Protokoll für mehr als drei Spieler verallgemeinert werden konnte, ist keine Verallgemeinerung des Moving-Knife-Protokolls von Brams, Taylor und Zwicker aus Abbildung 6.37 auf ein neidfreies Moving-Knife-Protokoll für mehr als vier Spieler bekannt. Jedoch haben Brams und Taylor (1995) (siehe auch Brams und Taylor, 1996) ein *endliches* neidfreies Cake-cutting-Protokoll für beliebig viele Spieler gefunden (auch wenn dieses nicht endlich beschränkt ist). Das Brams–Taylor-Protokoll ist hinsichtlich der Neidfreiheit für eine beliebige Anzahl von Spielern das Beste, was bisher erreicht werden konnte. Da es aber recht kompliziert, raffiniert und umfangreich ist, soll es an dieser Stelle nur erwähnt und nicht im Detail präsentiert werden.

6.4.6 Versalzene Sahnetorte: Dirty-Work-Protokolle

Belle ist zur Geburtstagsfeier ihrer Freundin Anna eingeladen und als Überraschung möchte sie ihr eine köstliche Sahnetorte mit Kirschen und Waldfrüchten nach Großmutters Rezept backen. Damit das Geburtstagskind nicht zu kurz kommt, bäckt sie sogar zwei Torten – eine kleine, die nur für Anna bestimmt und mit einer Kerze geschmückt ist, und eine große, die die Gäste untereinander teilen sollen.

Anna ist begeistert, als sie ihre kleine Torte erblickt: „Die sieht ja lecker aus! Danke, Belle, das ist so lieb von dir!" Sofort kostet sie einen großen Bissen. Plötzlich verzieht Anna das Gesicht: „Belle, kann es vielleicht sein, dass du den Zucker mit dem Salz verwechselt hast?"

Belle wird ganz blass. Schnell fügt Anna hinzu: „Aber so schlimm ist das doch nicht. Schmeckt gar nicht so schlecht … irgendwie … interessant. Kommt, Leute, probiert doch alle mal!"

Anna stellt die große Torte in die Mitte des Tischs und nimmt das Kuchenmesser zur Hand, um sie fair unter ihren Gästen aufzuteilen.

Das hatten sich Annas Gäste anders vorgestellt. Natürlich muss die ganze Torte dennoch aufgeteilt werden, denn schließlich möchte keiner Belle beleidigen. Doch es ist nur zu verständlich, dass kein Gast einen überproportionalen Anteil anstrebt. Im Gegenteil, alle würden sich nur zu gern mit dem Anstandsstück begnügen. Umso kleiner, desto besser, ganz nach dem Motto: „Weniger ist mehr." Aber fair soll die Aufteilung trotzdem sein. Im Rahmen einer gerechten – proportionalen – Aufteilung ist es nun also das Ziel, die Sahnetorte so aufzuteilen, dass jeder Spieler *höchstens* einen proportionalen Anteil erhält.

Andere Situationen, in denen die Spieler einen möglichst kleinen Anteil bei einer Aufteilung anstreben, kennt man aus vielen Bereichen, beispielsweise bei der Verteilung von Arbeiten im Haushalt – oder jeder anderen Art von gemeinsam zu verrichtender „Drecksarbeit". Man spricht deshalb vom *Dirty-Work-Problem* (Gardner, 1978).[13] Cake-cutting-Protokolle zur Lösung dieses Problems werden demgemäß als *Dirty-Work-Protokolle* bezeichnet.

---

[13]Eine andere englische Bezeichnung ist „*chore division*", was sich mit „Aufteilung einer lästigen Pflicht" übersetzen lässt.

Das Dirty-Work-Last-Diminisher-Protokoll

Aber wie geht man in diesem Fall vor? Wie teilt man ein unbeliebtes Gut unter den Spielern gerecht auf? Soll jedem Spieler lediglich ein höchstens proportionaler Anteil garantiert werden, so ist die Antwort auf diese Frage recht einfach: Die in Abschnitt 6.4.2 vorgestellten proportionalen Protokolle lassen sich alle mit nur geringfügigen Änderungen auf das Dirty-Work-Problem übertragen. Die erforderlichen Anpassungen liegen in der Regel auf der Hand. So wird etwa beim Last-Diminisher-Protokoll (siehe Abbildung 6.14 auf Seite 259) ein Stück, das die Runde macht und der Reihe nach von den nachfolgenden Spielern zu bewerten ist, von diesen nicht auf den proportionalen Anteil von $1/n$ *beschnitten*, sondern gegebenenfalls auf $1/n$ *erweitert*. Am Ende jeder Runde geht das entsprechende Stück an den Spieler, der die letzte Erweiterung vorgenommen hat.

In den Abbildungen 6.38, 6.39 und 6.40 ist ein Beispiel für eine mögliche Aufteilung der versalzenen Sahnetorte unter Annas vier Gästen – Belle, Chris, David und Edgar – mit dem Dirty-Work-Last-Diminisher-Protokoll angegeben. Der Kuchen ist in insgesamt 20 Boxen unterteilt, und die Bewertungsfunktionen der vier Spieler sind in der Boxendarstellung angegeben.

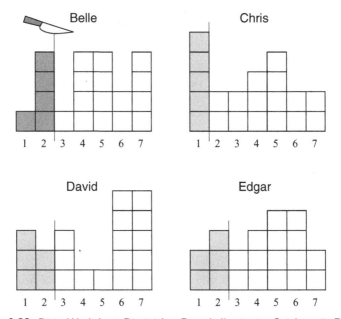

Abb. 6.38: Dirty-Work-Last-Diminisher-Protokoll mit vier Spielern: 1. Runde

In der ersten Runde (siehe Abbildung 6.38) schneidet Belle ein Stück ab, das sie mit einem Viertel des Kuchens bewertet (die fünf Boxen der ersten beiden Spalten). Dieses Stück wird herumgereicht, damit Chris, David und Edgar (in dieser Reihenfolge) es bewerten und, falls nötig, erweitern können. Für alle drei Spieler ist Belles Stück höchstens ein Viertel des Kuchens nach ihrem Maß wert (für Chris sogar weniger als ein Viertel); die hellgrauen Boxen markieren für jeden dieser Spieler ein Viertel des Kuchens. Keiner von ihnen erweitert Belles Stück, also geht es an Belle und sie scheidet damit aus.

In der zweiten Runde (siehe Abbildung 6.39) sind für jeden Spieler die nicht mehr verfügbaren Teile des Kuchens hellgrau schraffiert. Diesmal beginnt Chris und schneidet ein Viertel des Kuchens nach seinem Maß ab (die fünf Boxen der Spalten 3 und 4). Dieses Stück wird zur Bewertung durch die anderen beiden Spieler weitergereicht, zunächst an David, der es um die Spalte 5 erweitert, um auf sein Viertel zu kommen. Schließlich bewertet Edgar das erweiterte Stück und stellt fest, dass sein Viertel des Kuchens (wie bei Chris die fünf Boxen der Spalten 3 und 4) in Davids Stück enthalten ist. Also geht dieses Stück an David, der es als letzter Spieler erweitert hat.

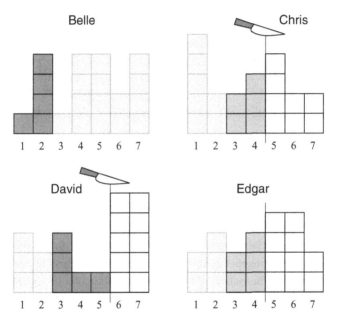

Abb. 6.39: Dirty-Work-Last-Diminisher-Protokoll mit vier Spielern: 2. Runde

Übrig sind jetzt nur noch Chris und Edgar. Diese teilen mit dem Cut-and-Choose-Protokoll den noch zu verteilenden Restkuchen (die Spalten 6 und 7), wobei Chris teilt und Edgar wählt (siehe Abbildung 6.40).

Auf eine algorithmische Darstellung des Dirty-Work-Last-Diminisher-Protokolls soll an dieser Stelle verzichtet werden, da diese aus den obigen Hinweisen und der konkreten Anwendung in den Abbildungen 6.38, 6.39 und 6.40 einfach erschlossen werden kann.

Das Dirty-Work-Divide-and-Conquer-Protokoll

Als Beispiel für die algorithmische Darstellung eines Dirty-Work-Protokolls dient stattdessen das Dirty-Work-Divide-and-Conquer-Protokoll in Abbildung 6.41.

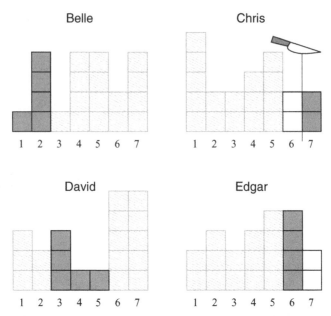

Abb. 6.40: Dirty-Work-Last-Diminisher-Protokoll mit vier Spielern: 3. Runde

(Treten dabei identische Markierungen auf, so werden diese wie in Fußnote 6 auf Seite 273 beschrieben behandelt.)

Die Anpassung weiterer (über)proportionaler Protokolle aus den Abschnitten 6.4.2 und 6.4.3 an das Dirty-Work-Problem sei dem Leser als Übung überlassen.

Wesentlich umfangreicher und anpruchsvoller – soweit überhaupt möglich – sind die Dirty-Work-Anpassungen bei neidfreien Cake-cutting-Protokollen. Hier sind noch viele Fragen offen, besonders für Dirty-Work-Protokolle bezüglich ungleicher Anteile (siehe Abschnitt 6.4.4) oder für mehr als drei Spieler. Ein Beispiel für ein neidfreies Protokoll für drei Spieler, das sich zur neidfreien Lösung des Dirty-Work-Problems anpassen lässt, ist das Moving-Knife-Protokoll von Stromquist aus Abbildung 6.35 (siehe Exercise 5.11 in Robertson und Webb, 1998). Weitere Informationen zum Dirty-Work-Problem findet man ebenfalls in (Robertson und Webb, 1998).

6.4.7   Gekrümel vermeiden: Minimierung der Schnittanzahl

Wie viele Schnitte sind erforderlich, um einen Kuchen proportional unter n Spielern aufzuteilen? Wie viele Schnitte braucht man, um ihnen Neidfreiheit zu garantieren? Diese Fragen sind sowohl in praktischer als auch in ästhetischer Hinsicht wichtig. Bei der Aufteilung eines wirklichen (nicht metaphorischen) Kuchens ist es völlig klar, dass man ihn nicht durch übermäßig viele Schnitte in winzige Krümel zerlegen möchte, bevor man diese auf die Teller lädt. Doch auch im übertrage-

Gegeben: Kuchen $X = [0,1]$, Spieler $p_1, p_2, \ldots, p_n$, wobei v_i, $1 \le i \le n$, das Maß von p_i sei.

Fall 1: Ist $n = 1$, so erhält p_1 den ganzen Kuchen X.

Fall 2: Ist $n = 2k$ für ein $k \ge 1$, so werden die folgenden Schritte ausgeführt.

> **Schritt 2.1:** $p_1, p_2, \ldots, p_{n-1}$ teilen den Kuchen mit parallelen Markierungen im Verhältnis $k : k$ nach ihrem Maß. Sei A das Stück links der k-ten Markierung. Für $n = 8 = 2 \cdot 4$ ergibt sich z. B.:

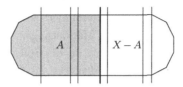

> **Schritt 2.2:** p_n wählt entweder das Stück A, falls $v_n(A) \le k/n = 1/2$ gilt, oder andernfalls das Stück $X - A$.
>
> **Schritt 2.3:** Mit Divide-and-Conquer für k Spieler:
> - teilt p_n das gewählte Stück mit den $k - 1$ Spielern, deren Markierung in das andere Stück fällt und nicht die k-te Markierung ist;
> - teilen die k übrigen Spieler das andere Stück.

Fall 3: Ist $n = 2k + 1$ für ein $k \ge 1$, so werden die folgenden Schritte ausgeführt.

> **Schritt 3.1:** $p_1, p_2, \ldots, p_{n-1}$ teilen den Kuchen mit parallelen Markierungen im Verhältnis $k : k + 1$ nach ihrem Maß. Sei A das Stück links der $(k+1)$-ten Markierung. Für $n = 9 = 2 \cdot 4 + 1$ ergibt sich z. B.:

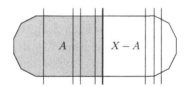

> **Schritt 3.2:** p_n wählt entweder das Stück A, falls $v_n(A) \le k/n = k/(2k+1)$ gilt, oder andernfalls das Stück $X - A$.
>
> **Schritt 3.3:**
> - Hat p_n das Stück A gewählt, so teilt er es mit Divide-and-Conquer für k Spieler mit den $k - 1$ Spielern, deren Markierung in $X - A$ fällt und nicht die $(k+1)$-te Markierung ist.
> - Hat p_n das Stück $X - A$ gewählt, so teilt er es mit Divide-and-Conquer für $k + 1$ Spieler mit den k Spielern, deren Markierung in A fällt und nicht die $(k+1)$-te Markierung ist.
>
> In beiden Fällen teilen die $k + 1$ bzw. k übrigen Spieler das jeweils andere Stück mit Divide-and-Conquer für $k + 1$ bzw. k Spieler.

Abb. 6.41: Dirty-Work-Divide-and-Conquer-Protokoll für n Spieler

nen Sinn – bei der Aufteilung einer beliebigen heterogenen Ressource, deren Teile dank des Teilbarkeitsaxioms durch Schnitte nichts von ihrem Wert verlieren – ist es effizient und erspart unnötigen Aufwand, wenn man mit möglichst wenigen Schnitten auskommt. Außerdem bedeutet dies eine mathematisch schöne Lösung für ein anspruchsvolles Problem.

Doch was zählt überhaupt als ein „Schnitt"? In den bisher vorgestellten Protokollen haben wir zwischen Markierungen und tatsächlichen Schnitten unterschieden. Würden wir diese Unterscheidung hier aufrechterhalten, so könnte die Anzahl der nötigen Schnitte ganz einfach minimiert werden: Die Spieler würden, statt voreilig zu schneiden, zunächst nur Markierungen machen, und erst kurz vor der eigentlichen Zuteilung der Portionen an die Spieler würden die entsprechenden Schnitte tatsächlich ausgeführt werden. Das Last-Diminisher-Protokoll etwa (siehe Abbildung 6.14 auf Seite 259) käme in dieser Zählweise mit der optimalen Anzahl von $n-1$ Schnitten bei n Spielern aus (ein Schnitt pro Runde), obwohl es in jeder Runde viele Markierungen geben könnte. Würden Markierungen (die sozusagen unausgeführten Schnitten entsprechen) nicht mitgezählt, hätten wir also lediglich die triviale Lösung eines trivialen Problems gefunden. Dies wäre sicherlich nicht im Sinne von Steinhaus (1948), der schreibt: *„Interesting mathematical problems arise if we are to determine the minimal number of cuts necessary for fair division."* Deshalb behandeln wir in diesem Abschnitt Markierungen und tatsächliche Schnitte als gleichrangig – beide zählen, wenn es um die erforderliche Schnittanzahl geht. So können unabhängig von der konkreten Darstellung eines Protokolls (egal, ob man etwa beim Last-Diminisher-Protokoll nur einen richtigen Schnitt pro Runde erlaubt oder nicht) dennoch einheitliche Aussagen über seine Schnittanzahl getroffen werden.

Die Analyse der Anzahl der benötigten Schnitte eines Cake-cutting-Protokolls hängt eng mit seiner Laufzeit zusammen. Allerdings garantiert eine beschränkte Schnittanzahl nicht eine beschränkte Laufzeit und nicht einmal die Endlichkeit des Protokolls. Das liegt daran, dass für die Analyse der Schnittanzahl lediglich Schnitte (inklusive Markierungen), jedoch keine sonstigen *Entscheidungen* (wie Bewertungen oder Vergleiche von Stücken) berücksichtigt werden. So weisen etwa Moving-Knife-Protokolle für n Spieler in der Regel genau $n-1$ Schnitte auf (siehe z. B. das Moving-Knife-Protokoll von Dubins und Spanier in Abbildung 6.18 auf Seite 263), und besser geht es nicht. Wie wir wissen, benötigen Moving-Knife-Protokolle jedoch *unendlich viele* (sogar *überabzählbar unendlich viele*) Entscheidungen, um diese Schnitte vornehmen zu können. Moving-Knife-Protokolle werden daher im Folgenden bei der Analyse der Schnittanzahl nicht berücksichtigt, sondern wir schränken uns auf *endliche* Cake-cutting-Protokolle ein.

Offenbar hängt die nötige Schnittanzahl von der Anzahl der Spieler und vom verwendeten Protokoll ab. Zunächst definieren wir, was genau unter der erforderlichen Schnittanzahl (als Funktion der Anzahl der Spieler) eines Protokolls zu verstehen ist.

Definition 6.11 (erforderliche Schnittanzahl)

Sei Π ein Cake-cutting-Protokoll für n Spieler. Π *erfordert* (oder *benötigt*) $k(n)$ *Schnitte*, falls gilt:

1. Π kann stets mit höchstens $k(n)$ Schnitten (inklusive Markierungen) ausgeführt werden und
2. im schlimmsten Fall (bezüglich der Bewertungsfunktionen der Spieler) sind mindestens $k(n)$ Schnitte (inklusive Markierungen) nötig, um Π auszuführen.

♦

Schlimmstenfalls benötigt ein Cake-cutting-Protokoll für n Spieler also *genau* $k(n)$ Schnitte, kann aber für geeignet gewählte Bewertungsfunktionen der Spieler auch mit weniger Schnitten auskommen. Sind etwa die Bewertungsfunktionen der drei Spieler im Selfridge–Conway-Protokoll (siehe Abbildung 6.31 auf Seite 283) so gewählt, dass im zweiten Schritt kein Rest übrig bleibt (weil der zweite Spieler seine beiden wertvollsten Stücke bereits als gleichwertig ansieht), so kommt dieses Protokoll mit lediglich zwei Schnitten aus (die der erste Spieler im ersten Schritt ausführt, wenn er den Kuchen in drei aus seiner Sicht gleichwertige Stücke teilt). Im schlimmsten Fall jedoch schneidet der zweite Spieler im zweiten Schritt einen nicht leeren Rest von seinem (einzigen) wertvollsten Stück ab, der durch zwei weitere Schnitte im vierten Schritt in drei Teile zerlegt wird. Dieses Protokoll erfordert also fünf Schnitte (und nicht zwei).[14] Dass diese Zahl nicht von der Anzahl der Spieler abhängt, liegt nur daran, dass das Selfridge–Conway-Protokoll für die konstante Zahl von drei Spielern definiert ist.

Ganz offensichtlich kann kein proportionales Cake-cutting-Protokoll für $n \geq 1$ Spieler weniger als $n-1$ Schnitte benötigen: Jeder Spieler muss ja eine nicht leere Portion erhalten, die er mit mindestens $1/n > 0$ bewertet. Somit ist $n-1$ eine untere Schranke für die Schnittanzahl von proportionalen Cake-cutting-Protokollen. Wie wir im Folgenden jedoch sehen werden, ist dies nicht die beste untere Schranke für solche Protokolle. Soll Proportionalität garantiert werden, fällt diese untere Schranke von $n-1$ nicht mit der oberen Schranke für die Schnittanzahl solcher Protokolle zusammen (sofern sie endlich sind, und nur solche betrachten wir hier), und man kann eine größere untere Schranke als $n-1$ zeigen.

Das Ein-Schnitt-genügt-Prinzip

Zunächst wollen wir jedoch die benötigte Schnittanzahl konkreter proportionaler Cake-cutting-Protokolle untersuchen, und wir beginnen mit dem Last-Diminisher-Protokoll (siehe Abbildung 6.14 auf Seite 259) für den einfachen Fall von drei Spielern, Belle, Chris und David. Angenommen, Belle schneidet das Stück S_1 vom

---

[14]Deshalb sieht man auch insgesamt fünf Messer in den Abbildungen 6.32, 6.33 und 6.34.

Kuchen, das für sie ein Drittel, für Chris jedoch mehr als ein Drittel wert ist. Dann schneidet Chris etwas von S_1 ab und reicht das kleinere Stück S_2, das er mit einem Drittel bewertet, weiter an David. Nehmen wir weiter an, dass für David S_2 einen geringeren Wert als ein Drittel hat, also geht dieses Stück an Chris, der damit ausscheidet. Belle und David spielen nun „Cut and Choose" um den Restkuchen, $R = X - S_2$, der allerdings aus *zwei* Stücken besteht: $A = X - S_1$ und $B = S_1 - S_2$ (siehe Abildung 6.42).

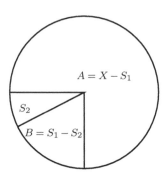

Abb. 6.42: Ein Schnitt genügt zur Teilung von A und B mit „Cut and Choose"

Müssen beide Stücke, A und B, separat durch Schnitte geteilt werden? Nein, ein Schnitt genügt! Diese Erkenntnis ist als das Ein-Schnitt-genügt-Prinzip bekannt, und oft greift man bei der Analyse der Schnittanzahl von Cake-cutting-Protokollen darauf zurück. Nehmen wir in unserem Beispiel konkret an, dass Belle das Stück B mit $1/6$ (und natürlich A mit zwei Dritteln) bewertet. Demnach sollte Belle, die bei „Cut and Choose" teilt, ein Stück im Wert von $(1/2) \cdot (2/3 + 1/6) = 5/12$ nach ihrem Maß bekommen. Sie schneidet also das für sie wertvollere der beiden Stücke, A, in zwei Teile, A_1 im Wert von $5/12$ und A_2 im Wert von $2/3 - 5/12 = 3/12$ nach ihrem Maß. Wegen der Additivität ist für Belle $A_2 \cup B$ genau so viel wert wie A_1, nämlich $3/12 + 1/6 = 5/12$, und David hat nun die Wahl zwischen A_1 und $A_2 \cup B$. Somit genügen beim Last-Diminisher-Protokoll für diese Bewertungen der drei Spieler insgesamt drei Schnitte. Dies ist jedoch kein Worst-Case-Szenario. Der schlimmste Fall bezüglich der Schnittanzahl wäre eingetreten, wenn auch David in der ersten Runde geschnitten hätte. Das Last-Diminisher-Protokoll für drei Spieler erfordert also vier Schnitte.

Das Ein-Schnitt-genügt-Prinzip lässt sich auf eine beliebige Anzahl von Stücken, $S_1, S_2, \ldots, S_m$, verallgemeinern. Nehmen wir an, für Belle hat S_i den Wert s_i, $1 \leq i \leq m$, und ihre Aufgabe besteht darin, $S = \bigcup_{1 \leq i \leq m} S_i$ im Verhältnis $x : y$ zu teilen, wobei $x + y = s_1 + s_2 + \cdots + s_m$ gilt. Dazu bestimmt sie das t, für das

$$s_1 + s_2 + \cdots + s_t \leq x < s_1 + s_2 + \cdots + s_t + s_{t+1}$$

gilt, und teilt das Stück S_{t+1} nach ihrem Maß in zwei Stücke auf:

$$R_{t+1} \quad \text{im Wert von } x - (s_1 + s_2 + \cdots + s_t) \text{ und}$$
$$T_{t+1} \quad \text{im Wert von } s_{t+1} - x + (s_1 + s_2 + \cdots + s_t).$$

Offenbar hat $S_{t+1} = R_{t+1} \cup T_{t+1}$ für Belle den Wert

$$x - (s_1 + s_2 + \cdots + s_t) + s_{t+1} - x + (s_1 + s_2 + \cdots + s_t) = s_{t+1},$$

also alles seine Richtigkeit. Außerdem hat für Belle

- das Stück $A = S_1 \cup S_2 \cup \cdots \cup S_t \cup R_{t+1}$ den Wert

$$s_1 + s_2 + \cdots + s_t + x - (s_1 + s_2 + \cdots + s_t) = x$$

  und
- das Stück $B = T_{t+1} \cup S_{t+2} \cup S_{t+3} \cup \cdots \cup S_m$ den Wert

$$s_{t+1} - x + (s_1 + s_2 + \cdots + s_t) + s_{t+2} + s_{t+3} + \cdots + s_m = s_1 + s_2 + \cdots + s_m - x = y.$$

Sie hat also, wie gewünscht, S in A und B mit nur einem Schnitt im Verhältnis $x : y$ geteilt. Damit wir uns später auf dieses Prinzip beziehen können, geben wir es hier als Lemma an.

Lemma 6.1 (Ein-Schnitt-genügt-Prinzip, ESG)
Es seien m Stücke $S_1, S_2, \ldots, S_m$ gegeben. Ein Spieler, der S_i mit s_i, $1 \le i \le m$, bewertet, kann $S = \bigcup_{1 \le i \le m} S_i$ mit nur einem Schnitt im Verhältnis $x : y$ mit $x + y = s_1 + s_2 + \cdots + s_m$ teilen.

Wie viele Schnitte benötigt das Last-Diminisher-Protokoll?

Kommen wir zurück zur Schnittanzahl, die das Last-Diminisher-Protokoll für eine beliebige Anzahl von Spielern benötigt. Gibt es nur einen Spieler, so erhält dieser den ganzen Kuchen – kein Schnitt ist nötig. Nach dem Ein-Schnitt-genügt-Prinzip aus Lemma 6.1 wissen wir, dass bei zwei Spielern ein Schnitt genügt (und benötigt wird). Auch haben wir bereits gesehen, dass bei drei Spielern vier Schnitte erforderlich sind. Allgemein sind bei n Spielern $n-1$ Runden zu berücksichtigen. In der i-ten Runde, $1 \le i \le n-2$, macht jeder der $n-i+1$ im Spiel befindlichen Spieler im schlimmsten Fall einen Schnitt. Die letzte Runde muss separat betrachtet werden, da diese nicht nach dem Schema der vorherigen Runden abläuft, sondern einfach dem Cut-and-Choose-Protokoll entspricht. In dieser letzten Runde genügt nach dem Ein-Schnitt-genügt-Prinzip aber wieder ein Schnitt (und dieser ist auch nötig). Zählt man die Schnitte aus allen Runden zusammen, so kommt man für das Last-Diminisher-Protokoll auf insgesamt

$$\left(\sum_{i=1}^{n-2} n - i + 1 \right) + 1 = (n + (n-1) + (n-2) + \cdots + 3) + 1 = \frac{n^2 + n - 4}{2}$$

Schnitte, die im schlimmsten Fall nötig sind.

Man könnte das Last-Diminisher-Protokoll auch folgendermaßen abändern.[15]

Angepasstes Last-Diminisher-Protokoll:

- In jedem Durchlauf des zweiten Schritts, wenn ein Stück von einem Spieler zum nächsten herumgereicht und möglicherweise beschnitten wird, verzichtet der letzte Spieler auf diesen Schnitt, falls das Stück nach seinem Maß überproportional ist, und verabschiedet sich stattdessen mit dieser etwas größeren Portion aus dem Spiel.

- Die ersten drei Schritte des Protokolls werden $(n-1)$-mal statt $(n-2)$-mal nach demselben Schema durchgeführt, d. h., die letzten beiden Spieler wenden nicht das Cut-and-Choose-Protokoll an.

Diese kleine Änderung würde also bei n Spielern in jeder der ersten $n-2$ Runden einen Schnitt einsparen, ohne dass die Proportionalität dabei verloren ginge. Somit sind in diesem abgeänderten Protokoll im schlimmsten Fall insgesamt

$$\left(\sum_{i=1}^{n-1} n - i \right) = (n-1) + (n-2) + \cdots + 1 = \frac{n(n-1)}{2}$$

Schnitte nötig. Bei $n = 50$ Spielern sind das $1\,225$ Schnitte. Eine richtige Torte würde man so sicherlich nicht teilen wollen. Gibt es proportionale Protokolle, die auch im schlimmsten Fall mit weniger Schnitten auskommen?

Wie viele Schnitte benötigt das Lone-Chooser-Protokoll?

Beim Lone-Chooser-Protokoll (siehe Abbildung 6.19 auf Seite 264) senkt das Ein-Schnitt-genügt-Prinzip die Anzahl der Schnitte ausgesprochen drastisch. Denn ohne dieses Prinzip ist die Schnittanzahl wie folgt abzuschätzen. In der ersten Runde wenden die Spieler p_1 und p_2 das Cut-and-Choose-Protokoll an: ein Schnitt. Wenn in der $(n-1)$-ten Runde der Spieler p_n hinzukommt, $n \geq 3$, dann hat jeder der Spieler $p_1, p_2, \ldots, p_{n-1}$ bereits $(n-2)!$ Stücke und teilt jedes dieser Stücke mit jeweils $n-1$ Schnitten in n Teilstücke auf, aus denen sich p_n eines aussucht. Insgesamt ergeben sich bei n Spielern somit

$$(n-2)!(n-1)n = n!$$

Stücke, die (ohne Verwendung des Ein-Schnitt-genügt-Prinzips) durch $n! - 1$ Schnitte entstanden sind. Das sind viel mehr als beim Last-Diminisher-Protokoll. Beispielsweise zeigt Tabelle 6.4 auf Seite 304, dass bereits bei $n = 6$ Spielern für das Last-Diminisher-Protokoll lediglich 19 (bzw. für das angepasste Last-Diminisher-Protokoll sogar nur 15) Schnitte notwendig sind, für das Lone-Chooser-Protokoll

---

[15]Dieses angepasste Last-Diminisher-Protokoll wird von Robertson und Webb (1998) als „*Trimming Algorithm*" bezeichnet.

(in der Analyse ohne ESG) hingegen 719. Das ist ein gewaltiger Unterschied, der für wachsende Spielerzahl immer schneller zunimmt, da die Fakultätsfunktion, $n!$, bekanntlich exponentiell wächst, also viel schneller als die quadratischen Funktionen $(n^2+n-4)/2$ bzw. $(n^2-n)/2$.

Nutzt man in der Analyse der Schnittanzahl des Lone-Chooser-Protokolls jedoch das Ein-Schnitt-genügt-Prinzip von Lemma 6.1 aus, so ergibt sich eine drastisch reduzierte Zahl. Für zwei Spieler ist wieder ein Schnitt nötig (und ausreichend). Kommt ein dritter Spieler hinzu, dritteln die ersten beiden ihr Stück mit je zwei Schnitten – insgesamt sind das $1 + 2 \cdot 2 = 5$ Schnitte, was immer noch mit der Analyse ohne das ESG übereinstimmt. Der erste Unterschied ergibt sich bei vier Spielern in der dritten Runde: Die ersten drei Spieler haben je zwei Stücke, die sich nach eigenem Maß in vier gleiche Teile zerlegen. Statt $3 \cdot 2 = 6$ Schnitten für jeden dieser drei Spieler (was insgesamt 18 wären), genügen dank des Ein-Schnitt-genügt-Prinzips jedoch drei Schnitte pro Spieler, insgesamt also neun neue Schnitte. Bis zur dritten Runde summieren sich die Schnitte demnach auf $1 + 4 + 9 = 14$ auf, neun Schnitte weniger als in der Analyse ohne das ESG. Analog erhält man in der vierten Runde, wenn der fünfte Spieler ins Spiel kommt, $4 \cdot 4 = 16$ neue Schnitte, insgesamt also $1+4+9+16 = 30$ Schnitte statt 119 ohne das ESG (siehe Tabelle 6.4 auf Seite 304).

Allgemein liefert die Anwendung des Ein-Schnitt-genügt-Prinzips bei der Analyse der Schnittanzahl des Lone-Chooser-Protokolls für n Spieler somit die Formel

$$\sum_{i=1}^{n-1} i^2 = \frac{(n-1)n(2n-1)}{6}.$$

Diese Funktion liegt in $\mathcal{O}(n^3)$, wächst also weitaus weniger schnell als $n! - 1$, wenn auch immer noch etwas schneller als die quadratische Funktion, die die Schnittanzahl des Last-Diminisher-Protokolls in Abhängigkeit von der Zahl der Spieler beschreibt. Kann diese obere Schranke für die Schnittanzahl proportionaler Cake-cutting-Protokoll noch unterboten werden?

Wie viele Schnitte benötigt das Divide-and-Conquer-Protokoll?

Während das (angepasste) Last-Diminisher-Protokoll pro Runde nur einen Spieler mit einem proportionalen Anteil aus dem Spiel nimmt und die anderen noch mitspielenden Spieler mit der Protokollausführung fortfahren, geht das Divide-and-Conquer-Protokoll (siehe Abbildung 6.24 auf Seite 272) cleverer vor: Es teilt in rekursiver Weise jede der jeweils vorhandenen Spielergruppen (sowie ihren jeweils aufzuteilenden Teil des Kuchens) in zwei neue, ungefähr *gleich große* Spielergruppen (bzw. Kuchenteile). Wir werden sehen, dass dieses Vorgehen die Schnittanzahl gegenüber dem (angepassten) Last-Diminisher-Protokoll weiter verbessert, und zwar im Wesentlichen optimal verbessert.

Betrachten wir zunächst die einfachen Fälle mit ein oder zwei Spielern. Gibt es nur einen Spieler, so sahnt dieser den ganzen Kuchen ab – kein Schnitt ist nötig. Zwei Spieler wenden das Cut-and-Choose-Protokoll an, machen also einen Schnitt.

Bei drei Spielern kommt erstmalig die clevere Teile-und-herrsche-Idee ins Spiel, mit der wir diesen Fall auf die oben angegebenen einfachen Fälle zurückführen, wie auf Seite 271 beschrieben. Zwei der drei Spieler teilen den Kuchen im Verhältnis $1 : 2$ nach ihrem Maß. Der dritte Spieler wählt das linke Stück und scheidet aus – dieser Spieler macht also keinen Schnitt. Die anderen beiden fügen den Restkuchen wieder zusammen und teilen ihn mit dem Cut-and-Choose-Protokoll auf – diese beiden bilden die zweite Spielergruppe und benötigen einen Schnitt. Insgesamt erhalten wir also $2 + 0 + 1 = 3$ Schnitte.[16]

Bei vier Spielern halbieren die ersten drei den Kuchen mit je einer Markierung. Dann wird die Gruppe von vier Spielern in zwei Gruppen mit je zwei Spielern aufgeteilt (siehe Abbildung 6.24 auf Seite 272):

1. Der Spieler p_4 wählt je nachdem, ob er das Stück A links der zweiten Markierung mit mindestens $1/2$ bewertet oder nicht, entweder dieses Stück A oder den Rest $X - A$. Er spielt mit dem Spieler zusammen, dessen Markierung in das von ihm gewählte Stück fällt und der nicht die zweite Markierung gemacht hat (siehe dazu auch Fußnote 6 auf Seite 273).

2. Der Spieler, der die zweite Markierung gemacht hat, spielt mit dem noch übrigen Spieler zusammen.

Beide Gruppen wenden nun das Cut-and-Choose-Protokoll an, machen also jeweils einen Schnitt. Insgesamt benötigt das Divide-and-Conquer-Protokoll für vier Spieler demnach die drei Markierungen (die wir ja als Schnitte zählen) der Spieler p_1, p_2 und p_3 und je einen Schnitt in beiden Cut-and-Choose-Anwendungen, also $3 + 1 + 1 = 5$ Schnitte. Das ist ein Schnitt weniger als das angepasste Last-Diminisher-Protokoll für vier Spieler schlimmstenfalls braucht.

Analog kann man den Fall von fünf Spielern auf zwei frühere Fälle zurückführen, da diese in zwei kleinere Gruppen aufgeteilt werden, eine mit zwei und die andere mit drei Spielern. So ergeben sich hier $4 + 1 + 3 = 8$ Schnitte, die nötig sind.

Diese Rückführung auf zwei geeignete kleinere Fälle setzt sich so fort. Allgemein bezeichne $D(n)$ die Anzahl der Schnitte, die beim Divide-and-Conquer-Protokoll für n Spieler nötig sind. Tabelle 6.3 zeigt die Werte von $D(n)$ für $1 \leq n \leq 10$ und allgemein. Dabei bedeutet für n Spieler die Aussage „$n - 1$ Schnitte reduzieren auf die Fälle $\lfloor n/2 \rfloor$ & $\lceil n/2 \rceil$ " in der mittleren Spalte, dass die ersten $n - 1$ Spieler gemäß dem Protokoll $n - 1$ Markierungen (also Schnitte) machen und die Gruppe aller n

---

[16] Alternativ dazu könnte man auch das angepasste Last-Diminisher-Protokoll anwenden, das für drei Spieler ebenfalls drei Schnitte erfordert. Dies ist optimal, denn später werden wir sehen, dass es bei drei Spielern kein endliches Cake-cutting-Protokoll geben kann, das mit nur zwei Schnitten jedem Spieler einen proportionalen Anteil garantiert.

Spieler dann in zwei Gruppen der Größe $\lfloor n/2 \rfloor$ bzw. $\lceil n/2 \rceil$ aufgeteilt werden, die eine schon bekannte niedrigere Schnittanzahl von $D(\lfloor n/2 \rfloor)$ bzw. $D(\lceil n/2 \rceil)$ benötigen.

Tab. 6.3: Anzahl der Schnitte beim Divide-and-Conquer-Protokoll für n Spieler

Spieleranzahl	Methode	Schnittanzahl
1	kein Schnitt nötig	0
2	Cut-and-Choose	1
3	2 Schnitte reduzieren auf die Fälle 1 & 2	$2+0+1=3$
4	3 Schnitte reduzieren auf die Fälle 2 & 2	$3+1+1=5$
5	4 Schnitte reduzieren auf die Fälle 2 & 3	$4+1+3=8$
6	5 Schnitte reduzieren auf die Fälle 3 & 3	$5+3+3=11$
7	6 Schnitte reduzieren auf die Fälle 3 & 4	$6+3+5=14$
8	7 Schnitte reduzieren auf die Fälle 4 & 4	$7+5+5=17$
9	8 Schnitte reduzieren auf die Fälle 4 & 5	$8+5+8=21$
10	9 Schnitte reduzieren auf die Fälle 5 & 5	$9+8+8=25$
$\vdots$	$\vdots$	$\vdots$
n	$n-1$ Schnitte reduzieren auf die Fälle $\lfloor n/2 \rfloor$ & $\lceil n/2 \rceil$	$D(n) = nk - 2^k + 1$ mit $k = \lceil \log n \rceil$

Wie jeder rekursive Algorithmus ergeben sich für das Divide-and-Conquer-Protokoll mit n Spielern nämlich die folgenden Rekurrenzen, die die Fälle $n \in \{1,2,3\}$ und für $n \geq 4$ eine gerade und eine ungerade Anzahl von Spielern getrennt betrachten:

$$
\begin{aligned}
D(1) &= 0 \\
D(2) &= 1 \\
D(3) &= 3 \\
D(2k) &= 2k-1+2D(k) & (6.1) \\
D(2k+1) &= 2k+D(k)+D(k+1) & (6.2)
\end{aligned}
$$

für $k \geq 2$. Die Gleichungen (6.1) und (6.2) können dabei für $n \geq 4$ zu nur einer Rekurrenzgleichung zusammengefasst werden:

$$
D(n) = n-1 + D(\lfloor n/2 \rfloor) + D(\lceil n/2 \rceil), \qquad (6.3)
$$

wobei für eine reelle Zahl r wie üblich $\lfloor r \rfloor$ die größte ganze Zahl bezeichnet, die r nicht überschreitet, und $\lceil r \rceil$ die kleinste ganze Zahl, die nicht kleiner als r ist.

Die Rekurrenz (6.3) lässt sich durch Induktion über n lösen (siehe z. B. Robertson und Webb, 1998), und wir erhalten:

$$
D(n) = n \cdot \lceil \log n \rceil - 2^{\lceil \log n \rceil} + 1.
$$

Dieses Ergebnis halten wir im folgenden Satz fest.

Satz 6.6 (Even und Paz (1984))

Das Divide-and-Conquer-Protokoll aus Abbildung 6.24 benötigt für n Spieler

$$D(n) \in \mathcal{O}(n \log n)$$

Schnitte.

Übersicht über die Schnittanzahlen proportionaler Cake-cutting-Protokolle

Tabelle 6.4 fasst die von uns bisher ermittelten Schnittanzahlen von proportionalen Cake-cutting-Protokollen zusammen. Nicht für alle endlichen proportionalen Cake-cutting-Protokolle aus Abschnitt 6.4.2 ist die Anzahl der nötigen Schnitte hier untersucht worden, nämlich nicht für das Lone-Divider- und nicht für das Cut-your-own-Piece-Protokoll. Die Analyse der Schnittanzahlen dieser beiden Protokolle bleibt dem Leser als Übung überlassen.

Tab. 6.4: Anzahl der Schnitte in einigen proportionalen Cake-cutting-Protokollen

	Anzahl der Spieler						
Protokoll	2	3	4	5	6	$\cdots$	n
Divide-and-Conquer	1	3	5	8	11	$\cdots$	$nk - 2^k + 1$ mit $k = \lceil \log n \rceil$
Last-Diminisher	1	4	8	13	19	$\cdots$	$(n^2+n-4)/2$
Last-Diminisher (angepasst)	1	3	6	10	15	$\cdots$	$(n^2-n)/2$
Lone-Chooser (ohne ESG)	1	5	23	119	719	$\cdots$	$n! - 1$
Lone-Chooser (mit ESG)	1	5	14	30	55	$\cdots$	$(n-1)n(2n-1)/6$

Unter den Cake-cutting-Protokollen in Tabelle 6.4 schneidet das Divide-and-Conquer-Protokoll am besten ab. Es liefert somit die bisher beste obere Schranke für die Schnittanzahl, die nötig ist, um Proportionalität zu garantieren. Gibt es ein endliches proportionales Protokoll, das diese obere Schranke schlägt? Oder gibt es eine dazu passende untere Schranke, die die Optimalität der oberen Schranke nachweist?

Obere und untere Schranken für die Anzahl von Schnitten

Während obere Schranken wie die in Satz 6.6 üblicherweise mehr oder weniger informal präsentiert werden, erfordert der Beweis einer unteren Schranke ein präzises Modell, das insbesondere spezifiziert, welche Operationen erlaubt sind. Robertson und Webb (1998) formalisieren ein solches Modell. Ohne hier in die technischen Details zu gehen, sei erwähnt, dass in diesem Modell zwei Arten von Operationen erlaubt sind:

1. Bewertungsanfragen, durch die ein Protokoll Informationen darüber erhalten kann, welchen Wert ein bestimmter Spieler einem bestimmten Stück des Kuchens beimisst, und

2. Schnitte (inklusive Markierungen), die zu machen ein Protokoll einem bestimmten Spieler vorschlagen kann.

In diesem Modell bewiesen Woeginger und Sgall (2007) eine untere Schranke von $\Omega(n \log n)$ für die Anzahl solcher Operationen in *irgendeinem* endlichen proportionalen Cake-cutting-Protokoll, allerdings unter der Einschränkung, dass das Protokoll jedem der n Spieler eine zusammenhängende Portion zuweist (siehe Definition 6.10 auf Seite 265). Dies ist eine relative starke Einschränkung. Ohne diese Einschränkung konnten Edmonds und Pruhs (2006b) dieselbe untere Schranke von $\Omega(n \log n)$ für *sämtliche* endliche proportionale Protokolle beweisen. Zwar haben wir bei der Abschätzung der oberen Schranke in Satz 6.6 nur Schnitte betrachtet, Bewertungsanfragen also nicht berücksichtigt; man kann sich aber überlegen, dass die Schranke von $\mathcal{O}(n \log n)$ erhalten bleibt, wenn man beim Divide-and-Conquer-Protokoll für n Spieler Schnitte *und* Bewertungsanfragen in Rechnung stellt.

Sofort stellt sich hier die Frage nach der Anzahl von Schnitten (bzw. von Schnitten und Bewertungsanfragen) für neidfreie Protokolle. Zu Beginn dieses Abschnitts (auf Seite 297) haben wir begründet, weshalb das Selfridge–Conway-Protokoll für drei Spieler fünf Schnitte benötigt. Aber wie wächst die Schnittanzahl mit der Anzahl der Spieler? In Abschnitt 6.4.5 wurde erwähnt, dass Brams und Taylor (1995) ein endliches neidfreies Cake-cutting-Protokoll für beliebig viele Spieler vorgeschlagen haben, dieses jedoch leider nicht endlich beschränkt ist. Auch die Anzahl der Schnitte in diesem Protokoll ist nicht beschränkt, nicht einmal für vier Spieler. Für endliche neidfreie Cake-cutting-Protokolle mit einer beliebigen Anzahl von Spielern ist überhaupt keine obere Schranke für die Schnittanzahl bekannt.[17] Dies ist eines der wichtigsten offenen Probleme im Bereich der Cake-cutting-Protokolle.

Andererseits bewies Procaccia (2009), ebenfalls im Modell von Robertson und Webb (1998), eine untere Schranke von $\Omega(n^2)$ für die Anzahl der Schnitte und Bewertungsanfragen in endlichen neidfreien Cake-cutting-Protokollen. Dieses Resultat beleuchtet den Unterschied zwischen Proportionalität und Neidfreiheit: Eine obere Schranke von $\mathcal{O}(n \log n)$ im Gegensatz zu einer unteren Schranke von $\Omega(n^2)$ zeigt eine qualitative Diskrepanz zwischen diesen beiden Konzepten und erklärt möglicherweise – zumindest zum Teil – die notorische Schwierigkeit des oben genannten offenen Problems bezüglich endlicher neidfreier Cake-cutting-Protokolle mit beliebig vielen Spielern.

---

[17] Auch wenn wir in diesem Abschnitt Moving-Knife-Protokolle eigentlich außer Acht lassen, sei erwähnt, dass das Brams–Taylor–Zwicker-Protokoll für vier Spieler (siehe Abbildung 6.37 auf Seite 290) zwar eine beschränkte Schnittanzahl hat, aber für mehr als vier Spieler ist kein neidfreies Moving-Knife-Protokoll bekannt, dessen Schnittanzahl beschränkt wäre.

Minimale Anzahl von Schnitten für eine proportionale Aufteilung

Kommen wir wieder zurück zur Anzahl der Schnitte in proportionalen Protokollen. Obere Schranken wie $\mathcal{O}(n \log n)$ bzw. untere Schranken wie $\Omega(n \log n)$ machen asymptotische Aussagen darüber, wie die Schnittanzahl proportionaler Protokolle mit der Anzahl n der Spieler wächst. Asymptotische Aussagen sind jedoch nicht präzise und eigentlich erst für große Werte von n aussagekräftig. Im Folgenden beschäftigen wir uns daher mit der genauen Anzahl von Schnitten, die nötig sind, um Proportionalität zu garantieren, und wir richten unser Augenmerk explizit auf kleine Werte für n.

Wir bezeichnen mit $P(n)$ die minimale Anzahl von Schnitten, für die ein endliches Cake-cutting-Protokoll jedem der n Spieler einen proportionalen Anteil garantiert. Dieser Wert $P(n)$ ist nicht an ein konkretes Protokoll gebunden, sondern er ist über *sämtliche* endliche proportionale Protokolle definiert.

Wie wir gesehen haben, scheint das beste konkrete solche Protokoll das Divide-and-Conquer-Protokoll zu sein. Tabelle 6.5 vergleicht für alle n, $1 \leq n \leq 16$, die bekannten Werte für die Schnittanzahl $D(n)$ im Divide-and-Conquer-Protokoll mit der besten bekannten oberen Schranke für die oben definierte Zahl $P(n)$ (siehe Robertson und Webb, 1998). Fettgedruckt sind dabei die Einträge, für die diese obere Schranke sogar exakt ist, also mit der unteren Schranke übereinstimmt.

Tab. 6.5: Vergleich von $D(n)$ und der besten bekannten oberen Schranke für $P(n)$

Zahl n der Spieler	1	2	3	4	5	6	7	8	9	10	11	12	13	14	15	16
$D(n)$ in Divide-and-Conquer	0	1	3	5	8	11	14	17	21	25	29	33	37	41	45	49
obere Schranke für $P(n)$	**0**	**1**	**3**	4	**6**	**8**	13	15	18	21	24	27	33	36	40	44

Weitere Informationen zu oberen Schranken für $P(n)$ – und insbesondere dazu, wie sie begründet werden können – findet man in (Robertson und Webb, 1998). Beispielsweise wird dort die Teile-und-herrsche-Idee so modifiziert, dass die Spieler nicht in Gruppen ungefähr gleicher Größe, sondern in verschieden große Gruppen aufgeteilt werden, und es wird erörtert, inwiefern dies der Aufteilung des Divide-and-Conquer-Protokolls überlegen sein kann.

Zwei Schnitte reichen nicht für drei proportionale Anteile

Asymptotische untere Schranken wie die oben erwähnten von Edmonds und Pruhs (2006b), Woeginger und Sgall (2007) und Procaccia (2009) werden wir hier nicht beweisen. Allerdings wollen wir dennoch kurz auf die Beweismethoden eingehen, die zum Beweis unterer Schranken angewandt werden. Ganz speziell soll die Aussage gezeigt werden können, die schon in Fußnote 16 auf Seite 302 gemacht wurde: Zwei Schnitte sind beweisbar zu wenig, um drei Spielern einen proportionalen Anteil am Kuchen zu garantieren.

Wie aber beweist man, dass eine bestimmte Schnittanzahl (hier zwei) nicht genügt, um eine bestimmte Eigenschaft (hier Proportionalität) sicherzustellen? Man müsste dazu zeigen, dass *jedes* endliche Cake-cutting-Protokoll für drei Spieler im schlimmsten Fall mindestens drei Schnitte benötigt, um jedem Spieler einen proportionalen Anteil zu verschaffen. Dabei ist die Einschränkung auf endliche Protokolle wesentlich: Mit dem Moving-Knife-Protokoll von Dubins und Spanier etwa (siehe Abbildung 6.18 auf Seite 263) gelingt eine proportionale Aufteilung für drei Spieler mit zwei Schnitten.

Es wäre jedoch nicht zweckmäßig, tatsächlich jedes einzelne endliche Cake-cutting-Protokoll für drei Spieler, eines nach dem anderen, zu betrachten, um diese Eigenschaft für dieses Protokoll nachzuweisen. Einerseits gibt es unendlich viele solcher Protokolle, andererseits müsste man ja auch diejenigen untersuchen, die noch gar nicht gefunden wurden. Stattdessen werden wir mit anderen Argumenten zeigen, dass kein endliches Protokoll allen drei Spielern mit nur zwei Schnitten mehr als ein Viertel des Kuchens garantieren kann, insbesondere also nicht ein Drittel.

Warum geht es gerade um „mehr als ein Viertel"? Das liegt einfach daran, dass ein endliches Protokoll existiert, das jedem der drei Spieler ein Viertel des Kuchens mit nur zwei Schnitten garantiert. Dieses Protokoll ist in Abbildung 6.43 dargestellt. Offenbar werden in jedem Fall zwei Schnitte gemacht: Ein Schnitt von p_1 im ersten Schritt, und in jedem der drei Fälle des zweiten Schritts kommt ein weiterer Schnitt hinzu, wenn das Cut-and-Choose-Protokoll ausgeführt wird.

Man überzeugt sich auch leicht davon, dass jedem der drei Spieler tatsächlich mindestens ein Viertel des Kuchens garantiert ist. Nehmen wir an, Belle, Chris und David wenden das Viertel-Protokoll an. Belle teilt den Kuchen im ersten Schritt im Verhältnis $1:2$ und erzeugt so die Stücke S_1 und S_2, wobei ihr S_1 ein Drittel und S_2 zwei Drittel wert ist. Dann ergibt sich gemäß der Fallunterscheidung im zweiten Schritt (die offensichtlich vollständig ist):

1. Im ersten Fall ist für Chris oder David (sagen wir, für Chris) das Stück S_2 mindestens die Hälfte des Kuchens wert und für den anderen der beiden (also David) das Stück S_1 mindestens ein Viertel des Kuchens. S_1 geht an David, dem sein Viertel somit sicher ist. Belle und Chris teilen sich nun S_2 mit dem Cut-and-Choose-Protokoll. Folglich erhält Belle einen Anteil von mindestens $(1/2) \cdot (2/3) = 1/3 > 1/4$ und Chris einen Anteil von mindestens $(1/2) \cdot (1/2) = 1/4$.

2. Im zweiten Fall ist für einen von Chris und David (sagen wir, für Chris) das Stück S_2 mindestens die Hälfte des Kuchens wert und für den anderen der beiden (also David) das Stück S_1 weniger als ein Viertel des Kuchens. David kann in diesem Fall also nicht mit S_1 abgespeist werden. Stattdessen geht S_1 an Belle, die es ja mit $1/3 > 1/4$ bewertet. Nun teilen sich Chris und David das Stück S_2 mit dem Cut-and-Choose-Protokoll und erhalten beide einen Anteil von mindestens $(1/2) \cdot (1/2) = 1/4$.

Gegeben: Kuchen $X = [0,1]$, Spieler p_1, p_2 und p_3 mit den Maßen v_1, v_2 und v_3.

Schritt 1: p_1 teilt den Kuchen X im Verhältnis $1:2$ nach seinem Maß. Es gilt also $X = S_1 \cup S_2$ mit:

$$v_1(S_1) = \frac{1}{3} \quad \text{und} \quad v_1(S_2) = \frac{2}{3}.$$

Schritt 2: Es werden die folgenden drei Fälle unterschieden.

Fall 1: S_2 ist für einen der Spieler p_2 und p_3 (sagen wir, für p_2) mindestens die Hälfte des Kuchens und S_1 ist für den anderen Spieler (also für p_3) mindestens ein Viertel des Kuchens wert. In diesem Fall ($v_2(S_2) \geq 1/2$ und $v_3(S_1) \geq 1/4$) geht S_1 an p_3, und p_1 und p_2 teilen sich S_2 mit dem Cut-and-Choose-Protokoll. Der andere Fall ($v_3(S_2) \geq 1/2$ und $v_2(S_1) \geq 1/4$) wird analog behandelt.

Fall 2: S_2 ist für einen der Spieler p_2 und p_3 (sagen wir, für p_2) mindestens die Hälfte des Kuchens und S_1 ist für den anderen Spieler (also für p_3) weniger als ein Viertel des Kuchens wert. In diesem Fall ($v_2(S_2) \geq 1/2$ und $v_3(S_1) < 1/4$) geht S_1 an p_1, und p_2 und p_3 teilen sich S_2 mit dem Cut-and-Choose-Protokoll. Der andere Fall ($v_3(S_2) \geq 1/2$ und $v_2(S_1) < 1/4$) wird analog behandelt.

Fall 3: Ist S_2 sowohl für p_2 als auch für p_3 weniger als die Hälfte des Kuchens wert ($v_2(S_2) < 1/2$ und $v_3(S_2) < 1/2$), so geht S_2 an p_1, und p_2 und p_3 teilen sich S_1 mit dem Cut-and-Choose-Protokoll.

Abb. 6.43: Das Viertel-Protokoll für drei Spieler

---

3. Im dritten Fall ist sowohl für Chris als auch für David das Stück S_2 weniger als die Hälfte des Kuchens wert. Sie würden ihr Viertel also nicht bekommen, wenn sie dieses Stück mit dem Cut-and-Choose-Protokoll teilten; S_2 muss also an Belle gehen. Aber da S_2 für Chris und David weniger als die Hälfte des Kuchens wert ist, muss ihnen S_1 *mehr als die Hälfte* wert sein. Teilen sie nun also S_1 mit dem Cut-and-Choose-Protokoll, so ist ihnen jeweils ein Anteil von mehr als $(1/2) \cdot (1/2) = 1/4$ garantiert.

Aber warum kann kein endliches Protokoll jedem der drei Spieler *mehr als* ein Viertel vom Kuchen mit nur zwei Schnitten garantieren? Nehmen wir an, es gäbe ein solches Protokoll und Belle, Chris und David würden es ausführen. Einer der Spieler (z. B. Belle) muss den ersten Schnitt machen und zerlegt den Kuchen X so in die Stücke S_1 und S_2. Die anderen beiden Spieler, Chris und David, haben natürlich keinerlei Kontrolle über die Werte von S_1 und S_2 in ihren jeweiligen Maßen. Es könnte also zum Beispiel passieren, dass für beide das Stück S_2 genau die Hälfte des Kuchens wert ist. Nun bleibt nur noch ein Schnitt, und die folgende Fallunterscheidung zeigt, dass dieser Schnitt unmöglich so gesetzt werden kann, dass alle drei Spieler – und zwar für alle möglichen Bewertungen der entstehenden Stücke des Kuchens – mehr als ein Viertel des Kuchens erhalten.

Fall 1: Belle macht auch den zweiten Schnitt und teilt damit S_1 oder S_2 in zwei Teilstücke. Egal, welches sie geteilt hat; weil S_2 (also auch S_1) für Chris und David jeweils genau die Hälfte des Kuchens wert ist, ist es möglich, dass sie beide neuen Teilstücke mit genau einem Viertel bewerten. Folglich muss einer von ihnen, Chris oder David, eines dieser Teilstücke, also lediglich ein Viertel des Kuchens erhalten.

Fall 2: Chris oder David (sagen wir, Chris) macht den zweiten Schnitt und teilt damit S_1 oder S_2 in zwei Teilstücke. Egal, welches er geteilt hat; weil S_2 (also auch S_1) für Chris genau die Hälfte des Kuchens wert ist, kann ihm (mindestens) eines der neuen Teilstücke höchstens ein Viertel wert sein. Da Belle und David nicht geschnitten haben, ist es möglich, dass sie beide dieses neue Teilstück ebenfalls mit höchstens einem Viertel bewerten. Und weil einer der drei Spieler dieses Teilstück bekommen muss, ist nicht allen Spielern mehr als ein Viertel sicher.

In dieser Argumentation ist es natürlich wesentlich, dass nicht allen Spielern mehr als ein Viertel des Kuchens *garantiert* ist. Für glücklich gewählte Bewertungsfunktionen könnten sie durchaus alle mehr als ihr Viertel erhalten. Der Punkt ist jedoch, dass dies im schlimmsten Fall nicht mehr gilt.

Vier Schnitte garantieren vier proportionale Anteile

Wie wir gesehen haben, sind drei Schnitte nötig, um jedem von drei Spielern ein Drittel des Kuchens zu garantieren. Deshalb ist der Eintrag „3" für die obere Schranke von $P(3)$ in Tabelle 6.5 auf Seite 306 fettgedruckt: Diese obere Schranke für $P(3)$ ist exakt, stimmt also mit der unteren Schranke für $P(3)$ überein. Auch die obere Schranke für $P(4)$ ist exakt, und der entsprechende Eintrag in der Tabelle, „4", ist deshalb ebenfalls fettgedruckt. Das heißt, eine proportionale Aufteilung für vier Spieler kann mit vier, aber nicht mit drei Schnitten garantiert werden. Abbildung 6.44 zeigt ein Protokoll, dass auf Even und Paz (1984) zurückgeht und eine proportionale Aufteilung für vier Spieler mit vier Schnitten leistet.

Wie man ebenfalls in Tabelle 6.5 sieht, benötigt das Divide-and-Conquer-Protokoll für vier Spieler fünf Schnitte, um eine proportionale Aufteilung zu garantieren. Auch wenn dieses Protokoll asymptotisch – bezüglich einer wachsenden Anzahl n von Spielern – nahezu (bis auf konstante Faktoren in der $\mathcal{O}$-Notation) optimal ist, kann es für spezifische Anzahlen von Spielern noch verbessert werden. Das Even–Paz-Protokoll aus Abbildung 6.44 demonstriert dies für $n = 4$ Spieler.

Die Idee des Even–Paz-Protokolls kann wie folgt beschrieben werden. Angenommen, ein Spieler teilt den Kuchen X in vier Stücke, Y_1, Y_2, Z_1 und Z_2, sodass ihm Y_2 mindestens so viel wert ist wie Y_1 und Z_1 mindestens so viel wie Z_2. Dann muss diesem Spieler $Y_2 \cup Z_1$ mindestens so viel wie die Hälfte des Kuchens wert sein. Folglich wäre er bereit, das Stück $Y_2 \cup Z_1$ mit irgendeinem anderen Spieler mit dem Cut-and-Choose-Protokoll zu teilen, da ihm dabei ja ein Viertel sicher wäre. Zunächst führen wir die folgenden Sprechweisen ein.

Definition 6.12

Für einen Spieler p_i mit dem Maß v_i und für zwei Stücke des Kuchens, A und B, sagen wir:

1. p_i *bevorzugt A gegenüber B*, falls $v_i(A) \geq v_i(B)$.
2. p_i *bevorzugt A echt gegenüber B*, falls $v_i(A) > v_i(B)$.
3. A *ist für p_i akzeptabel*, falls $v_i(A) \geq 1/n$, wobei n die Anzahl der Spieler ist.

$\blacklozenge$

Warum leistet das Viertel-Protokoll für vier Spieler von Even und Paz (1984) aus Abbildung 6.44 das Gewünschte? Warum kommt es in jedem Fall (also für beliebige Bewertungsfunktionen der vier Spieler) mit nicht mehr als vier Schnitten aus und warum ist jedem der vier Spieler auch im schlimmsten Fall ein akzeptabler Anteil sicher? Sehen wir uns die einzelnen Fälle und ihre jeweiligen Unterfälle im zweiten Schritt genauer an:

1. In Fall 1 erhält jeder der vier Spieler eine akzeptable Portion mit nur drei Schnitten. Denn p_1 braucht einen Schnitt zur Erzeugung von Y und Z, und p_2 und p_3 bzw. p_1 und p_4 benötigen jeweils einen weiteren Schnitt beim Cut-and-Choose-Protokoll. Dass alle einen akzeptablen Anteil erhalten, ist offensichtlich.

2. In Fall 2 zählen wir zunächst zwei Schnitte: p_1 teilt erst X in Y und Z und dann Y in Y_1 und Y_2.

   a) In Fall 2.1 kommt ein dritter Schnitt hinzu, wenn p_3 und p_4 das Stück Z mit dem Cut-and-Choose-Protokoll aufteilen. Dabei ist wegen $v_2(Y_i) \geq 1/4$ für p_2 das Stück Y_i akzeptabel und für p_2 das andere Stück Y_j, $j \neq i$, wegen $v_1(Y_1) = v_1(Y_2) = 1/4$. Auch p_3 und p_4 erhalten jeweils (mehr als) akzeptable Portionen, da beiden Z mehr als die Hälfte des Kuchens wert ist.

   b) In Fall 2.2 scheidet zunächst p_1 mit dem Stück Y_1 aus, das für ihn ja akzeptabel ist. Dann teilen p_2, p_3 und p_4 das Stück $X - Y_1 = Y_2 \cup Z$ untereinander auf. Aber halt! Hatten wir nicht vorher gezeigt, dass zwei Schnitte (und nur so viele dürfen noch gemacht werden) *nicht* genügen, um eine proportionale Aufteilung unter drei Spielern zu garantieren? Erfordert diese Aufteilung des Restkuchens unter p_2, p_3 und p_4 also nicht *drei* Schnitte, was insgesamt auf *fünf* Schnitte führen würde?

   Nein! Denn das aufzuteilende Stück $X - Y_1 = Y_2 \cup Z$ ist nicht irgendein Stück Kuchen für die Spieler p_2, p_3 und p_4, sondern wir sind in diesem Fall 2.2 nur gelangt, weil sie bestimmte Bewertungen über die Stücke Y_2 und Z haben, und dies nutzen wir jetzt aus. Wenn p_2 nämlich den dritten Schnitt gemacht und so aus Z die Stücke Z_1 und Z_2 mit $v_2(Z_1) = v_2(Z_2) > 1/4$ erzeugt hat,

Gegeben: Kuchen $X = [0,1]$, Spieler p_1, p_2, p_3 und p_4 mit den Maßen v_1, v_2, v_3 und v_4.

Schritt 1: p_1 teilt den Kuchen X in zwei gleichwertige Stücke, Y und Z, nach seinem Maß. Es gilt also $X = Y \cup Z$ mit $v_1(Y) = v_1(Z) = 1/2$.

Schritt 2: Es werden die folgenden Fälle unterschieden.

Fall 1: p_2, p_3 und p_4 bevorzugen nicht alle dasselbe Stück echt gegenüber dem anderen. Wir dürfen also annehmen, dass $v_2(Y) \geq 1/2$, $v_3(Y) \geq 1/2$ und $v_4(Z) \geq 1/2$ gilt. Dann teilen sich, jeweils mit dem Cut-and-Choose-Protokoll, p_2 und p_3 das Stück Y und p_1 und p_4 das Stück Z.

Fall 2: p_2, p_3 und p_4 bevorzugen alle dasselbe Stück echt gegenüber dem anderen. Wir dürfen also annehmen, dass $v_i(Z) > 1/2$ für jedes $i \in \{2,3,4\}$ gilt. Dann teilt p_1 das Stück Y in zwei gleichwertige Stücke, Y_1 und Y_2, nach seinem Maß. Es gilt also $Y = Y_1 \cup Y_2$ mit $v_1(Y_1) = v_1(Y_2) = 1/4$.

Fall 2.1: Einer von p_2, p_3 und p_4 (etwa p_2) findet Y_1 oder Y_2 akzeptabel. (Das ist möglich, auch wenn $v_i(Y) < 1/2$ für jedes $i \in \{2,3,4\}$ gilt.) Also gilt $v_2(Y_i) \geq 1/4$ für $i = 1$ oder $i = 2$. Dann erhält p_2 das Stück Y_i, p_1 das andere Stück Y_j, $j \neq i$, und p_3 und p_4 teilen sich das Stück Z mit dem Cut-and-Choose-Protokoll.

Fall 2.2: Für keinen von p_2, p_3 und p_4 ist entweder Y_1 oder Y_2 akzeptabel. Da dennoch jeder von p_2, p_3 und p_4 eines der Stücke Y_1 und Y_2 gegenüber dem anderen bevorzugt, müssen zwei von ihnen (etwa p_2 und p_3) dasselbe Stück (etwa Y_2) bevorzugen. Demnach gilt $v_i(Y_2) \geq v_i(Y_1)$ für jedes $i \in \{2,3\}$.

Dann erhält p_1 das Stück Y_1 und scheidet aus, während p_2, p_3 und p_4 das Stück $X - Y_1 = Y_2 \cup Z$ untereinander aufteilen.

Dazu teilt p_2 das Stück Z in zwei gleichwertige Stücke, Z_1 und Z_2, nach seinem Maß. Es gilt also $Z = Z_1 \cup Z_2$ mit

$$v_2(Z_1) = v_2(Z_2) > \frac{1}{4}.$$

Wir nehmen an, dass p_3 das Stück Z_1 gegenüber Z_2 bevorzugt.

Fall 2.2.1: p_4 findet Z_2 akzeptabel. Dann geht Z_2 an p_4, und p_2 und p_3 teilen sich das Stück $Y_2 \cup Z_1$ mit dem Cut-and-Choose-Protokoll.

Fall 2.2.2: Für p_4 ist Z_2 inakzeptabel. Dann muss p_4 das Stück Z_1 gegenüber Z_2 bevorzugen. In diesem Fall geht Z_2 an p_2, und p_3 und p_4 teilen sich das Stück $Y_2 \cup Z_1$ mit dem Cut-and-Choose-Protokoll.

Abb. 6.44: Das Viertel-Protokoll für vier Spieler von Even und Paz (1984)

dann wissen wir zumindest teilweise, wie p_2, p_3 und p_4 über die Stücke Y_1, Y_2, Z_1 und Z_2 denken. Tabelle 6.6 zeigt, was wir über die Ansichten dieser drei Spieler zu Beginn von Fall 2.2 (unmittelbar vor der Unterscheidung der Fälle 2.2.1 und 2.2.2) wissen. Beispielsweise zeigen das „I" und das „$\heartsuit$" in der Zeile von p_2 und der Spalte unter Y_2 an, dass p_2 das Stück Y_2 zwar für inakzeptabel hält, es aber immerhin gegenüber Y_1 bevorzugt.

Dass p_3 das Stück Z_1 gegenüber Z_2 bevorzugt, dürfen wir dabei annehmen, weil $v_3(Z_1) \geq v_3(Z_2)$ oder $v_3(Z_2) \geq v_3(Z_1)$ gelten muss, und sollte $v_3(Z_1) \geq v_3(Z_2)$ nicht gelten, dann könnten wir die weitere Argumentation analog mit vertauschten Rollen von Z_1 und Z_2 führen, weil die einzigen anderen bereits vorhandenen Einträge in den Spalten von Z_1 und Z_2 (nämlich die beiden „$\heartsuit$A" in der Zeile von p_2) identisch sind. Weiterhin gilt nach der Annahme von Fall 2 insbesondere $v_3(Z) > 1/2$. Da p_3 das Stück Z_1 gegenüber Z_2 bevorzugt, muss Z_1 für p_3 folglich auch akzeptabel sein.

Tab. 6.6: Was denken p_2, p_3 und p_4 in Fall 2.2 über die Stücke Y_1, Y_2, Z_1 und Z_2?

	Y_1	Y_2	Z_1	Z_2
p_2	I	$\heartsuit$I	$\heartsuit$A	$\heartsuit$A
p_3	I	$\heartsuit$I	$\heartsuit$A	
p_4	I	I		

A : akzeptabel (vom Wert $\geq 1/4$)
I : inakzeptabel (vom Wert $< 1/4$)
$\heartsuit$: bevorzugt Y_i gegenüber Y_j bzw. bevorzugt Z_i gegenüber Z_j

Wie können die noch fehlenden Einträge in Tabelle 6.6 aussehen? Dazu müssen wir die letzte Fallunterscheidung untersuchen.

i. Die Annahme von Fall 2.2.1, dass p_4 das Stück Z_2 akzeptabel findet, fügt einen weiteren Eintrag zu Tabelle 6.6 hinzu (siehe Tabelle 6.7).

Tab. 6.7: Was denken p_2, p_3 und p_4 in Fall 2.2.1 über die Stücke Y_1, Y_2, Z_1 und Z_2?

	Y_1	Y_2	Z_1	Z_2
p_2	I	$\heartsuit$I	$\heartsuit$A	$\heartsuit$A
p_3	I	$\heartsuit$I	$\heartsuit$A	
p_4	I	I		A

Folglich kann p_4 mit dem für ihn akzeptablen Stück Z_2 ausscheiden. Da sowohl p_2 als auch p_3 das Stück Y_2 gegenüber Y_1 sowie das Stück Z_1 gegenüber Z_2 bevorzugt, erhalten beide ein für sie jeweils akzeptables Stück durch die Teilung von $Y_2 \cup Z_1$ mit dem Cut-and-Choose-Protokoll. Bei diesem Argument wurde die entscheidende Idee des Even–Paz-Protokolls angewandt, die unmittelbar vor Definition 6.12 erläutert wurde. Also haben alle Spieler ein für sie akzeptables Stück erhalten. Insgesamt waren dafür nur vier Schnitte nötig.

ii. Die Annahme von Fall 2.2.2, dass das Stück Z_2 für p_4 inakzeptabel ist, fügt drei weitere Einträge zu Tabelle 6.6 hinzu (siehe die Zeile von p_4 in Tabelle 6.8), zunächst natürlich den Eintrag „I" in der Spalte unter Z_2. Weil aber nach der Annahme von Fall 2 insbesondere $v_4(Z) > 1/2$ gilt, muss p_4 erstens das Stück Z_1 gegenüber dem inakzeptablen Stück Z_2 bevorzugen und zweitens Z_1 für akzeptabel halten, daher die beiden Einträge „♡A" in der Spalte unter Z_1.

Tab. 6.8: Was denken p_2, p_3 und p_4 in Fall 2.2.2 über die Stücke Y_1, Y_2, Z_1 und Z_2?

	Y_1	Y_2	Z_1	Z_2
p_2	I	♡I	♡A	♡A
p_3	I	♡I	♡A	
p_4	I	I	♡A	I

Nun verlässt p_2 mit dem für ihn akzeptablen Stück Z_2 das Spiel. Übrig bleibt wieder das Stück $Y_2 \cup Z_1$, das sich diesmal p_3 und p_4 mit dem Cut-and-Choose-Protokoll teilen. Wie oben lässt sich die entscheidende Idee des Even–Paz-Protokolls anwenden, diesmal nur auf den Spieler p_3, der das Stück Y_2 gegenüber Y_1 sowie das Stück Z_1 gegenüber Z_2 bevorzugt und somit ein für ihn akzeptables Stück erhält. Aber auch p_4 erhält ein für ihn (sogar mehr als) akzeptables Stück, weil für ihn die beiden anderen Stücke, Y_1 und Z_2, in diesem Fall inakzeptabel sind und somit $v_4(Y_2 \cup Z_1) > 1/2$ gilt. Auch in diesem Fall haben alle Spieler ein für sie jeweils akzeptables Stück erhalten. Wieder waren dafür insgesamt nur vier Schnitte nötig.

Somit haben wir das folgende Resultat gezeigt.

Satz 6.7 (Even und Paz (1984))
Das Viertel-Protokoll aus Abbildung 6.44 garantiert jedem der vier Spieler einen proportionalen Anteil mit vier Schnitten.

Satz 6.7 ist optimal, denn man kann auch zeigen, dass kein endliches Cake-cutting-Protokoll allen vier Spielern mit drei Schnitten mehr als ein Sechstel des Kuchens garantieren kann, insbesondere also nicht ein Viertel.

Wie viele Schnitte sichern wie vielen Spielern welchen Anteil am Kuchen?

Zum Ausklang dieses Abschnitts fassen wir die bisherigen Ergebnisse bezüglich der Minimierung von Schnittanzahlen zusammen und verallgemeinern sie. Wir haben gesehen, dass durch endliche Cake-cutting-Protokolle:

- mit einem Schnitt zwei Spielern jeweils die Hälfte des Kuchens garantiert werden kann (siehe das Cut-and-Choose-Protokoll in Abbildung 6.8 auf Seite 254), und das ist optimal, denn kein Schnitt leistet dies natürlich nicht;

- mit zwei Schnitten jedem von drei Spielern ein Viertel des Kuchens garantiert
  werden kann (siehe das Viertel-Protokoll in Abbildung 6.43 auf Seite 308), und
  das ist optimal, denn zwei Schnitte können drei Spielern keinen größeren Anteil
  am Kuchen sichern;

- mit drei Schnitten jedem von drei Spielern ein Drittel des Kuchens garantiert
  werden kann (siehe z. B. das angepasste Last-Diminisher-Protokoll auf Seite 300
  oder das Divide-and-Conquer-Protokoll aus Abbildung 6.24 auf Seite 272, die
  beide in Tabelle 6.4 auf Seite 304 aufgeführt werden), und das ist wieder optimal, denn zwei Schnitte können drei Spielern insbesondere kein Drittel vom
  Kuchen sichern;

- mit vier Schnitten jedem von vier Spielern ein Viertel des Kuchens garantiert
  werden kann (siehe Satz 6.7 und das Viertel-Protokoll von Even und Paz (1984)
  in Abbildung 6.44 auf Seite 311), und das ist optimal, denn wie nach Satz 6.7
  erwähnt wurde, können drei Schnitte vier Spielern zwar ein Sechstel, aber nicht
  mehr als ein Sechstel vom Kuchen sichern.

Aus diesen Einzelergebnissen ergibt sich die allgemeinere Frage: Wie viele Schnitte garantieren wie vielen Spielern welchen Anteil am Kuchen? Bezeichnen wir mit
$M(n,k)$ den größten Anteil am Kuchen, der jedem der n Spieler mit k Schnitten
in einem endlichen Cake-cutting-Protokoll garantiert werden kann, so lassen sich
die oben genannten Ergebnisse wie folgt ausdrücken:

$$M(2,1) = 1/2, \quad M(3,2) = 1/4, \quad M(3,3) = 1/3, \quad M(4,3) = 1/6, \quad M(4,4) = 1/4.$$

Diese Werte folgen, wie man vermuten könnte, einem Schema, und Robertson
und Webb (1998) haben dieses Schema im folgenden Resultat ausgedrückt.

Satz 6.8 (Robertson und Webb (1998))
1. $M(n, n-1) = 1/(2n-2)$ *für* $n \geq 2$.
2. $M(3,3) = 1/3$ *und* $M(n,n) = 1/(2n-4)$ *für* $n \geq 4$.
3. $M(n, n+1) \geq 1/(2n-5)$ *für* $n \geq 5$.

Die Ergebnisse aus Satz 6.8 sowie ein Reihe von weiteren Einzelresultaten aus
der Literatur ergeben die Werte in Tabelle 6.9 (siehe auch Robertson und Webb,
1998). Für fettgedruckte Einträge ist der jeweils angegebene Wert von $M(n,k)$
optimal. Manche Felder in dieser Tabelle wurden frei gelassen, und zwar aus dem
folgenden einfachen Grund: Kann jedem von n Spielern mit k Schnitten ein Anteil
von $1/n$ garantiert werden, so ist dies auch mit mehr als k Schnitten möglich.

6.4.8 Der Grad der garantierten Neidfreiheit

Ohne Neid wäre unsere Welt zweifellos eine bessere. Aus Neid resultieren oft Kon-
flikte, die zu gewaltsamen Auseinandersetzungen führen können. Eines der wichtigsten Ziele im Bereich Cake-cutting ist es deshalb, Verfahren zu finden, mit

Tab. 6.9: Wie viele Schnitte garantieren wie vielen Spielern welchen Anteil am Kuchen?

Anzahl der	Anzahl der Spieler								
Schnitte	2	3	4	5	6	7	8	$\cdots$	n
$n-1$	$1/2$	$1/4$	$1/6$	$1/8$	$1/10$	$1/12$	$1/14$	$\cdots$	$1/(2n-2)$
n		$1/3$	$1/4$	$1/6$	$1/8$	$1/10$	$1/12$	$\cdots$	$1/(2n-4)$
$n+1$				$1/5$	$1/7$	$1/9$	$1/11$	$\cdots$	$1/(2n-5)$
$n+2$					$1/6$	$1/8$	$1/10$	$\cdots$	?

denen allen Beteiligten bei der gemeinsamen Aufteilung einer Ressource ein Anteil garantiert werden kann, den diese für mindestens so gut halten wie den Anteil aller anderen Beteiligten. Im Sinne der praktischen Umsetzbarkeit sollten diese Cake-cutting-Protokolle am besten endlich beschränkt sein. Für drei Spieler löst das Selfridge–Conway-Protokoll aus Abbildung 6.31 auf Seite 283 dieses Problem. Für mehr als drei Spieler jedoch ist, wie schon mehrfach betont wurde, dieses Problem offen, und es scheint ein überaus störrisches Problem zu sein.

Wenn das Ideal der Neidfreiheit in endlich beschränkten Cake-cutting-Protokollen für mehr als drei Spieler nicht erreichbar sein sollte, kann man sich dann vielleicht diesem Ideal wenigstens annähern? Dazu gibt es einige recht vielversprechende Ansätze in der Literatur. Beispielsweise approximieren Edmonds und Pruhs (2006a,b) die Fairness in Cake-cutting-Protokollen dadurch, dass sie einerseits „ungefähr" faire Stücke hinsichtlich ihres Wertes für die Spieler betrachten und andererseits auch die Schnittanfragen hinsichtlich ihrer genauen Position nur approximieren. Ein anderer Ansatz, den wir hier kurz vorstellen wollen, wurde von Lindner und Rothe (2009) als der „Grad der garantierten Neidfreiheit" bezeichnet und beruht auf einer ähnlichen Idee, die schon von Brams *et al.* (2007) vorgeschlagen, dort allerdings nur hinsichtlich einer speziellen Variante des Divide-and-Conquer-Protokolls untersucht wurde. Außerdem erlauben Brams *et al.* (2007) zusätzlich den „Ringtausch" von Stücken, kurz bevor sie den Spielern als Portionen zugewiesen werden (siehe dazu Fußnote 7 auf Seite 275 und Fußnote 19 auf Seite 318).

Der Grad der garantierten Neidfreiheit quantifiziert die Neidfreiheit, die bei der Durchführung eines (endlich beschränkten) Cake-cutting-Protokolls auch im schlimmsten Fall garantiert ist. Dieser Begriff beruht auf den Neid- bzw. Neidfrei-Relationen, die es zwischen den Spielern bezüglich einer Kuchenaufteilung geben kann. Um diese genauer diskutieren zu können, führen wir zunächst die folgenden Bezeichnungen ein. Zur Erinnerung: Unter einer binären Relation auf einer Menge M versteht man eine Teilmenge $R \subseteq M \times M$.

Definition 6.13 (Neid- und Neidfrei-Relation)
Es sei eine Aufteilung des Kuchens $X = \bigcup_{i=1}^{n} X_i$ für die Menge $P = \{p_1, p_2, \ldots, p_n\}$ von Spielern gegeben, wobei v_i das Maß und X_i die Portion von p_i ist. Eine *Neid-*

Relation (bezeichnet mit ⊩*) bzw. eine Neidfrei-Relation (bezeichnet mit* ⊮*) für diese Aufteilung ist eine binäre Relation auf* P:

- p_i beneidet p_j ($p_i \Vdash p_j$), $1 \le i, j \le n$, $i \ne j$, falls $v_i(X_i) < v_i(X_j)$ gilt.
- Andernfalls schreiben wir $p_i \nVdash p_j$, um auszudrücken, dass p_j von p_i nicht beneidet wird.

♦

Man überlegt sich leicht, dass Neid-Relationen irreflexiv und Neidfrei-Relationen reflexiv sind, denn kein Spieler kann sich selbst beneiden. Die triviale Neidfrei-Relation $p_i \nVdash p_i$ wird bei der Analyse von Neidbeziehungen stets außer Acht gelassen. Darüber hinaus sind weder Neid-Relationen noch Neidfrei-Relationen transitiv. Denn daraus, dass Edgar lieber Belles Portion als seine eigene und Belle lieber Annas Portion als ihre eigene hätte (Edgar ⊩ Belle und Belle ⊩ Anna), kann man nicht schließen, dass Edgar auch Annas Portion seiner eigenen vorziehen würde. Annas Portion könnte für Edgar natürlich viel weniger als seine wert sein (es könnte also durchaus Edgar ⊮ Anna gelten). Ebenso ist es möglich, dass zwar Belle von Edgar nicht beneidet wird und ihrerseits Anna nicht beneidet (Edgar ⊮ Belle und Belle ⊮ Anna), Edgar aber dennoch Anna beneidet (Edgar ⊩ Anna).

Nun definieren wir den Grad der garantierten Neidfreiheit für proportionale Cake-cutting-Protokolle.

Definition 6.14 (Grad der garantierten Neidfreiheit)
Für $n \ge 1$ Spieler ist der *Grad der garantierten Neidfreiheit* („*degree of guaranteed envy-freeness*", kurz: DGEF) eines proportionalen Cake-cutting-Protokolls definiert als die maximale Anzahl der Neidfrei-Relationen, die in jeder durch dieses Protokoll erzeugten Aufteilung existieren (sofern alle Spieler die Regeln und Strategien des Protokolls befolgen), d. h. die Anzahl der garantierten Neidfrei-Relationen.

♦

Der Grad der garantierten Neidfreiheit ist auf proportionale Cake-cutting-Protokolle eingeschränkt, da dieser Begriff sonst einen irreführenden Eindruck von Fairness erwecken könnte. Betrachten wir zum Beispiel das folgende nicht proportionale Protokoll für $n \ge 1$ Spieler, das „Anna-Protokoll". An diesem Protokoll nehmen stets eine Spielerin namens Anna sowie $n - 1$ weitere Spieler teil. Es besteht aus einer einzigen Regel: „Anna bekommt den ganzen Kuchen."

Ist das Anna-Protokoll gerecht? Wohl kaum.[18] Der DGEF des Anna-Protokolls ergibt sich jedoch als $n - 1 + (n - 1)(n - 2) = n^2 - 2n + 1$, denn Anna beneidet garantiert keinen der $n - 1$ anderen Spieler, von denen wiederum garantiert keiner irgendjemanden außer Anna beneidet. Dieser Wert eines DGEF ist schon sehr

---

[18]Jedenfalls nicht bei $n > 1$ Spielern. Außer vielleicht aus Annas Sicht.

nahe am maximal möglichen DGEF von $n(n-1) = n^2 - n$, der in einem neidfreien Protokoll gilt.

Der DGEF eines proportionalen Protokolls ist über die *Anzahl* garantierter Neidfrei-Relationen definiert. Das heißt, je nach ihren Bewertungsfunktionen könnten sich Neidfrei-Relationen zwischen bestimmten Spielern ergeben, bei anderen Bewertungsfunktionen aber solche zwischen ganz anderen Spielern. Es geht beim DGEF nicht um die Identifizierung spezifischer Neidfrei-Relationen zwischen bestimmten Spielern, sondern nur darum, *wie viele* in jedem Fall garantiert sind.

Aber was versteht man eigentlich unter einer *garantierten* Neidfrei-Relation? Betrachten wir zunächst einen anderen, schwächeren (oder allgemeineren) Begriff: Eine *fall-erzwungene Neidfrei-Relation* ist eine Neidfrei-Relation, die nur im Fall geeigneter Bewertungsfunktionen der Spieler vorliegt. Bezogen auf das Last-Diminisher-Protokoll (siehe Abbildung 6.14 auf Seite 259) bedeutet dies zum Beispiel, dass eine Neidfrei-Relation von dem zuerst ausgeschiedenen Spieler (sei dies p_1) zu dem Spieler (sei dies p_n), der in der letzten Runde beim Cut-and-Choose-Protokoll wählt, lediglich fall-erzwungen ist (sofern sie überhaupt existiert). Je nach der Bewertungsfunktion von p_1 könnte es nämlich sein, dass er p_n entweder beneidet ($p_1 \Vdash p_n$) oder aber auch nicht ($p_1 \nVdash p_n$). Ist im Gegensatz dazu von einer *garantierten* Neidfrei-Relation die Rede, so existiert diese in jedem Fall – also unabhängig von den Bewertungsfunktionen der Spieler. Eine garantierte Neidfrei-Relation ist demnach eine spezielle fall-erzwungene Neidfrei-Relation: Sie wird in jedem – auch dem schlimmsten – Fall erzwungen. Wiederum bezogen auf das Last-Diminisher-Protokoll (wobei wie oben p_1 in der ersten Runde ausscheide, p_n aber bis zur letzten Runde im Spiel bleibe) gibt es z. B. eine garantierte Neidfrei-Relation von p_n zu p_1 (d. h., $p_n \nVdash p_1$ gilt für alle Bewertungsfunktionen der Spieler). Es ist also in jedem Fall garantiert, dass der zuletzt ausgeschiedene Spieler (hier p_n) den zuerst ausgeschiedenen Spieler (hier p_1) nicht beneiden wird.

Zu diesem Unterschied beim Last-Diminisher-Protokoll kommt es, weil p_n die Portion von p_1 sozusagen „abgesegnet" hat, als er sie in der ersten Runde bewertet, für nicht überproportional befunden und deshalb nicht beschnitten hat; der Spieler p_1 hingegen ist gar nicht mehr im Spiel, wenn p_n seine Portion erhält (sofern wir von $n \geq 3$ Spielern ausgehen). Derartige Asymmetrien zwischen Spielern treten nicht nur beim Last-Diminisher-Protokoll, sondern auch bei allen weiteren proportionalen Cake-cutting-Protokollen aus Abschnitt 6.4.2 auf und rufen protokollspezifisch unterschiedliche DGEF-Werte hervor, wie wir später sehen werden.

Neben der Begriffsklärung von fall-erzwungenen und garantierten Neidfrei-Relationen verdeutlicht das obige Beispiel auch, dass es Zwei-Wege-Neidfreiheit oder aber Ein-Weg-Neidfreiheit geben kann (dies gilt natürlich auch für Neid-relationen[19]). Zwei-Wege-Neidfreiheit liegt vor, wenn zwei Spieler sich gegenseitig nicht beneiden ($p_i \not\Vdash p_j$ und $p_j \not\Vdash p_i$). Ein-Weg-Neidfreiheit bedeutet dagegen, dass zwar der eine Spieler den anderen nicht beneidet ($p_i \not\Vdash p_j$), der andere den einen aber sehr wohl ($p_j \Vdash p_i$). Zwischen je zwei Spielern gibt es demnach höchtens zwei Neidfrei-Relationen. Somit gibt es bei n Spielern höchtens $n(n-1)$ Neidfrei-Relationen, und wenn sämtliche möglichen, also alle $n(n-1)$ Neidfrei-Relationen garantiert sind, dann beneidet kein Spieler irgendeinen anderen Spieler, egal, welche Bewertungsfunktionen die Spieler haben. Jedes neidfreie Cake-cutting-Protokoll für n Spieler hat folglich, wie bereits erwähnt, einen DGEF von $n(n-1)$.

Weil wir den DGEF nur für proportionale Cake-cutting-Protokoll betrachten, gibt es auch eine untere Schranke von n stets garantierten Neidfrei-Relationen. Diese ergibt sich daraus, dass bei einem proportionalen Protokoll jeder Spieler mindestens einen anderen Spieler garantiert nicht beneidet, wie man sich leicht überlegen kann.

Satz 6.9

Ist $d(n)$ der DGEF eines proportionalen Cake-cutting-Protokolls mit $n \geq 2$ Spielern, so gilt: $n \leq d(n) \leq n(n-1)$.

Der DGEF beschreibt demnach ein Kriterium zur Bewertung der Fairness von proportionalen Cake-cutting-Protokollen. Aus Anwendungsgründen weicht man zu Gunsten der endlichen Beschränktheit etwas vom idealen Konzept der Neidfreiheit ab. Will man den DGEF eines konkreten proportionalen Protokolls bestimmen, so ermittelt man die Anzahl der garantierten Neidfrei-Relationen. Je nach Protokoll kann die entsprechende Argumentation auf der Hand liegen oder aber recht verwickelt sein. Tabelle 6.10 zeigt das Ergebnis einer Analyse ausgewählter proportionaler Cake-cutting-Protokolle, von denen einige in Abschnitt 6.4.2 präsentiert wurden. Weitere Ergebnisse und Beweise zum Begriff des Grades der garantierten Neidfreiheit findet man in (Lindner und Rothe, 2009).

Das in Tabelle 6.10 erwähnte Parallelized-Last-Diminisher-Protokoll wurde von Lindner und Rothe (2009) vorgeschlagen und hat aufgrund einer geschickten Parallelisierung einen besseren DGEF als das ursprüngliche Last-Diminisher-Protokoll; es hat sogar den derzeit besten bekannten DGEF unter allen bisher untersuchten endlich beschränkten proportionalen Cake-cutting-Protokollen.

---

[19]Liegt nach der Ausführung eines Cake-cutting-Protokolls ein Zyklus von Ein-Weg-Neid-Relationen vor (der in Fußnote 7 auf Seite 275 als ein „Ring von Neidern" bezeichnet wurde – eine Zwei-Wege-Neid-Relation, die den wechselseitigen Neid zweier Spieler ausdrückt, kann als Spezialfall eines solchen Zyklus aufgefasst werden), so können diese durch einen Ringtausch der Portionen aufgelöst werden. Dies würde die Anzahl der Neidfrei-Relationen im Nachhinein erhöhen. Jedoch ist anzumerken, dass Tauschhandel üblicherweise nicht als Teil eines Cake-cutting-Protokolls aufgefasst, sondern als eine nachträgliche Verbesserungsroutine betrachtet wird. Aus diesem Grund bleiben die aus Tauschhandel resultierenden Neidfrei-Relationen bei der Analyse des DGEF unberücksichtigt.

Tab. 6.10: DGEF ausgewählter endlich beschränkter Cake-cutting-Protokolle

Protokoll	DGEF
Last-Diminisher (Steinhaus, 1948)	$2 + n(n-1)/2$
Lone-Chooser (Fink, 1964)	n
Lone-Divider (Kuhn, 1967)	$2n - 2$
Cut-your-own-Piece (Steinhaus, 1969)	n
Divide-and-Conquer (Even und Paz, 1984; Brams *et al.*, 2007)	$n \cdot \lfloor \log n \rfloor + 2n - 2^{\lfloor \log n \rfloor + 1}$
Parallelized Last Diminisher (Lindner und Rothe, 2009)	$\lceil n^2/2 \rceil + 1$

Die Ergebnisse in Tabelle 6.10 können sicherlich – hoffentlich – erweitert und noch weiter verbessert werden. Der Begriff des Grades der garantierten Neidfreiheit soll einen Anreiz zur Entwicklung neuer, gerechterer Protokolle schaffen – die vielleicht nicht endlich beschränkt und neidfrei, aber endlich beschränkt und möglichst neidfrei sind, also einen möglichst hohen DGEF haben.

6.4.9 Übersicht über einige Cake-cutting-Protokolle

Tabelle 6.11 gibt einen Überblick über die wichtigsten der in diesem Kapitel erwähnten Cake-cutting-Protokolle und ihre Eigenschaften. Diese Übersicht zeigt – wie in Abschnitt 6.3.2 bereits angesprochen – noch einmal auf, dass keines der hier vorgestellten Cake-cutting-Protokolle Pareto-optimal ist. Diese Protokolle müssen zu Gunsten der Gerechtigkeit auf Effizienz im Sinne von Pareto-Optimalität verzichten. Wenn das Hauptziel Fairness ist, muss offenbar der Verzicht auf Effizienz in Kauf genommen werden. Die Pareto-Optimalität findet dennoch ihre Anwendung, zum Beispiel dann, wenn ein Kuchen bereits in zurechtgeschnittenen Stücken vorliegt und es darum geht, diese Stücke bestmöglich unter allen Spielern aufzuteilen. Da es bei diesem Szenario nicht möglich ist, Proportionalität zu garantieren, könnte als ein alternatives Bewertungskriterium die Erlangung von Pareto-Optimalität herangezogen werden. Zwar führt dies nicht zu einer gerechten Aufteilung im herkömmlichen Sinn, jedoch ist auf diese Art und Weise zumindest gewährleistet, dass eine unter den gegebenen Voraussetzungen bestmögliche Aufteilung gefunden werden kann (siehe auch Robertson und Webb, 1998).

Tab. 6.11: Ausgewählte Cake-cutting-Protokolle und ihre Eigenschaften

Protokollname	Laufzeit	Fairness (ggf. Spielerzahl)	Pareto-optimal?	strategie-sicher?	zusammen-hängend?	Referenz
Cut-and-Choose-Protokoll	endlich beschränkt	neidfrei ($n = 2$)	nein	ja	ja	S. 253
Austins Moving-Knife-Protokoll	kontinuierlich	exakt ($n = 2$)	nein	ja	nein	S. 256
Last-Diminisher-Protokoll	endlich beschränkt	proportional	nein	ja	ja	S. 258
Moving-Knife-Protokoll von Dubins und Spanier	kontinuierlich	proportional	nein	ja	ja	S. 262
Lone-Chooser-Protokoll	endlich beschränkt	proportional	nein	ja	nein	S. 263
Lone-Divider-Protokoll	endlich beschränkt	proportional	nein	ja	nein	S. 265
Cut-your-own-Piece-Protokoll	endlich beschränkt	proportional	nein	ja	ja	S. 268
Divide-and-Conquer-Protokoll	endlich beschränkt	proportional	nein	ja	ja	S. 271
Selfridge-Conway-Protokoll	endlich beschränkt	neidfrei ($n = 3$)	nein	ja	nein	S. 282
Stromquists Moving-Knife-Protokoll	kontinuierlich	neidfrei ($n = 3$)	nein	ja	ja	S. 287
Moving-Knife-Protokoll von Brams, Taylor und Zwicker	kontinuierlich	neidfrei ($n = 4$)	nein	ja	nein	S. 289
Brams–Taylor-Protokoll	endlich unbeschränkt	neidfrei	nein	ja	nein	S. 290

Wie bereits mehrfach erwähnt wurde und wie man auch in Tabelle 6.11 sieht, ist bisher kein endlich beschränktes und zugleich neidfreies Cake-cutting-Protokoll für mehr als drei Spieler bekannt. Da ein solches Protokoll trotz intensiver Bemühungen bisher nicht gefunden werden konnte, gibt es verschiedene Ansätze, sich einer Lösung zumindest anzunähern. Dabei scheinen Kompromisse unumgänglich zu sein. Der hier vorgestellte Kompromiss, nämlich der Grad der garantierten Neidfreiheit (siehe Lindner und Rothe, 2009; Brams *et al.*, 2007), verzichtet auf vollständige Neidfreiheit zu Gunsten der endlichen Beschränktheit des Protokolls.

Ein anderer Ansatz, sich der gewünschten Neidfreiheit anzunähern, besteht im Tauschhandel. So schlagen Feldman und Kirman (1974) (siehe auch Brams *et al.*, 2007) vor, den Spielern nach der eigentlichen Aufteilung Tauschmöglichkeiten zu eröffnen, um auf diese Weise eventuell bestehenden Neid so weit möglich zu verringern. Gemessen wird Neid dabei durch die Anzahl der bestehenden Neid-Relationen, d. h., das Ziel dieses Ansatzes besteht in der nachträglichen Eliminierung von Neid-Relationen.

Trotz der vielen wichtigen Erkenntnisse, die im Gebiet der Cake-cutting-Protokolle in den vergangenen Jahrzehnten – oft durch überaus originelle Ideen und Beweistechniken – gewonnen und von denen einige in diesem Kapitel vorgestellt wurden, bleiben viele Fragen offen. Die vielleicht wichtigste ist die oben genannte Frage nach endlich beschränkten, neidfreien Protokollen für mehr als drei Spieler. Andere offene Fragen wurden in Abschnitt 6.4.7 erwähnt und betreffen die minimale Schnittanzahl in endlichen Protokollen (siehe z. B. die nicht fettgedruckten – also möglicherweise noch nicht optimalen – Einträge in den Tabellen 6.5 und 6.9 auf den Seiten 306 und 315).

Viele sehr interessante Ergebnisse des Gebiets Cake-cutting konnten einfach aus Platzgründen in diesem Kapitel nicht präsentiert werden. So konnte zum Beispiel weder das endliche (aber unbeschränkte) Brams–Taylor-Protokoll (Brams und Taylor, 1996), das eine neidfreie Aufteilung unter beliebig vielen Spielern garantiert, noch das Result von Robertson und Webb (1997) (siehe auch Robertson und Webb, 1998) vorgestellt werden, nach welchem kein endliches Protokoll eine *exakte* Aufteilung des Kuchens unter zwei Spielern garantieren kann (was in einem interessanten Kontrast zu Austins exaktem Moving-Knife-Protokoll aus Abbildung 6.12 auf Seite 257 steht). Dennoch ist zu hoffen, dass in diesem Kapitel die mathematische Schönheit und schlichte Eleganz der Lösungen einiger überaus anspruchsvoller Probleme verdeutlicht werden konnte, die sich ergeben, wenn mehrere Spieler einen Kuchen gerecht aufteilen wollen.

7 Multiagent Resource Allocation: Aufteilung unteilbarer Ressourcen

Wie im vorigen Kapitel geht es auch hier um die Aufteilung von Ressourcen (oder, synonym, von Gütern bzw. Objekten) in einer Gruppe von Agenten (oder Spielern). Anders als beim Cake-cutting beschäftigen wir uns nun jedoch nicht mit der Aufteilung einer einzigen teilbaren Ressource, sondern es gibt mehrere unteilbare Ressourcen zu verteilen. Unteilbar sind die Ressourcen dabei in zweierlei Hinsicht: Keine Ressource (bzw. kein Gut oder Objekt) kann in kleinere Teilstücke zerlegt werden (auf Englisch sagt man, solche Ressourcen sind *„indivisible"*) und keine Ressource (bzw. kein Gut oder Objekt) kann mehr als einem Agenten zugeordnet werden – verschiedene Agenten können also nicht dieselbe Ressource gemeinsam nutzen (auf Englisch sagt man, solche Ressourcen sind *„nonshareable"*). Beispielsweise wäre ein Datensatz, den ein Roboter auf dem Mars gesammelt hat, im ersten Sinn nicht unteilbar, weil man spezielle Daten aus ihm herausfiltern kann, und er wäre im zweiten Sinn nicht unteilbar, weil verschiedene Forschergruppen diese Daten gemeinsam nutzen könnten. Im Gegensatz dazu sind die auf einer Auktion versteigerten Gegenstände in beiderlei Hinsicht unteilbar, und tatsächlich ist das noch junge Gebiet der *Multiagent Resource Allocation* sehr eng verwandt mit dem der kombinatorischen Auktionen, mit Anwendungen z. B. im E-Commerce.

Wie Kapitel 3 zur kooperativen Spieltheorie und Kapitel 5 über Judgment Aggregation ist auch dieses Kapitel recht kurz und stellt neben einigen Grundbegriffen nur wenige ausgewählte Resultate und Methoden vor. Einen umfassenderen und tieferen Einblick in dieses Gebiet erhält man z. B. in dem Übersichtsartikel von Chevaleyre *et al.* (2006), im Buchkapitel von Sandholm (1999) und in den Büchern von Shoham und Leyton-Brown (2009) und Wooldridge (2009).

7.1 Aufteilung einzelner Güter

7.1.1 Die Scheidungsformel von Brams und Taylor

Erinnern Sie sich noch an die „Schlacht der Geschlechter", die in Abschnitt 2.1.2 auf Seite 35 beschrieben wurde? Inzwischen sind einige Jahre vergangen, aber ihre Schlacht führen Georg und Helena noch immer.

Georg und Helena feiern nun schon ihren siebenten Hochzeitstag. Wie immer an diesem besonderen Tag genießt Helena ihr Konzert . . .

„Tooooor!!!", schreit Georg und springt auf. Wie immer an diesem besonderen Tag hat er viel Spaß im Stadion . . .

Als beide spät am Abend – inzwischen nun doch sehr missvergnügt – nach Hause kommen, sprechen sie es aus und sagen gleichzeitig: „Ich will die Scheidung!"

Das verflixte siebte Jahr! So traurig ihre Trennung für die beiden auch ist, so wollen sie sie doch einvernehmlich und fair gestalten. Bei den meisten der aufzuteilenden Haushaltsgegenstände ist es klar, wem was gehört, weil sie oder er ihn in die Ehe eingebracht hat. Streit gibt es nur um die in Abbildung 7.1 dargestellten neun Dinge, die sie sich gemeinsam angeschafft haben:

- das Auto,
- eine kostbare, massiv goldene Buddha-Statue, die sie einmal einer Gruppe Kinder abgekauft hatten (siehe Abbildung 3.2 auf Seite 105), und
- sieben Gartenzwerge – wertvolle Sammlerstücke, die auf dem Grundstück stehen, das sie vor einiger Zeit gemeinsam mit Felix geerbt hatten (siehe Abbildung 6.20 auf Seite 268).

Abb. 7.1: Scheidungsformel: Georg und Helena wollen neun Objekte aufteilen

Wie sollen Georg und Helena diese Dinge unter sich aufteilen, sodass es möglichst gerecht zugeht? Brams und Taylor (1996) entwickelten zu diesem Zweck das folgende Verfahren, das auf Englisch als *Adjusted Winner Procedure* bezeichnet und auf Deutsch auch die *Scheidungsformel* genannt wird. Dieses Verfahren funktioniert so:

1. Zunächst verkünden Georg und Helena ihre jeweilige subjektive Bewertung der aufzuteilenden Objekte, wobei beide jeweils insgesamt 100 Punkte auf diese Objekte verteilen dürfen. Tabelle 7.1 zeigt ihre individuellen Bewertungen. Beispielsweise bewertet Georg jeden der Gartenzwerge mit 11 Punkten, während für Helena jeder Zwerg nur 9 Punkte wert ist, genauso viel wie das Auto, dem Georg hingegen einen Punkt mehr gibt. Dafür hat Helena mehr Gefallen an dem Buddha gefunden als Georg – sie gibt ihm 28, er nur 13 Punkte.

Tab. 7.1: Scheidungsformel: Georgs und Helenas Bewertungen der Objekte

Anzahl	Objekt	Georg	Helena
1	Auto	**10**	9
1	Buddha	13	**28**
7	Gartenzwerg	**77**	63
insgesamt		100	100

2. Nun geht jedes Objekt erst einmal an den, dem es mehr wert ist (in Tabelle 7.1 durch eine fettgedruckte Zahl angezeigt – einen möglichen Gleichstand könnte man nach einer Vorzugsregel entscheiden). Also erhält Georg das Auto und alle sieben Gartenzwerge, während sich Helena vorerst mit dem Buddha begnügen muss. Natürlich findet sie das ungerecht. Schließlich bekommt sie nur den Wert von 28 ihrer Punkte, während Georg 87 seiner Punkte erhält.

3. Deshalb wird im nächsten Schritt der aktuelle Gewinner (Georg in unserem Beispiel) „angepasst", d. h., Georg muss so viele seiner Objekte an Helena abgeben, bis ein Ausgleich erzielt wird. Für jedes Objekt wird dazu das Verhältnis der Bewertungen von Georg und Helena aufgestellt, sodass diese Verhältnisse größer als oder gleich eins sind, und dann werden sie der Größe nach geordnet: Am Anfang der Liste stehen die Objekte, deren Verhältnis gleich eins ist (falls es Objekte gibt, die beiden gleich viel wert sind), dann kommen die Objekte mit den nächstgrößeren Verhältnissen usw. In unserem Beispiel ergibt sich die in Tabelle 7.2 angegebene Reihenfolge.

Tab. 7.2: Scheidungsformel: Sortierung der Objekte

Objekt	Auto	Zwerg	Zwerg	Zwerg	Zwerg	Zwerg	Zwerg	Zwerg	Buddha
Verhältnis	$10/9$	$11/9$	$11/9$	$11/9$	$11/9$	$11/9$	$11/9$	$11/9$	$28/13$

Gibt Georg nun das erste Objekt dieser Liste, also das Auto an Helena, so ist sie schon etwas weniger sauer, aber immer noch unzufrieden. Denn jetzt kann sie zwar $28 + 9 = 37$ ihrer Punkte realisieren, aber Georg ist mit $87 - 10 = 77$ seiner Punkte immer noch viel besser dran. Gibt er ihr nun aber noch zwei Zwerge ab, so haben sie mit $37 + 2 \cdot 9 = 55 = 77 - 2 \cdot 11$ Punkten Gleichstand erreicht. Abbildung 7.2 zeigt die daraus resultierende Aufteilung.

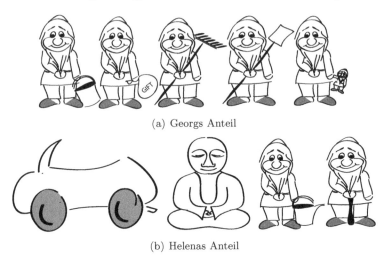

(a) Georgs Anteil

(b) Helenas Anteil

Abb. 7.2: Aufteilung von neun Objekten nach der Scheidungsformel

Diese Methode hat eine Reihe von Vorzügen. Zum Beispiel ist die durch sie erzielte Aufteilung:

1. im Sinne von Definition 6.4 auf Seite 248 *Pareto-optimal*, d. h., jede Allokation der Objekte, die einen der beiden besser stellt, würde den anderen oder die andere schlechter stellen;
2. im Sinne von Definition 6.2 auf Seite 244 *gleichverteilt*, d. h., sowohl Georg als auch Helena bewerten die ihnen zugeteilten Objekte insgesamt gleich, und
3. im Sinne von Definition 6.2 auf Seite 244 *neidfrei*, d. h., keiner der beiden würde die ihm zugeteilten Objekte mit denen des oder der anderen tauschen wollen.

Für eine informale Beschreibung der Argumente, warum diese Eigenschaften gelten, und eine ausführliche Diskussion verweisen wir auf (Brams und Taylor, 1996, Abschnitt 4.3). Dort wird auch darauf eingegangen, dass die von Georg und Helena verkündeten Werte der Objekte möglicherweise nicht ihre ehrlichen Werte sind, und es werden strategische und spieltheoretische Konzepte wie das Nash-Gleichgewicht für dieses Verfahren diskutiert.

Ein Nachteil der Scheidungsformel ist, dass die Allokation der Objekte nicht so schön wie in unserem Beispiel aufgehen muss, wenn alle aufzuteilenden Objekte unteilbar sind. Nehmen wir zum Beispiel an, dass die Sammlung der sieben Gartenzwerge nur als *Ganzes* einen Wert von 77 für Georg bzw. von 63 für Helena hat, dann wäre die angegebene Aufteilung nicht möglich. Man könnte dann lediglich den Anteil dieses einen Objekts, das aus sieben Gartenzwergen besteht, bestimmen, der an Georg und Helena gehen müsste, um Gleichheit herzustellen, und zwar nach der Scheidungsformel:

$$77\alpha \quad = \quad 9 + 63(1 - \alpha) + 28, \tag{7.1}$$

wobei auf der linken bzw. rechten Seite von (7.1) die Werte der Objekte stehen, die zu diesem Zeitpunkt (nach Abgabe des Autos von Georg an Helena) im Besitz von Georg bzw. Helena sind. Löst man die Gleichung (7.1) nach α auf, so erhält man $\alpha = 5/7$, also den Anteil, der Georg am Gesamtpaket der Zwerge zusteht, und entsprechend steht Helena der Anteil von $1 - \alpha = 2/7$ daran zu. Setzt man diese Werte in (7.1) ein, erhält man genau den Gesamtwert von 55 Punkten für beide.

7.1.2 Einige Typen einfacher Auktionen

Eine *Allokationsprozedur* teilt die zu verteilenden Objekte den Agenten zu. Sie kann zentralisiert oder verteilt sein. Bei einer *verteilten Allokationsprozedur* folgen die beteiligten Agenten den einzelnen Schritten eines Verhandlungsprotokolls, um die Allokation der Objekte untereinander auszuhandeln. Die Cake-cutting-Protokolle aus Abschnitt 6.4 sind Beispiele für verteilte Allokationsprozeduren.

Bei einer *zentralisierten Allokationsprozedur* dagegen gibt es eine zentrale Autorität, die aufgrund der individuellen Bewertungen der Agenten über die Objekte, die ihr mitgeteilt werden, die Allokation vornimmt, also die Objekte den Agenten zuweist. *Auktionen* sind typische Beispiele für zentralisierte Allokationsprozeduren. Die zentrale Autorität bei einer Auktion ist der *Auktionator*, der mit seinem Hammer den Zuschlag eines versteigerten Objekts an einen Bieter erteilt.

Im Folgenden stellen wir einige Typen einfacher *Einzelauktionen* vor, bei denen die Objekte einzeln an die Bieter (wie man die Agenten hier nennt) versteigert werden; im Englischen spricht man von *single-item auctions. Kombinatorische Auktionen*, bei denen die Bieter Gebote für ganze Bündel von Objekten machen, werden später in Abschnitt 7.2 behandelt.

Jeder Bieter kennt seine individuellen Werte, die er den einzelnen Objekten beimisst, aber wenn er bietet, muss er diese Werte natürlich nicht offen nennen, sondern kann ganz andere Preise bieten. Das Ziel eines Bieters ist dabei, die gewünschten Objekte so billig wie möglich zu erwerben. Der Auktionator hingegen verfolgt das Ziel, einen maximalen Preis aus der Versteigerung aller Objekte herauszuschlagen. In diesem Sinn sind Bieter und Auktionator als Gegenspieler aufzufassen, und auch die Bieter konkurrieren miteinander.

Ihre Gebote können die Bieter

- entweder *offen* machen (engl. *open-cry auction*), d. h., alle Bieter wissen, welche Gebote bisher gemacht wurden (möglicherweise nur nicht, von wem),

- oder *verdeckt* (engl. *sealed-bid auction*) einreichen, d. h., kein Bieter weiß, welche Gebote die anderen Bieter bisher gemacht haben.

Auktionen mit offenen Geboten können weiterhin unterteilt werden in

- *aufsteigende Auktionen*, bei denen die offen ausgerufenen Gebote von niedrigeren zu höheren Werten aufsteigen, und
- *absteigende Auktionen*, bei denen die offen ausgerufenen Gebote von höheren zu niedrigeren Werten absteigen.

Wesentlich bei einer Auktion ist die *Gewinnerbestimmung*: Welches Objekt wird welchem Bieter zugeteilt und was muss er dafür zahlen? Hier kommt einem wohl als erstes

- die *Höchstpreis-Auktion* (engl. *first-price auction*) in den Sinn, bei der dem Bieter mit dem höchsten Gebot der Zuschlag für ein Objekt erteilt wird und er seinen gebotenen Betrag zahlen muss.
- Eine Alternative ist die *Zweitpreis-Auktion* (engl. *second-price auction*), bei der ebenfalls der Bieter mit dem höchsten Gebot den Zuschlag für ein Objekt erhält, aber zahlen muss er nur den Preis des zweithöchsten Gebots.

Nun stellen wir einige „klassische" Typen von Einzelauktionen vor.

Höchstpreis-Auktion mit verdeckten Geboten

Die verschiedenen Klassifizierungskriterien können miteinander kombiniert werden. Zum Beispiel ist eine *Höchstpreis-Auktion mit verdeckten Geboten* der vielleicht einfachste Typ einer Auktion. Es gibt nur eine Runde, in der die Bieter einen Umschlag einreichen, der ihr jeweiliges Gebot enthält, und den Zuschlag erhält, wer das höchste Gebot gemacht hatte. (Bei einem Gleichstand ist gegebenenfalls eine Vorzugsregel anzuwenden.) Der Gewinner zahlt den Höchstpreis, also den seinem Gebot entsprechenden Betrag. Diese Art von Auktion wird z. B. oft bei der Versteigerung von Grundstücken angewandt.

Nach welcher Strategie sollte ein Bieter in einer solchen Auktion bieten?

Das höchste Gebot gewinnt, aber je größer die Differenz zwischen dem höchsten und dem zweithöchsten Gebot ist, desto mehr Geld hat der Sieger verschwendet. Gewonnen hätte er auch, wenn er nur knapp über dem zweithöchsten Gebot gelegen hätte, und dann hätte er außerdem Geld gespart.

Die beste Strategie wäre es daher, weniger zu bieten, als einem das Objekt wirklich wert ist. Wie viel weniger hängt allerdings von den Umständen ab – z. B. davon, wie viel die anderen Bieter selbst mit ihren (verdeckten) Geboten unter ihren ehrlichen Bewertungen des Objekts bleiben, oder auch davon, wie verzweifelt man gerade dieses Objekt haben möchte. Eine allgemeingültige Lösung dieses Problems gibt es nicht, denn das Risiko bleibt immer. Auktionen sind ein bisschen wie Wetten, und die Risikobereitschaft eines Bieters wirkt sich auf die Höhe seines möglichen Gewinns oder Verlustes aus.

Englische Auktion

Dies ist eine aufsteigende Höchstpreis-Auktion mit offenen Geboten. Der Auktionator nennt zu Beginn einen Mindestpreis (der auch 0 sein kann) für das zu versteigernde Objekt und wartet dann auf höhere Gebote. Jedes Gebot muss das aktuelle Gebot übertreffen. Die Bieter kennen das aktuelle Gebot, da es offen gemacht wird, und können es überbieten, wenn sie möchten. Erhöht kein Bieter das aktuelle Gebot, erhält der letzte Bieter das Objekt und zahlt seinen zuletzt genannten Höchstpreis. Hat überhaupt kein Bieter das Mindestgebot erhöht, wird dem Auktionator das Objekt für diesen Preis zugeschlagen. Bekannte Londoner Auktionshäuser wie *Sotheby's* und *Christie's* führen Versteigerungen nach Art der englischen Auktion durch.

Nach welcher Strategie sollte ein Bieter in einer solchen Auktion bieten?

Wieder gewinnt das höchste Gebot und wieder verschwendet der Sieger umso mehr Geld, je größer die Differenz zwischen dem höchsten und dem zweithöchsten Gebot ist. Es liegt daher im Interesse der Bieter, diese Differenz so klein wie möglich zu halten. Sie sollten also, da die Gebote offen gemacht werden, das jeweils aktuelle Gebot möglichst nur leicht überbieten. Diese Strategie ist im Sinne von Definition 2.2 auf Seite 30 dominant. Allerdings geht dieser Ansatz von der Annahme aus, dass sich alle Mitbieter rational verhalten. Bei Auktionen spielen aber auch psychologische Aspekte eine Rolle, die sich spieltheoretisch nicht so einfach modellieren lassen. Beispielsweise könnte es sein, dass sich zwei Bieter in einen Zweikampf hineinsteigern, bei dem sie sich abwechselnd gegenseitig leicht überbieten und der Sieger am Ende sehr viel mehr zahlen muss, als wenn er gleich zu Beginn der Auktion den aktuellen Preis einmal deutlich überboten hätte, um seine Konkurrenten zu entmutigen. Aber auch das ist natürlich nur eine Spekulation.

Ein anderes interessantes Merkmal englischer Auktionen beschreibt Wooldridge (2009): Wenn der tatsächliche Wert des versteigerten Objekts unbekannt oder ungewiss ist, kann der „Fluch des Gewinners" (engl. *„winner's curse"*) auftreten, nicht nur in englischen Auktionen, aber dort besonders häufig. Damit ist gemeint, dass der Gewinner einer Auktion in diesem Fall dazu neigt, das Objekt zu überzahlen. Wird z. B. ein Haus versteigert, dessen baulicher Zustand zuvor nicht zuverlässig genug durch Gutachter bewertet werden konnte, so ist nicht klar, ob sich der Bieter, der den Zuschlag erhält, wirklich darüber freuen oder ob er nicht vielmehr besorgt sein sollte, dass er das Haus über seinem wirklichen Wert erworben hat. Vielleicht haben die anderen Bieter nur deshalb nicht mehr mitgeboten, weil sie mehr als er über den tatsächlichen baulichen Zustand des Hauses wussten.

Holländische Auktion

Diese auch als *Rückwärtsauktion* bezeichnete Auktionsform ist eine absteigende Höchstpreis-Auktion mit offenen Geboten. Der Auktionator nennt zu Beginn einen offensichtlich zu hohen Preis für das zu versteigernde Objekt, der über dem erwarte-

ten Maximalwert der Bieter liegt. Dann senkt der Auktionator den Angebotspreis
Schritt für Schritt, bis sich ein Bieter findet, der den aktuellen Preis akzeptiert
und zu zahlen bereit ist. Dieser erhält den Zuschlag zu diesem Preis.

Nach welcher Strategie sollte ein Bieter in einer solchen Auktion bieten?

Es wäre für einen Bieter nicht sinnvoll, einen Preis zu akzeptieren, der über
seinem eigenen ehrlichen Wert für das Objekt liegt. Fällt der angebotene Preis
unter diesen Wert, so erhöhen sich für den Bieter, je länger er mit dem Akzeptieren
eines aktuellen Preises wartet, gleichzeitig der potenzielle Gewinn und das Risiko,
dass ihm ein anderer Bieter das Objekt wegschnappt. Auch hier kann, wie bei
englischen Auktionen, der Fluch des Gewinners auftreten, nämlich wenn ein Bieter
zu früh kalte Füße bekommt und den aktuellen Preis akzeptiert. Im Allgemeinen
enden holländische Auktionen aus diesem Grund oft relativ schnell.

Vickrey-Auktion

Als *Vickrey-Auktion* – benannt nach ihrem Erfinder William Vickrey, der 1996
gemeinsam mit James Mirrlees den *Nobelpreis für Wirtschaftswissenschaften* erhielt – bezeichnet man eine Zweitpreis-Auktion mit verdeckten Geboten. Wie bei
einer Höchstpreis-Auktion mit verdeckten Geboten gibt es nur eine Runde, in der
die Bieter ihre Gebote in einem verschlossenen Umschlag einreichen. Den Zuschlag
erhält auch hier der Bieter mit dem höchsten Gebot, wobei im Falle eines Gleichstands eine Vorzugsregel anzuwenden ist. Zahlen muss der Gewinner aber nicht
den höchsten, sondern nur den zweithöchsten Preis. Das mag zunächst nicht sehr
intuitiv wirken, aber es hat, wie wir gleich sehen werden, einen großen Vorteil.

Nach welcher Strategie sollte ein Bieter in einer solchen Auktion bieten?

Der o. g. Vorteil von Vickrey-Auktionen ist, dass die dominante Bieter-Strategie
darin besteht, die Wahrheit zu sagen, also den ehrlichen eigenen Wert für das
versteigerte Objekt zu bieten. Um den Grund dafür zu verstehen, betrachten wir
zwei Fälle unter der Annahme, dass das zweithöchste Gebot unverändert bleibt:

Fall 1: Der Bieter bietet mehr als seinen ehrlichen Wert. Dann ist es wahr-
scheinlicher, dass der Bieter den Zuschlag erhält, als wenn er den ehrlichen
Wert bieten würde. Gewinnt er das Objekt tatsächlich, kann er aber einen
Verlust machen, da er vielleicht mehr zahlen müsste, als ihm das Objekt in
Wirklichkeit wert ist. Anders gesagt hat der Bieter durch seine Unehrlichkeit
lediglich seine Chancen darauf, einen Verlust zu machen, erhöht.

Fall 2: Der Bieter bietet weniger als seinen ehrlichen Wert. Dann ist es
weniger wahrscheinlich, dass der Bieter den Zuschlag erhält, als wenn er
den ehrlichen Wert bieten würde. Aber selbst wenn er das Objekt gewinnt,
wird der Preis, den er zahlt, von seinem niedrigeren Gebot nicht beeinflusst:
Er zahlt immer noch den Betrag des zweithöchsten Gebots. Im Sinn der
Gewinnmaximierung hat der Bieter also keinen Vorteil, aber er hat durch
seine Unehrlichkeit seine Gewinnchancen verringert.

Da ein Bieter keinen Vorteil davon hat, von seinem ehrlichen Wert nach oben oder unten abzuweichen, ist zu erwarten, dass er ein ehrliches Gebot macht. Den Vickrey-Auktionen ähnliche Auktionen werden beispielsweise bei der Internet-Auktionsplattform eBay benutzt.

Amerikanische Versteigerung

Dies ist eine Sonderform von Auktion, die oft bei Versteigerungen zu wohltätigen Zwecken eingesetzt wird. In unserer Klassifizierung handelt es sich um eine aufsteigende Auktion mit offenen Geboten, aber im Unterschied zur englischen Auktion bezahlt der Gewinner nicht den Höchstpreis, er zahlt auch nicht den Zweitpreis, sondern *jeder* Bieter zahlt sofort, wenn er ein Gebot macht, den Differenzbetrag zum vorherigen Gebot. Oft werden die möglichen Differenzbeträge auch vom Auktionator festgelegt, und es gibt Varianten, bei denen z. B. auch eine Höchstdauer der Auktion festgelegt wird, die den Bietern nicht bekannt ist. Wem es gelingt, das letzte Gebot vor Ablauf dieser Höchstdauer zu machen, der erhält den Zuschlag.
Nach welcher Strategie sollte ein Bieter in einer solchen Auktion bieten?
Im Vergleich mit z. B. englischen Auktionen erhöhen amerikanische Versteigerungen einerseits den möglichen Gewinn, denn ein glücklicher Bieter kann mit nur einem – dem letzten – Gebot für sehr wenig investiertes Geld (nämlich lediglich den Differenzbetrag zum vorletzten Gebot) ein wertvolles Objekt ersteigern. Andererseits verlieren die Bieter, die leer ausgehen, ihren Geldeinsatz, machen also einen echten Verlust. Der eigentliche Gewinner einer amerikanischen Versteigerung ist deshalb der Auktionator, der in der Regel einen deutlich höheren Betrag einnimmt, als wenn ein Objekt z. B. nach den Regeln einer englischen Auktion versteigert worden wäre. Ein Grund, weshalb amerikanische Versteigerungen gern bei Wohltätigkeitsveranstaltungen zum Einsatz kommen, ist, dass sich auch die Verlierer mit ihrem Verlust besser abfinden können, wenn sie wissen, dass ihr verspieltes Geld einem guten Zweck dient. Amerikanische Versteigerungen haben stärker als andere Auktionen Ähnlichkeit mit einem Glücksspiel.
Bei einer amerikanischen Versteigerung mit festgelegter Höchstdauer fällt die Entscheidung erst kurz vor deren Ablauf. Eine gute Bieter-Strategie ist es daher, sich erst in der Schlussphase mit eigenen Geboten zu beteiligen. Das Problem besteht natürlich darin, dass die Höchstdauer den Bietern unbekannt ist, sie also erraten müssen, ab wann es sich lohnt, mitzubieten. Auch sollte man sich, wenn mehrere Objekte versteigert werden, gut überlegen, bei welchen man überhaupt mitbieten möchte. Bietet man bei allen Objekten zu Beginn eifrig mit und hört dann aber immer zu früh auf, um Geld zu sparen, wird man nur seinen Verlust maximieren.
Eine weitere Variante der amerikanischen Versteigerung wird auf Englisch als *first-price sealed-bid all-pay auction* bezeichnet. In dieser Variante reichen alle Bieter ihr Gebot im verschlossenen Umschlag ein, den Zuschlag erhält der Bieter mit dem höchsten Gebot, aber *alle* Bieter müssen den von ihnen gebotenen

Preis zahlen. Auf diese Weise würde der Auktionator seinen eigenen Gewinn zum Extrem treiben. Allerdings findet er in der Regel keine Bieter, die bereit wären, sich auf eine solche Auktion einzulassen, da ihre Regeln normalerweise als sehr unfair betrachtet werden. Diese ganz spezielle Sonderform einer Auktion ist daher eher von theoretischem Interesse, da man so beispielsweise die wirtschaftstheoretischen Wirkungen von Lobbyismus, Parteispenden und Bestechung modellieren und erklären kann (vgl. auch Abschnitt 4.3.4). Fasst man Spender als Bieter und Parteien als Verkäufer einer Ware (nämlich politischen Einfluss) auf, so gewinnt in diesem Modell der Bieter mit der höchsten Spende (wobei man annimmt, dass diese Spende der Empfängerpartei zum Wahlsieg verholfen hat) und erhöht seinen politischen Einfluss. Die anderen Bieter gehen leer aus und erhöhen ihren politischen Einfluss nicht oder nur geringfügig, aber ihre Spenden werden ihnen trotzdem nicht zurückerstattet (Akca, 2009, S. 83–84).

Erwarteter Ertrag

Das Beispiel der amerikanischen Versteigerung zeigt, dass man sich als Auktionator auch darüber Gedanken machen muss, wie man den Gesamtertrag einer Auktion nach Möglichkeit erhöhen kann. Dazu gehört insbesondere die Wahl eines geeigneten Auktionsprotokolls, wobei amerikanische Versteigerungen zwar aus Sicht des Auktionators vorteilhaft wären, aber von den Bietern, wie gesagt, nicht unbedingt angenommen werden. Sandholm (1999) diskutiert diese Frage auf Seite 214 (siehe auch Wooldridge, 2009, S. 297–298) und kommt zu dem folgenden Ergebnis. Für die vier anderen oben betrachteten Auktionstypen (Höchstpreis-Auktion mit verdeckten Geboten, englische Auktion, holländische Auktion und Vickrey-Auktion) hängt die Antwort auf diese Frage insbesondere davon ab, wie risikofreudig sowohl der Auktionator als auch die Bieter sind:

- Für *risikoneutrale Bieter* ist der erwartete Ertrag des Auktionators für diese vier Auktionstypen beweisbar identisch (unter bestimmten einfachen Annahmen). Das heißt, der Auktionator kann im Mittel denselben Ertrag erwarten, egal, welche Art von Auktion er unter diesen auswählt.
- Einem *risikoscheuen Bieter* ist nicht die Gewinnmaximierung am wichtigsten, d. h., er würde ein Objekt lieber ersteigern, auch wenn er etwas mehr dafür zahlen müsste, als es ihm in Wirklichkeit wert ist. Für solche Bieter führen die holländische Auktion und die Höchstpreis-Auktion mit verdeckten Geboten zu einem höheren erwarteten Ertrag des Auktionators. Das liegt daran, dass risikoscheue Bieter ihre Gewinnchancen auf Kosten ihres Profits erhöhen können, indem sie mit ihren Geboten etwas höher als risikoneutrale Bieter gehen.
- *Risikoscheue Auktionatoren* fahren dagegen im Mittel mit englischen und Vickrey-Auktionen besser.

Diese Aussagen sind mit Vorsicht zu genießen. So hängt z. B. die erste Aussage kritisch davon ab, dass die Bieter wirklich private Werte für die Objekte haben.

7.2 Aufteilung von Bündeln von Gütern

Bei einer Einzelauktion werden einzelne Objekte versteigert, z. B. zwanzig einzelne Schuhe, und es gibt keine Struktur auf der Menge der Objekte. In der Regel macht es für einen Bieter aber einen Unterschied, ob er nur einen linken Schuh ersteigert oder ein Paar Schuhe, also einen linken und einen rechten Schuh, die zueinander passen. Für ein passendes Schuhpaar wäre er vermutlich bereit, deutlich mehr zu zahlen als nur den doppelten Preis eines einzelnen linken Schuhs, denn dieser wäre wohl normalerweise nahezu wertlos für ihn.[1] Demnach könnte ein Auktionator hoffen, für ein Schuhpaar einen höheren Preis zu erzielen, als wenn er die beiden Schuhe einzeln versteigern würde. Andererseits hätte er vielleicht auch ein Interesse daran, alle zehn Schuhpaare auf einmal zu versteigern. Damit er auf keinem Paar sitzenbleibt, könnte er also den gesamten Posten Schuhe bündeln und dieses eine Bündel versteigern, auch wenn er damit einen geringeren Preis als durch die Versteigerung von zehn einzelnen Paaren erzielen würde.

Bei *kombinatorischen Auktionen* ist im Unterschied zu Einzelauktionen die Menge der Objekte strukturiert, d. h., es werden ganze Bündel von Objekten betrachtet und die Bieter machen Gebote für solche Bündel. Der Wert eines Bündels kann sich dabei von der Summe der Werte der in ihm enthaltenen Einzelobjekte unterscheiden. Das ist damit vergleichbar, dass bei einem kooperativen Spiel der Gewinn einer Koalition von Spielern von der Summe der Gewinne der einzelnen Spieler verschieden sein kann (siehe Abbildung 3.1); in einem superadditiven Spiel z. B. kann der Gesamtgewinn der Koalition höher als die Summe der Einzelgewinne der beteiligten Spieler sein. In diesem Abschnitt stellen wir die Grundlagen des Gebiets der *Multiagent Resource Allocation* (kurz *MARA*) vor, das sehr eng mit dem der kombinatorischen Auktionen verwandt ist. Wie der Name schon sagt, ist es im Gebiet MARA üblich, von der Allokation (von Bündeln) nicht teilbarer *Ressourcen* zu sprechen, nicht (von Bündeln) von Objekten.

7.2.1 Grundlagen

Agenten, Ressourcen, Nutzfunktionen und Präferenzen

Seien $A = \{a_1, a_2, \ldots, a_n\}$ die Menge der *Agenten* und $R = \{r_1, r_2, \ldots, r_m\}$ die Menge der *Ressourcen*. Für jedes Bündel $B \subseteq R$ von Ressourcen gibt die *Nutzfunktion*

$$u_i : \mathfrak{P}(R) \to \mathbb{Q}$$

---

[1]Außer es handelt sich um, sagen wir, Joschka Fischers linken Turnschuh bei seinem Amtsantritt 1985 als hessischer Umweltminister. Oder z. B. um Oliver Bierhoffs linken Fußballschuh, mit dem er 1996 das erste *Golden Goal* in der Fußball-Turniergeschichte der Herren und damit Deutschland im Finale gegen Tschechien zum Europa-Meister schoss.

den Nutzen des Agenten $a_i \in A$ an, unabhängig von den Nutzwerten anderer Agenten (man spricht dann von *Nutzwerten ohne Externalitäten*). Dabei bezeichnet $\mathfrak{P}(R)$ wieder die Potenzmenge von R. Wir schränken die Werte von Nutzfunktionen auf die Menge $\mathbb{Q}$ der rationalen Zahlen ein, damit die Probleme, die wir später in Abschnitt 7.2.2 betrachten, algorithmisch behandelt werden können.

Agenten können auch Präferenzen über die einzelnen Bündel haben. Man unterscheidet ordinale und kardinale Präferenzen. Eine *ordinale Präferenz auf R* beruht auf einer Binärrelation $\succeq$ auf R, die reflexiv und transitiv und meist, aber nicht immer, auch total ist (vgl. die Eigenschaften von Präferenzrelationen für Wahlen in den Abschnitten 4.1 und 4.3.1): $B \succeq_i B'$ bedeutet, dass dem Agenten a_i das Bündel B mindestens so viel wert ist wie das Bündel B'. Im Gegensatz dazu ist eine *kardinale Präferenz auf R* durch eine Nutzfunktion u_i eines Agenten a_i gegeben. Da eine kardinale Präferenz u_i eine ordinale Präferenz $\succeq_i$ durch

$$B \succeq_i B' \iff u_i(B) \geq u_i(B')$$

induziert, beschränken wir uns im Folgenden auf kardinale Präferenzen, also Nutzfunktionen der Agenten.

Allokationen

Eine *Allokation für A und R* ist eine Abbildung

$$X : A \to \mathfrak{P}(R)$$

mit $X(a_j) \cap X(a_k) = \emptyset$ für je zwei Agenten a_j und a_k, $j \neq k$. Das heißt, $X(a_i) = B \subseteq R$ ist das Bündel von Ressourcen, das dem Agenten a_i zugeteilt wird, und die Bündel, die verschiedene Agenten erhalten, sind disjunkt. Wir schreiben kurz $u_i(X)$ für $u_i(X(a_i))$, den Nutzen, den a_i in der Allokation X realisieren kann. $\Pi_{n,m}$ ist die *Menge aller Allokationen für A und R*; es gilt $\|\Pi_{n,m}\| = n^m$. Ein solches Tripel (A, R, U) bezeichnen wir als eine *MARA-Situation*.

Darstellungsformen von Nutzfunktionen

Wie bei den kooperativen Spielen aus Kapitel 3 besteht ein Problem bei der Repräsentation einer MARA-Situation (A, R, U) darin, dass die Anzahl der Werte der Nutzfunktionen in U exponentiell in der Anzahl m der Ressourcen sein können. Nutzfunktionen können auf verschiedene Weise dargestellt werden. Insbesondere betrachten Chevaleyre *et al.* (2006) die folgenden beiden Repräsentationen:

- Die *Bündelform*, die der „*XOR bidding language*" bei Auktionen entspricht. Hier werden einfach alle Bündel $B \subseteq R$ mit einem von null verschiedenen Nutzen aufgelistet, d. h., diese Liste enthält für jeden Agenten a_i das Paar $(B, u_i(B))$, falls $u_i(B) \neq 0$ ist. Diese Repräsentation ist vollständig ausdrucksstark, da sich jede Nutzfunktion in Bündelform darstellen lässt. Die Größe der Darstellung kann jedoch exponentiell in der Anzahl m der Ressourcen sein.

■ Die *k-additive Form* definiert für eine feste positive Zahl $k \in \mathbb{N}$ den Nutzen eines Agenten a_i für jedes Bündel $B \subseteq R$ von Ressourcen als

$$u_i^k(B) = \sum_{T \subseteq B,\ \|T\| \leq k} \alpha_i^T,$$

wobei α_i^T für jedes Teilbündel $T \subseteq B$ mit $\|T\| \leq k$ ein eindeutiger Koeffizient ist, welcher den „synergetischen" Wert ausdrückt, der sich für den Agenten a_i daraus ergibt, dass er alle Ressourcen in T besitzt. Die k-additive Form ist kompakter als die Bündelform, sofern man k relativ klein wählt, aber sie ist nur für hinreichend großes k vollständig ausdrucksstark. Im Gebiet MARA wurde diese Form von Chevaleyre *et al.* (2006) und, unabhängig, im Gebiet der kombinatorischen Auktionen von Conitzer *et al.* (2005) vorgeschlagen.

Chevaleyre *et al.* (2006) führen noch weitere Darstellungsformen auf, wie z. B. die Darstellung durch so genannte „*straight-line programs*" (die *SLP-Form*), auf die wir hier nicht eingehen wollen (siehe auch Dunne *et al.*, 2005).

Das eingangs erwähnte Beispiel mit den Schuhen lässt sich demnach konkret als eine MARA-Situation (A, R, U) mit z. B. drei Agenten wie folgt ausdrücken:

$$A = \{a_1, a_2, a_3\}; \quad R = \{S_1^\ell, S_1^r, S_2^\ell, S_2^r, \ldots, S_{10}^\ell, S_{10}^r\}; \quad U = \{u_1, u_2, u_3\},$$

wobei S_i^ℓ der linke und S_i^r der rechte Schuh des i-ten Paares ist, $1 \leq i \leq 10$, und die Nutzfunktionen in U abhängig von der gewählten Darstellungsform repräsentiert werden. Nehmen wir $u_j(\emptyset) = 0$ für jedes $j \in \{1, 2, 3\}$ an, kann es in der Bündelform insgesamt bis zu $2^{20} - 1 = 1\,048\,575$ Paare $(B, u_j(B))$ mit $\emptyset \neq B \subseteq R$ geben.

Den Unterschied zwischen Bündel- und k-additiver Form verdeutlichen wir nun für konkrete Nutzfunktionen der drei Agenten.

Agent a_1: Zum Beispiel könnte der Agent a_1 die folgende Nutzfunktion haben:

$$u_1(B) = \begin{cases} 10 \cdot p + e & \text{falls } B \text{ insgesamt } p \text{ passende Paare und} \\ & \text{außerdem } e \text{ einzelne Schuhe enthält} \\ 80 & \text{falls } B = R. \end{cases}$$

Dieser Agent hat insbesondere

■ den Nutzwert $u_1(\{S_i^x\}) = 1$, $x \in \{\ell, r\}$ und $1 \leq i \leq 10$, für jedes Bündel, das nur einen einzelnen Schuh enthält,

■ den Nutzwert $u_1(\{S_i^\ell, S_i^r\}) = 10$, $1 \leq i \leq 10$, für jedes Bündel, das genau ein passendes Schuhpaar enthält, und

■ den Nutzwert $u_1(\{S_i^x, S_j^y\}) = 2$, wobei $x, y \in \{\ell, r\}$ und $1 \leq i, j \leq 10$ mit $i \neq j$, für jedes Bündel, das genau zwei nicht zueinander passende Schuhe enthält.

■ Ferner hat z. B. das Bündel $B = \{S_1^\ell, S_1^r, S_3^\ell, S_3^r, S_4^\ell, S_5^r, S_9^\ell\}$ für a_1 den Nutzwert $u_1(B) = 10 \cdot 2 + 3 = 23$.

- Für das Bündel R, das sämtliche zehn Schuhpaare enthält, erwartet a_1 aber einen Rabatt: Dieses Bündel hat für ihn nicht einen Nutzwert von $10 \cdot 10 = 100$, sondern lediglich von $u_1(R) = 80$.

In der Bündelform wären für diesen Agenten sämtliche $2^{20} - 1 = 1\,048\,575$ Paare $(B, u_1(B))$ mit $B \neq \emptyset$ aufzulisten. In der 2-additiven Form dagegen sind nur die Koeffizienten α_i^T für alle Teilbündel $T \subseteq R$ mit $\|T\| \leq 2$ anzugeben:

$$\alpha_1^T = \begin{cases} 0 & \text{falls } T = \emptyset \\ 1 & \text{falls } \|T\| = 1 \\ 0 & \text{falls } T = \{S_i^x, S_j^y\} \text{ für } x, y \in \{\ell, r\} \text{ und } 1 \leq i, j \leq 10 \text{ mit } i \neq j \\ 8 & \text{falls } T = \{S_i^\ell, S_i^r\} \text{ für ein } i,\ 1 \leq i \leq 10. \end{cases}$$

So ergibt sich für jedes Bündel $B = \{S_i^x\}$, $x \in \{\ell, r\}$ und $1 \leq i \leq 10$, das nur einen einzelnen Schuh enthält, der Nutzwert

$$u_1^2(B) = \sum_{T \subseteq B,\ \|T\| \leq 2} \alpha_1^T = \alpha_1^\emptyset + \alpha_1^{\{S_i^x\}} = 0 + 1 = 1$$

in 2-additiver Form, der mit dem eigentlichen Nutzwert $u_1(B)$ übereinstimmt.

Für das Bündel $B = \{S_3^\ell, S_3^r\}$, das genau ein passendes Schuhpaar enthält, erhalten wir den Nutzwert

$$u_1^2(B) = \sum_{T \subseteq B,\ \|T\| \leq 2} \alpha_1^T = \alpha_1^\emptyset + \alpha_1^{\{S_3^\ell\}} + \alpha_1^{\{S_3^r\}} + \alpha_1^{\{S_3^\ell, S_3^r\}} = 0 + 1 + 1 + 8 = 10$$

in 2-additiver Form, der mit dem eigentlichen Nutzwert $u_1(B)$ übereinstimmt.

Für das Bündel $B = \{S_3^\ell, S_4^r\}$, das zwei nicht zueinander passende Schuhe enthält, erhalten wir den Nutzwert

$$u_1^2(B) = \sum_{T \subseteq B,\ \|T\| \leq 2} \alpha_1^T = \alpha_1^\emptyset + \alpha_1^{\{S_3^\ell\}} + \alpha_1^{\{S_4^r\}} + \alpha_1^{\{S_3^\ell, S_4^r\}} = 0 + 1 + 1 + 0 = 2$$

in 2-additiver Form, der ebenfalls mit dem Nutzwert $u_1(B)$ übereinstimmt.

Für das Bündel $B = \{S_1^\ell, S_1^r, S_3^\ell, S_3^r, S_4^\ell, S_5^r, S_9^\ell\}$ ergibt sich der Nutzwert

$$\begin{aligned} u_1^2(B) &= \sum_{T \subseteq B,\ \|T\| \leq 2} \alpha_1^T = \alpha_1^\emptyset + \sum_{T \subseteq B,\ \|T\| = 1} \alpha_1^T + \sum_{T \subseteq B,\ \|T\| = 2} \alpha_1^T \\ &= 0 + 7 + \sum_{T \subseteq B,\ T = \{S_i^x, S_j^y\},\ i \neq j} \alpha_1^T + \sum_{T \subseteq B,\ T = \{S_i^\ell, S_i^r\}} \alpha_1^T \\ &= 0 + 7 + 0 + 8 + 8 = 23 \end{aligned}$$

in 2-additiver Form, der ebenfalls mit dem Nutzwert $u_1(B)$ übereinstimmt.

Jedoch erhalten wir für das Bündel R aller Schuhe den Wert

$$\begin{aligned} u_1^2(R) &= \sum_{T \subseteq R,\ \|T\| \leq 2} \alpha_1^T = \alpha_1^\emptyset + \sum_{T \subseteq R,\ \|T\| = 1} \alpha_1^T + \sum_{T \subseteq R,\ \|T\| = 2} \alpha_1^T \\ &= 0 + 20 + 10 \cdot 8 = 100 \end{aligned}$$

in 2-additiver Form, der *nicht* mit dem tatsächlichen Nutzwert $u_1(R) = 80$ übereinstimmt. Hier sieht man, dass für ein zu kleines k die k-additive Form nicht vollständig ausdrucksstark ist. Erst für $k = 20$ hätte man die Nutzfunktion u_1 des Agenten a_1 in k-additiver Form vollständig repräsentieren können. Dieser vielleicht verschmerzbare Nachteil, dass sich u_1^2 für ein Bündel von u_1 unterscheidet, ist gegen den Vorteil abzuwägen, dass man lediglich $\sum_{i=0}^{2} \binom{20}{i} = 1 + 20 + 190 = 211$ Koeffizienten α_1^T für die Teilbündel $T \subseteq R$ mit $\|T\| \leq 2$ angeben muss.

Agent a_2: Für den Agenten a_2 nehmen wir an, dass er nur von dem einen Schuhpaar $\{S_3^\ell, S_3^r\}$ einen Nutzen hat, weil nur dieses in seiner Schuhgröße ist. Seine Nutzfunktion u_2 in Bündelform hätte demnach z. B. die Gestalt $(\{S_3^\ell, S_3^r\}, 100)$, d. h., für dieses eine ihm passende Paar ist er bereit, einen angemessenen Preis von 100 zu zahlen, aber alle anderen Schuhbündel sind für ihn ganz und gar wertlos. Die 2-additive Form mit den Koeffizienten $\alpha_1^T = 100$, falls $T = \{S_3^\ell, S_3^r\}$, und $\alpha_1^T = 0$ sonst, für alle Teilbündel $T \subseteq R$ mit $\|T\| \leq 2$ genügt hier, um diese Nutzfunktion u_2 vollständig darzustellen.

Agent a_3: Der Agent a_3 schließlich könnte z. B. jedem Bündel $B \subseteq R$ einen anderen rationalen Wert im Intervall $[0, 100]$ geben, etwa indem er sämtliche Bündel nummeriert: $B_0 = \emptyset$, $B_1 = \{S_1^\ell\}$, $B_2 = \{S_1^r\}$, $B_3 = \{S_2^\ell\}$, ..., $B_{1\,048\,575} = R$ und dann seinen Nutzen für das i-te Bündel durch $u_3(B_i) = 100 \cdot i / 1\,048\,575$ festlegt. Die Bündelform listet wieder sämtliche $2^{20} - 1 = 1\,048\,575$ Paare $(B, u_3(B))$ mit $\emptyset \neq B \subseteq R$ auf. Auf die Angabe der 2-additiven Form für u_3 verzichten wir.

Da sowohl die Bündelform als auch, für hinreichend großes k, die k-additive Form vollständig ausdrucksstark sind, also jede beliebige Nutzfunktion darstellen können, ist klar, dass die eine Form in die andere überführt werden kann und umgekehrt. Welche ist besser? Das ist schwer zu sagen. Chevaleyre *et al.* (2004, 2008) geben zwei Beispiele von Nutzfunktionen an, sodass die eine (nämlich $u(B) = 1 \iff \|B\| = 1$, und $u(B) = 0$ sonst, für alle $B \subseteq R$) in der Bündelform kompakt darstellbar ist, aber in der k-additiven Form exponentiell viele Koeffizienten braucht, und die andere (nämlich $u'(B) = \|B\|$ für alle $B \subseteq R$) eine kompakte k-additive Darstellung hat, aber in der Bündelform exponentielle Größe benötigt.

Literaturhinweise für kombinatorische Auktionen

Wie man kombinatorische Auktionen durchführen kann, werden wir nicht in diesem Kapitel beschreiben, sondern wir verweisen auf die Bücher von Cramton *et al.* (2006), Shoham und Leyton-Brown (2009) und Wooldridge (2009). Dort findet man insbesondere strategiesichere Mechanismen für kombinatorische Auktionen wie z. B. den *Vickrey–Clarke–Groves-Mechanismus*, der den Begriff der Vickrey-Auktion (siehe Seite 330) von Einzelauktionen auf kombinatorische Auktionen verallgemeinert. Auch werden dort optimale Algorithmen zur Gewinnerbestimmung in kombinatorischen Auktionen beschrieben (siehe auch Sandholm, 2002, 2006).

Statt dessen beschäftigen wir uns im Folgenden mit der Optimierung der sozialen Wohlfahrt in MARA-Situationen.

Maße der sozialen Wohlfahrt

Um die *soziale Wohlfahrt einer Allokation* X zu messen, verwendet man für eine gegebene MARA-Situation (A, R, U) typischerweise die folgenden Begriffe:

- Die *utilitaristische soziale Wohlfahrt* (engl. *utilitarian social welfare*), definiert durch

$$sw_u(X) = \sum_{a_j \in A} u_j(X),$$

  beschreibt den aufsummierten Nutzen, den alle Agenten in der Allokation X realisieren. Beispielsweise strebt der Auktionator einer kombinatorischen Auktion an, den erzielten Ertrag zu maximieren, unabhängig davon, welcher Agent welches Bündel erhält. Hierfür – und auch für den mittleren Nutzen aller Agenten – ist sw_u ein geeignetes Wohlfahrtsmaß. Es spiegelt allerdings nicht wider, wie der Nutzen unter den Agenten verteilt ist. Es könnte sein, dass einem einzigen Agenten unter X alle Ressourcen zugeteilt werden, dessen Nutzen dann $sw_u(X)$ ist, während alle anderen Agenten leer ausgehen.

- Im Gegensatz dazu beschreibt die *egalitaristische soziale Wohlfahrt* (engl. *egalitarian social welfare*), definiert durch

$$sw_e(X) = \min\{u_j(X) \,|\, a_j \in A\},$$

  den Nutzen, den ein Agent in der Allokation X realisiert, der am schlimmsten dran ist, also am wenigsten erhält. Beispielsweise kommt es bei der Verteilung humanitärer Hilfsgüter (wie Lebensmittel, Medikamente, Decken, Zelte usw.) unter der notleidenden Bevölkerung eines Katastrophengebiets (z. B. nach einem Erdbeben oder Tsunami) in erster Linie darauf an, das weitere Überleben aller Überlebenden zu sichern. In einem solchen Szenario ist die egalitaristische soziale Wohlfahrt das geeignetste Wohlfahrtsmaß (Roos und Rothe, 2010).

- Die *soziale Wohlfahrt nach dem Nash-Produkt*, definiert durch

$$sw_N(X) = \prod_{a_j \in A} u_j(X),$$

  stellt eine Art Kompromiss zwischen utilitaristischer und egalitaristischer sozialer Wohlfahrt dar. Auch wenn dieser Wohlfahrtsbegriff auf den ersten Blick etwas ungewöhnlich erscheinen mag, hat er einige vorteilhafte Eigenschaften. Anders als die egalitaristische soziale Wohlfahrt ist sw_N in dem Sinn monoton, dass eine Erhöhung des Nutzens irgendeines Agenten zu einer höheren sozialen Wohlfahrt nach dem Nash-Produkt führt. Auch ist sw_N in dem Sinn „fairer" als die utilitaristische soziale Wohlfahrt, als die soziale Wohlfahrt nach dem Nash-Produkt um so höher ist, je ausgeglichener die Nutzwerte der einzelnen

Agenten in einer Allokation sind. Haben alle Agenten denselben Nutzen in einer Allokation X, so ist $sw_N(X)$ maximal. Da bei Verwendung des Nash-Produkts nur nicht negative Nutzwerte sinnvoll sind, erreicht $sw_N(X)$ das Minimum von null genau dann, wenn in der Allokation X ein Agent überhaupt keinen Nutzen realisiert, und in diesem Fall gilt $sw_N(X) = sw_e(X)$.

Weitere vorteilhafte Eigenschaften der sozialen Wohlfahrt nach dem Nash-Produkt präsentiert Moulin (2004). So ist die durch sw_N induzierte soziale Wohlfahrtsordnung der Allokationen

- *unabhängig von unbeteiligten Agenten* (engl. *independent of unconcerned agents*) – d. h., die Agenten kümmern sich nur um ihre eigenen Nutzwerte;
- *allgemein skalierungsunabhängig* (engl. *independent of common scale*) – d. h., skaliert man die aus zwei Allokationen resultierenden Nutzwert-Vektoren mit einer positiven Konstanten, so ändert sich die durch sw_N induzierte soziale Wohlfahrtsordnung der Allokationen nicht;
- *individuell skalierungsunabhängig* (engl. *independent of indiviual scale of utilities*) – diese Eigenschaft charakterisiert das Nash-Produkt eindeutig.

Für die Allokation X, die a_1 das Bündel $B_1 = \{S_4^\ell, S_4^r, \ldots, S_{10}^\ell, S_{10}^r\}$, a_2 das Bündel $B_2 = \{S_1^r, S_2^\ell, S_2^r, S_3^\ell, S_3^r\}$ und a_3 das Bündel $B_3 = \{S_1^\ell\}$ zuweist, ergeben sich die Nutzwerte $u_1(X) = 70$, $u_2(X) = 100$ und $u_3(X) = {}^{100}/_{1\,048\,575}$. Folglich ist

$$
\begin{aligned}
sw_u(X) &= u_1(X) + u_2(X) + u_3(X) = 170,0000953675225902, \\
sw_e(X) &= \min\{u_1(X), u_2(X), u_3(X)\} = {}^{100}/_{1\,048\,575} = 0,0000953675225902, \\
sw_N(X) &= u_1(X) \cdot u_2(X) \cdot u_3(X) = 0,6675726581312733948.
\end{aligned}
$$

7.2.2 Literatur zur Komplexität einiger MARA-Probleme

Chevaleyre *et al.* (2006) definieren die folgenden Probleme, bei denen `form` jeweils die verwendete Darstellungsform der Nutzfunktionen bezeichnet.

UTILITARIAN SOCIAL WELFARE OPTIMIZATION_{form} (USWO_{form})

Gegeben: Eine MARA-Situation (A, R, U) mit $\|A\| = \|U\| = n$ und $\|R\| = m$ und eine Zahl $K \in \mathbb{Q}$.

Frage: Gibt es eine Allokation $X \in \Pi_{n,m}$, sodass $sw_u(X) \geq K$ gilt?

Ersetzt man „$sw_u(X)$" durch „$sw_e(X)$" bzw. „$sw_N(X)$", erhält man analog die Probleme

- EGALITARIAN SOCIAL WELFARE OPTIMIZATION_{form} (kurz ESWO_{form}) und
- NASH PRODUCT SOCIAL WELFARE OPTIMIZATION_{form} (kurz NPSWO_{form}).

Chevaleyre *et al.* (2006) zeigten, dass $\text{USWO}_{\texttt{bundle}}$ und $\text{USWO}_{2\text{-}\texttt{additive}}$ NP-vollständig sind. Dunne *et al.* (2005) bewiesen die NP-Vollständigkeit des Problems $\text{USWO}_{\texttt{SLP}}$, bei dem die Nutzfunktionen in der SLP-Form dargestellt sind. Chevaleyre *et al.* (2006) vermuteten, dass auch die Probleme $\text{ESWO}_{\texttt{bundle}}$, $\text{ESWO}_{2\text{-}\texttt{additive}}$ und $\text{ESWO}_{\texttt{SLP}}$ NP-vollständig sind. Dies bestätigten Roos und Rothe (2010) (siehe auch Bansal und Sviridenko, 2006) für $\text{ESWO}_{\texttt{bundle}}$ und $\text{ESWO}_{k\text{-}\texttt{additive}}$, sogar für jedes $k \geq 1$. Außerdem zeigten sie, dass $\text{NPSWO}_{\texttt{bundle}}$ und $\text{NPSWO}_{k\text{-}\texttt{additive}}$ für $k \geq 1$ NP-vollständig sind. Chevaleyre *et al.* (2006) definierten auch die folgenden *exakten* Varianten dieser Probleme:

EXACT UTILITARIAN SOCIAL WELFARE OPTIMIZATION$_{\texttt{form}}$ ($\text{XUSWO}_{\texttt{form}}$)

Gegeben: Eine MARA-Situation (A, R, U) mit $\|A\| = \|U\| = n$ und $\|R\| = m$ und eine Zahl $K \in \mathbb{Q}$.

Frage: Gilt $\max\{sw_u(X) \mid X \in \Pi_{n,m}\} = K$?

---

und vermuteten, dass $\text{XUSWO}_{\texttt{bundle}}$, $\text{XUSWO}_{2\text{-}\texttt{additive}}$ und $\text{XUSWO}_{\texttt{SLP}}$ DP-vollständig sind. Die Komplexitätsklasse $\text{DP} = \{A - B \mid A, B \in \text{NP}\}$ wurde von Papadimitriou und Yannakakis (1984) eingeführt und bildet die zweite Stufe der *booleschen Hierarchie über* NP (siehe Cai *et al.*, 1988, 1989; Rothe, 2008; Riege und Rothe, 2006a, für weitere Details). Auch hier bestätigten Roos und Rothe (2010) zwei dieser Vermutungen: $\text{XUSWO}_{\texttt{bundle}}$ und $\text{XUSWO}_{k\text{-}\texttt{additive}}$ sind für $k \geq 2$ DP-vollständig. Analog zu $\text{XUSWO}_{\texttt{form}}$ sind die Probleme

- EXACT EGALITARIAN SOCIAL WELFARE OPTIMIZATION$_{\texttt{form}}$ ($\text{XESWO}_{\texttt{form}}$),
- EXACT NASH PRODUCT SOCIAL WELFARE OPTIMIZATION$_{\texttt{form}}$ ($\text{XNPSWO}_{\texttt{form}}$)

definiert, wobei „$sw_u(X)$" durch „$sw_e(X)$" bzw. „$sw_N(X)$" ersetzt wird. Roos und Rothe (2010) zeigten weiterhin, dass auch die Probleme $\text{XESWO}_{\texttt{bundle}}$ und $\text{XESWO}_{k\text{-}\texttt{additive}}$ für $k \geq 2$ DP-vollständig sind. Sie vermuteten, dass dasselbe Resultat für $\text{XNPSWO}_{\texttt{bundle}}$ und $\text{XNPSWO}_{k\text{-}\texttt{additive}}$, $k \geq 2$, gilt. Auch diese Vermutung konnte kürzlich bestätigt werden (Nguyen, 2011).

Der Begriff der Neidfreiheit (siehe Definition 6.2 auf Seite 244) kann von Kuchenaufteilungen auch auf Allokationen unteilbarer Ressourcen übertragen werden. Für eine MARA-Situation (A, R, U) heißt eine Allokation X *neidfrei*, falls kein Agent sein Bündel unter X mit dem eines anderen Agenten tauschen möchte (d. h., $u_i(X(a_i)) \geq u_i(X(a_j))$ für alle Agenten a_i und a_j in A). Bouveret und Lang (2008) zeigten, neben vielen anderen Resultaten, dass das folgende Problem NP-vollständig ist:

ENVY-FREENESS$_{\texttt{bundle}}$ ($\text{EF}_{\texttt{bundle}}$)

Gegeben: Eine MARA-Situation (A, R, U), mit U in der Bündelform.

Frage: Gibt es eine neidfreie Allokation $X \in \Pi_{\|A\|, \|R\|}$?

Literaturverzeichnis

Akca, N. (2009). *Auktionen zur nationalen Reallokation von Treibhausgas-Emissions-rechten und Treibhausgas-Emissionsgutschriften auf Unternehmensebene: Ein spieltheo-retischer nicht-kooperativer Modellierungs- und Lösungsansatz für das Reallokations-problem*. Gabler Edition Wissenschaft. Dissertation an der Universität Duisburg-Essen.

Arrow, K. (1951 (revised edition 1963)). *Social Choice and Individual Values*. John Wiley and Sons.

Austin, A. (1982). Sharing a cake. *Mathematical Gazette*, **66**(437), 212–215.

Aziz, H. and Paterson, M. (2009). False name manipulations in weighted voting games: Splitting, merging and annexation. In *Proceedings of the 8th International Joint Con-ference on Autonomous Agents and Multiagent Systems*, pages 409–416. IFAAMAS.

Bachmann, P. (1894). *Analytische Zahlentheorie*, volume 2. Teubner.

Bachrach, Y. and Elkind, E. (2008). Divide and conquer: False-Name manipulations in weighted voting games. In *Proceedings of the 7th International Joint Conference on Autonomous Agents and Multiagent Systems*, pages 975–982. IFAAMAS.

Bachrach, Y. and Porat, E. (2010). Path-disruption games. In *Proceedings of the 9th International Joint Conference on Autonomous Agents and Multiagent Systems*, pages 1123–1130. IFAAMAS.

Bachrach, Y. and Rosenschein, J. (2009). Power in threshold network flow games. *Journal of Autonomous Agents and Multi-Agent Systems*, **18**(1), 106–132.

Bachrach, Y., Elkind, E., Meir, R., Pasechnik, D., Zuckerman, M., Rothe, J., and Rosen-schein, J. (2009a). The cost of stability in coalitional games. In *Proceedings of the 2nd International Symposium on Algorithmic Game Theory*, pages 122–134. Springer-Verlag *Lecture Notes in Computer Science #5814*.

Bachrach, Y., Meir, R., Zuckerman, M., Rothe, J., and Rosenschein, J. (2009b). The cost of stability in weighted voting games (extended abstract). In *Proceedings of the 8th International Joint Conference on Autonomous Agents and Multiagent Systems*, pages 1289–1290. IFAAMAS.

Ballester, M. and Haeringer, G. (2011). A characterization of the single-peaked domain. *Social Choice and Welfare*, **36**(2), 305–322.

Bansal, N. and Sviridenko, M. (2006). The Santa Claus problem. In *Proceedings of the 38th ACM Symposium on Theory of Computing*, pages 31–40. ACM Press.

Banzhaf III, J. (1965). Weighted voting doesn't work: A mathematical analysis. *Rutgers Law Review*, **19**, 317–343.

Barbanel, J. (1996). Super envy-free cake division and independence of measures. *Journal of Mathematical Analysis and Applications*, **197**, 54–60.

Bartholdi III, J. and Orlin, J. (1991). Single transferable vote resists strategic voting. *Social Choice and Welfare*, **8**(4), 341–354.

Bartholdi III, J., Tovey, C., and Trick, M. (1989a). The computational difficulty of mani-pulating an election. *Social Choice and Welfare*, **6**(3), 227–241.

Bartholdi III, J., Tovey, C., and Trick, M. (1989b). Voting schemes for which it can be difficult to tell who won the election. *Social Choice and Welfare*, **6**(2), 157–165.

Bartholdi III, J., Tovey, C., and Trick, M. (1992). How hard is it to control an election? *Mathematical and Computer Modelling*, **16**(8/9), 27–40.

Baumeister, D. and Rothe, J. (2010). Taking the final step to a full dichotomy of the possible winner problem in pure scoring rules. In *Proceedings of the 19th European Conference on Artificial Intelligence*, pages 1019–1020. IOS Press. Short paper.

Baumeister, D., Erdélyi, G., Hemaspaandra, E., Hemaspaandra, L., and Rothe, J. (2010). Computational aspects of approval voting. In J. Laslier and R. Sanver, editors, *Handbook on Approval Voting*, chapter 10, pages 199–251. Springer.

Baumeister, D., Roos, M., and Rothe, J. (2011a). Computational complexity of two variants of the possible winner problem. In *Proceedings of the 10th International Joint Conference on Autonomous Agents and Multiagent Systems*, pages 853–860. IFAAMAS.

Baumeister, D., Erdélyi, G., and Rothe, J. (2011b). How hard is it to bribe the judges? A study of the complexity of bribery in judgment aggregation. In *Proceedings of the 2nd International Conference on Algorithmic Decision Theory*. Springer-Verlag *Lecture Notes in Artificial Intelligence*. To appear.

Betzler, N. and Dorn, B. (2010). Towards a dichotomy for the possible winner problem in elections based on scoring rules. *Journal of Computer and System Sciences*, **76**(8), 812–836.

Betzler, N. and Uhlmann, J. (2008). Parameterized complexity of candidate control in elections and related digraph problems. In *Proceedings of the 2nd Annual International Conference on Combinatorial Optimization and Applications*, pages 43–53. Springer-Verlag *Lecture Notes in Computer Science #5165*.

Betzler, N., Fellows, M., Guo, J., Niedermeier, R., and Rosamond, F. (2008). Fixed-parameter algorithms for Kemeny scores. In *Proceedings of the 4th International Conference on Algorithmic Aspects in Information and Management*, pages 60–71. Springer-Verlag *Lecture Notes in Computer Science #5034*.

Betzler, N., Guo, J., and Niedermeier, R. (2010a). Parameterized computational complexity of Dodgson and Young elections. *Information and Computation*, **208**(2), 165–177.

Betzler, N., Bredereck, R., and Niedermeier, R. (2010b). Partial kernelization for rank aggregation: Theory and experiments. In V. Conitzer and J. Rothe, editors, *Proceedings of the 3rd International Workshop on Computational Social Choice*, pages 31–42. Universität Düsseldorf.

Betzler, N., Niedermeier, R., and Woeginger, G. (2011). Unweighted coalitional manipulation under the Borda rule is NP-hard. In *Proceedings of the 22nd International Joint Conference on Artificial Intelligence*. IJCAI. To appear.

Binkele-Raible, D., Erdélyi, G., Fernau, H., Goldsmith, J., Mattei, N., and Rothe, J. (2011). The complexity of probabilistic lobbying. Technical Report arXiv:0906.4431v4 [cs.CC], ACM Computing Research Repository (CoRR).

Binmore, K. (2007). *Playing for Real: A Text on Game Theory*. Oxford University Press.

Black, D. (1948). On the rationale of group decision-making. *Journal of Political Economy*, **56**(1), 23–34.

Black, D. (1958). *The Theory of Committees and Elections*. Cambridge University Press.

Borda, J. (1781). Mémoire sur les élections au scrutin. *Histoire de L'Académie Royale des Sciences, Paris*. English translation appears in Grazia (1953).

Borel, É. (1921). La théorie du jeu et les équations intégrales à noyau symétrique gauche. In *Comptes rendus hebdomadaires des séances de l'Académie des sciences*, volume 173. 1304–1308.

Borel, É. (1938). Traité du calcul des probabilités et ses applications. In *Applications aux jeux des Hazard*, volume IV, fascicule 2. Gautier-Villars, Paris.

Bouton, C. (1901–1902). Nim, a game with a complete mathematical theory. *Annals of Mathematics*, **3**(1–4), 35–39.

Bouveret, S. and Lang, J. (2008). Efficiency and envy-freeness in fair division of indivisible goods: Logical representation and complexity. *Journal of Artificial Intelligence Research*, **32**, 525–564.

Bovet, D. and Crescenzi, P. (1993). *Introduction to the Theory of Complexity*. Prentice Hall.

Brams, S. and Fishburn, P. (1978). Approval voting. *American Political Science Review*, **72**(3), 831–847.

Brams, S. and Fishburn, P. (1983). Paradoxes of preferential voting. *Mathematics Magazine*, **56**(4), 207–216.

Brams, S. and Sanver, R. (2006). Critical strategies under approval voting: Who gets ruled in and ruled out. *Electoral Studies*, **25**(2), 287–305.

Brams, S. and Sanver, R. (2009). Voting systems that combine approval and preference. In S. Brams, W. Gehrlein, and F. Roberts, editors, *The Mathematics of Preference, Choice, and Order: Essays in Honor of Peter C. Fishburn*, pages 215–237. Springer.

Brams, S. and Taylor, A. (1995). An envy-free cake division protocol. *The American Mathematical Monthly*, **102**(1), 9–18.

Brams, S. and Taylor, A. (1996). *Fair Division: From Cake-Cutting to Dispute Resolution*. Cambridge University Press.

Brams, S., Taylor, A., and Zwicker, W. (1997). A moving-knife solution to the four-person envy-free cake-division problem. *Proceedings of the American Mathematical Society*, **125**(2), 547–554.

Brams, S., Jones, M., and Klamler, C. (2007). Divide-and-Conquer: A proportional, minimal-envy cake-cutting procedure. In S. Brams, K. Pruhs, and G. Woeginger, editors, *Dagstuhl Seminar 07261: "Fair Division"*. Dagstuhl Seminar Proceedings. To appear in *SIAM Review*.

Brandt, F. (2009). Some remarks on Dodgson's voting rule. *Mathematical Logic Quarterly*, **55**(4), 460–463.

Brandt, F., Fischer, F., and Harrenstein, P. (2009a). The computational complexity of choice sets. *Mathematical Logic Quarterly*, **55**(4), 444–459.

Brandt, F., Fischer, F., and Holzer, M. (2009b). Symmetries and the complexity of pure Nash equilibrium. *Journal of Computer and System Sciences*, **75**(3), 163–177.

Brandt, F., Brill, M., Hemaspaandra, E., and Hemaspaandra, L. (2010). Bypassing combinatorial protections: Polynomial-time algorithms for single-peaked electorates. In *Proceedings of the 24th AAAI Conference on Artificial Intelligence*, pages 715–722. AAAI Press.

Brandt, F., Fischer, F., and Holzer, M. (2011). Equilibria of graphical games with symmetries. *Theoretical Computer Science*, **412**(8–10), 675–685.

Brueggemann, T. and Kern, W. (2004). An improved deterministic local search algorithm for 3-SAT. *Theoretical Computer Science*, **329**(1-3), 303–313.

Cai, J., Gundermann, T., Hartmanis, J., Hemachandra, L., Sewelson, V., Wagner, K., and Wechsung, G. (1988). The boolean hierarchy I: Structural properties. *SIAM Journal on Computing*, **17**(6), 1232–1252.

Cai, J., Gundermann, T., Hartmanis, J., Hemachandra, L., Sewelson, V., Wagner, K., and Wechsung, G. (1989). The boolean hierarchy II: Applications. *SIAM Journal on Computing*, **18**(1), 95–111.

Chen, X. and Deng, X. (2006). Settling the complexity of two-player Nash equilibrium. In *Proceedings of the 47th IEEE Symposium on Foundations of Computer Science*, pages 261–272. IEEE Computer Society Press.

Chevaleyre, Y., Endriss, U., Estivie, S., and Maudet, N. (2004). Multiagent resource allocation with k-additive utility functions. In *Proceedings DIMACS-LAMSADE Workshop on Computer Science and Decision Theory*, volume 3 of *Annales du LAMSADE*, pages 83–100.

Chevaleyre, Y., Dunne, P., Endriss, U., Lang, J., Lemaître, M., Maudet, N., Padget, J., Phelps, S., Rodríguez-Aguilar, J., and Sousa, P. (2006). Issues in multiagent resource allocation. *Informatica*, **30**, 3–31.

Chevaleyre, Y., Endriss, U., Lang, J., and Maudet, N. (2007). A short introduction to computational social choice. In *Proceedings of the 33rd Conference on Current Trends in Theory and Practice of Computer Science*, pages 51–69. Springer-Verlag *Lecture Notes in Computer Science #4362*.

Chevaleyre, Y., Endriss, U., Estivie, S., and Maudet, N. (2008). Multiagent resource allocation in k-additive domains: Preference representation and complexity. *Annals of Operations Research*, **163**, 49–62.

Christian, R., Fellows, M., Rosamond, F., and Slinko, A. (2007). On complexity of lobbying in multiple referenda. *Review of Economic Design*, **11**(3), 217–224.

Church, A. (1936). An unsolvable problem of elementary number theory. *American Journal of Mathematics*, **58**, 345–363.

Condorcet, J. (1785). Essai sur l'application de l'analyse à la probabilité des décisions rendues à la pluralité des voix. Facsimile reprint of original published in Paris, 1972, by the Imprimerie Royale. English translation appears in I. McLean and A. Urken, *Classics of Social Choice*, University of Michigan Press, 1995, pages 91–112.

Conitzer, V. (2009). Eliciting single-peaked preferences using comparison queries. *Journal of Artificial Intelligence Research*, **35**, 161–191.

Conitzer, V. (2010). Making decisions based on the preferences of multiple agents. *Communications of the ACM*, **53**(3), 84–94.

Conitzer, V. and Rothe, J., editors (2010). *Proceedings of the Third International Workshop on Computational Social Choice*. Universität Düsseldorf. Available online at `ccc.cs.uni-duesseldorf.de/COMSOC-2010/proceedings.shtml`.

Conitzer, V. and Sandholm, T. (2003). Complexity results about Nash equilibria. In *Proceedings of the 18th International Joint Conference on Artificial Intelligence*, pages 765–771. Morgan Kaufmann.

Conitzer, V. and Sandholm, T. (2006). A technique for reducing normal-form games to compute a Nash equilibrium. In *Proceedings of the 5th International Joint Conference on Autonomous Agents and Multiagent Systems*, pages 537–544. ACM Press.

Conitzer, V., Sandholm, T., and Santi, P. (2005). Combinatorial auctions with k-wise dependent valuations. In *Proceedings of the 20th National Conference on Artificial Intelligence*, pages 248–254. AAAI Press.

Conitzer, V., Davenport, A., and Kalagnanam, J. (2006). Improved bounds for computing Kemeny rankings. In *Proceedings of the 21st National Conference on Artificial Intelligence*, pages 620–626. AAAI Press.

Conitzer, V., Sandholm, T., and Lang, J. (2007). When are elections with few candidates hard to manipulate? *Journal of the ACM*, **54**(3), Article 14.

Conitzer, V., Rognlie, M., and Xia, L. (2009). Preference functions that score rankings and maximum likelihood estimation. In *Proceedings of the 21st International Joint Conference on Artificial Intelligence*, pages 109–115. IJCAI.

Cook, S. (1971). The complexity of theorem-proving procedures. In *Proceedings of the 3rd ACM Symposium on Theory of Computing*, pages 151–158. ACM Press.

Copeland, A. (1951). A "reasonable" social welfare function. Mimeographed notes from a Seminar on Applications of Mathematics to the Social Sciences, University of Michigan.

Cramton, P., Shoham, Y., and Steinberg, R., editors (2006). *Combinatorial Auctions*. MIT Press.

Custer, C. (1994). Cake-cutting Hugo Steinhaus style: Beyond $n = 3$. Senior Thesis. Department of Mathematics, Union College, Schenectady, NY, USA.

Dantsin, E. and Wolpert, A. (2004). Derandomization of Schuler's algorithm for SAT. In *Proceedings of the 7th International Conference on Theory and Applications of Satisfiability Testing*, pages 80–88. Springer-Verlag *Lecture Notes in Computer Science #3542*.

Dantsin, E., Goerdt, A., Hirsch, E., Kannan, R., Kleinberg, J., Papadimitriou, C., Raghavan, P., and Schöning, U. (2002). A deterministic $(2 - 2/(k+1))^n$ algorithm for k-SAT based on local search. *Theoretical Computer Science*, **289**(1), 69–83.

Dantzig, G. and Thapa, M. (1997). *Linear Programming 1: Introduction*. Springer-Verlag.

Dantzig, G. and Thapa, M. (2003). *Linear Programming 2: Theory and Extensions*. Springer-Verlag.

Daskalakis, C., Goldberg, P., and Papadimitriou, C. (2006). The complexity of computing a Nash equilibrium. In *Proceedings of the 38th ACM Symposium on Theory of Computing*, pages 71–78. ACM Press.

Daskalakis, C., Goldberg, P., and Papadimitriou, C. (2009a). The complexity of computing a Nash equilibrium. *Communications of the ACM*, **52**(2), 89–97.

Daskalakis, C., Goldberg, P., and Papadimitriou, C. (2009b). The complexity of computing a Nash equilibrium. *SIAM Journal on Computing*, **39**(1), 195–259.

Davies, J., Katsirelos, G., Narodytska, N., and Walsh, T. (2011). Complexity of and algorithms for Borda manipulation. In *Proceedings of the 25th AAAI Conference on Artificial Intelligence*. AAAI Press. To appear.

Dawson, C. (2001). An algorithmic version of Kuhn's lone-divider method of fair division. *Missouri Journal of Mathematical Sciences*, **13**(3), 172–177.

Deng, X. and Papadimitriou, C. (1994). On the complexity of comparative solution concepts. *Mathematics of Operations Research*, **19**(2), 257–266.

Diestel, R. (2006). *Graphentheorie*. Springer-Verlag.

Dietrich, F. (2007). A generalised model of judgment aggregation. *Social Choice and Welfare*, **28**(4), 529–565.

Dietrich, F. and List, C. (2007a). Judgment aggregation by quota rules: Majority voting generalized. *Journal of Theoretical Politics*, **19**(4), 391–424.

Dietrich, F. and List, C. (2007b). Strategy-proof judgment aggregation. *Economics and Philosophy*, **23**(3), 269–300.

Dodgson, C. (1876). A method of taking votes on more than two issues. Pamphlet printed by the Clarendon Press, Oxford, and headed "not yet published" (see the discussions in McLean und Urken (1995); Black (1958), both of which reprint this paper).

Downey, R. and Fellows, M. (1999). *Parameterized Complexity*. Springer-Verlag.

Driessen, T. (1988). *Cooperative Games, Solutions and Applications*. Kluwer Academic Publishers.

Dubey, P. and Shapley, L. (1979). Mathematical properties of the Banzhaf power index. *Mathematics of Operations Research*, **4**(2), 99–131.

Dubins, L. and Spanier, E. (1961). How to cut a cake fairly. *The American Mathematical Monthly*, **68**(1), 1–17.

Duggan, J. and Schwartz, T. (2000). Strategic manipulability without resoluteness or shared beliefs: Gibbard–Satterthwaite generalized. *Social Choice and Welfare*, **17**(1), 85–93.

Dunne, P., Wooldridge, M., and Laurence, M. (2005). The complexity of contract negotiation. *Artificial Intelligence*, **164**(1–2), 23–46.

Dwork, C., Kumar, R., Naor, M., and Sivakumar, D. (2001). Rank aggregation methods for the web. In *Proceedings of the 10th International World Wide Web Conference*, pages 613–622. ACM Press.

Edmonds, J. and Pruhs, K. (2006a). Balanced allocations of cake. In *Proceedings of the 47th IEEE Symposium on Foundations of Computer Science*, pages 623–634. IEEE Computer Society.

Edmonds, J. and Pruhs, K. (2006b). Cake cutting really is not a piece of cake. In *Proceedings of the 17th ACM-SIAM Symposium on Discrete Algorithms*, pages 271–278. ACM Press.

Elkind, E., Goldberg, L., Goldberg, P., and Wooldridge, M. (2007). Computing good Nash equilibria in graphical games. In *Proceedings of the 8th ACM Conference on Electronic Commerce*, pages 162–171. ACM Press.

Elkind, E., Chalkiadakis, G., and Jennings, N. (2008). Coalition structures in weighted voting games. In *Proceedings of the 18th European Conference on Artificial Intelligence*, pages 393–397. IOS Press.

Elkind, E., Goldberg, L., Goldberg, P., and Wooldridge, M. (2009a). On the computational complexity of weighted voting games. *Annals of Mathematics and Artificial Intelligence*, **56**(2), 109–131.

Elkind, E., Faliszewski, P., and Slinko, A. (2009b). Swap bribery. In *Proceedings of the 2nd International Symposium on Algorithmic Game Theory*, pages 299–310. Springer-Verlag *Lecture Notes in Computer Science #5814*.

Elkind, E., Faliszewski, P., and Slinko, A. (2010). Cloning in elections. In *Proceedings of the 24th AAAI Conference on Artificial Intelligence*, pages 768–773. AAAI Press.

Endriss, U. and Goldberg, P., editors (2008). *Proceedings of the Second International Workshop on Computational Social Choice*. University of Liverpool. Available online at www.csc.liv.ac.uk/~pwg/COMSOC-2008/proceedings.html.

Endriss, U. and Lang, J., editors (2006). *Proceedings of the First International Workshop on Computational Social Choice*. Universiteit van Amsterdam. Available online at staff.science.uva.nl/~ulle/COMSOC-2006/proceedings.html.

Endriss, U., Grandi, U., and Porello, D. (2010a). Complexity of judgment aggregation: Safety of the agenda. In *Proceedings of the 9th International Joint Conference on Autonomous Agents and Multiagent Systems*, pages 359–366. IFAAMAS.

Endriss, U., Grandi, U., and Porello, D. (2010b). Complexity of winner determination and strategic manipulation in judgment aggregation. In V. Conitzer and J. Rothe, editors, *Proceedings of the 3rd International Workshop on Computational Social Choice*, pages 139–150. Universität Düsseldorf.

Ephrati, E. and Rosenschein, J. (1991). The Clarke Tax as a consensus mechanism among automated agents. In *Proceedings of the 9th National Conference on Artificial Intelligence*, pages 173–178. AAAI Press.

Ephrati, E. and Rosenschein, J. (1993). Multi-agent planning as a dynamic search for social consensus. In *Proceedings of the 13th International Joint Conference on Artificial Intelligence*, pages 423–429. Morgan Kaufmann.

Ephrati, E. and Rosenschein, J. (1997). A heuristic technique for multi-agent planning. *Annals of Mathematics and Artificial Intelligence*, **20**(1–4), 13–67.

Erdélyi, G. and Rothe, J. (2010). Control complexity in fallback voting. In *Proceedings of Computing: the 16th Australasian Theory Symposium*, pages 39–48. Australian Computer Society *Conferences in Research and Practice in Information Technology Series*, vol. 32, no. 8.

Erdélyi, G., Fernau, H., Goldsmith, J., Mattei, N., Raible, D., and Rothe, J. (2009a). The complexity of probabilistic lobbying. In *Proceedings of the 1st International Conference on Algorithmic Decision Theory*, pages 86–97. Springer-Verlag *Lecture Notes in Artificial Intelligence #5783*.

Erdélyi, G., Hemaspaandra, L., Rothe, J., and Spakowski, H. (2009b). Frequency of correctness versus average polynomial time. *Information Processing Letters*, **109**(16), 946–949.

Erdélyi, G., Hemaspaandra, L., Rothe, J., and Spakowski, H. (2009c). Generalized juntas and NP-hard sets. *Theoretical Computer Science*, **410**(38–40), 3995–4000.

Erdélyi, G., Nowak, M., and Rothe, J. (2009d). Sincere-strategy preference-based approval voting fully resists constructive control and broadly resists destructive control. *Mathematical Logic Quarterly*, **55**(4), 425–443.

Erdélyi, G., Piras, L., and Rothe, J. (2011a). The complexity of voter partition in Bucklin and fallback voting: Solving three open problems. In *Proceedings of the 10th International Joint Conference on Autonomous Agents and Multiagent Systems*, pages 837–844. IFAAMAS.

Erdélyi, G., Fellows, M., Piras, L., and Rothe, J. (2011b). Control complexity in Bucklin and fallback voting. Technical Report arXiv:1103.2230v1 [cs.CC], ACM Computing Research Repository (CoRR).

Escoffier, B., Lang, J., and Öztürk, M. (2008). Single-peaked consistency and its complexity. In *Proceedings of the 18th European Conference on Artificial Intelligence*, pages 366–370. IOS Press.

Even, S. and Paz, A. (1984). A note on cake cutting. *Discrete Applied Mathematics*, **7**, 285–296.

Faliszewski, P. (2008). Nonuniform bribery. In *Proceedings of the 7th International Joint Conference on Autonomous Agents and Multiagent Systems*, pages 1569–1572. IFAAMAS.

Faliszewski, P. and Hemaspaandra, L. (2009). The complexity of power-index comparison. *Theoretical Computer Science*, **410**(1), 101–107.

Faliszewski, P. and Procaccia, A. (2010). AI's war on manipulation: Are we winning? *AI Magazine*, **31**(4), 53–64.

Faliszewski, P., Hemaspaandra, E., and Hemaspaandra, L. (2006). The complexity of bribery in elections. In *Proceedings of the 21st National Conference on Artificial Intelligence*, pages 641–646. AAAI Press.

Faliszewski, P., Hemaspaandra, E., Hemaspaandra, L., and Rothe, J. (2007). Llull and Copeland voting broadly resist bribery and control. In *Proceedings of the 22nd AAAI Conference on Artificial Intelligence*, pages 724–730. AAAI Press.

Faliszewski, P., Hemaspaandra, E., Hemaspaandra, L., and Rothe, J. (2008a). Copeland voting fully resists constructive control. In *Proceedings of the 4th International Conference on Algorithmic Aspects in Information and Management*, pages 165–176. Springer-Verlag *Lecture Notes in Computer Science #5034*.

Faliszewski, P., Hemaspaandra, E., and Schnoor, H. (2008b). Copeland voting: Ties matter. In *Proceedings of the 7th International Joint Conference on Autonomous Agents and Multiagent Systems*, pages 983–990. IFAAMAS.

Faliszewski, P., Hemaspaandra, E., and Hemaspaandra, L. (2009a). How hard is bribery in elections? *Journal of Artificial Intelligence Research*, **35**, 485–532.

Faliszewski, P., Hemaspaandra, E., Hemaspaandra, L., and Rothe, J. (2009b). Llull and Copeland voting computationally resist bribery and constructive control. *Journal of Artificial Intelligence Research*, **35**, 275–341.

Faliszewski, P., Hemaspaandra, E., Hemaspaandra, L., and Rothe, J. (2009c). A richer understanding of the complexity of election systems. In S. Ravi and S. Shukla, editors, *Fundamental Problems in Computing: Essays in Honor of Professor Daniel J. Rosenkrantz*, chapter 14, pages 375–406. Springer.

Faliszewski, P., Hemaspaandra, E., Hemaspaandra, L., and Rothe, J. (2009d). The shield that never was: Societies with single-peaked preferences are more open to manipulation and control. In *Proceedings of the 12th Conference on Theoretical Aspects of Rationality and Knowledge*, pages 118–127. ACM Press.

Faliszewski, P., Hemaspaandra, E., and Schnoor, H. (2010a). Manipulation of Copeland elections. In *Proceedings of the 9th International Joint Conference on Autonomous Agents and Multiagent Systems*, pages 367–374. IFAAMAS.

Faliszewski, P., Hemaspaandra, E., and Hemaspaandra, L. (2010b). Using complexity to protect elections. *Communications of the ACM*, **53**(11), 74–82.

Faliszewski, P., Hemaspaandra, E., and Hemaspaandra, L. (2011a). Multimode control attacks on elections. *Journal of Artificial Intelligence Research*, **40**, 305–351.

Faliszewski, P., Hemaspaandra, E., Hemaspaandra, L., and Rothe, J. (2011b). The shield that never was: Societies with single-peaked preferences are more open to manipulation and control. *Information and Computation*, **209**(2), 89–107.

Feldman, A. and Kirman, A. (1974). Fairness and envy. *The American Economic Review*, **64**(6), 995–1005.

Fink, A. (1964). A note on the fair division problem. *Mathematics Magazine*, **37**(5), 341–342.

Fishburn, P. (1977). Condorcet social choice functions. *SIAM Journal on Applied Mathematics*, **33**(3), 469–489.

Flum, J. and Grohe, M. (2006). *Parameterized Complexity Theory*. EATCS Texts in Theoretical Computer Science. Springer-Verlag.

Fortnow, L., Lipton, R., van Melkebeek, D., and Viglas, A. (2005). Time-space lower bounds for satisfiability. *Journal of the ACM*, **52**(6), 835–865.

Fréchet, M. (1953). Emile borel, initiator of the theory of psychological games and its application. *Econometrica*, **21**(1), 95–96.

Gailmard, S., Patty, J., and Penn, E. (2009). Arrow's theorem on single-peaked domains. In E. Aragonés, C. Beviá, H. Llavador, and N. Schofield, editors, *The Political Economy of Democracy*, pages 335–342. Fundación BBVA.

Gardner, M. (1978). *Aha! Insight*. W. H. Freeman and Company.

Garey, M. and Johnson, D. (1979). *Computers and Intractability: A Guide to the Theory of NP-Completeness*. W. H. Freeman and Company.

Gasarch, W. (2002). The P =? NP poll. *SIGACT News*, **33**(2), 34–47.

Ghosh, S., Mundhe, M., Hernandez, K., and Sen, S. (1999). Voting for movies: The anatomy of recommender systems. In *Proceedings of the 3rd Annual Conference on Autonomous Agents*, pages 434–435. ACM Press.

Gibbard, A. (1973). Manipulation of voting schemes. *Econometrica*, **41**(4), 587–601.

Gill, J. (1977). Computational complexity of probabilistic Turing machines. *SIAM Journal on Computing*, **6**(4), 675–695.

Goldreich, O. (1997). Notes on Levin's theory of average-case complexity. Technical Report TR97-058, Electronic Colloquium on Computational Complexity.

Grazia, A. (1953). Mathematical deviation of an election system. *Isis*, **44**, 41–51.

Gurski, F., Rothe, I., Rothe, J., and Wanke, E. (2010). *Exakte Algorithmen für schwere Graphenprobleme*. eXamen.Press. Springer-Verlag.

Hačijan, L. (1979). A polynomial algorithm in linear programming. *Soviet Math. Dokl.*, **20**, 191–194.

Hägele, G. and Pukelsheim, F. (2001). The electoral writings of Ramon Llull. *Studia Lulliana*, **41**(97), 3–38.

Hemachandra, L. (1989). The strong exponential hierarchy collapses. *Journal of Computer and System Sciences*, **39**(3), 299–322.

Hemaspaandra, E. and Hemaspaandra, L. (2007). Dichotomy for voting systems. *Journal of Computer and System Sciences*, **73**(1), 73–83.

Hemaspaandra, E., Hemaspaandra, L., and Rothe, J. (1997a). Exact analysis of Dodgson elections: Lewis Carroll's 1876 voting system is complete for parallel access to NP. *Journal of the ACM*, **44**(6), 806–825.

Hemaspaandra, E., Hemaspaandra, L., and Rothe, J. (1997b). Raising NP lower bounds to parallel NP lower bounds. *SIGACT News*, **28**(2), 2–13.

Hemaspaandra, E., Hemaspaandra, L., and Rothe, J. (2005a). Anyone but him: The complexity of precluding an alternative. In *Proceedings of the 20th National Conference on Artificial Intelligence*, pages 95–101. AAAI Press.

Hemaspaandra, E., Spakowski, H., and Vogel, J. (2005b). The complexity of Kemeny elections. *Theoretical Computer Science*, **349**(3), 382–391.

Hemaspaandra, E., Hemaspaandra, L., and Rothe, J. (2007a). Anyone but him: The complexity of precluding an alternative. *Artificial Intelligence*, **171**(5–6), 255–285.

Hemaspaandra, E., Hemaspaandra, L., and Rothe, J. (2007b). Hybrid elections broaden complexity-theoretic resistance to control. In *Proceedings of the 20th International Joint Conference on Artificial Intelligence*, pages 1308–1314. IJCAI.

Hemaspaandra, E., Hemaspaandra, L., and Rothe, J. (2009). Hybrid elections broaden complexity-theoretic resistance to control. *Mathematical Logic Quarterly*, **55**(4), 397–424.

Hemaspaandra, L. and Ogihara, M. (2002). *The Complexity Theory Companion*. EATCS Texts in Theoretical Computer Science. Springer-Verlag.

Holcombe, R. (1997). Absence of envy does not imply fairness. *Southern Economic Journal*, **63**, 797–802.

Homan, C. and Hemaspaandra, L. (2009). Guarantees for the success frequency of an algorithm for finding Dodgson-election winners. *Journal of Heuristics*, **15**(4), 403–423.

Homer, S. and Selman, A. (2001). *Computability and Complexity Theory*. Texts in Computer Science. Springer-Verlag.

Jain, M., Korzhyk, D., Vaněk, O., Conitzer, V., Pěchouček, M., and Tambe, M. (2011). A double oracle algorithm for zero-sum security games on graphs. In *Proceedings of the 10th International Joint Conference on Autonomous Agents and Multiagent Systems*, pages 327–334. IFAAMAS.

Johnson, D. (1981). The NP-completeness column: An ongoing guide. *Journal of Algorithms*, **2**(4), 393–405. First column in a series of columns on NP-completeness appearing in the same journal.

Jones, N., Lien, Y., and Laaser, W. (1976). New problems complete for nondeterministic log space. *Mathematical Systems Theory*, **10**(1), 1–17.

Kemeny, J. (1959). Mathematics without numbers. *Dædalus*, **88**, 571–591.

Köbler, J., Schöning, U., and Wagner, K. (1987). The difference and truth-table hierarchies for NP. *R.A.I.R.O. Informatique théorique et Applications*, **21**, 419–435.

Konczak, K. and Lang, J. (2005). Voting procedures with incomplete preferences. In *Proceedins of the Multidisciplinary IJCAI-05 Worshop on Advances in Preference Handling*, pages 124–129.

Könemann, J. (2008). Gewinnstrategie für ein Streichholzspiel. In B. Vöcking, H. Alt, M. Dietzfelbinger, R. Reischuk, C. Scheideler, H. Vollmer, and D. Wagner, editors, *Taschenbuch der Algorithmen*, chapter 26, pages 267–273. Springer-Verlag.

Kornhauser, L. and Sager, L. (1986). Unpacking the court. *Yale Law Journal*, **96**(1), 82–117.

Kuhn, H. (1967). On games of fair division. In M. Shubik, editor, *Essays in Mathematical Economics in Honor of Oskar Morgenstern*. Princeton University Press.

Kullmann, O. (1999). New methods for 3-SAT decision and worst-case analysis. *Theoretical Computer Science*, **223**(1–2), 1–72.

Ladner, R., Lynch, N., and Selman, A. (1975). A comparison of polynomial time reducibilities. *Theoretical Computer Science*, **1**(2), 103–124.

Landau, E. (1909). *Handbuch der Lehre von der Verteilung der Primzahlen*. Teubner.

Lemke, C. and Howson Jr., J. (1964). Equilibrium points of bimatrix games. *SIAM Journal on Applied Mathematics*, **12**(2), 413–423.

Lenstra Jr., H. (1983). Integer programming with a fixed number of variables. *Mathematics of Operations Research*, **8**, 538–548.

Lepelley, D. (1996). Constant scoring rules, Condorcet criteria, and single-peaked preferences. *Economic Theory*, **7**(3), 491–500.

Levenglick, A. (1975). Fair and reasonable election systems. *Behavioral Science*, **20**, 34–46.

Levin, L. (1986). Average case complete problems. *SIAM Journal on Computing*, **15**(1), 285–286.

Lindner, C. and Rothe, J. (2008). Fixed-parameter tractability and parameterized complexity, applied to problems from computational social choice. In A. Holder, editor, *Mathematical Programming Glossary*. INFORMS Computing Society.

Lindner, C. and Rothe, J. (2009). Degrees of guaranteed envy-freeness in finite bounded cake-cutting protocols. In *Proceedings of the 5th Workshop on Internet & Network Economics*, pages 149–159. Springer-Verlag *LNCS #5929*.

List, C. (2006). The discursive dilemma and public reason. *Ethics*, **116**(2), 362–402.

List, C. and Pettit, P. (2002). Aggregating sets of judgments: An impossibility result. *Economics and Philosophy*, **18**(1), 89–110.

List, C. and Puppe, C. (2009). Judgment aggregation: A survey. In P. Anand, P. Pattanaik, and C. Puppe, editors, *The Handbook of Rational and Social Choice*, chapter 19. Oxford University Press.

Lu, T. and Boutilier, C. (2010). Budgeted social choice: A framework for multiple recommendations in consensus decision making. In V. Conitzer and J. Rothe, editors, *Proceedings of the 3rd International Workshop on Computational Social Choice*, pages 55–66. Universität Düsseldorf.

Lucas, W. (1969). The proof that a game may not have a solution. *Transactions of the AMS*, **136**, 219–229.

Lucas, W. (1992). Von Neumann-Morgenstern stable sets. In *Handbook of Game Theory*, volume 1. Elsevier.

Maschler, M., Peleg, B., and Shapley, L. (1979). Geometric properties of the kernel, nucleolus, and related solution concepts. *Mathematics of Operations Research*, **4**(4), 303–338.

Matsui, Y. and Matsui, T. (2001). NP-completeness for calculating power indices of weighted majority games. *Theoretical Computer Science*, **263**(1–2), 305–310.

McCabe-Dansted, J., Pritchard, G., and Slinko, A. (2008). Approximability of Dodgson's rule. *Social Choice and Welfare*, **31**(2), 311–330.

McLean, I. and Urken, A. (1995). *Classics of Social Choice*. University of Michigan Press.

Monien, B. and Speckenmeyer, E. (1985). Solving satisfiability in less than 2^n steps. *Discrete Applied Mathematics*, **10**, 287–295.

Moulin, H. (1988). Condorcet's principle implies the no show paradox. *Journal of Economic Theory*, **45**(1), 53–64.

Moulin, H. (2004). *Fair Division and Collective Welfare*. MIT Press.

Muller, E. and Satterthwaite, M. (1977). The equivalence of strong positive association and strategy-proofness. *Journal of Economic Theory*, **14**, 412–418.

Nagel, R. (1995). Unraveling in guessing games: An experimental study. *The American Economic Review*, **85**(5), 1313–1326.

Nasar, S. (1998). *A Beautiful Mind: A Biography of John Forbes Nash, Jr., Winner of the Nobel Prize in Economics, 1994*. Simon & Schuster.

Nash, J. (1950). Equilibrium points in n-person games. *Proceedings of the National Academy of Sciences*, **36**, 48–49.

Nash, J. (1951). Non-cooperative games. *Annals of Mathematics*, **54**(2), 286–295.

Nguyen, N. (2011). Social welfare optimization by the Nash product in multiagent resource allocation. Bachelor Thesis. Institut für Informatik, Heinrich-Heine-Universität Düsseldorf, Düsseldorf, Germany.

Nicolo, A. and Yu, Y. (2008). Strategic divide and choose. *Games and Economic Behavior*, **64**(1), 268–289.

Niedermeier, R. (2006). *Invitation to Fixed-Parameter Algorithms*. Oxford University Press.

Osborne, M. and Rubinstein, A. (1994). *A Course in Game Theory*. MIT Press.

Papadimitriou, C. (1994). On the complexity of the parity argument and other inefficient proofs of existence. *Journal of Computer and System Sciences*, **48**(3), 498–532.

Papadimitriou, C. (1995). *Computational Complexity*. Addison-Wesley, second edition.

Papadimitriou, C. and Yannakakis, M. (1984). The complexity of facets (and some facets of complexity). *Journal of Computer and System Sciences*, **28**(2), 244–259.

Papadimitriou, C. and Zachos, S. (1983). Two remarks on the power of counting. In *Proceedings of the 6th GI Conference on Theoretical Computer Science*, pages 269–276. Springer-Verlag *Lecture Notes in Computer Science #145*.

Pauly, M. and van Hees, M. (2006). Logical constraints on judgment aggregation. *Journal of Philosophical Logic*, **35**, 569–585.

Penrose, L. (1946). The elementary statistics of majority voting. *Journal of the Royal Statistical Society*, **109**(1), 53–57.

Pettit, P. (2001). Deliberative democracy and the discursive dilemma. *Philosophical Issues*, **11**, 268–299.

Piras, L. and Rothe, J. (2011). Voter control complexity in Bucklin and fallback voting: An experimental approach. Manuscript.

Prasad, K. and Kelly, J. (1990). NP-completeness of some problems concerning voting games. *International Journal of Game Theory*, **19**, 1–9.

Procaccia, A. (2009). Thou shalt covet thy neighbor's cake. In *Proceedings of the 21st International Joint Conference on Artificial Intelligence*, pages 239–244. IJCAI.

Procaccia, A. and Rosenschein, J. (2007). Junta distributions and the average-case complexity of manipulating elections. *Journal of Artificial Intelligence Research*, **28**, 157–181.

Puppe, C. and Tasnádi, A. (2009). Optimal redistricting under geographical constraints: Why "pack and crack" does not work. *Economics Letters*, **105**, 93–96.

Rey, A. and Rothe, J. (2010a). Complexity of merging and splitting for the probabilistic Banzhaf power index in weighted voting games. In *Proceedings of the 19th European Conference on Artificial Intelligence*, pages 1021–1022. IOS Press. Short paper.

Rey, A. and Rothe, J. (2010b). Merging and splitting for power indices in weighted voting games and network flow games on hypergraphs. In *Proceedings of the 5th European Starting AI Researcher Symposium*, pages 277–289. IOS Press.

Rey, A. and Rothe, J. (2011). Bribery in path-disruption games. In *Proceedings of the 2nd International Conference on Algorithmic Decision Theory*. Springer-Verlag *Lecture Notes in Artificial Intelligence*. To appear.

Rieck, C. (2010). *Spieltheorie: Eine Einführung.* Christian Rieck Verlag, 10th edition.

Riege, T. and Rothe, J. (2006a). Completeness in the boolean hierarchy: Exact-four-colorability, minimal graph uncolorability, and exact domatic number problems – a survey. *Journal of Universal Computer Science*, **12**(5), 551–578.

Riege, T. and Rothe, J. (2006b). Improving deterministic and randomized exponential-time algorithms for the satisfiability, the colorability, and the domatic number problem. *Journal of Universal Computer Science*, **12**(6), 725–745.

Robertson, J. and Webb, W. (1997). Near exact and envy free cake division. *Ars Combinatoria*, **45**, 97–108.

Robertson, J. and Webb, W. (1998). *Cake-Cutting Algorithms: Be Fair If You Can.* A K Peters.

Rogers, Jr., H. (1967). *The Theory of Recursive Functions and Effective Computability.* McGraw-Hill.

Roos, M. and Rothe, J. (2010). Complexity of social welfare optimization in multiagent resource allocation. In *Proceedings of the 9th International Joint Conference on Autonomous Agents and Multiagent Systems*, pages 641–648. IFAAMAS.

Roth, A., editor (1988). *The Shapley Value: Essays in Honor of Lloyd S. Shapley.* Cambridge University Press.

Rothe, J. (2006). *Lilandra. Vier Märchen.* Lunardi-Verlag, second edition.

Rothe, J. (2008). *Komplexitätstheorie und Kryptologie. Eine Einführung in Kryptokomplexität.* eXamen.Press. Springer-Verlag.

Rothe, J., Spakowski, H., and Vogel, J. (2003). Exact complexity of the winner problem for Young elections. *Theory of Computing Systems*, **36**(4), 375–386.

Saari, D. (2006). Which is better: the Condorcet or Borda winner? *Social Choice and Welfare*, **27**(1), 107–129.

Sandholm, T. (1999). Distributed rational decision making. In G. Weiß, editor, *Multiagent Systems*, pages 201–258. MIT Press.

Sandholm, T. (2002). Optimal winner determination in combinatorial auctions. *Artificial Intelligence*, **135**(1–2), 1–54.

Sandholm, T. (2006). Optimal winner determination algorithms. In P. Cramton, Y. Shoham, and R. Steinberg, editors, *Combinatorial Auctions*, pages 337–368. MIT Press.

Sandholm, T., Gilpin, A., and Conitzer, V. (2005). Mixed-integer programming methods for finding Nash equilibria. In *Proceedings of the 20th National Conference on Artificial Intelligence*, pages 495–501. AAAI Press.

Satterthwaite, M. (1975). Strategy-proofness and Arrow's conditions: Existence and correspondence theorems for voting procedures and social welfare functions. *Journal of Economic Theory*, **10**(2), 187–217.

Scarf, H. (1967). The approximation of fixed points of a continuous mapping. *SIAM Journal on Applied Mathematics*, **15**(5), 1328–1343.

Schiermeyer, I. (1996). Pure literal look ahead: An $\mathcal{O}(1.497^n)$ 3-satisfiability algorithm. In *Proceedings of the Workshop on the Satisfiability Problem*, pages 127–136. Also available as Technical Report No. 96-230, Universität zu Köln, Germany.

Schöning, U. (2005). Algorithmics in exponential time. In *Proceedings of the 22nd Annual Symposium on Theoretical Aspects of Computer Science*, pages 36–43. Springer-Verlag *Lecture Notes in Computer Science #3404*.

Selman, A. (1994). A taxonomy of complexity classes of functions. *Journal of Computer and System Sciences*, **48**(2), 357–381.

Selten, R. (1975). Reexamination of the perfectness concept for equilibrium points in extensive games. *International Journal of Game Theory*, **4**(1), 25–55.

Selten, R. and Nagel, R. (1998). Das Zahlenwahlspiel – Ergebnisse und Hintergrund. *Spektrum der Wissenschaft*, **1998**(2), 16–22.

Shapley, L. (1953). A value for *n*-person games. In H. Kuhn and A. Tucker, editors, *Contributions to the Theory of Games*. Princeton University Press.

Shapley, L. (1971). Cores of convex games. *International Journal of Game Theory*, **1**(1), 11–26.

Shapley, L. (1981). Measurement of power in political systems. In W. Lucas, editor, *Game Theory and its Applications*. American Mathematical Society. Proceedings of Symposia in Applied Mathematics, volume 24.

Shapley, L. and Shubik, M. (1954). A method of evaluating the distribution of power in a committee system. *The American Political Science Review*, **48**(3), 787–792.

Shapley, L. and Shubik, M. (1966). Quasi-cores in a monetary economy with non-convex preferences. *Econometrica*, **34**(4), 805–827.

Shoham, Y. and Leyton-Brown, K. (2009). *Multiagent Systems: Algorithmic, Game-Theoretic, and Logical Foundations*. Cambridge University Press.

Simpson, P. (1969). On defining areas of voter choice: Professor Tullock on stable voting. *The Quarterly Journal of Economics*, **83(3)**, 478–490.

Steinhaus, H. (1948). The problem of fair division. *Econometrica*, **16**(1), 101–104.

Steinhaus, H. (1949). Sur la division pragmatique. *Econometrica*, **17**(Supplement: Report of the Washington Meeting), 315–319.

Steinhaus, H. (1969). *Mathematical Snapshots*. Oxford University Press, third edition.

Stockmeyer, L. (1977). The polynomial-time hierarchy. *Theoretical Computer Science*, **3**(1), 1–22.

Stromquist, W. (1980). How to cut a cake fairly. *The American Mathematical Monthly*, **87**(8), 640–644.

Stromquist, W. (2008). Envy-free cake divisions cannot be found by finite protocols. *The Electronic Journal of Combinatorics*, **15**, R11.

Taylor, A. (1995). *Mathematics and Politics*. Springer-Verlag.

Taylor, A. (2005). *Social Choice and the Mathematics of Manipulation*. Cambridge University Press.

Tideman, N. (1987). Independence of clones as a criterion for voting rules. *Social Choice and Welfare*, **4**(3), 185–206.

Turing, A. (1936). On computable numbers, with an application to the Entscheidungsproblem. *Proceedings of the London Mathematical Society, ser. 2*, **42**, 230–265. Correction, *ibid*, vol. 43, pp. 544–546, 1937.

Valiant, L. (1979). The complexity of computing the permanent. *Theoretical Computer Science*, **8**(2), 189–201.

von Neumann, J. (1928). Zur Theorie der Gesellschaftsspiele. *Mathematische Annalen*, **100**, 295–320.

von Neumann, J. and Morgenstern, O. (1944). *Theory of Games and Economic Behavior*. Princeton University Press.

von Randow, G. (2004). *Das Ziegenproblem: Denken in Wahrscheinlichkeiten*. Rowohlt.

Wagner, K. (1987). More complicated questions about maxima and minima, and some closures of NP. *Theoretical Computer Science*, **51**, 53–80.

Wagner, K. (1990). Bounded query classes. *SIAM Journal on Computing*, **19**(5), 833–846.

Wagner, K. and Wechsung, G. (1986). *Computational Complexity*. D. Reidel Publishing Company. Distributors for the U.S.A. and Canada: Kluwer Academic Publishers.

Walsh, T. (2007). Uncertainty in preference elicitation and aggregation. In *Proceedings of the 22nd AAAI Conference on Artificial Intelligence*, pages 3–8. AAAI Press.

Walsh, T. (2009). Where are the really hard manipulation problems? The phase transition in manipulating the veto rule. In *Proceedings of the 21st International Joint Conference on Artificial Intelligence*, pages 324–329. IJCAI.

Walsh, T. (2010). An empirical study of the manipulability of single transferable voting. In *Proceedings of the 19th European Conference on Artificial Intelligence*, pages 257–262. IOS Press.

Wang, J. (1997a). Average-case computational complexity theory. In L. Hemaspaandra and A. Selman, editors, *Complexity Theory Retrospective II*, pages 295–328. Springer-Verlag.

Wang, J. (1997b). Average-case intractable NP problems. In D. Du and K. Ko, editors, *Advances in Languages, Algorithms, and Complexity*, pages 313–378. Kluwer Academic Publishers.

Webb, W. (1999). An algorithm for super envy-free cake division. *Journal of Mathematical Analysis and Applications*, **239**, 175–179.

Wechsung, G. (2000). *Vorlesungen zur Komplexitätstheorie*, volume 32 of *Teubner-Texte zur Informatik*. Teubner.

Wegener, I. (2003). *Komplexitätstheorie. Grenzen der Effizienz von Algorithmen*. Springer-Verlag.

Weller, D. (1985). Fair division of a measurable space. *Journal of Mathematical Economics*, **14**(1), 5–17.

Woeginger, G. (2003). Exact algorithms for NP-hard problems. In M. Jünger, G. Reinelt, and G. Rinaldi, editors, *Combinatorial Optimization: "Eureka, you shrink!"*, pages 185–207. Springer-Verlag *Lecture Notes in Computer Science #2570*.

Woeginger, G. and Sgall, J. (2007). On the complexity of cake cutting. *Discrete Optimization*, **4**(2), 213–220.

Woodall, D. (1980). Dividing a cake fairly. *Journal of Mathematical Analysis and Applications*, **78**, 233–247.

Woodall, D. (1986). A note on the cake-division problem. *Journal of Combinatorial Theory*, **42**, 300–301.

Woodall, D. (1997). Monotonicity of single-seat preferential election rules. *Discrete Applied Mathematics*, **77**(1), 81–88.

Wooldridge, M. (2009). *An Introduction to MultiAgent Systems*. John Wiley and Sons, second edition.

Xia, L. and Conitzer, V. (2008). Generalized scoring rules and the frequency of coalitional manipulability. In *Proceedings of the 9th ACM Conference on Electronic Commerce*, pages 109–118. ACM Press.

Xia, L. and Conitzer, V. (2011). Determining possible and necessary winners given partial orders. *Journal of Artificial Intelligence Research*, **41**, 25–67.

Xia, L., Zuckerman, M., Procaccia, A., Conitzer, V., and Rosenschein, J. (2009). Complexity of unweighted coalitional manipulation under some common voting rules. In *Proceedings of the 21st International Joint Conference on Artificial Intelligence*, pages 348–353. IJCAI.

Xia, L., Conitzer, V., and Procaccia, A. (2010). A scheduling approach to coalitional manipulation. In *Proceedings of the 11th ACM Conference on Electronic Commerce*, pages 275–284. ACM Press.

Young, H. (1977). Extending Condorcet's rule. *Journal of Economic Theory*, **16**(2), 335–353.

Zankó, V. (1991). #P-completeness via many-one reductions. *International Journal of Foundations of Computer Science*, **2**(1), 76–82.

Zuckerman, M., Faliszewski, P., Bachrach, Y., and Elkind, E. (2008). Manipulating the quota in weighted voting games. In *Proceedings of the 23rd AAAI Conference on Artificial Intelligence*, pages 215–220. AAAI Press.

Zuckerman, M., Procaccia, A., and Rosenschein, J. (2009). Algorithms for the coalitional manipulation problem. *Artificial Intelligence*, **173**(2), 392–412.

Zuckerman, M., Lev, O., and Rosenschein, J. (2011). An algorithm for the coalitional manipulation problem under maximin. In *Proceedings of the 10th International Joint Conference on Autonomous Agents and Multiagent Systems*, pages 845–852. IFAAMAS.

Abbildungsverzeichnis

Tabellenverzeichnis

Index